U0282653

内 容 简 介

　　本教材重点阐述了水生动物营养的基本理论及水生动物的消化生理知识。重点介绍了各类饲料资源的特性、加工利用方法，饲料配方设计、配合饲料加工工艺、饲料质量标准及营养价值评定方法、水产养殖投饲技术等内容。同时，对生物饵料培育方法和无公害饲料亦作了较详尽的介绍。

　　本教材在编写过程中，注意了紧密联系渔业生产和饲料加工生产的实际情况，贯彻理论联系实际的原则，在阐述基础知识和基本理论的同时，注重实验实训项目内容。本教材内容涉及面广，图文并茂，重点突出，实用性强，且通俗易懂，是水产类高职高专的专业教材之一，也是水产中职教学、从事饲料配方和饲料经营人员的参考书，同时也可作为农村基层干部、水产养殖者和农村青年的学习参考书。

21世纪农业部高职高专规划教材

水生动物营养与饲料学

魏清和　主编

水产养殖专业用

中国农业出版社
北　京

编写人员

主 编　魏清和（四川农业大学水产学院）

副主编　贾　刚（四川农业大学）

编 者　陈万清（西南农业大学三江职业技术
　　　　　　　　学院）

　　　　郝彦周（烟台大学海洋学院）

　　　　姚　茹（广东省水产学校）

　　　　王兴礼（山东省临沂师范学院）

出版说明

高职高专教育是我国高等教育的重要组成部分，近年来高职高专教育有很大的发展，为社会主义现代化建设事业培养了大批急需的各类专门人才。当前，高职高专教育成为社会关注的热点，面临大好的发展机遇。同时，经济、科技和社会发展也对高职高专人才培养提出了许多新的、更高的要求。但是，通过对部分高等农业职业技术学院、中等农业学校高职班教学和教材使用等情况的了解，目前农业高职高专教育的部分教材定位不准确，不能体现职业特色，已不同程度地影响了当前教学的开展和教育改革工作。针对上述情况，并根据《教育部关于加强高职高专教育人才培养工作的意见》的精神，中国农业出版社受农业部委托，在广泛调查研究的基础上，组织有关专家制定了21世纪农业部高职高专规划教材编写出版规划。根据各校有关专业的设置，按专业陆续分批出版。

教材的编写是按照教育部高职高专教材建设要求，紧紧围绕培养高等技术应用性专门人才，即培养适应生产、建设、管理、服务第一线需要的，德、智、体、美全面发展的高等技术应用性专门人才。教材定位是：基础课程体现以应用为目的，以必需、够用为度，以讲清概念、强化应用为重点；专业课加强针对性和实用性。相信这些教材的出版将对培养高等技术应用性专门人才，提高劳动者素质，对建设社会主义精神文明，促进社会进步和经济发展起到重要的作用。

21世纪农业部高职高专规划教材突出基础理论知识的应用和实践能力的培养，具有针对性和实用性。适用于全国相关专业的高等职业技术学院、成教学院、高等专科学院、中专和技术学校的高职班师生和相关层次的培训及自学。

在规划教材出版之际，对参与教材策划、主编、参编及审定工作的专家、老师以及支持教材编写的各高等职业技术学院一并表示感谢！

中国农业出版社

2004 年 5 月

编 写 说 明

BIANXIESHUOMING

本教材是农业部规划编写的高职高专院校通用教材之一。适用于淡水养殖、海水养殖、特种水产养殖和动物营养与饲料加工等专业。在编写过程中，为了适应高职高专的办学宗旨，始终抓住"实用、够用"的原则，在内容处理上由浅至深，循序渐进。在介绍营养理论基础知识的同时，特别注重实践技能的培养。

本教材收集了1970年至2003年国内外关于鱼类营养与饲料方面的科研资料。在较为系统介绍水生动物营养与饲料的基本知识和实践技能的同时，编写了渔业生产中非常重要的生物饵料、无公害饲料、绿色饲料等有关内容，并吸收了一些最新科研成果和生产经验。

本教材所述内容范围较广，教材内容与教学大纲要求的自然章节不完全一致，而且实验实训较多，教学中应根据具体情况，对本课程的讲授内容和实验实训的开设各有侧重，不应强求一律。

全书由魏清和任主编，并编写绪论和第六章。贾刚任副主编，并编写第一章和第二章。陈万清参与统稿工作，并编写第八章。郝炎周编写第三章。姚茹编写第四章和第七章。王兴礼编写第五章。

本书由吴江研究员审稿。在编写过程中，贺红川（西南农业大学三江职业技术学院）及王炼（四川农业大学水产学院）提出了宝贵的修改意见，在此衷心致谢！

由于编者水平所限，书中如有错误或疏漏，诚望广大读者批评指正。

编　者

2004 年 5 月

第3章 基础饲料与饲料添加剂 ·········· 114

绪 论

一、水生动物营养与饲料学的研究范畴与目的

水生动物营养与饲料学的研究对象是鱼、虾、蟹、两栖类等，所有人工养殖的水产动物均是其研究的主要对象。其研究的内容主要包括养殖的水产动物需要哪些营养物质，需要多少，在体内如何转化利用；常用的饲料原料中有些什么，水产动物怎样才能更有效地利用这些饲料资源等。其目的是，在学术上通过动物机体的生长和体内的化学变化来认识养殖动物的营养生理机能、营养生化变化和需求，阐明饲料中的营养物质对动物机体的影响；在生产应用上力求用最少的饲料消耗，饲养出量多质优的动物产品，为提高养殖生产水平服务。

动物将外界的物质经摄食、消化、吸收利用，转化为自身机体组织的过程，称为营养。在营养过程中，对动物有用、有益的物质称为营养物质或营养素。研究结果表明，动物所需的营养物质主要包括水、蛋白质、糖类、脂肪、矿物质和维生素等六大类物质。从动物的需求层次上看，动物每时每刻均需消耗能量来维持其生命特征和适应环境等。因此，动物的第一需要是对能量的需求；处在第二层次的需要是对结构物质的需求。动物需要一些物质来组成、更新、修补机体组织；第三层次的需求为对调节物质的需求。动物体内的物质、能量的转化、流动过程，需要一些物质来进行调节和控制，如酶类、激素、某些矿物质及维生素等。

凡能直接或间接加工后被动物摄食、消化、吸收利用的，且在一定条件下无毒的物质，称为饲料。它既包括自然界中大量存在的一些原料，也含人类加工、制造的部分产品。从分析结果上看，饲料中的一般成分包括粗水分、粗蛋白质、粗脂肪、无氮浸出物、粗纤维和粗灰分等几大类物质。饲料组成与动物营养需求之间，无论

在物质种类和结构上，还是在数量方面均存在着较大的差异，如何让饲料更有效地转化为动物机体组织，是本学科研究的重要内容之一，也是本学科的最终目的。

二、本课程的性质、地位和任务

本课程是水产养殖专业的一门必修的专业基础课，亦是水产动物营养或饲料专业的一门专业课程，还可作为畜、禽饲养或畜、禽营养与饲料专业的一门选修课。它是一门新兴的边缘型的应用学科。它的发展与水生动物生理学、生物化学、营养化学、有机化学、组织学、微生物学、分析化学、计算机应用技术等有密切的联系。本课程注重理论与实践相结合，为从事水产养殖、饲料加工等工作奠定理论与技能基础。

本课程要求学员系统掌握水生动物营养的基本理论与营养需求特点，饲料的营养成分及其资源的开发与利用，饲料质量标准及营养成分及其资源的开发与利用，饲料质量标准及营养价值评价方法；了解水生动物的食性及消化生理方面的常识；熟悉常用基础饲料原料和添加剂的性质、特点、加工及使用方法；掌握饲料配方设计流程与设计方法；了解配合饲料加工工艺与设备；掌握生物饵料的培育方法和技术要点；熟悉水产养殖的投饵技术；了解无公害饲料的有关知识。

学习本门课程，需坚持理论与实践并重的原则，在认真理解、体会课程的基本知识和基本理论的基础上，勤于实践，掌握其实用知识和操作技能。

三、水生动物营养需求及渔用配合饲料的特点

与陆生动物比较，因水生动物的分类地位、进化程度和栖息环境不同，在营养需求上与陆生动物就存在较大的差异，对配合饲料产品的要求也在某些方面不一样。

（一）水生动物营养需求特点

（1）水生动物对能量的需求低。鱼、虾为变温动物，不需耗能维持其体温；生活于水中，维持正常体姿的能耗也较陆生动物低。鱼类所需能量约为陆生动物的 $50\%\sim67\%$。

（2）水生动物对蛋白质需求量较高。鱼、虾对蛋白质的需求量一般为畜、禽的 $2\sim4$ 倍。水生动物对游离氨基酸的利用能力较低。

（3）水生动物对糖的需求量较低，利用能力也较差。主要原因是其胰腺分泌的胰岛素数量不足所致。

（4）鱼、虾对脂肪的需求量和利用率较高。鱼、虾需要的脂肪酸主要为 $n-3$ 系列的不饱和脂肪酸，如亚麻酸、二十碳五烯酸、二十二碳六烯酸等，而禽、畜所需的主要为 $n-6$ 系列脂肪酸。

（5）鱼、虾对维生素 C、维生素 B_6、维生素 E 及烟酰胺等需求量大（饲料中），而对维生素 D 的需求量低。

（6）鱼、虾一般对饲料中的矿物质要求低。因鱼、虾可从水中直接吸收，利用某些矿物质。

（二）渔用配合饲料的特点　与畜、禽配合饲料相比较，两者在安全卫生、物理指标方面的要求基本一致。但对渔用配合饲料而言应具有以下特点：

（1）渔用配合饲料须加工成颗粒或糜状，在水中具有良好的稳定性。

（2）渔用配合饲料原料粉碎细度要求高。一般要求全部通过孔径 0.44mm（40 目）、0.30mm（60 目）筛上物小于 10%；而畜、禽只要求全部通过孔径 2.26mm（8 目）、1.21mm（16 目）筛上物小于 20%即可。

（3）渔用配合饲料要求的饲料形状、粒径等较严格。鱼、虾因其种类不同，规格（大小）不同，其摄食方式、摄食习性、口径大小就不相同，相应地对饲料形状、粒径大小的要求就不一样。

（4）渔用饲料需投入水体中，其残饵、粪尿也排放于水中，尤其在开放水域中是一大污染源，因此，对渔用饲料的环保要求更高。

四、水生动物营养研究与饲料工业的现状和发展趋势

对水生动物营养的研究，因其生活于水中，摄食与排泄不易观察、定量，摄食、消化、吸收利用受环境条件影响大等因素的制约，其研究的深度不及陆生动物，目前，其基础理论研究不足，定性研究的多，定量的少。研究方向：扩大研究对象；加强定量研究工作；加强对水生动物幼体营养需求的研究；用分子生物学的研究方式来研究水生动物营养等。

饲料工业是随着养殖业的发展而发展起来的。一个完整的饲料工业体系中，包括饲料机械加工制造业、饲料原料加工业、饲料添加剂工业、配合饲料加工业和饲料科研、教育等几大行业，各行业间相互依存，相互促进，其服务对象是养殖业。从某种意义上讲，饲料工业是永不衰退的工业，具有强大的生命力。

世界饲料工业自 20 世纪初在一些发达国家开始建立，目前在绝大多数国家得以迅速发展，饲料产量也大幅度提高。世界配合饲料产量已连续十多年保持年产超过 5 亿多吨，平均年增长速度保持在 2%左右。其中美国配合饲料产量多年来都居第一位，在 1.2 亿～1.4 亿 t，我国目前居第二位，年产量约在 7 600 万 t 左右。从配合饲料的品种看，家禽饲料和猪饲料各约占总量的 1/3，奶牛、肉牛饲料约占总量的 27%左右，水产饲料约占 2%～3%。从饲料产品类型上看，包括配合饲料、浓缩饲料、预混合饲料、设计型饲料等多种类型的成品或半成品。能生产数百种饲料添加剂。饲料加工机组与工艺已达时产 20t 以上水平。

我国饲料工业得以迅猛发展，主要依靠近 20 多年改革开放的政策扶持，使我国的饲料工业无论从产量上，还是技术方面，都大大缩短了与发达国家间的差距。我国渔用配合饲料研究始于 1958 年，对虾配合饲料的研究始于 20 世纪 70 年代末期。至今已能对主要养殖对象进行系列化的配合饲料生产。一部分养殖对象育苗期配合饲料（包括开口饵料）已研制成功并在生产上应用。

虽然我国饲料工业取得了骄人的成绩，积累了许多成功的经验，但随着我国经济的高速发展，人民群众已从"温饱"需求阶段逐步进入到"追求生活质量"阶段，对食品质量的要求越来越高，对环保的重视程度也日益加强，对饲料产品、动物产品的质量要求也就愈高；加之我国加入 WTO 后，饲料和动物产品出口要求的标准也更加严格。为此，还需建立和完善与饲料相关的一系列法律、法规，高度重视和加强饲料标准的完善和产品质量检测工作；大力开发饲料资源，尤其在农村产业结构调整中，重视饲料用地的建立和扶

持，以解决目前饲料原料紧缺（尤其饲料蛋白源紧缺）的难题；加强我国主要水产养殖对象的营养需求、营养生理和消化生理方面的基础研究工作；加强新型饲料添加剂的开发与研究等工作；加大无公害饲料、绿色饲料、幼体饲料（尤其是开口饲料）和肉食性鱼类饲料的开发。

第**1**章 水生动物的食性及消化生理

随着水产养殖业的快速发展，越来越多的水生经济动物被纳入饲养范围，而要饲养好它们，获得良好的经济效益和生态效益，关键技术之一就是了解饲养动物的营养代谢特点及营养需要。水生动物为了维持生命和各器官正常活动以及迅速生长发育，必须从外界摄取一定质量和数量的食物，并经过消化吸收而取得能被机体利用的各种营养物质。食物的获得和营养物质的吸收利用，必须通过自身的摄食器官以及消化器官的配合才能完成。不同种类的水生动物，其食性不同。鱼、贝（瓣鳃类）、虾蟹（甲壳类）、蛙（两栖类）、鳖（爬行类）等各有其营养需要和摄食特点。即使是同一物种，在其不同的发育阶段，不但营养需求不一样，且摄食方式也有变化。这方面的研究工作已经取得了不少进展，但在实用中尚有不少的距离。要适应水产动物的集约化养殖，科学配制适宜的配合饲料，就必须先对水生动物的食性和消化生理作深入的研究和了解。

本章主要介绍水生动物的食性以及摄食特点，并对水生动物对饲料不同养分的消化、吸收特点作一初步介绍，为进一步了解水生动物的营养奠定基础。

第一节　水生动物的食性

根据饲养水生动物的分类地位和特点，分述如下：

一、鱼类食性

鱼的食性是由其结构机能特征（主要是消化系统）和生活环境条件（主要是饵料增加与变化）共同决定的。因此，鱼类的食性既有由于摄食器官的形态结构及与之相适应的摄食方式决定的稳定性一面，也有由于摄食器官的形态结构随个体发育的不同阶段而变化的一面。鱼类的食性在鱼苗阶段基本相似，都以卵黄囊中的卵黄为营养源，通常是在幼鱼期以后食性开始出现分化，随着摄食器官形态结构的发育、栖息水层的变化和消化吸收机能的差异而逐渐形成不同的食性特点。通常鱼类的食性可分为以下几类：

1. **草食性**（herbivore）**鱼类**　以水生维管束植物（水草）或藻类为食物，包括以水草为主食的淡水鱼类，如草鱼、团头鲂和长春鳊等，以及以大型海藻为主食的海水鱼，如褐兰子鱼。

2. **杂食性**（omnivore）**鱼类**　对食物的要求不严，兼食动物性和植物性食物，但严格地说，在一定时间内还是以摄食某种食物为主，但其选择性不强，该类食性的鱼类取食方式为吞食。属于该食性的鱼类有鲤、鲫、鲮鱼及罗非鱼等，主要见于淡水鱼类。

3. **肉食性**（carnivore）**鱼类**　以无脊椎或脊椎动物为食物，主要见于海水鱼类。以无脊椎动物为主食的鱼类，通常称为初级肉食性鱼类，如淡水的铜鱼和胭脂鱼，海水的鲾类和姥鲨，以及洄游性的鲥鱼、银鲛类和鲷类等。以脊椎动物（主要是鱼类）为食的鱼类，通常称凶猛肉食性或次级肉食性鱼类，或者称鱼食性鱼类，如淡水的狗鱼、红鲌类、哲罗鱼、乌鳢和鳜，以及海水的带鱼、鲕鱼和若干种鲨鱼等。除吞食大型鱼类外，还袭击海洋哺乳动物，甚至噬人，如噬人鲨和豹纹鲨等。上述鱼类在人工养殖条件下也能适应人工配合饲料。

4. **滤食性鱼类**　如鲢、鳙等，它们的口一般较大，鳃耙细长密集，其作用像一个浮游生物筛网，用来滤取水中的浮游生物。

有关鱼类食性的划分，不同的学者有不同的看法。有些学者将其分为六种食性：浮游生物食性、草食性、底栖动物食性、肉食性、杂食性、腐食性等。这种划分更加细致，在研究鱼类驯化上有较高的应用价值，但是细致的划分将导致驯化工作的复杂化。

鱼类的食性并不是一成不变的。由于环境条件的变化和鱼类发育阶段的不同，鱼类的食性会发生变化。在个体发育的不同阶段，鱼类摄取不同的食物，例如，四大家鱼在鱼苗时期主要以浮游动物为食，在进入夏花阶段食性即发生分化。当外界环境所提供的食物组成发生变化时，鱼类的食性也可发生改变，如当环境中提供较多的米虾，草鱼也能采食；当水体中苦草很少或缺乏时，草鱼会选择眼子菜属等其他较嫩的水草。另外，随着季节变化，环境中的食物丰度出现变化，也影响到鱼类的食性。在5月份气温升高，浮游动物增殖，青海湖裸鲤就转向以植物性食料为主。

表1-1　湖白鲑幼鱼阶段饵料出现率的变化

（刘峰等，2002）

日龄 (d)	口裂 (mm)	鱼体全长 (mm)	饵料出现率（%）				
			轮虫类	枝角类	桡足类		
					无节幼体	桡足幼体	成体
15	0.8～1.0	22.4	94.28	—	2.86	2.86	—
20	1.0～1.2	27.4	75.76	—	3.03	6.06	15.15
25	1.2～1.4	31.64	22.39	29.85	10.44	14.93	22.39
30	1.4～1.6	35.7	4.35	90.22	1.08	1.09	3.26
35	1.6～2.2	42.8	—	80.47	1.75	3.52	5.26

鱼类的食性有其相对性，这是鱼类对外界条件所形成的适应性。但一般来说，除了食鱼的凶猛鱼类外，其他鱼类对人工投喂的动植物饲料原料及配合饲料均有较好的适应性，这就为人工饲养提供了一个良好的条件。而我们对鱼类食性的了解可有助于认识鱼对各种营养素的需求，便于人为地进行鱼类的食性驯化，为合理配制饲料，使人工养殖获得成功提供依据。

二、贝、虾、蟹类食性

（一）贝类的食性　主要以藻类、原生动物和有机碎屑为食。

（二）虾类的食性

1. 对虾的食性　对虾属杂食性动物，在不同的发育阶段，其食性有所变化。中国对虾在幼体阶段，由主要摄食微型浮游植物，逐渐转变为以摄食浮游动物为主；在仔虾阶段，由摄食浮游生物向摄食底栖性和沉降性饵料转变；在幼虾和成虾阶段，则主要摄食底栖动物，以及卤虫、鱼虾肉以及配合饲料。日本对虾在非洲东岸到太平洋中部分布较广，我国广东省产量较大，主要食性为浮游动物、软体动物及小型鱼、虾类等。斑节对虾属杂食性，但以肉食性为主，对于贝类、小鱼、小虾、昆虫及一些植物性饵料均喜采食，人工养殖条件下主要投喂人工饵料。

2. 青虾与罗氏沼虾的食性　这两种沼虾均为杂食性，主要食物是植物的嫩叶、碎片、腐屑以及底栖硅藻、丝状藻类等。青虾在幼虾阶段以浮游生物为食，成虾阶段则以水生植物以及动物尸体为食，尤其喜食蚯蚓。沼虾喜食动物性饵料，如水生昆虫、环节动物、软体动物、小鱼和小虾，不论是鲜活的还是腐败的都吃，其自相残食的情况相当严重，在幼体阶段以水生昆虫的幼体、蠕虫和小型软体动物等底栖生物为食。

（三）蟹类的食性　河蟹为杂食性甲壳类，各期溞状幼体的适口饵料为单胞藻、褶皱臂尾轮虫、卤虫无节幼体及其成虫等。成蟹主要以杂鱼、虾、螺蚬、蠕虫、蚌及浮萍、水花生等为食，人工养殖条件下可投喂人工颗粒饲料。水草等食物容易获得，因此在自然环境中，河蟹主要以植物性食物为主。河蟹不仅食量大，贪食，而且消化能力强（胃内有研磨食物的胃磨），对食物的消化吸收好，饱食后多余的养料贮藏在肝脏中，即使一个月不吃食物也不致饿死。

三、蛙类食性

1. 牛蛙食性　牛蛙的食物构成以动物性饲料为主，尤其喜食活饵，在不同的发育阶段，食性也不尽相同。蝌蚪期对动态饵料（如溞类）和静态饵料（如鱼肉、蛋黄、动物内脏、动物尸体等动物性饵料）及马铃薯、豆渣、米糠和玉米等植物性饵料均能摄食。蝌蚪变态成蛙后，喜食活的小型动物，如蚯蚓、昆虫、蝇蛆、小鱼和虾及其他一些甲壳类动物。牛蛙生性贪婪，生长季节食量大，其最大胃容积可达空胃容的 10 倍。牛蛙具有惊人的耐饥能力，忍受极限可达 4 个月到 1 年。

2. 美国青蛙食性　蝌蚪期摄食浮游生物或配合饲料，成蛙后喜摄食各种活动着的小动物，如小鱼虾、昆虫、蚯蚓和蝇蛆等。可驯化摄食膨化颗粒配合饲料。

四、鳖的食性

鳖是一种杂食性动物，喜食动物性饵料，其摄食时先用上下颌特化的角质喙压碎食物，然后吞食。幼鳖以水生昆虫、水蚯蚓、蝌蚪和小虾等为食。成鳖摄食螺类、鱼以及动物尸体和内脏，也食蔬菜、瓜果杂粮等植物性饵料。在人工养殖条件下，贝类、鱼糜、动物内脏以及饼粕类、麦类、大豆等可作饲料，也可搭配南瓜、菜叶等，全价配合饲料也是鳖的良好食物。

第二节　水生动物对营养物质的摄取、消化与吸收

水生动物无论在自然环境中还是在人工饲料条件下，均必须充分摄食，并将摄食后的食物在消化道内进行营养物质的消化和吸收，才能维持其生命和生长发育。如何提高人工配合饲料的摄食率以及消化率和吸收率，是配制好人工饲料的关键技术之一。因此，必须研究和探讨饲养水生动物的摄食、消化与吸收的生理生化特征。

一、摄　食

研讨水生动物的摄食比陆生动物的摄食显得更加重要，必须解决摄什么食、到哪里去摄食和什么时候摄食等一系列问题。下面以鱼为例，介绍水产动物的摄食生理。

（一）鱼类摄食器官　鱼类通过摄食器官获得自身赖以生存和生长发育的各种营养物质。鱼类在长期演化过程中，形成了一系列适应各自食性类型摄食方式的形态学特征。一般来讲，每一种鱼对喜好的食饵生物都有特定的形态学适应，它的体形、感觉器官适应搜索、感知；口、牙齿、鳃耙适应摄取；而胃、肠构造则适应消化这一类型的食物。

鱼类摄食器官主要有口、齿、舌和鳃耙等。

1. 口　口的大小、形状和位置与其摄取食物的大小和摄食方式有关。口型可分为三种位置：口上位，如中上层鱼、吃食鱼均属此口型；口下位，是中下层和底栖鱼类的常见口型；最后是口端位（前位），口型分别适应各自摄食对象的生态位。食性与摄食器官有极其密切的关系，食物大小接近口宽或略小于口宽时，是肉食性鱼类；远小于口宽时，是浮游生物食性鱼类，和口宽相重叠时，是肉食性和杂食性鱼类。

口的大小决定了鱼一次能摄取饲料颗粒的大小。刚开口的仔鱼，由内源性营养转向外源性营养时，口径大小更具有决定性意义。仔鱼口径的大小，决定了开口饵（饲）料颗粒的大小。在天然水域中，仔鱼生长不良，甚至造成大量死亡，究其原因，并不是水体中缺乏饵料，而是缺乏与其口径相适应的饵料。所以，制备开口饲料时，必须首先了解其口径大小，以便加工成适口的饲料。

仔鱼口径大小可在显微镜下测定其上颚长度，并按下式计算得：

$$口径 = 2^{0.5} \times 上颚长度（mm）（代田昭彦，1989）。$$

口径大小与体长（全长）也有一定的关系，根据这种关系，可从体长推算出口径大小（常以开口45°计）。例如：鲢仔鱼口径 = 0.24 × 体长 − 0.1；鳙仔鱼口径 = 0.03 × 体长 −

0.08；草仔鱼口径＝0.042×体长－0.19 (Dabrowski 和 Bardega，1984)。因此，可推算出鱼类仔鱼开口饲料的粒径，如香鱼190～200μm，鲤鱼280～425μm，虹鳟300～500μm，鲢鱼50～90μm，鳙鱼150～170μm，草鱼90～150μm，斑鳢705μm，鲇鱼528μm。

2. **齿**　鱼类的齿依据着生位置的不同而分为几类，常见着生在上下颌上的齿称为颌齿，淡水中的鲤科鱼类无颌齿，代替它们的是着生于咽骨上的咽齿。而有的鱼无齿。齿的有无、形状、大小、分布位置随鱼的种类而不同，并与其食性相一致。一般具有颌齿的鱼类，多数为肉食性鱼类，利于抓捕食物。咽齿的形状与其吞食的食物形态特征相适应，如草鱼的咽齿齿冠两侧有许多栉状突起，齿呈梳状，便于切割水草；青鱼的咽齿坚硬呈臼齿状，强大的咽齿与方形坚厚的角质垫可方便地压碎螺蚬外壳，吞食其软体部分，所以人工配合饲料在加工成形方面要注意与饲养种类的摄食方式、摄食器官相适应。

3. **舌**　鱼类无真正意义上的舌，一般为原始型，仅基舌骨的突出部分外覆黏膜，无肌肉组织，亦无弹性，缺乏独立活动的能力。但舌上分布有味蕾，有味觉功能，起挑选食物的功能。因此，在人工配合饲料的配制过程中，要考虑加入相应的诱食剂或风味剂。

4. **鳃耙**　鳃耙是鱼类的主要滤食器官，又是保护鳃的一种构造。多数鱼类在鳃耙顶端分布的味蕾具有味觉功能。不同鱼类，鳃耙的有无、发达程度不尽相同，与其食性是一致的。鳙鱼的鳃耙上没有横连形成的网状结构，鳃耙彼此分隔较开，于是较小的浮游生物不能被摄取，然而鲢鱼却能够摄食较小的浮游生物。滤食性鱼类的人工饲料宜制成粉状。

（二）食物的定位　水生动物要摄取食物，首先要具有确定食物位置的功能，这就是食物的定位。鱼类等水生动物对食物的定位一般以视觉或嗅、味觉来决定。若饲养水生动物对食物的定位以视觉为主，则增加食物的可视性非常重要，食物的大小、颜色反差和食物和移动状态以及水中的光强度和水混浊度明显地影响对食物的定位和摄食。如色彩在水产饲料中的应用已在一些国家逐步开展起来。若饲养水生动物对食物的定位以嗅、味觉为主，则在配合饲料中加入一定量的风味剂，以调节饲料的滋味，达到增强动物食欲、增加采食量、促进动物生长、降低饵料系数和水质污染的目的。

（三）摄食强度　饲养水生动物的摄食强度取决于动物的饱食水平和食物在消化道中的输送速度，即与胃肠道的排空速度有关，日摄食量与当日的内外因素有关，可能存在着变化，但长时间的食物消化量是较为恒定的（对该种类及一定规格而言）。各种鱼类达到饱食所需时间见表1-2。

表 1-2　不同鱼类的摄食强度

（引自陆忠康等，2001）

食　　性	名　　称	摄食时间（h/d）	处理的食物量*
	斗　　鱼	1	1.13
	红大麻哈鱼	1	1.00
	异　囊　鲇	2	2.22
肉食性	鲤　　鱼	3	0.36
	鳟　　鱼	3	0.68
	纹　　鳢	3	5.00
	海七鳃鳗	1	11.60

（续）

食　　性	名　　　称	摄食时间（h/d）	处理的食物量*
草食性	金勒鹦鲷	8	—
	尼罗罗非鱼	14	0.02
	莫桑比克罗非鱼	24	1.55
	黑鳍单声丽鱼	14	0.02
滤食性	鲢、鳙	24	0.31
	油鲱	24	0.35

* 为每小时处理食物量与体重的百分值。

影响摄食强度的因素有下列几方面：

1. 饲养水生动物的生理状况　当鱼等处于饥饿状态时，开始摄食有所增加，随后逐渐下降，直到恒定。长期饥饿会抑制食欲。患病、繁殖期间摄食水平一般均会下降，甚至停食。当鱼等处于应激状态下，会降低摄食水平，其影响程度因种而异，影响因素多种多样。但一旦达到饱食，其食欲就会下降，甚至停止摄食。摄食的最适间隔应相应于胃肠的排空时间和必要开始摄食的时间，即当食欲出现较大的最短禁食时间（Brett，1971）。所以掌握饲养动物的食欲与饱食之间的关系显得较为重要，因为由此可确定饲料的需要量，决定投饲次数和投饲的持续时间，从而调节饲料最大的消耗量，提高饲料转换率，达到促进生长之目的。

2. 鱼的体重　随着鱼体的生长，体重随之增加，其摄食量也相应增大，但其单位体重的鱼体的摄食量反而下降。如鲤在30℃50g鱼的投饲率为6.8%，800g鱼的投饲率仅为2.2%。虹鳟最大摄食量（R）与体重（W）的关系为：$R = 0.024W^{1.7}$（Grove 等，1978）。

3. 水温　饲养水生动物在其适宜的水温范围内与饲料消耗呈正相关。以鱼类为例，水温升高，代谢率增加，饲料消化时间缩短，摄食量增加，则投饲量也应增加。如鲢在水温8～10℃以上时开始摄食，在16～18℃以上时，鲢日消耗饲料量急速增加，生长加快。夏季水温26～32℃，摄食最盛，生长最快。水温从16.5℃上升至22℃时，其消化率从46%上升至68%（何志辉，1987）。

4. 饲料的营养组成及饲料颗粒大小和丰度　饲料质量的好坏与投饲量直接有关。一般来说，饲料质量高，投饲量可相应减少；反之，投饲量则相应提高。特别是饲料蛋白质含量对投饲量影响最大。其次，饲料颗粒大小和丰度直接影响鱼类等饲养水生动物的摄食强度。饲料颗粒大小和丰度适宜，可提高食物碰见率，摄食耗能降低。在饲料的投喂过程中，饲料的投喂量与饲养水生动物的食欲应相匹配，食物的理化特性（特别是食物颗粒的大小）必须与鱼类等动物相适应，使饲养水生动物摄食的时间最短和耗能量小。何志辉（1987）研究了鲢仔鱼对象鼻蚤、细菌和轮虫的摄取与生长的关系，发现体长7.3mm的鲢，虽然对象鼻蚤、细菌和轮虫的同化率在60%以上，但只有食用适口的轮虫能增重，其他的饵料均因食物颗粒太大或太小，仔鱼不易获得，能量完全消耗于摄食活动中，仔鱼不但不能生长，反而体重减轻。

除上述因素外，影响摄食强度的因素还有投饲方法、饲养水生动物的种类等因素。不同的饲养水生动物，因其对饲料消化利用能力的不同，摄食量不同，故其投饲量也不一样。对鱼类而言，一般草食性鱼类的投饲量最高，杂食性鱼类居中，肉食性鱼类最低。

（四）摄食效率　摄食既有收获（从食物中获得能量与营养物质），也有消耗（寻找和处理捕获物所消耗的能量），能达到最佳摄食，即摄食较为有效和能量净收入高的个体，就具有较强的适应性，也能较好地生长与发育。摄食是为了获得最大的净能收入（获得的能量减去摄食和消化吸收食物时所消耗的能量）。因此，食物的正常活动能力大小、形状、可见度、个体大小和逃避能力等均影响饲养水生动物摄食的选择和摄食效率。同时，水环境中的光照、湿度和溶氧等也会影响摄食效率。人工配合饲料在配制过程中，就必须考虑影响饲养水生动物摄食效率的因素，以便提高饲料的利用率。

二、消化与吸收

饲养的水生动物中消化与吸收研究较多的是鱼类，其他水生动物的系统研究较少，多数是一些零星资料，在此主要以鱼类为例介绍其消化与吸收。鱼类采食饲料后，在其消化道内进行营养物质的消化与吸收，所以其消化与吸收生理对饲料的配制和加工起着重要的指导作用。

（一）消化吸收器官　由于鱼类学及鱼类生理学等课程中已有较详细的叙述，这里仅从营养学的角度作一简要介绍。鱼类的食性是其消化组织结构的反映，故不同食性和摄食方式的鱼类，其消化器官也有较大的差异。一般鱼类的消化器官呈管道结构，始于口腔，经食道、胃（或无胃）和肠，止于肛门以及附属腺。

1. **口腔**　口腔是摄食器官，内生味蕾、齿和舌等辅助构造，具有食物选择、破碎和吞咽等辅助功能。而鳃耙具有滤食功能，其发达程度与食性有关。

2. **食道**　食道通常短而粗，壁较厚，内面覆盖黏膜，分泌黏液，便于通过食物团。食道前端有味蕾分布，肌肉层发达，收缩时可将食物团送下或吐出不适物体。鲤食道上有淀粉酶、麦芽糖酶和蛋白酶，罗非鱼的食道上有淀粉酶和脂肪酶，有助于食物的消化。

3. **胃**　胃是消化道的膨大部分。形态变化较大，与食性无直接关系，多半与其生态条件有关，如与饲料的性状、摄食量、投饲次数、消化能力和昼夜行动的差异等诸多因素有关。鲤科鱼类无胃。有胃的鱼类可通过在单位时间内连续投喂所能摄取的最大饲料量来确定其饱食量，饱食量与体重之比一般在 $8.4\%\sim18.9\%$。无胃鱼是不断摄食的，难以确定摄食量和饱食量。有胃鱼类大都能分泌酸性胃液，胃液由胃酸（盐酸）、胃蛋白酶和黏液组成。胃液分泌的质和量随饲料性质而变化，如投煮熟的牛肠、牛胰脏、豆类比投桡足类和摇蚊幼虫的活饵料，胃液分泌更盛。各种鱼类胃蛋白酶活性，肉食性鱼类最高，杂食性鱼类居中，草食性鱼类最低。

4. **肠**　肠道是消化食物和吸收营养物质的重要场所，对于无胃的鲤科鱼类来说更是如此。多数鱼类无真正的肠腺。肠道的长短与鱼类的食性一致。一般来说，肉食性鱼肠较短，直管状或有一弯曲，如鳜、鲇肠长为体长的 $1/4\sim1/3$；草食性鱼类肠较长，盘绕于腹腔中，有较多的盘曲（如草鱼），肠长为体长的 $2\sim5$ 倍，有的甚至达 15 倍之多；杂食性鱼类的肠长介于上述两者之间。肠长也随年龄的增长而增长，如体长为 6mm 的鲫肠长与体长之比为 0.4，20mm 时为 1，140mm 时为 2。摄取不同的食物，肠长也会随之发生变化。投喂水蚤 3 个月以上的鲤，肠长与体长之比值为 2.3；投喂马铃薯和大麦的鲤，其比值为 2.74，肠长增大。如水环境条件差，常呈饥饿状态，水体空间狭小会使肠缩短。反之，肠道经常使用，加强了刺激，在一定限度内肠道会增长，表面积亦会扩大。进入肠道的食糜受到肠运动的机械性消化和酶的分解，使营养物质被进一步消化。经过肠道的消化作用后，大部分营养物质成为可被吸收的简单物质，被肠的黏膜上皮细胞吸收，不能消化的食物残渣进入后肠经肛门排出体外。至此，消化吸收过程完成。为此，配合饲料不仅要营养全面，而且要有一定的体积，使饲料在鱼的肠道内具有一定充盈度，刺激肠道蠕动和消化液的分泌，从而完成饲料的消化与吸收。

5. 消化腺与消化酶　鱼类的消化腺有两类，一类是埋在消化管壁内的消化腺，如胃腺和肠腺等；另一类是位于消化道附近的消化腺，如肝脏、胰脏或肝胰脏，由导管输出消化酶等物质。

鲤科鱼类的肝脏无一定形状，弥散在肠系膜上，而且混杂着胰脏组织，故称为肝胰脏。多数鱼类肝、胰脏分开。肝脏的机能状态决定了机体的营养与健康状况：①肝脏的颜色一般呈棕褐色（鲛、鳙肝脏为白色），当患病或食用多量淀粉或油脂时，往往肝脏的颜色会发生变化。因此，肝脏颜色是判断鱼的营养状况和健康状况的指标之一。②肝脏是机体的代谢中心器官，是进行脂肪合成、氧化和物质转换的场所。同时具有解毒、贮存糖原和脂肪、维生素的功能。③胆汁是由肝脏生成的，由肝管进入胆囊贮存起来。摄食后，经反射活动使胆囊收缩，胆管括约肌松弛，胆汁向肠内释放。胆汁能激活胰酯酶原为胰酯酶，从而加强对脂肪的消化和乳化脂质，促进肠道的吸收，能使淀粉酶、胰蛋白酶和胰脂酶的作用成倍增强，促进肠的蠕动。

表 1-3　鲤鱼、黄蟹鱼和大眼鲥鲈各消化器官的消化酶活性（U）比较

（周景祥等，2001）

种类	蛋 白 酶			淀 粉 酶		
	肝胰脏	胃	肠道	肝胰脏	胃	肠道
鲤　鱼	70.8±10.03	—	64.8±9.6	667.7±50.4	—	489.8±70.2
黄蟹鱼	39.5±2.6	107.8±10.6	97.5±4.3	108.7±7.8	354.3±80.1	253.4±21.4
大眼鲥鲈	1 370.5±52.0	2 479.0±57.0	2 113.0±180.0	22.6±7.5	10.9±3.7	40.1±8.9

鱼类胰脏有内分泌和外分泌两方面的功能。内分泌部分为胰岛，分泌胰岛素；外分泌部分分泌消化酶，有蛋白酶、酯酶和糖酶等。对蛋白质、脂肪、碳水化合物的消化起着重要的作用。

对虾的消化腺主要是肝胰脏（中肠腺）。虾类可分泌胰蛋白酶、脂肪酶与酯酶、α-淀粉酶、纤维素酶和几丁质酶、壳二糖酶等。

（二）食物的消化与吸收　自然界中的食物多数是大分子的有机物质，难以直接被机体利用，必须通过机械的（齿的研磨、消化道的运动搅拌作用）、化学的（消化酶的分解作用）和微生物的作用使之成为小分子的可溶性物质，如小肽、氨基酸、脂肪酸、甘油和葡萄糖等，变成能被机体吸收利用的形式，这个生理过程称为"消化"。经过消化后的小而简单的营养物质被消化道（主要是肠）吸收进入机体内环境被机体利用的过程，就是所谓的"吸收"。消化与吸收是两个密切相关的过程。影响它们的因素是多方面的，如水生动物的种类、生长发育阶段、生理状态，饲料的性质、加工处理方式，饲养管理措施、投

饲率和水温等等。

1. **消化吸收途径和机制**　水产动物摄入的饲料经消化系统的机械处理和酶（来自于动物本身和微生物）的消化分解，逐步降解为可吸收的养分而被消化道上皮吸收。机械处理的主要作用是增加消化酶与食物的接触面积，使其充分混合，从而提高消化效率。消化后的小而简单的可溶性混合物质，进入肠黏膜上皮的微绒毛刷状缘，再转运入细胞内进一步被降解为单糖、氨基酸等简单化合物，最后被吸收并运输到身体各部位被利用。养分吸收的主要方式或途径有：①胞饮作用，是细胞直接吞噬食物微粒的过程。细胞通过伸出伪足或与物质接触处的膜内陷，从而将这些物质包入细胞内。以这种方式吸收的物质，可以是分子形式，也可以是团块或聚集物形式。鱼、虾类的消化道中仍然存在这种吸收方式。②被动吸收，是通过滤过、渗透、简单扩散和易化扩散（需要载体）等几种形式，将消化了的营养物质吸收进入血液和淋巴系统，这种吸收形式不需要消耗机体能量，如小分子的肽、部分氨基酸、各种离子和水等；③主动运输，是一种需要中间载体逆浓度的耗能的主动吸收过程，是依靠细胞壁"泵蛋白"来完成的一种逆电化学梯度的物质转运形式，这种吸收形式是高等动物吸收营养物质的主要方式。如肽、脂类、维生素等的吸收。

2. **营养物质的消化吸收**

（1）蛋白质和氨基酸消化吸收。蛋白质的消化起始于胃。首先盐酸使之变性，蛋白质立体的三维结构被分解，肽键暴露；接着在胃蛋白酶、十二指肠胰蛋白酶和糜蛋白酶等内切酶的作用下，蛋白质分子降解为含氨基酸数目不等的各种多肽。随后在小肠中，多肽经胰腺分泌的羧基肽酶和氨基肽酶等外切酶的作用，进一步降解为游离氨基酸和寡肽。$2\sim3$个肽键的寡肽能被肠黏膜直接吸收或经二肽酶等水解为氨基酸后被吸收。鱼类对蛋白质的消化吸收能力较高，对动物蛋白的消化吸收率大都在90%以上。对植物蛋白的消化吸收率稍差，但对豆类蛋白质的消化吸收率也较高，多在70%～80%。在一定程度上，饲料蛋白质含量越高，蛋白质的消化吸收率也越好。如果饲料中蛋白质含量下降，碳水化合物含量升高，蛋白质的表观消化率就会下降，而真消化率几乎不变。脂肪含量对蛋白质消化率几乎没有影响。饲料中难于消化物含量的提高，会降低对蛋白质的消化率。饲料中的含水量升高会降低蛋白质的消化率。饲料中蛋白质颗粒越细，消化吸收率越好。蛋白质消化吸收率因鱼的生长阶段不同而有差异，稚鱼期低于成鱼期。

鱼对各种氨基酸的吸收速度不一样，其吸收速度顺序为：甘氨酸＞丙氨酸＞胱氨酸＞谷氨酸＞缬氨酸＞蛋氨酸＞亮氨酸＞色氨酸＞异亮氨酸。L型氨基酸比D型氨基酸容易吸收。机体对氨基酸的吸收转运存在竞争，如L-缬氨酸和L-蛋氨酸会抑制对L-亮氨酸的吸收与转运。大部分氨基酸的吸收有温度适应性，如冷水性鱼类比温水性鱼类吸收氨基酸的速度要高。消化道不同部位对蛋白质（氨基酸）的消化吸收不一样。如陈光明等（1988）发现，尼罗罗非鱼消化道不同部位对酪蛋白和氨基酸消化率不同：胃为65.17%和17.22%；前肠为85.49%和90.21%；后肠为91.02%和93.16%。

（2）碳水化合物的消化吸收。营养性碳水化合物主要在消化道前段（口腔到回肠末端）消化吸收，而结构性碳水化合物主要在消化道后段（回肠末端以后）消化吸收；养分的变化则以淀粉形成葡萄糖为主，以粗纤维形成低级脂肪酸为辅，主要消化部位在小肠。

不同鱼类，淀粉酶活性不同。一般来说，草食性和杂食性鱼类比肉食性鱼类的淀粉酶活性要强，但与各自的蛋白酶相比，淀粉酶活性很低，很难将碳水化合物（淀粉）消化吸收转化为能量。而猪、禽对淀粉消化能力很强，碳水化合物是其主要的能量来源。从表 1-4 中可以看出，水生动物蛋白质消化率平均为 90.00％，而碳水化合物平均为 47.92％，蛋白质消化率高于碳水化合物消化率 42.08 个百分点。而猪、鸡对蛋白质和碳水化合物的消化率差别不大。

表 1-4　鱼类、猪、禽对蛋白质和碳水化合物的消化率（％）

（引自李德发，中国饲料大全）

种　类	蛋白质消化率		碳水化合物消化率		资料来源
	原料	消化率	原料	消化率	
虹　鳟	玉米蛋白粉	87.00	玉米蛋白粉	24.00	Smith, 1977
鲤　鱼	小　麦	83～86	小　麦	43.60	Scerbina, 1973
草　鱼	豆　粕	96.00	豆　粕	52.00	Law, 1986
斑点叉尾鮰	小　麦	92.00	小　麦	59.00	NRC, 1993
罗非鱼	小　麦	90.00	小　麦	61.00	Popma, 1982
猪	玉　米	85.00	玉　米	89.50	NRC, 1988
鸡	玉米蛋白粉	92.80	玉米蛋白粉	86.40	NRC, 1994

一般认为，鱼类对粗纤维是不能消化吸收的。但是，适量的纤维能促进肠道蠕动，有助于其他营养素的消化吸收和粪便排出，而过多的粗纤维会显著降低其他营养素尤其是蛋白质的利用率。因此，草食性鱼类饲料中粗纤维含量不宜超过 17％，杂食性鱼类不宜超过 12％，肉食性鱼类应低于 8％。

（3）脂肪的消化吸收。脂类进入小肠后与大量胰液和胆汁混合，在肠蠕动影响下，脂类乳化便于与胰脂酶在油—水交界面上充分接触。在胰脂酶作用下甘油三酯水解产生甘油一酯和游离脂肪酸。磷脂由磷脂酶水解成溶血性卵磷脂。胆固醇酯由胆固醇酯水解酶水解成胆固醇和脂肪酸。甘油一酯、脂肪酸和胆酸均具有极性和非极性基团，三者可聚合在一起形成水溶性的适于吸收的混合乳糜微粒（mixed micellae）。当混合乳糜微粒与肠绒毛膜接触时即破裂，所释放出的脂类水解产物被肠黏膜上皮细胞吸收。脂肪的吸收部位主要在肠前部或幽门盲囊，若饲料脂肪过多，吸收作用可延至肠的后端。饲料脂肪成分对鱼体脂肪组成的影响较大，除影响鱼体及内脏脂肪含量外，还对鱼体的味道、鲜度有不良影响。因此，在选择脂肪原料时要多加注意。

三、消化率及其主要影响因素

食物的营养物质必须被饲养动物消化吸收才有意义，然而，饲料中的营养物质，其可消化性则因饲料性质与动物种类的不同而有着不同程度的差异。因此，在饲料营养价值评定中，需要测定饲料中各种营养物质的可消化程度。

（一）消化率　消化率是以百分数表示的可消化营养物质占饲料中该物质总量的比值。其简单表达式如下：

$$营养物质消化率 = \frac{摄入营养物质总量 - 粪中营养物质量}{摄入营养物质总量} \times 100\%$$

该消化率叫表观消化率，因为测定过程中未将非直接来源于饲料的物质（肠道脱落的黏膜上皮、消化液和微生物等）扣除。而将粪中非直接来源于饲料的物质扣除后计算的消化率，则称为真消化率。它们的测定方法是通过消化试验来测定。由于表观消化率的测定程序比较简便，因而现今在饲料营养价值评定中所测得的消化率参数，通常多为表观消化率。表 1-5 列出了草鱼对部分饲料的消化率。

表 1-5　草鱼对部分能量饲料的表观消化率（%）

（罗莉等，2001）

饲　　料	干　物　质	蛋　白　质	脂　肪
玉　米	75.01	81.12	76.45
麦　麸	70.61	83.72	70.25
次　粉	70.32	83.22	70.49
米　糠	66.05	84.67	71.62
标　粉	75.64	81.87	77.29
小　麦	78.28	87.88	79.27
大　麦	69.82	79.57	69.55
玉米糠	70.61	83.06	78.02
稻　谷	67.09	81.06	72.20

　　（二）影响消化率的主要因素　饲料营养物质的消化率受诸多因素的影响，即使同一饲料，在不同条件下其消化率也不同。影响消化率的因素较多，主要因素如下：

　　1. 动物因素

　　（1）水生动物种类。由于饲养的水生动物种类不同，其消化器官机能有很大的差异，尤其是消化酶的种类和活性将显著影响对不同饲料的消化率。如鲤鱼对玉米蛋白质的消化率为 66%，金鱼高达 96%。所以在测定饲料消化率时，对不同种类水生动物应分别进行，而不能将某种饲养水生动物的测定结果转而应用到其他种类动物。

　　（2）水生动物年龄、食性和生理状态。一般幼鱼的消化能力较弱，消化酶种类不全，活性也较低，故在幼鱼阶段应给予易消化的蛋白质饲料。不同食性的鱼类对同一种饲料的消化率是不同的，如草鱼对花生饼粕为主要蛋白质来源的配合饲料，其有机物消化率为 50.4%，蛋白质消化率为 91.2%，而鲤鱼分别为 55.4% 和 94.9%（丁明等，1985）。鱼类在快速生长期的消化率要略高一些，而在应激和疾病状态下则要低一些。

　　2. 饲料因素

　　（1）饲料的种类、成分。不同种类的饲料，鱼、虾各种类之间对其消化率是不同的。如金鱼对玉米蛋白质的消化率为 96%，对脱脂蚕蛹的消化率为 87%。饲料成分差异大，其消化率变异也大。

　　（2）投饲率。当每次的投饲量增加时消化率下降。在摄食饱和度适中时，饲料中蛋白质、脂肪和碳水化合物的消化率最高。

　　（3）饲料加工工艺。各种工艺对营养成分的物理、化学特性均产生不同程度的影响，从而有可能影响其消化率。如原料的粉碎程度不仅影响饲料的消化率，而且影响饲料颗粒在水中的稳定性。一般来说，在一定范围内粉碎得越细，消化率就越高。如过 10～30 目筛的白鱼粉，虹鳟对它的消化率为 11%；过孔径 0.36～0.61mm（30～50 目）筛时，消化率为51%，过孔径0.36mm（50目）筛以上，消化率为73%；过孔径0.13mm（120目）筛以上时，消化率便没有什么差异了（尾崎久雄，1985）。蒸汽加热调质对消化率也会有影响，温和的热调质可使蛋白质变性，有利于消化吸收，大豆蛋白经热处理，使抗胰蛋白酶因子失活，利于消化。生淀粉加热熟化能提高其消化率。然而长时间高温加热，会产生消化酶不易分解的化合物，因而降低消化率。所以饲料加工贮藏时就应考虑这一点。

3. **其他**　饲养管理技术、饲喂水平等因素都会对饲料的消化率产生较大的影响。另外，水温对消化率也有较大的影响，主要体现在对消化道内酶活性的影响。对于温水性鱼类来说，当水温低于其适宜温度范围时，则会使消化率下降。

复 习 思 考 题

1. 鱼类的食性通常分为哪几类。影响食性的因素有哪些？

2. 简要介绍不同种类水产动物的食性。举例说明在饲料选择配制中，应如何与其食性相一致？

3. 简要介绍各类水产动物的食性。

4. 水产动物对各营养物质的消化吸收特点如何？对水产动物的饲养有何意义？

5. 什么叫消化率？在消化率的测定中应注意哪些问题？如何收集水产动物的粪便？

6. 影响水产动物消化率的因素有哪些？试讨论提高饲料消化率的措施。

7. 哪些因素影响水产动物的摄食强度？

实 验 实 训

实验一　水生动物饲料表观消化率的测定

一、目　的

通过该实验使学生了解和掌握指示剂法测定消化率的方法和原理，从而为学生今后分析测试某种饲料原料中某种营养成分的消化率打下基础。

二、药品及器材

水族箱、试验鱼（黄颡鱼、鲤鱼、草鱼等）、橡皮管、吸球、滤纸、比色管、Cr_2O_3 标准液、凯氏定氮测定仪、Cr_2O_3、检测饲料、烧杯或锥形瓶、培养皿、增氧器、漏斗。

其他分析药品及试剂参见实验技能的相关部分。

三、原　　理

指示剂法的原理是利用在饲料中存在的盐酸不溶灰分或人工均匀掺入一种完全不被消化吸收的指示剂（Cr_2O_3），它可以随食物在消化道内一起移动，本身无毒，也不妨碍饲料的适口性和营养物质的消化吸收，且定量容易。这样，根据指示剂及营养成分在饲料和粪便中的含量变化，便可计算出营养成分的消化率。

四、操作方法

1. 实验设计

（1）以测定某种配合饲料中粗蛋白的消化率为例。首先预配合好饲料，并将指示剂（Cr_2O_3，在饲料中的添加量应在 1%～3%）按逐级放大的方式均匀混入饲料，充分混合后 Cr_2O_3 含量的变异系数小于 5%。

（2）以试养草鱼为例，在水族箱内装好充氧设备并试养 10 尾左右体长、体重相同（150～200g）的雄性个体。试验期间水质保持在溶解氧 6mg/L 以上，pH6.5 左右，水温 $23\pm1℃$。用待测饲料预饲 1 周，每天投饵 3 次（8：30，12：30，18：00），投饵量为鱼体重的 2%，每次投饵 0.5h 后清除筛网上的残饵及排泄物，用橡皮管进行虹吸排除粪便，此阶段不收集粪便。

（3）试验期，经预饲期后，开始正式实验（饲养管理同预饲期），每天收集粪便，多收集几天，收集方法可用橡皮管吸包膜完整的粪便，再经过滤收集粪便。然后将几天收集的粪便混合均匀，70℃烘干（最好用冷冻干燥法）备用。

2. 测定　将粪便转入分解瓶，按照粗蛋白质定量的方法分解、蒸馏和滴定测定粪便中的粗蛋白质含量，然后利用凯氏定氮的消化液，通过比色法测定 Cr_2O_3 的含量（参见附录）。用同样的分析方法测定饲料的粗蛋白含量及 Cr_2O_3 的含量。

3. 计算　计算公式为：

$$D = \left[1 - \left(\frac{A' \times B}{A \times B'}\right)\right] \times 100\%$$

式中：D——饲料中某种营养物质的消化率（%）；

A——饲料中某营养物质的含量（%）；

A'——粪便中相应营养物质的含量（%）；

B——饲料中指示剂的含量（%）；

B'——粪便中指示剂的含量（％）。

附：混合日粮或粪样中 Cr_2O_3 的分析测定

1. 称风干混合日粮或粪样约 0.2g～0.5g，放入 100ml 干燥的凯氏烧瓶中，再加入 5ml 氧化剂。将凯氏烧瓶放置在毒气柜中具有石棉网的电炉上，用小火燃烧。时时转动凯氏烧瓶，加热约 10min 左右。待瓶中溶液呈橙色，消化作用即告完成。如溶液中有黑色炭粒时，说明消化作用不完全，需补加少量氧化剂继续加热。

2. 消化完毕，将凯氏烧瓶冷却后，加入 10ml 蒸馏水，摇匀。将瓶中溶液转移入 100ml 的容量瓶中。应再用蒸馏水冲洗凯氏烧瓶数次，将此洗液一并注入上述容量瓶中，直至凯氏烧瓶洗净为止。然后加蒸馏水稀释至容量瓶刻度处，摇匀。

3. 比色。以蒸馏水为空白对照，在光电比色计的 440nm 与 480nm 光波下测定样本溶液 Cr_2O_3 的光密度。再根据 Cr_2O_3 的标准曲线求得样本中 Cr_2O_3 的百分含量。

4. Cr_2O_3 标准曲线的制作。称取绿色粉状的 Cr_2O_3 0.05g 于 100ml 干燥的凯氏烧瓶中。加氧化剂 5ml〔氧化剂配法：溶解 10g 钼酸钠于 150ml 蒸馏水中，慢慢加入 150ml 浓硫酸（密度 1.84）。冷却后，加 200ml 过氯酸（70％～72％），混匀。〕，将凯氏烧瓶在电炉上用小火消化，直至瓶中溶液呈透明为止。然后此液移入 100ml 容量瓶中，稀释至刻度。吸取瓶内溶液放入若干个 50ml 带盖量筒中。筒内再加入不等量的蒸馏水，配成一系列不同浓度的标准溶液，然后在光电比色计中 440nm 与 480nm 光波下测定溶液的光密度。根据溶液浓度及光密度读数，可画出 Cr_2O_3 的标准曲线，作为测定饲粮及粪样中 Cr_2O_3 含量时的参考。

第2章 水生动物营养基础

水生动物为了生存、生长和繁衍后代，需要从食物中获得某些化学物质，即营养素。水产动物所需要的营养素包括蛋白质、氨基酸、脂肪、糖类、矿物质和维生素等，营养素不足，会影响其生长、繁殖乃至健康，过多的营养素也会产生不利的影响。

本章主要介绍水生动物的蛋白质、碳水化合物、脂类、维生素、矿物质和能量的营养基础知识，并对各类营养物质的相互关系作简要介绍。

第一节　概　　述

一、水生动物营养

水生动物生活在各种水域环境中，为了生存，必须不断地从外界摄取食物，以满足动物体对各种营养物质的需要。而生物生命活动的过程，实际上就是新陈代谢的过程。新陈代谢包括合成代谢和分解代谢两个同时进行的过程，以及物质代谢和能量代谢两个同时进行的方面。机体要生存，就必须不断地从外界环境中摄取食物，经消化、吸收，并在体内进行一系列生化反应，以维持生命活动和建造自身组织，从而能正常地生活、生长、发育和繁殖，并将不能消化吸收的食物残渣及代谢废物排出体外。

动物营养是指动物摄取、消化、吸收、利用饲料中营养物质的全过程，是一系列化学、物理及生理变化过程的总称。食物中所含有的具有营养作用的物质称为营养素或营养物质，营养素可以是简单的化学元素，如钙、磷、镁、钠、氯、钾、硫、铁、铜、锰、锌、硒、碘、钴等，也可以是复杂的化合物，如蛋白质、脂肪、碳水化合物和各种维生素等。

水生动物营养学就是研究水生动物的饲（饵）料摄入与其生命活动（包括生产）关系的科学。其主要目的是以营养学原理为基础，结合生理生化知识，探讨营养素的营养生理作用，阐述水生动物的营养代谢、营养调控规律以及营养需要的关系，并结合饲料学的知识，以指导生产实践，达到水产动物的高效、生态养殖。其研究内容主要包括，水生动物对各种营养素的摄取、消化、吸收和利用情况；各种营养素对水生动物的营养作用（生理功能）；各种营养性疾病的发生病因及其防治措施；水生动物正常生长、发育和繁殖时对各种营养的最适需求量等。实际上，一个小生命的产生之初（精子和卵子结合成受精卵那一刻）就开始进行营养活动，此时，水生动物一般是利用从母体带来的营养物质——卵黄进行生命活动，此阶段称为内源营养阶段；当卵黄中的营养物质即将消耗完毕之前，这个小生命的消化系统也发育到了一定程度，对环境中的适口食物能够摄取、消化和吸收，此时，同时利用卵黄和食物中的营养物质进行生命活动，因此，此阶段称为混合营养阶段；当卵黄中的营养物质消耗完毕之后，这个小生命完全依靠食物中的营养物质进行生命活动，故此阶段称为外源营养阶段。在粗放养殖的情况下，水生动物的食物完全来自于天然食物，无人工投喂，因此，也不需要营养学知识。可是，在高密度的集约化养殖条件下，水体中的天然食物已远远不能满足水生动物的生理需要。为满足其需要，必须投喂人工饲料。为了使人工饲料得以充分利用，同时又能充分发挥水生动物的生长潜力，势必要研究水生动物的食性、摄食方式、对人工饲料的消化率及对各种营养素的需求量等。因此，学习水生动物营养学的目的是，根据水生动物的营养特性及对各种营养素的需求情况，为配制促进水生动物健康而迅速生长、发育和繁殖的配合饲料提供理论依据，从而提高水产品的养殖产量和经济效益。

二、水生动物及饲料的化学组成

　　生活在各种水域环境中的水生动物和陆生动物一样，必须从外界摄取食物（饲料或饵料），经过消化、吸收，转换为自身物质，得以生存，进行生长、发育等一系列的生命活动。因而，对水生动物来说，摄取饲料的过程实际上就是摄取营养素的过程。而所谓饲料，就是能提供饲养动物所需养分，保证健康，促进生产和生长，且在合理使用下不发生有害作用。因此，了解饲料与水生动物体的组成成分及其差异，是学习和研究水生动物营养的首要任务。

　　（一）饲料与水生动物体的化学组成　　饲料与水生动物体均由各种化学元素组成，据现代化学分析，动物、植物体内约有 60 余种化学元素，如碳、氢、氧、氮、硫、钙、磷、氯、钾、钠、镁、铁、铜、锌和碘等，其中以碳、氢、氧和氮 4 种元素所占比例最大，在植物中占 95% 左右，在动物体内约占 91%。绝大部分化学元素相互结合，构成复杂的有机化合物和无机化合物，存在于饲料和水生动物体中。按常规的分析方法分析，动物和植物体的化合物主要为水分、粗蛋白质、粗脂肪或醚浸出物、碳水化合物、粗灰分和维生素六大成分（图 2-1）。因此，饲料与水生动物在化学元素、化合物组成上种类基本相同。

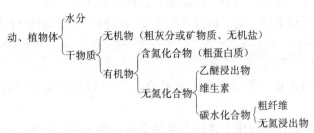

图 2-1　动、植物的组成

（二）饲料与水生动物体的组成差异　水生动物的组成与饲料虽有相同的一面，但在养分种类、数量上又有较大的差异。表 2-1 列出了一些植物性饲料与鱼在组成上的异同。

表 2-1　植物性饲料及鱼肉、鱼粉中一般营养成分的含量比较（%）

种　类	水分	蛋白质	脂肪	碳水化合物	灰分	磷	钙
植株（新鲜）							
玉　米	66.4	2.6	0.9	28.7	1.4	0.08	0.09
苜　蓿	74.1	5.7	1.1	16.8	2.4	0.07	0.44
猫尾草	72.4	3.5	1.2	20.7	2.2	0.10	0.16
植物产品（风干）							
苜蓿叶	10.6	22.5	2.4	55.6	8.9	0.24	0.22
苜蓿茎	10.9	9.7	1.1	74.6	3.7	0.17	0.82
玉米籽实	14.6	8.9	3.9	71.3	1.3	0.27	0.02
玉米秸	15.6	5.7	1.1	71.4	6.2	0.08	0.50
大豆籽实	9.1	37.9	17.4	30.7	4.9	0.58	0.24
猫尾干草	11.4	6.3	2.3	75.6	4.5	0.15	0.36
鲤　鱼	70.81	17.59	5.54	—	1.08	—	—
真　鲷	78.75	14.53	2.54	1.94	1.53		
平　鲷	79.01	13.60	2.05	1.84	2.04		
黑　鲷	81.18	13.12	2.53	1.31	1.21		
鱼粉（饲料）	<12	>50	4～12	1～4	14～24	2.8～3.5	3.8～7.0

根据 Maynard，L. A. 等（1979）、朱健等（2000）、张纹等（2001）和中国饲料数据库（2002）的资料整理。

根据表 2-1 以及目前众多有关饲料与动物在元素、化合物种类、数量上的差异，饲料与水生动物在组成的种类及数量上有以下不同：

1. 化学元素

（1）动物体的钙、磷含量大大超过植物性饲料中的含量。而且，植物性饲料中的磷主要是植酸磷，动物体中多为磷酸盐。

（2）动物体与植物性饲料比较，钠多钾少。

2. 化合物种类

（1）植物性饲料中均含有粗纤维；而动物体内则不含有粗纤维。

（2）植物性饲料中的粗蛋白质包括众多的非蛋白含氮物；而动物体内除蛋白质外，还有游离氨基酸、激素、核酸和核苷酸等。

（3）在植物性饲料脂肪中，除中性脂肪与脂肪酸外，还有色素、蜡质、磷脂和挥发油等；而在鱼体中则只含有中性脂肪、脂肪酸和各种脂溶性维生素。

（4）在植物性饲料中所含的无氮浸出物主要为淀粉；而在动物体内的无氮浸出物中则仅有糖原和葡萄糖。

3. 化合物含量

（1）碳水化合物在植物性饲料中含量较高，约占75％；而在动物体内含量则很少，不到1％。

（2）蛋白质在植物性饲料中的含量变动范围大，即1.40％～62.60％；而在水生动物体内则变动较小；脂肪亦然。

（3）植物性饲料中水分含量变动范围很大，即5％～95％；而动物体内水分虽有变化，但变化比较恒定，即60％～80％。

（4）植物性饲料中的粗灰分的含量变动范围大；而在水生动物体内灰分变动范围小。

三、水生动物的营养特点

水生动物常年生活在水中，属低等变温动物，由于生活环境的特殊性，而导致在营养上与陆生高等恒温动物有所差别。归纳起来有以下几方面：

1. 对能量的利用率高　水生动物体温随水环境温度变化而变化，略高于水温0.5℃，远比恒温动物低，因而用于维持体温和基础代谢消耗的能量少；鱼类的氮代谢废物主要是氨，畜禽的氮代谢废物主要是尿素和尿酸，鱼的氮代谢废物排出体外时带走的能量较少；鱼的氮代谢废物主要从鳃排出体外，而陆生动物则主要从肾脏、以尿的形式排出，鱼类排出氮代谢废物耗能少；水的浮力大，鱼类在水中保持体位所消耗的能量远比陆生动物低。鱼的体形为流线型，在水中运动克服水阻力小，因此，鱼类生长所需能量约为陆生动物的50％～67％。

2. 对人工饲料的需求量相对较少　水生动物生活于天然或人工水域中，不论哪种食性的水生动物，均可直接或间接地摄取天然饵料，通过鳃或皮肤直接吸收水中无机盐。因此，水生动物比陆生动物使用人工饲料（包括无机盐、维生素与其他活性物质）相对要节省，尤其在池塘稀养和大水面养殖中更是明显。

3. 对饲料的消化率低　水生动物消化器官分化简单且短小，消化道与体长之比要比陆生动物小得多。消化腺不发达，大部分消化酶活性不高，肠道中起消化作用的细菌种类少，数量也不多，食物在消化道中停留时间短，约为畜禽的1/5～1/3。因此，消化能力不如畜禽。

4. 对蛋白质需求量高，要求必需氨基酸种类多　水生动物对饲料中蛋白质要求量比畜禽约高2～3倍，一般畜禽饲料中蛋白质适宜范围为12％～22％，而水生动物饲料中蛋白的适宜范围为22％～55％，同时，水生动物饲料中蛋白质适宜含量与其食性、水温和溶氧等因素密切相关。

鱼类的必需氨基酸有10种，对精氨酸、赖氨酸和蛋氨酸的需求量较高，对色氨酸要求低。

5. 对脂肪的消化率高　水生动物对脂肪有较高的消化率，尤其是对低熔点脂肪，其消化率一般在90％以上。因为水生动物对碳水化合物利用率低，所以脂肪成了其重要而经济的能量来源。

对哺乳动物起主要作用的必需脂肪酸是 ω_6 脂肪酸；对水生动物则主要是 ω_3 脂肪酸和 ω_6 脂肪酸。对甲壳动物来说，除需要 ω_3 脂肪酸外，还需要磷脂和胆固醇。

6. 对碳水化合物消化率低　一般来说，淀粉等无氮浸出物是畜禽类的主要营养素，含量约在 50% 以上，是主要的能量来源。而水生动物对其利用能力较低，故其饲料中的适宜含量最多不超过 50%。

畜禽类可以消化一定量的纤维素，而水生动物几乎不能消化纤维素。

7. 对饲料中矿物质的需求量少　鱼类、甲壳类与陆生动物相比，在矿物质营养方面最主要的区别是：前者能通过鳃、皮肤渗透或通过大量吞咽从水中获得一部分矿物质，而后者仅能从食物和少量的饮水中获得，相比之下，前者对饲料中矿物质的需求量较少。

8. 对饲料中维生素的需求量大　水生动物和陆生动物相比，在维生素营养方面最主要的区别是：①水生动物的肠道短，细菌种类和数量极少，它们合成的维生素种类和数量均少，而陆生动物的情况正好相反；②陆生动物可以通过摄取粪便而从中获得部分维生素，而水生动物的这种机会很少；③鱼类合成某些维生素的能力差，如将 β-胡萝卜素转化成维生素 A 的能力差，将色氨酸转化为烟酸的能力也差；④水生动物在水中可摄取新鲜的天然食物，而其中往往含有硫胺素酶，该物质对硫胺素有很大的破坏作用；⑤水生动物饲料中的维生素在水中溶失量很大，因而水生动物对饲料中维生素的需求量大。

9. 摄食情况不易观察　水生动物多在水中摄食，对其摄食情况，人们不易观察。因此，对其投喂量不易掌握。另外，饲料中的营养物在水中有溶失现象，因而，要求饲料在水中具有很好的稳定性，特别是在水中摄食慢的水生动物的饲料，这就给研究饲料的利用率和加工技术带来了更高的要求。

10. 对营养素的需求受环境因素影响大　水生动物生活在水中，又是变温动物，因而营养需求受环境因素的影响比陆生动物大很多。

总之，水生动物与陆生动物相比，无论在营养需求方面，还是在摄食方式、摄食习性和生活环境方面均存在很大差别，因而在研究和生产其饲料时必须注意到这些问题。

第二节　蛋白质营养

"蛋白质"一词源于希腊字"Proteios"，其意思是"最初的"、"第一重要的"。蛋白质是体现生命现象的物质基础，它不但是一切细胞和组织的重要组成成分，而且还是新陈代谢过程中调节和控制生命活动的物质。因此，蛋白质是水生动物需要的营养素中最核心的要素，它直接关系到水生动物的生命活动，探讨蛋白质与水生动物营养的关系极为重要。

一、蛋白质的组成和分类

(一) 蛋白质的组成　所有蛋白质均含有碳、氢、氧和氮。有些蛋白质（如酶和激素）还含有磷、硫、铁、铜、碘、锌、硒和钼等。蛋白质中主要元素的一般含量为：碳 51.0%～55.0%，氢 6.5%～7.3%，氧 21.5%～23.5%，氮 15.5%～18.0%，硫

0.5%～2.0%,磷0～1.5%。

蛋白质是水生动物体内氮的惟一来源,即氮是蛋白质的特征性元素,多数蛋白质的含氮量相当接近,一般在14%～19%,平均为16%。故测定蛋白质,只要测定样品中的含氮量,就可以计算出蛋白质的量。这一特点是凯氏定氮法测定蛋白质含量的依据。在凯氏定氮法中,计算公式为:

粗蛋白(crude Protein,CP)含量＝氮含量(%)×6.25

蛋白质是由氨基酸构成的含氮的高分子化合物。氨基酸是构成蛋白质的基本单位,通常蛋白质是由约20种不同的氨基酸所构成。由于构成蛋白质的氨基酸种类、数量和排列顺序的不同,而形成多种多样的蛋白质。

(二)蛋白质的分类 通常按照其结构、形态和物理特性进行分类。不同分类间往往也有交错重迭的情况。一般可分为纤维蛋白、球状蛋白和结合蛋白三大类。

1. 纤维蛋白 包括胶原蛋白、弹性蛋白和角蛋白。

(1)胶原蛋白。胶原蛋白是软骨和结缔组织的主要蛋白质,一般占哺乳动物体蛋白总量的30%左右。胶原蛋白不溶于水,对动物消化酶有抗性,但在水或稀酸、稀碱中煮沸,易变成可溶的、易消化的白明胶。胶原蛋白含有大量的羟脯氨酸和少量羟赖氨酸,缺乏半胱氨酸、胱氨酸和色氨酸。

(2)弹性蛋白。弹性蛋白是弹性组织,如腱和动脉的蛋白质。弹性蛋白不能转变成白明胶。

(3)角蛋白。角蛋白是羽毛、毛发、爪、喙、蹄、角以及脑灰质、脊髓和视网膜神经的蛋白质。它们不易溶解和消化,含较多的胱氨酸(14%～15%)。

2. 球状蛋白

(1)清蛋白。主要有卵清蛋白、血清蛋白、豆清蛋白、乳清蛋白等,溶于水,加热易凝固。

(2)球蛋白。球蛋白可用5%～10%的NaCl溶液从动、植物组织中提取;其不溶或微溶于水,可溶于中性盐的稀溶液中,加热凝固。血清球蛋白、血浆纤维蛋白原、肌浆蛋白、豌豆的豆球蛋白等都属于此类蛋白。

(3)谷蛋白。麦谷蛋白、玉米谷蛋白、大米的米精蛋白属此类蛋白。不溶于水或中性溶液,而溶于稀酸或稀碱。

(4)醇溶蛋白。玉米醇溶蛋白、小麦和黑麦的麦醇溶蛋白、大麦的大麦醇溶蛋白属此类蛋白。不溶于水、无水乙醇或中性溶液,而溶于70%～80%的乙醇。

(5)组蛋白。属碱性蛋白,溶于水。组蛋白含碱性氨基酸特别多。大多数组蛋白在活细胞中与核酸结合,如血红蛋白的珠蛋白和鲭鱼精子中的鲭组蛋白。

(6)鱼精蛋白。鱼精蛋白是低分子蛋白,含碱性氨基酸多,溶于水。例如鲑鱼精子中的鲑精蛋白、鲟鱼的鲟精蛋白、鲱鱼的鲱精蛋白等。鱼精蛋白在鱼的精子细胞中与核酸结合。球蛋白比纤维蛋白易于消化,从营养学的角度看,氨基酸含量和比例也较纤维蛋白更理想。

3. 结合蛋白 结合蛋白是蛋白部分再结合一个非氨基酸的基团(辅基)。如核蛋白(脱氧核糖核蛋白、核糖体),磷蛋白(酪蛋白、胃蛋白酶),金属蛋白(细胞色素氧化酶、铜蓝蛋白），脂蛋白（卵黄球蛋白、血中 β_1-脂蛋白），色蛋白（血红蛋白、细胞色素 C、视网膜中与视紫质结合的水溶性蛋白）及糖蛋白（γ 球蛋白、半乳糖蛋白、氨基糖蛋白）等。

除了上面的分类外，也可以按营养价值高低分为完全蛋白质如全卵蛋白；部分不完全蛋白质如酪蛋白；不完全蛋白质如明胶；按其来源分为动物性蛋白质和植物性蛋白质；按其结构分为简单蛋白质、结合蛋白质和衍生蛋白质等。

二、蛋白质的生理功能

水生动物的生长主要是指依靠蛋白质在体内构成组织和器官，因此，水生动物对蛋白质的需要量比较高，约为哺乳动物和鸟类的 $2\sim4$ 倍；水生动物对糖类的利用能力较低，因此蛋白质和脂肪是水生动物能量的主要来源，这一点与畜、禽类有很大不同。水生动物和其他动物一样从外界饲料中摄取蛋白质，在消化道中经消化分解成氨基酸后被吸收利用，其生理功能如下：

1. **供给生长、更新和修补组织的材料** 蛋白质是生物细胞原生质的重要组成成分。据测定，在鱼类，蛋白质约占鱼体湿重的 $16\%\sim18\%$ 左右，除水分外，蛋白质是鱼体组织中含量最高的物质。仔鱼生长需要蛋白质组成新的细胞组织；胶原蛋白和弹性蛋白等在骨骼和结缔组织中成为鱼体的支架；细胞核蛋白在其生长过程中发挥重要作用；成鱼体内脏器官与组织细胞内的蛋白质，在不断分解破坏的同时，仍由蛋白质进行修补和更新。

2. **参与构成酶、激素和部分维生素** 蛋白质是组成生命活动所必需的各种酶、激素和部分维生素的原材料。酶的化学本质是蛋白质，如淀粉酶、胃蛋白酶、胰蛋白酶、胆碱酯酶、碳酸酶和转氨酶等。含氮激素的成分是蛋白质或其衍生物，如生长激素、甲状腺素、肾上腺素、胰岛素和促肠液激素等。有的维生素是由氨基酸转变或与蛋白质结合存在，如尼克酸可由色氨酸转化，生物素与赖氨酸的氨基结合成肽。鱼类有机体借助与酶、激素和维生素调节体内的新陈代谢，并维持其正常的生理机能。

3. **为水生动物提供能量** 绝大部分水生动物把脂肪和蛋白质作为能量来源的主要物质，如鱼类和虾类。特别是在饲料能量不足的条件下，鱼类将大量氧化氨基酸作为机体所需要的能量来源。利用饲料蛋白质作为能源，是由鱼类生理特点所决定的，因为有些鱼类利用碳水化合物的能力较差，不能将饲料碳水化合物作为机体的主要能源。因而，以蛋白质供能是鱼类要求饲料中有较高蛋白质含量的一个根本而又特殊的原因。

4. **参与机体免疫** 机体的体液免疫主要是由抗体与补体完成，而构成白细胞和抗体、补体需要有充分的蛋白质。吞噬细胞的作用与摄入蛋白质量有密切关系，大部分吞噬细胞来自骨髓、肝、脾和淋巴组织，长期缺乏蛋白质，这些组织显著萎缩，失去制造白细胞和抗体的能力，吞噬细胞在质与量上都不能维持常态，从而使机体抗病能力降低，易感染疾病。

5. **参与遗传信息的控制** 遗传的主要物质基础是脱氧核糖核酸（DNA），在细胞内，DNA 与蛋白质结合成核蛋白，并以染色质的形式存在于核内。染色质在细胞周期内的复制和分裂过程中，将遗传信息传递给子细胞。另外，蛋白质还与DNA所携带的遗传信息的表达有关。

6. **参与体液调节**　蛋白质对维持毛细血管的正常渗透压、保持水分在体内的正常分布起着重要的作用。血浆与组织液间水分不断交流，保持平衡状态，而血浆胶体渗透压是由其所含蛋白质（白蛋白）的浓度来决定。缺乏蛋白质，血浆中蛋白质含量减少，血浆胶体渗透压就会降低，组织间水分滞留过多，出现水肿。

7. **具有运输功能**　蛋白质具有运输功能，在血液中起着"载体"作用，如血红蛋白携带氧气，脂蛋白是脂类的运输形式，转铁蛋白可运输铁，甲状腺素结合球蛋白可以运输甲状腺素等。

此外，蛋白质还有参与血凝和维持血液酸碱平衡的作用。

综上所述，蛋白质在鱼类营养上具有非常重要的功能，有着特殊的地位，不能用碳水化合物和脂肪代替，必须由饲料经常供给。

三、蛋白质的代谢

饲料中的蛋白质并不能直接构成鱼体的组织蛋白质，要经过分解、吸收和再合成的过程，即蛋白质在动物体内不断发生分解和合成。在合成机体组织新的蛋白质的同时，老组织的蛋白质也在不断更新，使动物能很好地适应内、外环境的变化。被更新的组织蛋白质降解成氨基酸进入机体氨基酸代谢库，相当一部分又可重新用于合成蛋白质，只有少部分转化为其他物质。这种老组织不断更新，被更新的组织蛋白降解为氨基酸，而又重新用于合成组织蛋白质的过程称为蛋白质的周转代谢（turn-over）。蛋白质合成速率一般以合成分率表示，定义为特定蛋白质单位时间被更新的数量或者百分率，等于单位时间内蛋白质合成量除以相应的蛋白质质量，表示单位为百分率。蛋白质的降解速率可以用降解分率表示，定义方法与合成分率基本相同，但意义相反。

（一）**蛋白质的代谢**　蛋白质无论是外源性蛋白质（饲料蛋白质），或是内源性蛋白质（体组织蛋白质）均是首先分解成氨基酸，然后进行代谢。因此，蛋白质的代谢实质上乃是氨基酸的代谢。

通常，将饲料蛋白质在消化酶作用下产生的氨基酸称作外源性氨基酸；而将体组织蛋白质在组织蛋白酶（存在于细胞内）作用下分解产生的氨基酸，或由糖等非蛋白物质在体内合成的氨基酸称作内源性氨基酸。内源性氨基酸与外源性氨基酸两者联合组成氨基酸代谢池，共同进行代谢。外源性氨基酸与内源性氨基酸仅在来源上有所不同，而在代谢上则无任何实质差异。动物在维持状态下，氨基酸代谢中外源性氨基酸与内源性氨基酸的数量比约为1:2。

外源性氨基酸与内源性氨基酸，两者均经血液循环而达全身，并进入各种组织细胞进行代谢。在代谢过程中，氨基酸可用于合成组织蛋白质，供机体组织更新、生长及形成动物产品的需要；其次，各种氨基酸还具有特定的功能，可作为合成各种重要的生物活性物质的原料。未用于合成蛋白质和生物活性物质的氨基酸则在细胞内进行分解，含氮部分大都转变为代谢废物尿素、尿酸或氨等排出体外，无氮部分则氧化分解为二氧化碳和水并释放能量，或者转化为脂肪和糖原作能量贮备（图2-2）。

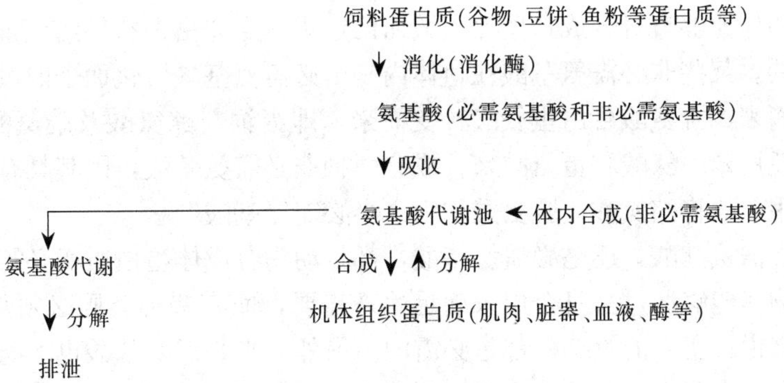

饲料蛋白质(谷物、豆饼、鱼粉等蛋白质等)

↓ 消化(消化酶)

氨基酸(必需氨基酸和非必需氨基酸)

↓ 吸收

氨基酸代谢池 ← 体内合成(非必需氨基酸)

氨基酸代谢　　　合成 ↓ ↑ 分解

↓ 分解　　　机体组织蛋白质(肌肉、脏器、血液、酶等)

排泄

图 2-2　蛋白质的代谢过程

被水生动物摄取的饲料蛋白质在消化管内消化分解为肽和氨基酸被吸收，被吸收的氨基酸在体内主要有三个方面功用：①用于组织蛋白质的更新、修复，以维持蛋白质的现状；②用于生长（蛋白质量的增加）；③作为能源消耗。

（二）蛋白质代谢平衡　　所谓蛋白质代谢平衡，是指动物所摄取的蛋白质的氮量与在粪和尿中排出的氮量之差，可用下式表示：

$$B = I - (F + U)$$

式中　B：氮的平衡；I：摄入的氮；F：粪中排出的氮量；U：尿中排出的氮量。

氮的平衡有三种情况：

1. **氮零平衡**　摄入的氮量与排出的氮量相等时称为氮平衡，即 $B = 0$，$I = F + U$。这表明，水生动物体内蛋白质分解代谢和合成代谢处于动态平衡状态。当水生动物达到最大生长时，其体重不再增加，摄入的蛋白质除补偿组织蛋白质消耗外，多余的分解供能，故表现为氮零平衡。

2. **氮正平衡**　摄入的氮量多于排出的氮量时，称为氮正平衡，即 $B > 0$。这表明，摄入的饲料蛋白质除了补偿体蛋白的消耗外，还有一部用于构成新的组织成分，表现为水生动物体重增加，体蛋白质增加。常见于正处在生长的幼鱼、幼虾等，因体内蛋白质合成代谢旺盛，体蛋白质增长，故表现为氮正平衡。

3. **氮负平衡**　通过粪和尿排出的氮量多于摄入的氮量时称为氮负平衡，即 $B < 0$。这表明，水生动物体内蛋白质的分解代谢高于合成代谢。常见于蛋白质缺乏症，导致鱼、虾的营养不良或代谢障碍或鱼病，其主要表现为鱼体消瘦，体重减轻。

四、氨基酸及肽的营养

（一）必需氨基酸与非必需氨基酸　　必需氨基酸是指在动物体内不能合成，或合成的速度和数量不能满足机体的需要，必须由饲料供给的氨基酸。鱼类的必需氨基酸经研究确定有精氨酸、组氨酸、亮氨酸、异亮氨酸、赖氨酸、蛋氨酸、苯丙氨酸、苏氨酸、色氨酸和缬氨酸等 10 种氨基酸。

非必需氨基酸是指动物体能够自身合成而不需要从饲料中获得的氨基酸，如甘氨酸、丙氨酸、天门冬氨酸、谷氨酸、丝氨酸、胱氨酸、酪氨酸和脯氨酸等鱼体内能够合成的 8

种非必需氨基酸。从营养角度来说，非必需氨基酸并非不重要，它也是体内合成蛋白质所必需，只是动物体能够自身合成这些氨基酸而已，不一定非由饲料供给，仅仅在这点上说它们是非必需的。某些非必需氨基酸在鱼体内是由必需氨基酸转化而来的，如酪氨酸可由苯丙氨酸转变而来，胱氨酸可由蛋氨酸转变而来，即当饲料酪氨酸及胱氨酸含量丰富时，在体内就不必耗用苯丙氨酸和蛋氨酸来合成这两种非必需氨基酸，因其具有节省苯丙氨酸和蛋氨酸的功用，故将酪氨酸、胱氨酸称为"半必需氨基酸"。

无论是非必需氨基酸，还是必需氨基酸，都是动物合成体蛋白质所必需的，只是某些种类氨基酸动物体能够通过自身合成来满足生理需要，而有些种类则必须从饲料中获得，从这个意义上来说，所有的氨基酸都是必需的。另外，半必需氨基酸也不能完全代替必需氨基酸，只是在一定程度上节约必需氨基酸的用量。据报道。半必需氨基酸可节约60%的相应的必需氨基酸。一般来说，鱼类的日粮中必需氨基酸和非必需氨基酸之间的比例，大致是2：3。

（二）**限制性氨基酸**　所谓限制性氨基酸，是指一定饲料或日粮的某一种或几种必需氨基酸的含量低于动物的需要量，而且由于它们的不足限制了动物对其他必需氨基酸和非必需氨基酸的利用，其中缺乏最严重的称第一限制性氨基酸，相应为第二、第三、第四等限制性氨基酸。限制性氨基酸的次序依水生动物的种类及饲料组成不同而变化。许多研究者对鲑科鱼类、鳗鲡、真鲷等所要求的必需氨基酸数量进行研究，发现鱼类对精氨酸、赖氨酸等的需要量较高，因而精氨酸成了许多饲料的限制性氨基酸，如大鳞大麻哈鱼第一限制性氨基酸是精氨酸，第二限制性氨基酸是苯丙氨酸，第三限制性氨基酸是赖氨酸；鲤鱼的第一限制性氨基酸为蛋氨酸，其次为赖氨酸和色氨酸；而黑鲷的第一限制性氨基酸为赖氨酸，第二限制性氨基酸为蛋氨酸。

饲料中由于限制性氨基酸的不足，而使其他必需氨基酸和非必需氨基酸的利用受到限制和影响。因此，为了提高蛋白质和氨基酸的利用率，生产实践中需在饲养中补充限制性氨基酸，方法是按限制性顺序依次补充，否则会加重饲粮氨基酸的不平衡，不但达不到补充氨基酸的效果，而且会产生副作用。

（三）**氨基酸平衡**　所谓氨基酸平衡，是指日粮中各种必需和非必需氨基酸的数量和相互间的比例与动物体维持、生长和繁殖的需要量保持一致。只有在日粮中氨基酸保持平衡条件下，氨基酸才能有效地被利用，吸收的氨基酸才能高效地参与生物化学反应，合成新的蛋白质。如果饲料蛋白质的必需氨基酸达到这种平衡的话，其蛋白质的生物学价值将是100。而事实上任何一种饲料蛋白质的氨基酸要达到这种平衡都是不可能的。营养学家经常以木桶结构与盛水关系，形象地解释必需氨基酸的平衡关系。它将蛋白质比喻为由20块桶板组成的水桶，每块桶板代表一种氨基酸，当每种氨基酸的数量（桶板高度）都恰好达到水桶的上沿时，这个桶就是一个理想的蛋白质，这种情况下各种氨基酸之间的比例就是最佳的，即氨基酸是平衡的。表2-2列出了部分鱼类的氨基酸平衡模式。

与氨基酸平衡相对应的概念有氨基酸的缺乏、不平衡、颉颃和中毒等。所谓氨基酸的缺乏，是指在低蛋白质饲粮情况下，可能有一种或几种必需氨基酸含量不能满足动物的需要；不平衡是指饲粮氨基酸的比例与动物所需氨基酸的比例不一致，一般不会出现饲粮中氨基酸的比例都超过需要的情况，往往是大部分氨基酸符合需要的比例，而个别氨基酸偏低；颉颃是指某些氨基酸在过量的情况下，有可能在肠道和肾小管吸收时与另一种或几种氨基酸产生竞争，增加机体对这种（些）氨基酸的需要，例如，赖氨酸可干扰精氨酸在肾小管的重吸收而增加精氨酸的需要；而氨基酸中毒指由某种氨基酸过量而造成的不良作用不能被补充另一种氨基酸所消除的现象，在自然条件下几乎不存在氨基酸中毒，只有在使用合成氨基酸大大过量时才有可能发生。

表 2-2　不同鱼类的氨基酸平衡模式

（引自 Webster，2003）

氨 基 酸	鲤 鱼	虹 鳟	草 鱼	鲶 鱼
精氨酸	106	120	120	96
赖氨酸	100	100	100	100
组氨酸	36	—	37	30
蛋＋胱氨酸	80	75	54	46
异亮氨酸	44	58	40	52
亮氨酸	78	100	60	70
苯丙＋酪氨酸	102	—	114	100
苏氨酸	48	68	40	
色氨酸	10	25	14	10
缬氨酸	64	74	63	60

任何一种氨基酸的不平衡都会导致鱼体内的蛋白质的利用性能下降。这是因为合理的氨基酸营养，不仅要求日粮中必需氨基酸的种类齐备和含量丰富，而且要求各种必需氨基酸相互间的比例也要适当，即与动物体的需要相符合。倘若日粮中必需氨基酸的含量虽然较多，但相互间比例与动物体的需要不相适应，就会出现氨基酸的平衡失调，影响其他氨基酸的利用率；而非必需氨基酸的不足也势必消耗必需氨基酸，增加必需氨基酸的需要量，同样使蛋白质合成受阻，生长减慢。表 2-3 列出了不同的必需氨基酸添加水平与草鱼蛋白质合成速率的关系，可以看出，鱼蛋白质合成速率明显受到饲粮氨基酸平衡的影响。

表 2-3　不同必需氨基酸添加水平与草鱼不同组织蛋白质合成速率（％/d）的关系

组　织	基础模式	缺赖氨酸模式	缺蛋氨酸模式	缺色氨酸模式	缺精氨酸模式
肌　肉	5.06	2.51	1.92	4.25	3.06
肝胰脏	12.28	8.08	6.64	10.56	9.60
全　鱼	7.15	3.53	2.88	5.90	4.65

注：（1）基础模式是指与草鱼肌肉中 10 种必需氨基酸比例关系完全相同的平衡模式，为 Lys，75；Met，22；Trp，7.5；Arg，50；His，18.5；Leu，60；Ile，41；Phe，34；Thr，43.5；Val，47.5。单位：mmol/L；而缺乏某种氨基酸的模式为：扣除该种氨基酸，而其他氨基酸保持不变，使整个氨基酸模式不平衡。

（2）根据罗莉等（2002）的资料整理。

为了便于平衡饲粮氨基酸，生产中常添加合成氨基酸，如合成赖氨酸、蛋氨酸等。通过添加合成氨基酸，可降低饲粮粗蛋白质水平，改善饲粮蛋白质的品质，提高其利用率，从而减少氮的排泄。刘长忠等（2001）的研究表明，把鲫鱼饲料的粗蛋白水平从 32.16％分别降低到 29.85％和 28.21％，再相应分别添加不同水平的 DL-Met（0.12％，0.06％）和 L-Lys（0.14％，0.07％），鲫鱼的生产性能不会受到严重的影响，当饲粮 CP 为

29.85％、DL-Met 为 0.12％、L-Lys 为 0.14％时，鲫鱼的平均增重率、投饲率、料重比和经济效益最好。

近年来，国际上提出了以"理想蛋白"的氨基酸平衡模式来指导养殖生产。所谓氨基酸平衡模式，是指动物日粮以氨基酸平衡为基础，并通常以限制性氨基酸赖氨酸需要量作100，表述各种必需氨基酸需要量相对比值的模式。英国 ARC 于 1981 年首次将氨基酸平衡的蛋白质称为理想蛋白质。理想蛋白质是指各种氨基酸之间（必需氨基酸之间、非必需氨基酸之间以及必需氨基酸与非必需氨基酸之间）具有最佳平衡的蛋白质，即理想蛋白质中各种氨基酸的比例与动物所需比例完全吻合。显然，理想蛋白质的利用率已达最大限度，不可能通过向其加入任何氨基酸或改变其氨基酸之间的比例关系而得到进一步提高。

表 2-4　尼罗罗非鱼、鲤鱼与猪的理想氨基酸需要模式比较

(引自侯永清等，2001)

氨 基 酸	氨基酸相对比例（以赖氨酸 100 计）		
	尼罗罗非鱼[a]	鲤鱼[a]	猪（5～20kg）[b]
赖 氨 酸	100	100	100
蛋氨酸＋胱氨酸	63	54	60
苏 氨 酸	73	68	65
色 氨 酸	19	14	18
精 氨 酸	82	75	42
组 氨 酸	34	37	32
亮 氨 酸	66	58	100
异亮氨酸	61	44	60
苯丙氨酸＋酪氨酸	108	114	95
缬 氨 酸	55	63	68

注：a. 根据 NRC（1993）换算；b. Baker 和 Chung（1992）。

理想氨基酸平衡模式具有以下优点：①在确定氨基酸需要量时，只要知道赖氨酸的需要量，就可以根据氨基酸与赖氨酸的比例关系算出其他氨基酸的需要量；②在进行日粮配制时，设法使日粮中各种氨基酸比例接近理想氨基酸模式，可较好地保证日粮氨基酸平衡，从而有效地提高日粮氨基酸的利用率。

（四）必需氨基酸缺乏症与过多症　研究表明，鱼类的某些疾病系由营养中缺乏某些必需氨基酸所致。鱼类缺乏必需氨基酸，一般不表现出典型的缺乏症，主要表现为活动力降低，食欲减退，生长缓慢，吃进饲料后又吐出来等症状；虾类则表现为生长慢、死亡率高等症状。一般来说，缺乏蛋氨酸会影响甲基供体对肝脏的保护作用，还会影响合成肾上腺素、胆碱、肌酸和烟酰胺，因而造成肝功能异常；缺乏赖氨酸，骨胶原形成减慢，并引起鳍腐烂；缺乏精氨酸等，大都出现类似的缺乏症状而严重影响生长，甚至死亡；缺乏蛋氨酸，将导致湖鳟鱼种和虹鳟鱼种发生白内障；虹鳟饲料缺乏赖氨酸，表现为生长减慢，尾鳍溃烂，死亡率增高；缺乏色氨酸，虹鳟和红大马哈鱼出现脊椎侧凸症，充血和钙的异常沉淀，有时导致尾鳍腐烂和白内障。

在饲料配制操作中考虑到氨基酸的有效性，往往采取按已知的氨基酸需要作为标准，超量配给。适当超量是正确和必要的，但是超量过多却有害，同样破坏了氨基酸平衡而引

起过多症。如赖氨酸、蛋氨酸过多形成氮负平衡，使之造成低色素性贫血，肝功能受损，生长停滞，以及发生器质性病变，中毒死亡。

（五）肽（peptide）的营养的研究概况　近年来，随着蛋白质和氨基酸营养研究的深入，人们已逐渐认识到肽的营养重要性。小肽是由两个以上的氨基酸以肽键组成，有些是天然的，有些则是通过水解蛋白质而产生。一些研究发现，动物采食纯合饲粮（蛋白质完全由合成氨基酸代替），或氨基酸平衡的低蛋白质饲粮时，不能达到最佳生产性能。经过深入研究，人们认识到，动物对蛋白质的需要不能完全由游离氨基酸来满足，肽特别是小肽（二、三肽）在蛋白质营养中有着重要的作用。许多研究表明，动物为了达到最佳生产性能，必须需要一定数量的小肽。因此，肽是一种动物所必需的营养素。

1. 小肽的吸收　小肽吸收机制与游离氨基酸完全不同。游离氨基酸的吸收是一个主要依靠 Na^+ 泵的主动转运过程，而小肽的吸收是一个主要依赖于 H^+ 或 Ca^{2+} 离子浓度电导而进行的消耗能量的转运过程。大多数小肽的转运需要一个酸性环境，1 分子肽需 2 个 H^+。肠黏膜上存在二、三肽的载体，三肽以上的寡肽必须在肠肽酶作用下水解释放游离氨基酸后才能被吸收。

肠道小肽转运系统具有转运速度快、耗能低、不易饱和等特点。大量研究表明，小肽比由相同氨基酸组成的混合物的吸收快而且多。小肽中氨基酸残基被迅速吸收的原因，除了小肽吸收机制本身外，可能是小肽本身对氨基酸或其残基的吸收有促进作用，作为动物肠腔的吸收底物，小肽不仅能增加刷状缘氨基肽酶和羧基肽酶的活性，而且还能提高小肽载体的数量，这可能是小肽吸收不易饱和的原因。

小肽与游离氨基酸的吸收机制是相互独立的，肽不影响氨基酸的吸收，氨基酸对小肽的吸收亦无影响。

2. 小肽的营养生理功能　小肽作为蛋白质的主要消化产物，在氨基酸消化、吸收以及动物营养代谢中起着重要的作用。近年来，对小肽的代谢特点和营养作用已有了许多新的认识。小肽的生理功能主要体现在：

（1）增强动物的免疫力，提高其成活率。消化道的活性小肽可使幼小动物的小肠提早成熟并促进小肠绒毛的生长，提高机体的消化吸收能力以及免疫能力；由酪氨酸、脯氨酸、苯丙氨酸等三个氨基酸组成酪啡肽，具有增进采食、调节机体胃肠运动以及提高血液中胰岛素水平、促进淋巴细胞增生、调节动物免疫系统的功能。

（2）提高水产动物的饵料转化率，促进水产动物的生长。大量的试验结果证明，由30 个氨基酸组成的胰多肽能促进动物采食，提高胰高血糖素的浓度，提高血液中生长激素浓度，从而提高增重以及饲料转化率。

（3）促进矿物质元素的吸收和利用。酪蛋白的水解产物中，有一类含有可与 Ca^{2+}、Fe^{2+} 结合的磷酸丝氨酸残基，能提高其溶解性和吸收率。研究发现，铁能够以小肽铁的形式到特定的靶组织而被利用。

（4）促进蛋白质的合成。循环中的小肽能直接参与组织蛋白质的合成。当以小肽形式作为氮源时，整体蛋白质沉积高于相应游离氨基酸日粮或完整蛋白质日粮。表 2-5 列出了虾蛋白肽对幼龄草鱼生长性能的影响。

表 2-5　不同添加水平的虾蛋白肽对幼龄草鱼生产性能及饲料消化率的影响

处　理	始重（g）	末重（g）	相对生长率（%）	存活率（%）	饵料系数	蛋白质沉积效率（%）		饲料消化率（%）	
								表　观	蛋白质
对照组	3.73	6.38	1.27	100	2.26	19.67	73.72	75.55	
0.25%组	3.70	6.63	1.41	100	2.03	20.17	76.04	77.32	
0.5%组	3.76	7.43	1.74	98.7	1.84	25.71	77.39	78.93	
1.0%组	3.78	7.34	1.68	98.7	1.89	25.46	78.12	78.70	

注：根据冯健等（2003）的资料整理。

五、蛋白质的营养价值

蛋白质的营养价值，通常也可称作蛋白质的质量，它主要是由蛋白质品质所决定。为了提高动物对饲料蛋白质的有效利用率，节约饲料蛋白质资源，提高饲料转化效率，我们应该了解蛋白质品质的有关概念。

（一）蛋白质品质的概念　饲料蛋白质转化成动物体蛋白质的效率称作蛋白质品质，它主要取决于氨基酸的种类、数量和配比，特别是必需氨基酸的种类、数量及有效性。

由此可知，必需氨基酸的有无和多少是决定蛋白质营养价值高低的主要因素。凡必需氨基酸的种类齐全、数量足够的蛋白质，其品质好，营养价值高；反之，则品质差，营养价值低。品质优良的饲料蛋白质，其利用率就高，反之就低。一般来说，动物性饲料的蛋白质所含的必需氨基酸从组成和比例方面都比较合乎鱼体的需要，植物性蛋白质则略差些。所以，动物性蛋白质的营养价值比植物性蛋白质高些。

我们已经知道，蛋白质营养价值的高低，其实质是氨基酸的组成情况。因为鱼类利用可消化蛋白质合成体蛋白的程度，与氨基酸的比例是否平衡有着直接关系，所以，饲料蛋白质的氨基酸平衡与否是影响蛋白质营养价值的重要因素。

（二）提高蛋白质营养价值的方法　平衡饲料蛋白质的氨基酸，提高蛋白质的营养价值，是改善动物蛋白质营养的有效措施。现将几种提高蛋白质营养价值的主要方法扼要叙述如下：

1. **利用蛋白质的互补作用**　所谓蛋白质的互补作用（也称氨基酸的互补作用），是指两种或两种以上的蛋白质通过相互组合，以弥补各自在氨基酸组成和含量上的营养缺陷，使其必需氨基酸互补长短，提高蛋白质的营养价值。由于一般植物性蛋白的氨基酸组成和含量与动物的氨基酸营养需要存在较大差异，故单一植物性蛋白其营养价值往往较低；但若将两种或两种以上的植物性蛋白加以组合，则因蛋白质的互补作用而可提高其营养价值。实践证明，饲料多样化地合理搭配，确实能起到氨基酸的互补作用，大大地提高了蛋白质利用率和饲养效果。例如，谷类蛋白质含赖氨酸较少，但色氨酸含量相对较多，有些豆类蛋白质含赖氨酸较多，而色氨酸相对较少些，当将此两种饲料分别饲喂动物时，两者的蛋白质营养价值均因氨基酸互补，使混合饲料的氨基酸达到平衡，从而提高了蛋白质的营养价值。又如植物性蛋白质的蛋氨酸含量少些，而动物性蛋白质的蛋氨酸含量则较多，因而根据蛋白质的互补作用，在水生动物饲料中使用植物性蛋白源时，搭配一定数量的动物性蛋白，以提高混合后蛋白质的营养价值及植物性蛋白的利用率，一方面可以扩大饲料蛋白源，另一方面亦能降低饲料成本。这也是配合饲料配制的最基本原理。

2. 添加相应的必需氨基酸 由于饲料蛋白质缺乏某种必需氨基酸，动物体自身又无法弥补而直接影响饲料蛋白质的营养价值，根据实际情况，在饲料中添加相应的必需氨基酸添加剂，使饲料中氨基酸组成达到平衡，以提高蛋白质营养价值。使用氨基酸添加剂必须具备两个基本条件：其一是要准确掌握氨基酸的有效成分；其二是严格控制添加量。因为日粮中任何氨基酸的不足或过剩，均会产生不良影响。在添加氨基酸添加剂时，首先应满足日粮中第一限制性氨基酸的需要，其次再满足第二限制性氨基酸的需要。否则将出现必需氨基酸平衡失调。

3. 供给充足的非氮能量物质 饲料中蛋白质、脂肪和碳水化合物三大营养物质之间是彼此牵连、相互制约的，碳水化合物和脂肪等非蛋白质能量物质过多或不足，都会影响蛋白质的营养价值及其有效利用。正常情况下，水生动物消化吸收的蛋白质，一部分用于合成体蛋白质，一部分在体内分解供能。但饲料中能量不足时，将增大体内蛋白质的分解，降低蛋白质的营养价值。因此，在养殖生产中，在提高蛋白质品质的同时，饲料中应增加脂肪和碳水化合物的含量，以维持足够的能量供给，避免将大量蛋白质作为能量使用，从而提高蛋白质的营养价值和有效利用率。

4. 加热处理 蛋白质的加热处理主要使用于某些豆类籽实及其饼粕。现已确知，在一些豆类籽实中含有蛋白酶抑制剂，它可抑制动物体内蛋白酶的活性，减弱对蛋白质的降解作用，从而降低蛋白质的利用率。由于豆类籽实中含有的蛋白酶抑制剂耐热性差，故通过加热处理可使其破坏而丧失活性。

5. 抗氧化剂处理 饲料中的蛋白质可与碳水化合物、脂肪起反应，而使氨基酸的可利用性降低，从而降低蛋白质的营养价值。因此，用抗氧化剂处理饲料，不仅有助于维生素和脂肪的保存，而且亦有助于氨基酸的保存。在蛋白质与氧化脂肪的化学反应中，参与反应的氨基酸主要是赖氨酸，其次还有组氨酸和精氨酸等。

六、蛋白质缺乏或过剩对动物的影响

为了提高动物对饲料蛋白质的利用率，节约饲料蛋白质资源，提高饲料转化效率，我们应该特别注重饲料蛋白质水平。蛋白质在饲料中含量过高、过低对动物都是不利的。

（一）蛋白质缺乏对动物的影响 日粮中缺乏蛋白质，对于动物的健康、生产性能和产品品质均会产生不良影响。动物体贮备蛋白质的能力极其有限，在最好的营养条件下，动物体蛋白质贮备量亦不超过体蛋白总量的10%；而且当摄食的蛋白质减少时，贮备蛋白将很快被消耗殆尽。所以，必须经常由日粮供给动物适宜数量和品质的蛋白质，否则很快会出现氮的负平衡，危害动物健康和降低生产性能。其有害后果具体表现在以下几个方面：

1. 消化机能减退 日粮蛋白质缺乏，会首先影响胃肠黏膜及其分泌消化液的腺体组织蛋白质的更新，从而影响消化液的正常分泌，引起消化功能紊乱。所以，当日粮缺乏蛋白质时，动物会出现食欲下降、采食量减少、营养吸收不良及慢性腹泻等异常现象。

2. 生长减缓和体重减轻 日粮中如果缺乏蛋白质，幼龄动物将会因体内蛋白质合成代谢障碍而使体蛋白沉积减少甚至停滞，因而生长速率明显减缓，甚至停止生长；成年动物则会因体组织器官尤其是肌肉和脏器的蛋白质合成和更新不足，而使体重大幅度减轻，并且这种损害很难恢复正常。

3. **繁殖功能紊乱** 日粮中若缺乏蛋白质，会影响控制和调节生理机能的重要内分泌腺——脑垂体的作用，抑制其促性腺激素的分泌，使精子生成作用异常、精子数量和品质降低，并影响母体正常的发情、排卵和受精过程，从而导致繁殖功能紊乱。

4. **生产性能降低** 当日粮中缺乏蛋白质时，将严重影响动物潜在生产性能的发挥，产品的生产将骤然减少，产品品质也明显降低。

5. **抗病力减弱** 缺乏蛋白质可招致动物健康状况严重恶化。由于血液中免疫和传递蛋白的合成以及各种激素和酶的分泌量显著减少，从而使机体的抗病力减弱，易于发生传染性和代谢性疾病。

6. **组织器官结构与功能异常** 缺乏蛋白质，肝脏将不能维持正常结构和功能，出现脂肪浸润，血浆蛋白合成障碍，致使血浆蛋白尤其是白蛋白浓度下降；还会引起肾上腺皮质功能降低，机体对应激状态的适应能力下降。肌肉组织亦会因蛋白质缺乏而导致肌肉蛋白合成与更新不足，造成正常结构不能维持而引起肌肉萎缩。

（二）蛋白质过剩对动物的影响 日粮中蛋白质过剩一般不会对动物机体造成持久的不良影响，因为机体具有氮代谢平衡的调节机制。当日粮蛋白质含量超过机体实际需要时，过剩的蛋白质分子中的含氮部分，可通过一系列变化而转变为尿素或尿酸由尿排出体外；无氮部分则作为能源而被利用。然而，这种调节机制的作用是有限的。当蛋白质大量过剩以致超过了机体的调节能力时，则会造成有害的后果。主要表现为代谢机能紊乱，肝脏结构和功能损伤，最终导致机体中毒。此外，由于饲料蛋白质含量过高，不仅不能增加体内氮的沉积，反而会使排泄氮增加，即大量蛋白质被用于异常代谢和由尿排出，导致蛋白质利用率下降，生物学价值降低，造成饲料浪费和环境污染。

七、蛋白质及必需氨基酸的营养需要

（一）蛋白质需要的评定方法 可采用综合法和析因法进行测定。综合法不考虑不同的生产目的，笼统地评定对蛋白质的总需要，通常的饲养试验及平衡试验，即为综合法的试验方法。一般采用不同营养水平的饲粮，以最大日增重、最佳饲料利用率或胴体品质时的营养水平作为需要量，而不剖析动物不同的生产目的对养分的具体需求。

在确定水产动物的蛋白需要时，也可采用析因法，它将总蛋白质的需要剖析成不同生产目的的需要，然后再用回归公式进行计算。估计蛋白质需要量时，采用析因法的计算公式如下：

$$I = I_m + I_g + I_e$$

式中：I：吸收的蛋白质量（净蛋白质）；I_m：蛋白质的维持量；I_g：生长需要的蛋白质量；I_e：作能量消耗的蛋白质量。

荻野珍吉（1980）测定鲤鱼（体重 1.5～16.5g）的 I_m 为 0.14g 氮/kg 体重·d，I_g 为 0.8g 氮/kg 体重·d，两者合计得出净蛋白质最低需要量 5.8g 蛋白质/kg 体重·d，饲料蛋白质净利用率（NPU）约为 50%（荻野珍吉等，1980，1985），换算为日粮中粗蛋白质的需要为 11.6g 蛋白质/kg 体重·d。按日投饲率 3%计算，粗蛋白质需要量应为 38.6%，这与生长试验的结果很接近。

（二）水生动物对蛋白质的需要　水生动物对蛋白质需要有三层含义：①蛋白质最低需要量，维持体蛋白动态平衡所需要的蛋白质量，即维持体内蛋白质现状所必需的蛋白质最低需要量；②蛋白质最大需要量，满足水生动物最大生长所需要的蛋白质需要量；③实用饲料中最适蛋白质供给量，饲料蛋白质的最适合含量是以水生动物蛋白质需要量为基础，但蛋白质的需要量与饲料中的蛋白质最适添加量是两个不同的概念，其数值只在投饲率为100％时才相等。实质上，蛋白质需要量常以饲料最适蛋白质添加量与投饲率的乘积来表示，即：

$$蛋白质需要量＝最适饲料蛋白质添加量×投饲率$$

表2-6至表2-12列出了有关蛋白质、氨基酸需要量的一些资料，仅供参考。

表2-6　投饲率和饲料蛋白质最适含量的关系（％）

（米康夫，1985）

投饲率 （占体重的）	达到最大蛋白质利用率时的 饲料蛋白质含量	达到最大氮蓄积量时 饲料蛋白质含量
1.5	47	73
2.0	35	55
2.2	28	44
3.0	23	37
3.5	20	31
4.0	18	28

表2-7　几种鱼类饲料蛋白质适宜添加量（％）

（引自魏清和《水生动物营养与饲料学》）

鱼　类	鱼苗饲料	鱼种饲料	成鱼、亲鱼饲料
鲤　鱼	43～47	37～42	28～32
罗非鱼	35～45	30～40	25～30
草　鱼	30～35	25～30	20～25
团头鲂	33	30	25～30
青　鱼	41	37	30
鳟　鱼	40～55	35～40	30～40
河　鲇	35～40	25～36	28～32

表2-8　一些重要的经济鱼类饲料中蛋白质的最适需要量

（引自赵卫红，2002）

种　类	饲料中蛋白质 的含量（％）	研究者	种　类	饲料中蛋白质 的含量（％）	研究者
青石斑鱼	50.91～54.78	胡家财等	鳗鱼	＞45	赵文
褐　鳟	53	Araell	黄鳍鲷	40	陈婉如
黑　鲷	50.19	刘镜恪	鲤　鱼	43.1～44.2	Eekharth
牙　鲆	50	Sang-Minal et al.	杂种条纹鲈	40	Gatkin
赤点石斑鱼	48.31～49.24	陈学豪	鲈　鱼	43.3	林利民等
真　鲷	45	陈婉如等	草　鱼	35～30	廖朝兴
鳜鱼	44.7～45.8	吴遵霖	鲶　鱼	28～32	蒋中柱

表 2-9　美国 NRC（1983）的若干种鱼的蛋白质营养需要量（％）

（引自张宏福、张子仪《动物营养参数与饲料标准》）

品　种	蛋白质来源	估计需要量
鲤鱼（*Cyprinus carpio* L.）	酪蛋白	31～38
斑点叉尾鲴（*Ictaluruss punctatus*）	全蛋蛋白	32～86
日本鳗鲡（*Anguilla japonius*）	酪蛋白加精氨酸、胱氨酸	44.5
草鱼（*Crenopharyngodon idella*）	酪蛋白	41～43
东方鲀（*Fugu rubripes*）	酪蛋白	50
河口石斑（*Epinephelus salmoides*）	金枪鱼肌肉粉	40～50
遮目鱼（苗）（*Chanos*）	酪蛋白	40
真鲷（*Chrysophrys major*）	酪蛋白	55
小口黑鲈（*Micropterus doldmieui*）	酪蛋白加 FPCa	45
大口黑鲈（*Micopterus salmoides*）	酪蛋白加 FPCa	40
罗非鱼苗［*Tilapia aures*（*ctyy*）］	酪蛋白和卵蛋白	56
罗非鱼（*Tilapis aurea*）	酪蛋白和卵蛋白	34
莫桑比克罗非鱼（*Tilapia mossambica*）	白鱼粉	40
齐氏罗非鱼（*Tilapia zillii*）	酪蛋白	35

＊ a 表示鱼蛋白浓缩物。

表 2-10　虾类饲料中蛋白质的最适添加量（％）

（NRC，1983）

种　类	蛋白质来源	最适含量
白对虾	鱼　粉	28～32
日本对虾	虾　粉	40
	酪蛋白	54
	鱿鱼粉	60
	酪蛋白、鸡蛋蛋白	52～57
斑节对虾	酪蛋白、鱼粉	46
长臂虾	虾　粉	40
	鱼　粉	40
印度对虾	大型虾虾粉	42.8
墨吉对虾	贻贝粉	34～42

表 2-11　各种对虾饲料蛋白质最适需求量（％）

（引自李爱杰《水产动物营养与饲料学》）

对虾名称	适宜蛋白质需求量	研　究　者
中国对虾（*Penaeus chinensis*）	31.8	谢宝华等，1981
	50～60	侯文璞等，1990
体长 6～6.5cm、7.5～8cm	45～50	大连饲料研究所，1989
体重 2.10～2.51g	45.5	李爱杰等，1986
体长 5.875～7.875cm	44.2	
体重 2.87～3.44g	44	徐新章等，1988
体重 0.14～0.9g	27.1～42.8（中值 35.5）	梁亚全等，1986
体重 0.89～2.86g	35.3～51.6（中值 43.5）	
体重 1.7～10.8g	40.4～61.1（中值 35.5）	

（续）

对虾名称	适宜蛋白质需求量	研究者
对虾幼体	56	仲惟仁等，1988
日本对虾（*Penaeus japonicus*）	52～57	弟子丸等，1978
斑节对虾（*Penaeus monodon*）	40	Khannapa，1977
	40～50，46	李栋梁，1971
	40	Alav 和 alim，1983
	40	Aquacop，1977
	35	Bages 和 Sloane，1981
	35	Lin 等，1982
墨吉对虾（*Penaeus merguiensis*）	34～42	Sedgwick，1979
	50	Aquacop1978
印度对虾（*Penaeus indicus*）	42.8	Colvin，1976
褐对虾（*Penaeus aztecus*）	23～31	Sheuart 等，1973
	40	Venkataramiah 等，1975
白对虾（*Penaeus setiferus*）	28～32	Andrewss 等，1972

表 2-12　几种水生动物饲料中蛋白质的适宜添加量

（引自郝彦周《水生动物营养与饲料学》）

水生动物种类	水生动物规格(g)	实验水温(℃)	蛋白源	饲料中的适宜含量(%)	每100g 体重日需要量(g)	资料来源
草鱼	2.4	26～30.5	鱼肉粉	37.70		林鼎等，1980
	5.5	26～30.5	酪蛋白	27.81		林鼎等，1980
	8.0	26～30.5	鱼肉粉	26.50		林鼎等，1980
	1.9	25～26	酪蛋白	48.26		廖朝兴等，1987
	3.5～4.0	18～23	酪蛋白	31.98		廖朝兴等，1987
	10	25	酪蛋白	28.2		廖朝兴等，1987
	5.0～7.3	23～30.0	酪蛋白	36.7		毛永庆等，1985
	0.15～0.2	22～23	酪蛋白	52.6		Dabrowski，1977
团头鲂	3.8～4.3	20	酪蛋白	27.04～30.39	0.67～0.76	石文雷等，1983
	31.08～38.48	20～25	酪蛋白	25.58～41.40		石文雷等，1983
	21.30～30	24～33	酪蛋白	21.0～30.8		邹志清等，1983
鲮鱼	5.12～5.75	29.6～32.0	酪蛋白	38.00～44.44	0.70～0.80	毛永庆等，1985
鲤	4.2	19.5～24	酪蛋白、鱼粉	35		刘汉华等，1991
罗非鱼	8.0	27.5～29.5	鱼粉、豆饼	38.68	1.16～1.93	徐捷，1988
	28.7	21.5～27.8	酪蛋白、植物蛋白	40.2		刘焕亮，1988
	3.4	23～28	酪蛋白、鱼粉	31		黄中志等，1985
	5.9～15.6	21～27.8	鱼粉、藻粉	30		王基炜等，1985
	2	15～27	酪蛋白	30		Appler，1982
青鱼	1.0～1.6	17～27	酪蛋白	41.00	1.23	杨国华等，1981
			酪蛋白	35～40		戴祥庆等，1983
	3.5	22～29		29.54～40.85		王道遵等，1984
	37.12～48.23	24～34	酪蛋白	38.89,32.2		苑福熙等，1986
革胡子鲇	4.2～4.8	24.2～29.2		37.5	2.25	吴乃薇等，1988
	3.5～16.9	27.2～31	鱼粉、豆饼	29～35	2.9～3.5	张显娟等，1988

（续）

水生动物种类	水生动物规格(g)	实验水温(℃)	蛋白源	饲料中的适宜含量(%)	每100g体重日需要量(g)	资料来源
牙鲆	3~6	21.6~24.4	鱼粉、花生饼	52.78		钟维仁等,1988
鲈	32	22~25	酪蛋白	43		钱国英等,1998
大口黑鲈			酪蛋白	42		
中国对虾	0.14~0.9			27.1~42.8		梁亚全等,1986
	0.89~2.86			35.5~51.6		梁亚全等,1986
	1.7~10.85			40.4~61.1		梁亚全等,1986
	2.10~2.51			45.5		李爱杰等,1986
	5.8~7.8	21~23	鱼粉、虾糠等	44.2	2.596	李爱杰等,1986
	2.87~3.44			44.0		徐新章等,1988
	1.02~1.34			46.4~61.1		梁萌青等,1988
	1.70~1.90			64.8		梁萌青等,1988
	2.57~2.80			64.8		梁萌青等,1988
	6~6.5			45~50		大连饲料研究所
中华绒螯蟹	6~10	22~24	酪蛋白酵母	34.05~46.50		陈立乔等,1994
中华蟹	50.77~61.69	23.5~31.5	酪蛋白鱼粉	47.43~49.16	2.04~2.79	曾训江等,1988
	117.66~151.67	28.04~34.04		43.22~45.05	1.897~1.966	徐旭阳等,1991
	3.67~4.13			36~42	1.733~1.802	吴遵霖等,1988
	10~15	28		46.6		包吉野等,1992
稚蟹		28~30		50		程伶等,1993
2龄蟹	98.4~105.34			45~48.3		涂涝等,1995
				47.5		王凤雷等,1995

（三）影响饲料蛋白质适宜添加量的因素

1. **水生动物种类**　水生动物种类不同，食性及代谢机能也不同，即使在其他条件相同的条件下，对饲料蛋白水平的要求也不同。一般规律是肉食性动物要求蛋白质水平高，草食性动物要求低，而杂食性动物的要求居中。

2. **水生动物生理阶段**　对同一种动物，在不同的生长发育阶段，其生理代谢活动不同，对蛋白质需求也不同。幼体阶段代谢旺盛，生长潜力大，对蛋白质的要求较高，随着生长发育的进行，生长潜力渐小，对蛋白质的要求也渐低。另外，与动物消化系统发育也有关系，小规格时消化系统发育不完善，消化机能低，为满足生理需要，要求饲料蛋白质水平高，随着消化系统的发育和完善，消化机能渐强，对饲料蛋白质水平的要求也渐低。但是对于亲体来说，为促进其性腺发育，对蛋白质的要求量要比成体高。

3. **蛋白质品质**　各种饲料因其蛋白来源不同，必需氨基酸的种类和数量也不尽相同，氨基酸的平衡程度和差异性大，营养价值就不同。而在一定条件下，水生动物对各种必需氨基酸的需求是一定的。因此，氨基酸平衡、品质高的蛋白质，饲料中的含量可低些；相反，氨基酸不平衡的品质低的蛋白质，饲料中的含量则要高一些。

4. **饲料中能量饲料的添加量**　在水生动物营养上，为了让蛋白质尽量地转化为体蛋白，饲料中应含有一定量的非蛋白可消化能量（来自于脂肪和碳水化合物）。这是因为假如饲料中能量不足，动物体将利用部分蛋白质作为能量而消耗，这就减少了蛋白质供给生长的数量。因此，只有当饲料中非蛋白质可消化能量供给充足时，蛋白质才能被机体充分利用（合成体蛋白），减少蛋白质用作能量的消耗，起到节约蛋白质的作用。

5. **天然饵料**　在一定的条件下，水生动物对蛋白质的需求量是一定的。如果养殖水体中天然饲料含量丰富，则人工饲料中蛋白质含量可低些，反之，蛋白质含量应高些。所以，池塘粗养或半精养时，人工饲料中蛋白质含量可低些；而池塘精养或网箱养殖、流水养殖时，人工饲料中蛋白质水平应高些。

6. **投饲率**　在一定的条件下，水生动物对蛋白质的需求量是一定的。若投饲率较高，饲料中有少量蛋白质即可满足需要，反之，则要求饲料中含有大量的蛋白质方可满足需要。但是，由于水生动物消化器官的结构和机能等方面的因素，投饲率也不可能过大或过小。因此，饲料蛋白质水平也不能过低或过高。

7. **环境因素**　水温和溶氧是影响水生动物饲料中蛋白质适宜含量最重要的环境因素，特别是水温，在一定的范围内，水温、溶氧越高，机体代谢越旺盛，就要求有大量的蛋白质满足其营养需要；反之，少量蛋白质即可满足其需要。此外，盐度、pH 和硬度等也会影响蛋白质适宜水平。总之，当环境因素越适合机体的代谢时，蛋白质水平就应越高，反之，则应低。

（四）必需氨基酸的需要　氨基酸是组成蛋白质的基本单位。饲料蛋白质通常是被水生动物消化器官分泌的消化酶分解为氨基酸，才能被鱼体吸收利用。因此，在供给水生动物一定数量蛋白质的同时，还必须考虑蛋白质中氨基酸（主要考虑必需氨基酸）的比例或模式是否合理。我们已经知道，水生动物对蛋白质的需要量，实际上是对必需氨基酸和非必需氨基酸混合物的需要。因此，只有达到氨基酸平衡，才能完全满足机体对蛋白质的需要并最大限度地利用饲料蛋白质（表 2-13 和表 2-14）。

表 2-13　几种水生动物对必需氨基酸的需要量（占蛋白质的％）

（引自郝彦周《水生动物营养与饲料学》）

氨基酸	日本鳗鱼	斑点叉尾鲴	鲤	团头鲂	大鳞大麻哈鱼	对虾	尼罗罗非鱼
精氨酸	4.5	4.3	4.2	6.80	6.0	5.8	5.14
组氨酸	2.1	1.5	2.1	2.03	1.8	2.1	1.94
异亮氨酸	4.0	2.6	2.3	4.67	2.2	3.5	3.33
亮氨酸	5.3	3.5	3.4	6.73	3.9	5.4	5.69
赖氨酸	5.3	5.1	5.7	6.40	5.0	5.3	6.25
蛋氨酸＋胱氨酸	5.0	2.3	3.1	2.07	4.0	3.6	2.91
苯丙氨酸＋酪氨酸	5.8	5.0	6.5	4.77	5.1	7.1	5.97
苏氨酸	4.0	2.0	3.9	3.67	2.2	3.6	3.34
色氨酸	1.1	0.5	0.8	0.67	0.5	0.8	0.83
缬氨酸	4.0	3.0	3.6	4.80	0.2	4.0	4.03

注：蛋氨酸量不包括胱氨酸含量，苯丙氨酸不包括酪氨酸含量。

表 2-14 对虾商品饲料中必需氨基酸推荐水平

(Akiyama 等，1989)

氨基酸	占蛋白质百分比	占饲料百分比			
		36%*	38%*	40%*	45%*
精氨酸	5.8	2.09	2.20	2.32	2.61
组氨酸	2.1	0.76	0.80	0.84	0.95
异亮氨酸	3.5	1.26	1.33	1.40	1.58
亮氨酸	5.4	1.94	2.05	2.16	2.43
赖氨酸	5.3	1.91	2.01	2.12	2.39
蛋氨酸	2.4	0.86	0.91	0.96	1.08
蛋氨酸＋胱氨酸	3.6	1.30	1.37	1.44	1.62
苯丙氨酸	4.0	1.44	1.52	1.60	1.80
苯丙氨酸＋酪氨酸	7.1	2.57	2.70	2.84	3.20
苏氨酸	3.6	1.30	1.37	1.44	1.62
色氨酸	0.8	0.26	0.30	0.32	0.36
缬氨酸	4.0	1.44	1.52	1.60	1.08

* 饲料中蛋白质含量。

（五）影响必需氨基酸需要的因素

1. **年龄和体重** 动物的年龄和体重不同，对必需氨基酸的需要亦不一样。总的规律是，随着年龄增长和体重增加，必需氨基酸的相对需要量有所下降。

2. **必需氨基酸的含量和比例** 日粮中各种必需氨基酸的含量和比例应保持均衡。任何一种必需氨基酸如在日粮中的含量和比例不当，都会影响到其他必需氨基酸的有效利用。例如，当日粮中缺少赖氨酸时，尽管其他必需氨基酸含量充足，体内蛋白质也不能够正常合成。此时，这部分氨基酸只能用作合成非必需氨基酸的原料，或经分解后供作其他用途，或排出体外。

3. **非必需氨基酸的含量和比例** 日粮中若非必需氨基酸的含量和比例不能满足动物体内蛋白质合成的需要，则会加重动物体对某些必需氨基酸的需要量。附加需要的这部分必需氨基酸系供转化为非必需氨基酸之用。例如，日粮中胱氨酸不足会加重蛋氨酸的需要，酪氨酸不足会加重苯丙氨酸的需要。所以，非必需氨基酸在日粮中的含量和比例恰当，就可以节省必需氨基酸的需要量。为了幼龄动物快速生长，应按含氮量计算非必需氨基酸与必需氨基酸的最适比例。

4. **蛋白质水平** 日粮含有的必需氨基酸的数量，在很大程度上取决于其中蛋白质的水平。日粮中含氮物质愈多，动物对必需氨基酸数量上的要求就愈高。

5. **其他营养物质** 日粮中某些营养物质不足，可影响到动物对必需氨基酸的需要量。维生素 B_{12}、胆碱及硫的不足，会妨碍蛋氨酸在合成体蛋白过程中的利用，从而使动物增加对蛋氨酸的需要量。尼克酸不足，则机体将利用色氨酸合成尼克酸，此时动物对色氨酸的需要量几乎增加 1 倍。吡哆醇亦为动物正常利用色氨酸所必需，故当其不足时将增加对色氨酸的需要量。

6. **加热处理** 某些饲料经加热处理后，会妨碍动物对其中一些必需氨基酸的利用。如鱼粉和肉粉等经加热处理后，会降低动物对其中含有的赖氨酸、精氨酸和组氨酸的利用效率，从而增加对这些氨基酸的需要量。富含淀粉和糖的饲料如谷实类等在受热处理后，其中含有的赖氨酸、色氨酸和精氨酸等会形成动物体难以吸收的复合物，因而将大大增加动物对这些氨基酸的需要量。

第三节 碳水化合物营养

一、碳水化合物的分类及与营养相关的基本性质

碳水化合物（carbohydrates）是多羟基的醛、酮或其简单衍生物以及能水解产生上述产物的化合物的总称。它是一类重要的营养素。因来源丰富、成本低而成为动物生产中的主要能源。碳水化合物是自然界分布极广的一类有机化合物。它主要存在于植物中，是植物性饲料的主要组成部分，含量可占其干物质的 $50\%\sim80\%$，而在动物体内含量甚少。虽然水生动物对碳水化合物的利用能力较低，但它仍是水生动物不可缺少的一类营养物质。

碳水化合物主要由碳、氢、氧三种元素组成，其分子式通常以 $C_X(H_2O)_Y$ 表示，其中所含氢与氧原子之比大都为 $2:1$，与水中所含氢与氧的比例相同，故称为碳水化合物。自然界中的碳水化合物，根据其分子结构可分为单糖、低聚糖及多聚糖。在营养学上通常根据碳水化合物的分析方法，将其分为无氮浸出物（nitrogen free extract，NFE）和粗纤维（crude fiber，CF）。

无氮浸出物是指可溶于水的一类碳水化合物，包括单糖、双糖及同质多糖等，又称为可溶性碳水化合物。在动物营养方面，主要利用的无氮浸出物是淀粉，淀粉主要存在于植物的种子和块茎、块根中，分为直链淀粉和支链淀粉两类。直链淀粉呈线形，由 $250\sim300$ 个葡萄糖单位以 α-1,4-糖苷键连结而成；支链淀粉则每隔 $24\sim30$ 个葡萄糖单位出现一个分支，分支点以 α-1,6-糖苷键相连，分支链内则仍以 α-1,4-糖苷键相连。粗纤维是指不溶于水的一类碳水化合物，这些物质不能被一般的单胃动物所消化，包括纤维素、半纤维素、木质素和果胶等，是植物细胞壁的主要成分，是植物饲料中不容易消化的部分，主要存在于籽实的皮、壳及茎秆中。植物在生长的幼嫩时期，细胞壁主要由纤维素组成，随着植物的发育成熟，细胞壁逐渐木质化，木质素含量比例增高。无氮浸出物及粗纤维虽同属于碳水化合物，但对水生动物的营养作用大不相同。

动物营养中碳水化合物的一个重要特性是与蛋白质或氨基酸发生的美拉德反应（Maillard reaction）。此反应起始于还原性糖的羰基与蛋白质或肽游离的氨基之间的缩合反应，产生褐色、动物自身分泌的消化酶不能降解的氨基—糖复合物，影响氨基酸的吸收利用，降低饲料营养价值。这是影响碳水化合物和蛋白质营养价值的一个重要因素。

近年来有人提出了非淀粉多糖（non-starch polysaccharides，NSP）的概念，认为NSP 主要由纤维素、半纤维素、果胶和抗性淀粉（阿拉伯木聚糖、β-葡聚糖、甘露聚糖、葡糖甘露聚糖等）组成。NSP 分为不溶性 NSP（如纤维素）和可溶性 NSP（如 β-葡聚糖和阿拉伯木聚糖）等。

二、碳水化合物的生理功能

（一）碳水化合物的生理功能　无氮浸出物在水生动物体内被分解为单糖，然后被动物体吸收利用。其主要生理功能如下：

1. **提供能量**　机体摄食无氮浸出物后经水解成单糖被氧化分解，并释放出能量，供机体利用，以满足各项生命活动的需要。如有多余，则合成糖原，贮存在肌肉和肝脏中备用。糖是动物体获得的最直接、最廉价的能源。

2. **形成体脂**　当肝脏和肌肉组织中贮存足量的糖原后，继续进入机体的碳水化合物则转化为脂肪，贮存于动物体内。

3. **构成体组织的成分**　少量碳水化合物及其衍生物是组织细胞的构成成分。如五碳糖是细胞核酸的组成成分；半乳糖是构成神经组织的必需物质；许多糖类与蛋白质合成糖蛋白构成细胞膜等。几丁质（又名甲壳素、壳多糖）是许多低等动物尤其是节肢动物外壳的重要组成部分。虾、蟹是在不断蜕壳和再生壳的过程中生长，而甲壳素的分解产物2-氨基葡萄糖对于虾、蟹壳的形成具有重要作用。

4. **为动物体合成非必需氨基酸提供碳架**　葡萄糖代谢的中间产物，如磷酸甘油酸、α-酮戊二酸、丙酮酸可用于合成一些必需氨基酸。

5. **节约饲料蛋白质**　当饲料中含有适量的无氮浸出物时，蛋白质与碳水化合物一起被摄入后，氮在体内的贮藏量比单独摄入蛋白质时要多。这是因为碳水化合物的摄入，增加了三磷酸腺苷（ATP）的形成，从而减少了蛋白质用于功能的消耗，同时有利于氨基酸的活化及蛋白质的合成。因此，当有足量无氮浸出物可利用时，蛋白质才能充分用于生长。碳水化合物起到节约蛋白质的作用。

6. **其他作用**　在胃肠道内，寡糖可以选择性地作为某些细菌生长的底物。果寡糖能够作为乳酸杆菌和双歧杆菌生长的底物，但沙门氏菌、大肠埃希氏菌和其他革兰氏阴性菌发酵果寡糖的效率很低，因而它们的生长将会受到抑制。甘露寡糖可以防止沙门氏菌、大肠杆菌和霍乱弧菌在动物肠道黏膜上皮上的黏附。由于合成寡糖具有上述调整胃肠道微生物区系平衡的效应，现已将其称为化学益生素（chemical probiotics）。

南极鱼能生活在温度为−1.85℃的表面水域中，而在这一条件下温带鱼的血清则已冻结。经研究发现，南极鱼中含有一类抗冻的糖蛋白质，其水解后呈特定形状，可使所系水分子不易冻结，降低水的冰点但不降低其熔点，提高了抗低温能力。

（二）粗纤维的生理功能　粗纤维一般不能为水生动物体所消化、利用，但却是维持水生动物健康所必需的，因此，本文将它的营养生理功能作一专门介绍：

（1）刺激消化道的蠕动和消化酶的分泌，促进食糜的运动与消化。

（2）作为其他物质的稀释剂或扩充剂，有助于各种营养素在食糜中的均匀分布，增大与消化酶的接触面积，提高消化率；可吸附饲料在消化道中产生的某些有害物质，使其排出体外；适量的饲粮纤维在后肠发酵，可降低后肠内容物的 pH，抑制大肠杆菌等病原菌的生长，保障动物健康。

（3）在某些水生动物（如草鱼、罗氏沼虾等）消化道内，可被纤维素酶（微生物产生或自身产生）少量分解，产生葡萄糖，提供能量，并促进消化道中微生物的滋生繁殖，加强 B 族维生素和微生物蛋白的合成，供给水生动物的需要。

（4）提高颗粒饲料的黏结性，增强在水中的稳定性，减少营养成分在水中的溶失。

（5）饲料中的纤维素还有降低血清胆固醇的作用，从而降低心血管疾病的发生率。

三、水生动物对碳水化合物的利用特点

水生动物对碳水化合物的利用能力是有限的。摄入的无氮浸出物在水生动物体内被淀粉酶、麦芽糖酶分解成单糖，然后被吸收。吸收后的单糖在肝脏及其他组织进一步氧化分解，并释放出能量，或被用于合成糖原、体脂、氨基酸或参与合成其他生理活性物质。碳水化合物在水生动物体内的代谢，包括分解、合成、转化和转运等环节。糖原是碳水化合物在体内的贮存形式，葡萄糖氧化分解是供给水生动物能量的重要途径，血糖（葡萄糖）则是碳水化合物在动物体内的主要运输形式。

鱼类对碳水化合物的利用能力随鱼的种类而异，一般草食性鱼类和杂食性鱼类对碳水化合物的利用能力较肉食性鱼类为高。许多适应草食性饵料的鱼类具有淀粉酶和极少量纤维素酶，因此，能部分消化淀粉和极少量的纤维素。如草鱼、鳊和鲂，能以多种水草、旱草类、萍类和大型藻类为食，能很好适应低蛋白、高纤维或高淀粉饲料。典型的杂食性鱼类（鲤鱼、罗非鱼和鲫鱼等）消化管中淀粉酶的活性很高，能较好地消化高碳水化合物饵料，尤其是鲤鱼，在饲料中含较高碳水化合物时表现出很好的利用效率。肉食性的虹鳟、鳗鱼等鱼类对碳水化合物的需要和耐受能力远比草食性、杂食性鱼低。肉食性鱼类经过长期的高碳水化合物饲料的饲养，会造成生长障碍、高血糖症及死亡率增高，其原因可能是由于肉食性鱼类消化管内的淀粉酶和麦芽糖酶的活性较低，难以消化吸收淀粉多的饲料，同时由于饲料淀粉多也影响对蛋白质的表观消化率，使其降低。此外，实践表明，肉食性愈强的鱼，其糖分解酶活性愈低，但糖原合成酶活性愈高。

过去的研究结果证明：鱼类的糖代谢机能低劣，无法有效利用体内所吸收的过量碳水化合物，这是因为胰岛素分泌不足所致；并认为鱼类低度的耐糖机能（即糖尿病体质），系由其胰岛素绝对性不足的体质所引起。不同鱼种间对饲料碳水化合物消化力的差异，与其葡萄糖负荷及胰岛素分泌密切相关。对碳水化合物消化力愈低的鱼类，其胰岛分泌愈弱，肝脏对碳水化合物的解糖能力也愈差。但自从新的胰岛素测定方法（放射性免疫法）建立后，发现鱼胰岛素水平接近或经常高于哺乳动物，因此，鱼类的糖代谢机能低原因有待进一步探讨。

目前的一些研究表明，与哺乳动物比较，鱼类调控糖代谢的关键酶活性变化速度慢，这就导致了鱼类对糖代谢作用的调节幅度小，调节速度慢。糖代谢的关键酶包括葡萄糖降解酶和生糖酶。糖降解酶包括己糖激酶、磷酸果糖激酶（PFK）。生糖酶包括葡萄糖-6-磷酸酶（G-6-Pase）、果糖-1,6-二磷酸酶（F-D-Pase）。其中 PFK 是反映不同鱼对糖的利用能力大小的关键酶。鱼类喂食葡萄糖后，肝脏中的酶活性发生变化，这种变化趋势及程度因鱼的不同，反映出不同鱼类对糖的利用差异。鱼的不同食性，其糖代谢的关键酶活性不同。肉食性鱼类肝脏、肌肉组织中 F-D-Pase，G-6-Pase 的活性最高，杂食性鱼类以 PFK、磷酸葡萄糖异构酶（PGI）等活性最高。

鱼类对碳水化合物的利用能力随碳水化合物的种类而不同，以单糖类尤其是葡萄糖利

用率最高，其次是麦芽糖、半乳糖、蔗糖、糊精和淀粉，利用最差的是半纤维素和纤维素。鲤鱼对葡萄糖的利用率可达到95％以上，对淀粉也有较强的利用能力，即使对添加50％的淀粉饲料也可耐受。田丽霞等（2002）试验结果显示：草鱼对小麦淀粉的表观消化率最高，虽然摄食小麦淀粉饲料的草鱼与摄食玉米淀粉和水稻淀粉饲料的草鱼在生长上并无显著性差异，但采食小麦淀粉和玉米淀粉的草鱼的内脏比、肝胰脏脂肪含量、血浆甘油三酯水平以及肠系膜脂肪占鱼体的百分比显著高于水稻淀粉。另外，鱼类对淀粉的利用能力随淀粉加热糊化，即 α-化而增强，但已 α-化的淀粉超过有效时间后会老化，成为 β-淀粉，反而难以消化。同时，暖水性鱼类（鲤、鲇等）对各种碳水化合物的利用性与虹鳟等冷水性鱼类恰好相反。暖水性鱼类对 α-淀粉的利用性优于葡萄糖、麦芽糖和糊精，而鳟鱼对低分子量碳水化合物（葡萄糖等）的利用性优于高分子碳水化合物。

表 2-15　不同碳水化合物饲料对草鱼生长和饲料效率的影响

成　　分	淀粉组	糊精组	葡萄糖组	淀粉＋Cr_2O_3组
每尾初质量（g）	28.52±0.44	28.54±0.28	28.40±0.37	29.59±0.26
每尾末质量（g）	52.70±2.99	50.77±1.70	52.57±3.23	52.59±4.00
日增重率（％）	1.70±0.19	1.56±0.09	1.68±0.24	1.68±0.30
饲料效率（％）	43.54±4.43	40.26±1.69	42.60±5.53	43.77±6.73
有机物消化率（％）	67.24±2.80	90.58±0.20	89.64±0.46	67.52±1.80
碳水化合物消化率（％）	59.26±4.18	98.52±0.12	98.59±0.17	57.51±1.78

　　注：根据赵万鹏等（1999）的资料整理。

　　大分子的纤维素几乎不能为大多数鱼类所消化吸收，同时纤维素过多，必须消耗能源用于消化道的蠕动，显著降低其他营养素特别是蛋白质的消化利用率。因此，一般限制鱼类饲料中的粗纤维的含量在一定范围之内。在虾营养中，含粗纤维较高的饲料，会增加粪便的排泄量并污染水质。另外，壳多糖是一种聚合物，和纤维素的结构有些相似，是虾外皮的主要构成成分，虾饲料中的壳多糖被认为具有促生长作用。

四、水生动物对碳水化合物的需求

　　（一）水生动物对碳水化合物的需要　无氮浸出物是鱼、虾类生长所必需的一类营养物质，是三种可供给能量的营养物质中最经济的一种，摄入量不足，则饲料蛋白质利用率下降，长期摄入不足还可导致代谢紊乱，鱼体消瘦，生长速度下降。与畜禽相比，鱼饲料的特点之一是蛋白质含量高，而碳水化合物含量低，鱼、虾类饲料中糖类适宜含量依鱼、虾种类有较大差异，一般为25％～50％，冷水性鱼类为21％左右，温水性鱼类为30％左右。虽然鱼、虾类不具备纤维素分解酶，不能直接利用粗纤维，但饲料中含有适量的粗纤维对维持消化道正常功能是必需的。一般来说，鱼类饲料中粗纤维适宜含量为5％～15％，一般认为，草食性鱼类饲料中粗纤维适宜含量为12％～20％，杂食性鱼类8％～12％，肉食性鱼类2％～8％。在对虾饲料中添加少量的纤维素，对肠的蠕动、蛋白质的利用有促进作用，但添加量过多也会影响对虾的生长。在商品饲料中，粗纤维总量一般为2％～4％。

　　（二）影响饲料中碳水化合物适宜含量的因素　碳水化合物是来源最广、成本最低的能量物质，而其在营养上的生理作用主要是提供能量，节约蛋白质。所以，水生动物饲料

中的适宜含量不是机体生长需要多少的问题，而是机体能够代谢多少的问题，只要不超过机体的代谢能力，不至于导致生理异常，就应尽量提高其在饲料中的含量。水生动物的不同种类、不同规格及在不同的生活环境条件下对无氮浸出物的利用能力不同，因而其饲料中无氮浸出物的适宜含量也就不同。

1. **水生动物的种类** 一般认为，草食性、杂食性鱼类饲料中的无氮浸出物的适宜含量比肉食性鱼类饲料中的无氮浸出物含量高，原因是草食性和杂食性鱼类淀粉酶活性高，并且分布在整个肠道。而肉食性鱼类淀粉酶活性低，仅仅在胰脏中可见到淀粉酶，从肝脏中糖的代谢酶活性来看，肉食性鱼类糖原合成酶活性高，而糖的分解酶活性低，因而对吸收的葡萄糖不能有效的利用，形成类似糖尿病的糖代谢紊乱。

2. **水生动物规格** 一般来说，小规格动物饲料中无氮浸出物的适宜含量少，随着规格的增大，适宜含量也随之升高。原因是小规格水生动物消化系统发育不完善，对糖的利用能力差，随着规格的增大，消化系统的发育日趋完善，消化酶的分泌逐渐加强，因而对糖的消化能力也随之增强。

表 2-16 几种水生动物饲料中糖的适宜含量

（引自郝彦周《水生动物营养与饲料学》）

水生动物种类	水生动物规格（g）	试验水温（℃）	糖源	糖的适宜含量（%）	评定指标	资料来源
草鱼	5.3 5.8～7.2 250	25～28 23～29 27	淀粉	48 35～36 46.3	体重增加率、体蛋白增加率、饲料系数、生长速度	黄忠志等，1983 毛永庆等，1985 杨小林等，1993
团头鲂	夏花		糊精	25～30	生长、饲料系数、蛋白质效率	杨国华等，1985 毛永庆等，1985
鲮鱼				40	生长性能	早山等，1972
鲤鱼	22.8 7	19.5～24.0	糊精 糊精	≤30 25	生长速度、饲料系数 生长速度	Furuichi等，1980 刘汉华等，1991
异育银鲫	3	23.1～28.8				贺锡勤等，1988
大口鲇	38～40	24～28.2	糊精	25.1～30	生长比速、蛋白质效率、饲料系数	张泽芸等，1995
胡子鲇	当年鱼种		糊精	30	生长比速、蛋白质效率	陈铁椰等，1992
青鱼	48.32	27～34	糊精	20	生长	王道尊等，1984 周文玉等，1988
鲈鱼	32	22～25	糊精	15	增重率	仲维仁等，1998
中华鳖	140.6～195.6 140.6～195.6 140.6～195.6 15.6～16.3 15.6～16.3 98.42～105.34 248.9～260.3 15～30	22～27 22～27 22～27 28 24～29 26～30	α-淀粉 α-淀粉 α-淀粉 α-淀粉 α-淀粉 α-淀粉 α-淀粉 α-淀粉	22.7 25.3 25.3 20 30 18.24 21.6 21～28	增重率（抛物线回归） 增重率（直线回归） 蛋白质效率 增重率 饲料系数、蛋白质效率 增重率、成活率 饲料系数 增重率、饲料系数、蛋白质效率	徐旭阳等，1989 徐旭阳等，1989 徐旭阳等，1989 川崎，1986 川崎，1986 王凤雷等，1996 涂涝等，1995 包吉野等，1992
中国对虾	 2.87～3.44		糊精 淀粉 淀粉	20 20～30 26	增重率 蛋白质效率 饵料系数	梁亚金等，1994 仲维仁等，1985 徐新章等，1988

表 2-17 不同鱼类饵料中适宜或推荐的可消化碳水化合物水平

(引自赵卫红，2002)

类　型	鱼的种类	可消化碳水化合物（%）	资料来源
海水或 冷水性	亚洲海鲈	≤20	Boonyarupalin（1991）
	大麻哈鱼	≤20	Helland 等（1991）
	鲽鱼	≤20	Cowey 等（1975）
	太平洋鲑鱼	≤20	Hardy（1991）
	虹鳟	≤20	NRC（1981）
淡水或 温水性	鲤鱼	30～40	Satoh（1991）
	鳗鱼	20～40	Arai（1991）
	草鱼	37～56	Lin（1991），廖朝兴（1996）
	遮目鱼	35～45	Lim（1991）
	红玉首鱼	≤25	Ellisreigh（1991）
	条纹鲈或杂交条纹鲈	25～30	Nematipour（1992）
	罗非鱼	≤40	Luquer（1991）

3. **季节**　夏季，水温高，幼龄动物新陈代谢旺盛，生长速度快，要求饲料中的蛋白质含量高而碳水化合物的需要相对较低；而秋季，水生动物为了越冬，饲料中应加大无氮浸出物的添加量，以贮备能量顺利越冬。

4. **饲料其他成分**　一般来说，在大量摄取蛋白质或脂肪饲料的水生动物对无氮浸出物的需要量就相对减少，相反，饲料中蛋白质含量不足，为了保证能量供给，饲料无氮浸出物和脂肪的含量就应增加，以起到节约蛋白质的作用，但应注意水生动物的种类。另外，饲料中某些维生素的含量，如维生素 C、维生素 B_1、烟酸、泛酸和糖代谢有关，因此，对饲料中无氮浸出物的最适添加量也有一定影响。

粗纤维在饲料中的适宜含量主要与水生动物的种类及规格有关（表 2-18）。

表 2-18 几种水生动物饲料中粗纤维的适宜含量

(引自郝彦周《水生动物营养与饲料学》)

水生动物种类	水生动物规格（g）	实验水温（℃）	适宜含量（%）	评定指标	实验方法	资料来源
草　鱼			20	蛋白质消化率	线性回归	黄忠志等，1983
	5	25～28	12	生长率	线性回归	黄忠志等，1983
	5	25～28	17.1	饲料系数	抛物线回归	黄忠志等，1983
	5	25～28	10～20	综合考虑		黄忠志等，1983
	7.1	23.6	15～20	生长、蛋白质效率	正交法	毛永庆等，1985
	250	27	13.3	生长	优化组合	杨小林等，1993
团头鲂	夏花		12	增重率		杨国华等，1989
	鱼种		≤11			石文雷等，1990
	成鱼		≤14			石文雷等，1990
鲤	夏花		11	增重率	正交法	刘汉华等，1991
尼罗罗非鱼	5	19.5～24	14.14	生长	抛物线回归	廖朝兴，1985
	2	24～27	＜10	生长、饲料转化率、净蛋白积累 生长率、成活率、特定		Adnerson，1984

（续）

水生动物种类	水生动物规格（g）	实验水温（℃）	适宜含量（%）	评定指标	实验方法	资料来源
莫桑比克罗非鱼	2.55	28～29	2.5～5	生长率、饲料转化率、蛋白质效率	正交法	Dioundick 等，1994
胡子鲇	当年鱼种		4	生长速度、蛋白质效率		陈铁椰等，1992
大口鲇	34～80	24～28	4～8	生长、蛋白效率、饲料系数		张泽芸等，1995
中华鳖	15.6		10	增重率	正交法	川奇，1986
	15～30	26～30	20～22	增重率、饲料系数等		包吉野等，1992
	140.6～195.6	22～27	9.73	蛋白质效率、生长	抛物线回归	徐旭阳等，1989
中国对虾	2.87～3.44	21～23	4.5	饲料系数、生长、蛋白效率	正交法	徐新章等，1988

（三）碳水化合物过多对水生动物的影响　水生动物尤其是肉食性鱼类对碳水化合物的利用能力较差，所以其饲料的碳水化合物含量不宜过高，否则，将影响其生长和饲料转化率，甚至影响水生动物的健康。

1. 无氮浸出物过多的影响

（1）对水生动物生长和饲料转化率的影响。实验研究表明，无氮浸出物过多，必然导致饲料蛋白质含量下降，鱼类对无氮浸出物及蛋白质的消化率均随碳水化合物添加量的增加而降低，从而使鱼类生长缓慢，饲料转化效率降低。因此，在鱼类养殖过程中，要使鱼类生长和饲料转化率取得满意的效果，其饲料中无氮浸出物的含量必须适宜。

（2）对水生动物健康的影响。水生动物摄入无氮浸出物的量过多，超过了鱼、虾类对无氮浸出物的利用能力限度，多余部分则用于合成脂肪；长期摄入过量无氮浸出物，会导致脂肪在肝脏和肠系膜大量沉积，发生脂肪肝，使肝脏功能削弱，肝解毒能力下降，鱼体呈病态型肥胖，血糖增加，尿糖排泄增多，鱼类出现肝脏增大，颜色变淡，身体膨胀，死亡率增大等现象的"高糖肝"症。另外，饲料中无氮浸出物含量过多，蛋白质及其他营养素的含量也必然降低，并影响对各种营养素的消化吸收。因此，含量过高的无氮浸出物对动物机体的生长和发育会产生不良影响。

2. 粗纤维过多对水生动物的危害　粗纤维对水生动物的作用与其他营养素的作用截然不同，它既不是构成机体的组成成分，又不能为机体提供能量，仅仅为机体利用其他营养素起到辅助作用。因此，饲料中粗纤维一旦含量过高，将会导致食糜通过消化道速度加快，消化时间缩短，蛋白质消化率下降，矿物元素利用率下降。而且，饲料中过多的纤维素会使水生动物发生便秘和消化道阻塞，摄食量减少。此外，摄食纤维素饲料时排泄物增多，水质易污染，所有这些都将导致水生动物生长速度、饲料转化率、净蛋白质积累和肥满度等下降。

第四节　脂类营养

脂肪是由碳、氢、氧三种元素所组成，包括中性脂肪和类脂肪，它是广泛存在于动植物体内的一类化合物。植物体的脂肪大部分存在于种子和果实中，其他部分如茎、叶等虽然亦含有脂肪，但其量甚少。动物体的脂肪存在于各种体组织中，其中以皮下蜂窝组织和网膜组织脂肪含量较多，而肌肉组织含脂肪相对较少。

饲料脂肪通常是用乙醚浸出法测定。按现行方法测定的脂肪，并非纯净脂肪，其中含有非脂质物质，如有机酸、树脂、色素和脂溶性维生素等，故也将其称为粗脂肪或乙醚浸出物（ether extract，EE）。脂类的分类、组成和来源详见表 2-19。

表 2-19　动物营养中脂类的分类、组成和来源

(引自杨凤，2001)

分　类	名　　称	组　　成	来　源
（一）可皂化脂类			
1. 简单脂类			
	甘油酯	甘油＋3 脂肪酸	动植物体特别是脂肪组织
	蜡　质	长链醇＋脂肪酸	植物和动物
2. 复合脂类			
（1）磷脂类			
	磷脂酰胆碱	甘油＋2 脂肪酸＋磷酸＋胆碱	动植物中
	磷脂酰乙醇胺	甘油＋2 脂肪酸＋磷酸＋乙醇胺	动植物中
	磷脂酰丝氨酸	甘油＋2 脂肪酸＋丝氨酸＋磷酸	动植物中
（2）鞘脂类			
	神经鞘磷酯	鞘氨醇＋脂肪酸＋磷酸＋胆碱	动物中
	脑苷酯	鞘氨醇＋脂肪酸＋糖	动物中
（3）糖脂类			
	半乳糖甘油酯	甘油＋2 脂肪酸＋半乳糖	植物中
（4）脂蛋白质	乳糜微粒等	蛋白质＋甘油三酯＋胆固醇＋磷酯＋糖	动物血浆
（二）非皂化脂类			
1. 固醇类	胆固醇	环戊烷多氢菲衍生物	动物中
	麦角固醇	环戊烷多氢菲衍生物	高等植物、细菌、藻类
2. 类胡萝卜素	β-胡萝卜素等	萜烯类	植物中
3. 脂溶性维生素	维生素 A，D，E，K	见维生素的营养一节	动植物中

一、脂类的生理功能

脂类在水生动物生命代谢过程中具有多种生理功用，是水生动物所必需的营养物质。

1. 提供能量　脂肪的主要功能是供给机体热能。脂肪与碳水化合物两者虽同为碳、氢、氧三种元素所组成，但在脂肪的化学组成中，碳的比例相对较大，而氧的比例相对较小，因此，脂肪可比同等重量的碳水化合物产生更多的能量。根据实际测定，单位重量脂肪氧化分解产生的能量相当于同等重量碳水化合物的 2.25 倍。正是由于脂肪可以较小的体积蕴藏较多的能量，而且消化吸收率高，所以它是水生动物体贮备能量以备越冬利用的最佳形式。

2. 构成机体组织　脂肪是动物体组织细胞的重要组成部分。细胞膜是由蛋白质、磷脂和糖脂所组成，糖脂可能在细胞膜传递信息的活动中起着载体和受体作用。细胞质中的线粒体、微粒和高尔基氏体等主要是由磷脂所组成。动物体各种组织均含脂肪。神经组织含有卵磷脂、脑磷脂、神经磷脂和脑苷脂；肌肉、皮肤中含有甘油三酯、磷脂和胆固醇；血液中则含有甘油三酯、磷脂及脂肪酸。此外，各种内脏器官亦含有脂肪，如肝脏存在脂肪酸和磷脂，肾脏也存在甘油三酯、磷脂、脂肪酸和胆固醇等。正是由于脂肪遍布于各种组织器官，所以，水生动物为生长新组织及修复旧组织，必须经常由饲料摄取脂肪或形成脂肪的原料。

3. **提供必需脂肪酸**　水生动物体组织细胞不能合成某些高度不饱和脂肪酸，如亚油酸、亚麻酸和花生四烯酸等。而这些脂肪酸却又是保持动物体正常组织细胞结构和功能所必需。因此，这些脂肪酸必须由饲料提供或在体内由特定脂质前体物转化而成。

4. **供作溶剂与载体**　脂肪可作为溶剂，供动物体内吸收和转运脂溶性维生素之用。各种脂溶性维生素，如维生素 A、D、E、K 及胡萝卜素等，不仅必须首先溶于脂肪而后才能被吸收，而且吸收过程还需有脂肪作为载体，因而若无脂肪参与，将不能完成脂溶性维生素的吸收过程，从而导致脂溶性维生素吸收利用受阻。

5. **合成激素、维生素的原料**　脂类可作为某些激素和维生素的合成原料，如麦角固醇可转化为维生素 D_2，而胆固醇则是合成性激素的重要原料。

6. **节约蛋白质，提高饲料蛋白质利用率**　鱼类对脂肪的利用能力极高，用于鱼体增重和作为能量，其总利用率高达 90% 以上。因此，在鱼饲料中含有适量脂肪时，可减少蛋白质用于氧化供能，从而起到节约蛋白质的作用，使之更有效地合成体蛋白，尤其对于处于快速生长阶段的鱼苗和幼鱼，效果更为明显。

二、水生动物对脂类的利用特点

甘油三酯的消化部位主要在肠道前部，但脂肪酶主要来自于肝胰腺。对具有幽门盲囊的很多鱼来讲，幽门盲囊中的脂肪酶活性最高，是脂类消化的主要部位。这些脂肪酶来源于胰腺，脂肪酶需要 Ca^{2+} 作为辅助因子，并可能有其他辅酶和胆盐参加。脂类的吸收部位在回肠前部包括回肠盲囊，吸收的脂类主要包括脂肪酸、甘油二酯、甘油、胆固醇、溶血磷脂等。然后脂肪酸与甘油、胆固醇、溶血磷脂重新酯化，在肠表皮细胞中分别形成甘油三酯和磷脂、胆固醇酯，这些脂类再以脂蛋白的形式通过血液和淋巴运输到肝脏。在肝脏中的脂肪，进一步形成各种脂蛋白，然后转移到各种肝外组织被利用。

甲壳类动物由于具有一个开放的循环系统，脂质的吸收不同于脊椎动物消化道中起着脂质乳化作用，甲壳类的乳化剂则是脂肪酰肌氨酰牛磺酸（fatty acylsarcosyl taurine），它由乙酸盐合成而来，胆固醇在甲壳类中不能转化为胆汁酯。脂质的吸收部位被认为与蛋白质和氨基酸的吸收部位相同，位于原始胃和前肠之间的肝胰脏所在区域。

一般来说，水生动物能有效地利用脂肪并从中获得能量。鱼、虾类对脂肪的吸收利用受许多因素的影响，其中以脂肪的种类对脂肪消化率影响最大。鱼、虾类对熔点较低的脂肪消化吸收率很高，但对熔点较高的脂肪消化吸收率较低，鱼体的最适脂肪源也因种而异，例如鳗鲡的最适脂肪源为鱼油，草鱼稚鱼的最适脂肪源为鱼肝油或鱼油、豆油和猪油各 1/3 混合，作为黑鲷的脂肪源，大豆油和鱼油比花生油和猪油好。此外，饲料中其他营养物质的含量对脂肪的消化代谢也会产生影响。饲料中钙含量过高，多余的钙可与脂肪发生螯合，从而使脂肪消化率下降。饲料含有充足的磷、锌等矿物元素，可促进脂肪的氧化，避免脂肪在体内大量沉积。维生素 E 与脂类代谢的关系极为密切，它能防止并破坏脂肪代谢过程中产生的过氧化物。胆碱是合成磷脂的重要原料，胆碱不足，脂肪在体内的转运和氧化受阻，结果导致脂肪在肝脏内大量沉积，发生脂肪肝。

对鱼、虾类而言，当饲料中消化能含量较低时，在饲料中添加适量的脂肪，可以提高饲料可消化能含量，从而减少了作为能源消耗的蛋白含量，使之更好地用于合成体蛋白，这一作用称为脂肪对蛋白质的节约作用。脂肪对蛋白质的节约效果与鱼类的食性密切相关，肉食性鱼类效果明显，非肉食性鱼类的效果则不明显。从营养物质代谢的角度看，以脂肪节约蛋白质，仅限于把蛋白质的分解供能降低到最低限度，而对于蛋白质的其他功能则是脂肪无法代替的。因此，脂肪对蛋白质的节约作用是有限的。

三、水生动物对脂类的需求

（一）水生动物对必需脂肪酸的需求

1. 必需脂肪酸概念 构成鱼体的脂肪酸可分为饱和脂肪酸和不饱和脂肪酸两大类。通常将具有两个或两个以上双键的脂肪酸称为高度不饱和或多不饱和脂肪酸（polyunsaturated fatty acids，缩写 PUFA）。凡是体内不能合成，必须由饲粮供给，或能通过体内特定先体物形成，对机体正常机能和健康具有重要保护作用的脂肪酸称为必需脂肪酸（essential fatty acids，缩写 EFA）。必需脂肪酸是多不饱和脂肪酸，但并非所有多不饱和脂肪酸都是必需脂肪酸。从营养生理角度上说，水生动物所缺乏的仅仅是不饱和脂肪酸。

必需脂肪酸是组织细胞的组成成分，在体内主要以磷脂形式出现在线粒体和细胞膜中。必需脂肪酸对胆固醇的代谢也很重要，胆固醇与必需脂肪酸结合后才能在体内转运。此外，必需脂肪酸还与前列腺素的合成及脑、神经的活动密切相关。

2. 必需脂肪酸的生物学功能

（1）EFA 是细胞膜、线粒体膜和质膜等生物膜脂质的主要成分，在绝大多数膜的特性中起关键作用，也参与磷脂的合成。磷脂中脂肪酸的浓度、链长和不饱和程度，在很大程度上决定着细胞膜流动性、柔软性等物理特性，这些物理特性又影响生物膜发挥其结构功能的作用。

（2）EFA 是合成类二十烷（eicosanoids）的前体物质。类二十烷的作用与激素类似，但又无特殊的分泌腺，不能贮存于组织中，也不随血液循环转移，而是几乎所有的组织都可产生，仅在局部作用以调控细胞代谢，所以是类激素。类二十烷包括前列腺素（prostaglandin）、凝血恶烷（thromboxome）、环前列腺素（prostacyclin）和白三烯（leukotriens）等，它们都是 EFA 的衍生物。二十碳五烯酸（C20：5ω3）不仅自身可衍生为类二十烷物质，而且对由花生四烯酸衍生类二十烷物质具有调节作用，鱼油中富含 C20：5ω3。

（3）EFA 能维持皮肤和其他组织对水分的不通透性。正常情况下，皮肤对水分和其他许多物质是不通透的，这一特性是由于 ω-6EFA 的存在。EFA 不足时，水分可迅速通过皮肤，使饮水量增大，生成的尿少而浓。许多膜的通透性与 EFA 有关，如血-脑屏障、胃肠道屏障。

（4）降低血液胆固醇水平。α-亚油酸衍生的前列腺素 PGE_1 能抑制胆固醇的生物合成。血浆脂蛋白质中 ω-3 和 ω-6 多不饱和脂肪酸的存在，使脂蛋白质转运胆固醇的能力降低，从而使血液中胆固醇水平降低。

3. 必需脂肪酸的种类

（1）淡水鱼。一般认为淡水鱼的必需脂肪酸有 4 种：即亚油酸（18：2ω-6）、亚麻酸（18：3ω-3）、二十碳五烯酸（20：5ω-3）和二十二碳六烯酸（22：6ω-3）。但对不同的鱼来说，这 4 种必需脂肪酸的添加效果却有所不同。尼罗罗非鱼主要需要 ω-6 脂肪酸（18：2ω-6），鳗、鲤等则需要 ω-3（18：3ω-3）和 ω-6（18：2ω-6）两类脂肪酸，对虹鳟来说，ω-3 脂肪酸起主要作用。

（2）海水鱼。许多试验表明，亚油酸和亚麻酸不是海水鱼的 EFA，二十碳以上 ω-3 高度不饱和脂肪酸才是海水鱼的必需脂肪酸，如 20：5ω-3 和 22：6ω-3 等。淡水鱼与海水鱼 EFA 不同的原因在于两者有不同的脂肪酸代谢途径，因为参与脂肪代谢的磷脂质中所含的脂肪酸主要是 20：5ω-3 和 22：6ω-3，而淡水鱼能将 18：3ω-3 有效地转化为 22：6ω-3，因而 18：3ω-3 在淡水鱼便具有 EFA 的效果。当然对某些冷水鱼而言，直接由饲料提供 22：6ω-3，效果更好，且添加量可以减半（如硬头鳟）。

（3）甲壳类。试验表明，亚油酸、亚麻酸、二十碳五烯酸和二十二碳六烯酸以甲壳类体内不能自行合成，这 4 种不饱和脂肪酸是甲壳类的必需脂肪酸。甲壳类与淡水鱼具有相似的脂肪代谢过程，即可将 18：3ω-3 转变为 22：6ω-3，但转化能力较弱，若直接由饲料中提供 22：6ω-3，效果更佳，且添加量可减半。

4. 必需脂肪酸的需要量　水生动物对 EFA 的需要量一般占饲料的 0.5%～2.0%，依种类稍有差异。

EFA 的需要量除与水生动物种类有关外，还受饲料中脂肪含量的影响。随饲料脂肪含量的增加，其 EFA 需要量也增加。但由于水生动物对 EFA 的需要量都很低，若饲料中 EFA 超过了机体需要，不仅不利于饲料贮藏，而且还会抑制水生动物生长。这种抑制作用在淡水鱼尤为明显。

表 2-20　几种水生动物中 EFA 的适宜需要量

（引自郝彦周《水生动物营养与饲料学》）

水生动物种类	必需脂肪酸需求量	资料来源
鲤	18：2ω6，1%＋18：3ω6，1%	Takeuchi 等，1977
尼罗罗非鱼	18：2ω6，0.5%	Takeuchi 等，1983
齐氏罗非鱼	18：2ω6，1%或20：4ω6，1%	Kanazawa 等，1980
斑点叉尾鮰	18：3ω3，1%～2%或 EPA＋DHA，0.5%～0.75%	Satoh 等，1980
香鱼	18：3ω3，1%或 EPA，1%	Kanazawa 等，1982
日本鳗鲡	18：2ω6，0.5%＋18：2ω6，0.5%	Takeuchi 等，1980
虹鳟	18：3ω3，1%	Castell 等，1972
虹鳟	18：3ω3，0.8%	Watanabe 等，1974
狗大麻哈鱼	18：2ω6，1%＋18：3ω6，1%	Takeuchi 等，1982
条纹石脂	EPA＋DHA，0.5%	Webster 等，1990
真鲷	EPA＋DHA，或 EPA，0.5%	Yone 等，1971
巨海鲈	EPA＋DHA，1%	Burana 等，1989
黄带参	EPA＋DHA，1.7%或 DHA，1.7%	Watanabe 等，1989
大菱鲆	EPA＋DHA，0.8%	Gatesoup 等，1989
黄条鰤	EPA＋DHA，2%	Deshimaru 等，1983
中国对虾	18：2ω6，1.95%＋18：3ω3，1.09%＋EPA，0.2%＋DHA，0.37%	任泽林等，1994
	18：2ω6，2.16%＋18：3ω3，0.87%	王树林等，1992
	DHA，1%	季文娟，1994，
	18：2ω6，0.5%＋18：3ω3，0.5%	季文娟，1994

5. 必需脂肪酸缺乏症　水生动物从饲料中摄取必需脂肪酸不足，会表现出各种生长异常，称为必需脂肪酸缺乏症。当日粮中必需脂肪酸缺乏时，不同种类的水生动物表现出的缺乏症也不一样。

对温水性鱼类而言，需经过一段时间才表现出缺乏症，其主要症状有生长速度变慢，饲料转化率降低，有时甚至出现死亡率增加。鲤鱼的 EFA 缺乏症表现不太明显，但长时间缺乏，可导致鲤鱼食欲下降和生长受阻。鳗鱼在缺乏 EFA 时生长明显下降。青鱼缺乏 EFA 时，生长速度和成活率低下，并出现竖鳞、眼突和鳍条充血等症状。

虹鳟饲料中必需脂肪酸不足时，表现为生长停滞，饲料效率下降，体表色素细胞减少，体色变淡，鳍条萎缩、腐烂、心肌炎，并可发生休克，血液中血色素含量下降，肌肉中水分含量增加而蛋白质、脂肪含量下降，肝脏中脂肪含量增加。

当饲料中缺乏 EFA 时，美国龙虾生长速度减慢，饲料效率低，血细胞及血清蛋白质减少，蜕壳周期延期，每次蜕壳后体增重减少。中国对虾缺乏 EFA 时表现为存活率、蜕壳率和生长率低下。

一般来说，以植物性原料为主要来源的饲料，其中主要为不饱和脂肪酸，故不易缺乏 EFA。并且，由于水生动物对 EFA 的需要量不大，而且 EFA 一旦被吸收到体内，就可以有效地贮藏在肝脏中，所以，在一般情况下，鱼类不易出现缺乏症，特别是成鱼 EFA 缺乏症的出现率就更少。

（二）水生动物对脂肪的需求

1. 饲料中脂肪的适宜含量　脂肪是水生动物生长所必需的一类营养物质。饲料中脂肪含量不足或缺乏，可导致水生动物代谢紊乱，饲料蛋白质利用率下降，同时还可并发脂溶性维生素和必需脂肪酸缺乏症。但饲料中脂肪含量过高，又会导致机体脂肪沉积过多，抗病力下降，同时也利于饲料的贮藏和成型加工。因此，饲料中脂肪含量必须适宜。一般认为，在必需脂肪酸平衡的条件下，水生动物饲料中脂肪含量应控制在 8% 以下为宜。草鱼、青石斑鱼、鲈鱼和台湾铲颌鱼的饲料中最适脂肪含量分别为 8.8%、9.87% 左右、5.4%～15.4% 或 7.53%～9.59% 和 5%～10%。

表 2-21　水生动物饲料中脂肪（类脂）的适宜含量

（引自郝彦周《水生动物营养与饲料学》）

水生动物种类	水生动物规格（g）	实验水温（℃）	脂肪源	适宜含量（%）	每10g体重日需要量（g）	评定指标	资料来源
草　鱼				8.9	0.4		毛永庆等
			菜籽油	3.6		增重率、饲料效率、蛋白质效率；	雍文岳等，1985
团头鲂				3.6		增重率、饲料效	刘梅珍等，1998
鲮　鱼				4～5	0.1	率、蛋白质效率	毛永庆等，1985
鲤　鱼				5			Watanabe 等，1975
				5			刘伟等，1990
尼罗罗非鱼				7.63			徐捷等，1983
			豆油为主	10		生长	庞思成等，1994
				10		增重率	佐藤等，1981

（续）

水生动物种类	水生动物规格（g）	实验水温（℃）	脂肪源	适宜含量（%）	每10g体重日需要量（g）	评定指标	资料来源
青　鱼			马面纯鱼油	6.5			王道尊等，1987
鲈　鱼			鱼油	16	增重		仲维仁等，1998
日本对虾	32	22～25	鱼油＋豆油	3＋3			弟子丸修，1974
中国对虾			豆油	8			徐明启，1985
				6			李爱杰
			花生油	4	0.236	生长、蛋白效率、饵料系数	徐新章等，1988
	2.87～3.44	21～23		3			仲维仁等，1985
			大豆磷脂	4		增长、饵料系数	福建水产研究所，1995
			胆固醇	0.5～1			刘发义，1993

2. **影响饲料中脂肪适宜含量的因素**　水生动物饲料中脂肪的适宜含量，受水生动物的种类、规格、饲料组成、脂肪的质量和环境因素等影响，另外，季节也会影响到脂肪的适宜含量，因为水生动物在越冬前要为越冬贮存能量，此时饲料中的脂肪含量应适当高些。

（三）水生动物对类脂质的需求

1. **对磷脂的需求**　磷脂在水生动物营养中有多方面的作用：①促进营养物质的消化，加速脂类的吸收；②提供和保护饲料中的不饱和脂肪酸；③提高制粒的物理质量，减少营养物质在水中的溶失；④可引诱鱼、虾采食；⑤提供一种未知生长因子。水生动物自身可合成部分磷脂，但对于快速生长的个体来说，其自身合成量往往不能满足需要，在饲料中补充磷脂在集约化养殖条件下是必需的。如果不及时从饲料中补充磷脂，会导致龙虾生长下降，蜕壳不完全，死亡率增加；对于香鱼（Ayu）幼苗，有试验表明，卵磷脂是其生长和成活的必需物质，卵磷脂能降低畸形发生率，特别是脊椎侧凸和颌骨弯曲的发生率，增加成活率。在鱼饲料中使用卵磷脂的效果取决于鱼的生理发育阶段，一般认为，磷脂对处于开食阶段和快速生长期内的鱼苗是有效的，但对稍大规格的鱼种及成鱼并未显示明显的促生长效果，这可能是由于鱼苗期合成磷脂的能力较低的缘故。

2. **对胆固醇的需求**　胆固醇在动物生命代谢过程中同样具有十分重要的作用。有鳍鱼类能利用醋酸和甲羟戊酸合成胆固醇，因而不必由饲料中直接提供。但胆固醇是甲壳类动物必需的营养素。蜕皮激素的合成需要胆固醇，而甲壳类动物包括虾，体内不能合成胆固醇，需要由饲料供给。胆固醇有助于虾体转化合成维生素 D、性激素、胆酸、蜕皮素和维持细胞膜结构完整性，促进对虾的正常蜕皮、消化、生长和繁殖。但现已证明，胆固醇添加过多（如对虾饲料中超过 5%，龙虾超过 2%）会抑制生长。

四、脂类的氧化酸败对水生动物的危害

脂类在贮存、运输和加工过程中，饲料脂肪易氧化，这种变化分自动氧化和微生物氧

化。脂质自动氧化是一种由自由基激发的氧化。先形成脂过氧化物，这种中间产物并无异味，但脂质"过氧化物价"明显升高，此中间产物再与脂肪分子反应形成氢过氧化物，当氢过氧化物达到一定浓度时则分解形成短链的醛和醇，使脂肪出现不适宜的酸败味，最后经过聚合作用使脂肪变成黏稠、胶状甚至固态物质。而微生物氧化是一个由酶催化的氧化，存在于植物饲料中的脂氧化酶或微生物产生的脂氧化酶最容易使不饱和脂肪酸氧化，催化的反应与自动氧化一样，但反应形成的过氧化物，在同样温湿度条件下比自动氧化多。脂肪的氧化酸败在光、热和适当催化剂（如铜、铁离子）存在时更易发生，其结果既降低脂类营养价值，也产生不适宜气味。

（一）氧化酸败的危害　脂类一旦氧化，不仅自身质量下降，而且产生的氧化物、过氧化物还会破坏饲料中的维生素，特别是维生素 A、维生素 D、维生素 E 等，改变了饲料品质，致使适口性下降，降低了水生动物的摄食量。饲料中的氧化脂肪对水生动物是有毒的。饲料氧化脂肪对水生动物的毒性，因种类不同而不同。

1. **虹鳟**　虹鳟摄食含有大量氧化脂肪的饲料后，可引起中毒，其中毒症状主要为：鳃呈淡桃红色乃至白色，贫血，肝脏颜色变淡，红细胞数量显著减少，幼稚红细胞增多，红细胞大小不一，肝脏脂肪变性，变性后期，细胞内的脂肪球直径达 $10\sim15\mu m$，胆固醇沉积增多，糖原减少，肾脏脂肪变性，肾小管变性和消失，同时鱼体生长受阻，饲料效率低，死亡率升高。

2. **鲤鱼**　鲤鱼大量摄食氧化脂肪后则出现瘦背病，其症状主要表现为：鱼体消瘦，背尖如刀，并且两侧低凹，肥满度低，肌肉变性、萎缩，肌纤维坏死，肝脏实质细胞萎缩和蜡样颗粒沉积显著，随时间的加长，就会出现高死亡率。

3. **其他**　鳗鲡、香鱼等摄食大量氧化脂肪后，也会出现类似鲤鱼瘦背病的症状。

（二）预防脂类氧化酸败的措施

为了减少脂类的氧化酸败，可采取下列几项措施：

（1）饲料中应用过氧化值低的新鲜油类。

（2）提油后贮存。饲料在贮存之前，用机械法或溶剂法将其中的油脂提取出来，形成脱脂饲料，然后贮存，如脱脂鱼粉、脱脂蚕蛹和脱脂米糠等，利用这些原料生产配合饲料之前，再根据需要，临时加入油脂。

（3）在饲料中添加抗氧化剂，避免脂类的氧化酸败，如抗坏血酸棕榈酸酯、α-生育酚、二丁基甲酚（BHT）、叔丁基羟基茴香醚（BHA）、乙氧基喹（EMQ）等。

（4）合理贮存饲料。温度、湿度、水分、光线、氧的浓度和微量金属离子等对油脂及含油饲料品质的影响极大。如随着温度的上升，油脂氧化明显加快，温度每上升 10℃，氧化速度便增加 1 倍；而光，特别是紫外线能使饲料油脂氧化反应暴发性进行；金属离子能使油脂氧化，其作用很强。因此，加油饲料中当有金属离子存在时，油脂氧化酸败问题应特别予以重视；同时，还应注意饲料中水分及湿度对油脂的影响。

（5）应用抗氧化油脂。抗氧化油脂又称稳定化动物脂肪或固化脂肪，是脂类物质经特殊工艺制成、呈白色粉末状的油脂，因不饱和脂肪酸被处理，减弱了油脂氧化及酸败反应发生。在国外水产界已应用多年，国内应用因价格太高，未得到应有的普及与推广。

第五节　矿物质营养

矿物质又称矿物盐、无机盐和灰分（ash），是生物体的重要组成成分，是指在生物体内，除形成有机物的碳、氢、氧和氮之外的元素，是饲料完全燃烧成为灰烬时的残余成分。矿物质在生物体内的含量较少，但它却是维持生命所必需的。矿物质在鱼体内的含量一般为3%～5%，其中含量在0.01%以上为常量元素，如钙、镁、磷、钾、钠、硫、氯等；含量小于0.01%的称为微量元素，如铁、钴、铜、碘、锌、锰、钼、硒、铝、铬等。

一、矿物质的生理功能

一般来说，矿物质在动物体内的主要生理功用有以下几个方面：

（1）骨骼、牙齿、甲壳及其他体组织的构成成分，如钙、磷、镁和氟等。

（2）酶的辅基成分或酶的激活剂，如锌是碳酸酐酶的辅基、铜是血浆铜蓝蛋白氧化酶、酚氧化酶的辅基等，硒参与血浆谷胱甘肽过氧化物酶（GSH-PX）的构成和活性调节，锌与血清碱性磷酸酶、钼与血浆黄嘌呤氧化酶的活性有关。

（3）构成组织中某些特殊功能的有机化合物，如铁是血红蛋白的成分，碘是甲状腺素的成分，钴是维生素B_{12}的成分等。

（4）维持体液的渗透压和酸碱平衡，无机盐是体液的电解质，保持细胞定形，供给消化液中的酸和碱，如钠、钾和氯等元素。

（5）维持神经和肌肉的正常敏感性，如钙、镁和钠、钾等元素。

矿物元素的生理功用在水生动物和陆地动物之间的重大区别在于渗透压的调节，即水生动物体液需经常维持和周围水环境之间的渗透压平衡，其他生理功用水生动物和陆生动物是基本相同的。

二、主要矿物元素营养

（一）常量元素

1. **钙和磷**　钙、磷是体内含量最多的矿物元素，平均占体重的1%～2%，其中98%～99%的钙、80%的磷存在于骨和牙齿中，其余存在于软组织和体液中。随饲料采食的钙进入肠吸收部位后，在具有类激素活性的维生素D_3刺激下，与蛋白质形成钙结合蛋白质，经过异化扩散吸收进入细胞膜内，少量以螯合形式或游离形式吸收。磷吸收以离子态为主，也可能存在异化扩散。磷的吸收受其结构、浓度和动物不同生理状态的影响较大。表2-22列出了不同磷源的磷生物学效价。钙、磷代谢的调节主要靠激素调节。参与血中钙、磷水平调节的有甲状旁腺素、降钙素和活性维生素D_3（1,25-$(OH)_2$-D_3）等三种激素，这些激素对钙的吸收、进入骨中沉积、肾的重吸收和排泄等代谢过程都有调节作用。

钙、磷在动物体内具有以下生物学功能。第一，作为动物体结构组成物质参与骨骼和牙齿的组成，起支持保护作用；第二，通过钙控制神经传递物质释放，调节神经兴奋性；

表 2-22 不同饲料原料中的磷利用率（％）

（引自李爱杰《水产动物营养与饲料学》）

原 料	美洲河鲇[①]	鲤鱼[②]	虹鳟[②]
磷酸二氢钙	94	94	94
磷酸氢钙	65	46	71
磷酸三钙		13	64
磷酸二氢钠和磷酸二氢钾混合物		94	98
磷酸二氢钠、磷酸二氢钾和磷酸二氢钙混合物		95	98
酪蛋白		97	90
白鱼粉		26	60
红鱼粉		33	70
鱼粉	40		
啤酒酵母		93	91
米糠		25	19
小麦胚芽		57	58
小麦	28		
玉米	25		
大豆（无豆荚）	54		
植酸钙镁盐		8	19

注：①Lovell，1987；②Ogino 等，1979。

第三，通过神经体液调节，改变细胞膜通透性，使 Ca^{2+} 进入细胞内触发肌肉收缩；第四，激活多种酶的活性；第五，促进胰岛素、儿茶酚氨、肾上腺皮质固醇，甚至唾液等的分泌；第六，钙还具有自身营养调节功能，在外源钙供给不足时，沉积钙（特别是骨骼中）可大量分解供代谢循环需要；第七，参与体内能量代谢，磷是 ATP 和磷酸肌酸的组成成分，这两种物质是重要的供能、贮能物质，也是底物磷酸化的重要参加者；第八，促进营养物质的吸收，磷以磷脂的方式促进脂类物质和脂溶性维生素的吸收；第九，保证生物膜的完整，磷脂是细胞膜不可缺少的成分；第十，磷作为重要生命遗传物质 DNA、RNA 和一些酶的结构成分，参与许多生命活动过程，如蛋白质合成和动物产品生产。

鱼、虾主要是从水中摄入钙。鱼类通过鳃、鳍及口腔上皮吸收水中钙离子，海水鱼通过吞饮海水摄入钙。大多数鱼虾，从水中吸收的钙基本可以满足需求。在某些特殊情况下，鱼类可能会发生钙缺乏症，如河鲶生长在无钙水中表现出钙缺乏症，其特征是生长缓慢，骨骼灰分中含钙量下降，饲料效率低，死亡率增加。钙在虾体内的主要贮藏部位是在外皮上（虾壳中），一般很难出现缺乏症。大多数鱼类缺磷的表现是生长不良、骨骼异常和骨灰分含量下降以及鱼体脂质积聚等。鲤鱼缺磷除出现头和脊柱变形外，还表现出其他症状，包括肝脏中某些糖原异生酶活性增强、体脂增高、水分减少、血磷水平下降等；鲶鱼还可能出现血细胞比容水平降低；真鲷缺磷出现脊柱弯曲和增生、血清碱性磷酸酶活性增强、肝糖原减少、肌肉与肝以及脊柱中脂肪积累增加。对虾缺磷易产生软壳病，生长缓慢及死亡率高。

钙、磷的适宜需要和供给量受水生动物种类、饲料、饲养管理等多种因素的影响。其中维生素 D 的影响最大，但这种调节作用不如陆生的畜禽明显。通常用在鱼饲料配方中的动物性饲料含钙、磷较高，如鱼粉、肉骨粉等，是因为鱼体和动物副产品中的骨组织提供大量的钙、磷，而且大部分钙、磷以无机盐形式存在，其余部分与蛋白质、脂质和碳水化合物结合成磷酸盐复合物。谷物籽实和植物性饲料中的钙、磷含量不高，且磷主要是动物不能利用的植酸磷，在生产实践中要加以注意。

2. 镁　镁作为一个必需元素有如下功能：第一，参与骨骼和牙齿组成；第二，作为酶的活化因子或直接参与酶组成，如磷酸酶、氧化酶、激酶、肽酶和精氨酸酶等；第三，参与 DNA、RNA 和蛋白质合成；第四，调节神经肌肉兴奋性，保证神经肌肉的正常功能。

海水中通常含有高量的镁，海水鱼可以从海水中摄取镁，一般很少缺乏镁，饲料中无需补充镁。淡水鱼也可以从水中摄取镁满足部分需要，但饲料中含镁过低时会出现缺乏症。虹鳟、鲤鱼、斑点叉尾鮰、鳗鲡的镁的需要量为 0.04%～0.06%，罗非鱼为 0.06%～0.08%。

鱼类镁缺乏会厌食，生长不良，呆滞和组织中镁含量减少。鲤鱼镁缺乏症表现为惊厥，白内障，泳动状态异常，骨骼钙增加。

镁的丰富来源为鱼粉、虾粉等动物性饲料，但鱼粉中镁的保留率仅为 54%。

3. 钠、钾、氯　体内钠、钾、氯的主要作用是作为电解质维持渗透压，调节酸碱平衡，控制水的代谢；钠对传导神经冲动和营养物质吸收起重要作用；细胞内钾也与很多代谢有关；钠、钾、氯可为酶提供有利于发挥作用的环境或作为酶的活化因子。

钠、钾、氯等离子不易缺乏，因为鱼易从水环境中获得这些离子。一般常规饲料原料中大量存在钠、钾、氯，不需另外补充。大鳞大麻哈鱼最佳生长需要 0.8% 的钾，有时需要补给，缺乏时出现厌食、惊厥、痉挛和死亡。海水中含有大量钾，真鲷饲料中没有必要补充钾。虾饲料中推荐的需要量为钠 0.6%，钾 0.9%，植物性饲料配方中添加 0.2% 的氯化钠作为调味剂。

(二) 主要微量元素

鱼类对微量元素需求的研究进展缓慢，目前只有部分微量元素被确认为鱼类的必需微量元素，原因之一可能是由于周围水体中的微量元素的影响，很难确定微量元素的最低需要量和饲料中的微量元素的利用率，因而对其营养生理功能及缺乏症很难准确判定。鱼虾类需要的微量元素有 14 种：铁、锌、锰、铜、碘、钴、氟、硒、镍、钼、铬、硅、钒、砷等，其添加形态已经经历了三个阶段：硫酸盐的简单混合、有机酸类微量元素和氨基酸微量元素螯合物，以氨基酸微量元素螯合物的生物学效价最高，但成本较高。

1. 铁　铁主要有三方面的营养生理功能：第一，参与载体组成，转运和贮存营养素，血红蛋白是体内运载氧和二氧化碳最主要的载体，肌红蛋白质是肌肉在缺氧条件下作功的供氧源，转铁蛋白是铁在血中循环的转运载体，铁蛋白质、血铁黄素和转铁蛋白质等是体内的主要贮铁库；第二，参与体内物质代谢，二价或三价铁离子是激活碳水化合物、蛋白质、脂肪代谢的各种酶不可缺少的活化因子，铁直接参与细胞色素氧化酶、过氧化物酶、过氧化氢酶、黄嘌呤氧化酶等的组成来催化各种生化反应，铁也是体内很多重要氧化还原反应过程中的电子传递体；第三，生理防卫机能，转铁蛋白除运载铁以外，还有预防机体感染疾病的作用，乳铁蛋白在肠道能把游离铁离子结合成复合物，防止大肠杆菌利用，有利于乳酸杆菌利用。

大多数鱼缺铁会出现低血色素、小红细胞性贫血。贫血鱼鳃呈浅红色，肝呈白至黄白色。饲料中铁过多可导致铁中毒，表现为生长停滞、厌食、腹泻和死亡增加及肝细胞损伤。虹鳟饲料中铁含量达到 1 380mg/kg，即出现上述中毒症状。

2. 铜　铜的主要营养生理功能有三个方面：第一，作为金属酶组成部分直接参与体内代谢，这些酶包括细胞色素氧化酶、尿酸氧化酶、氨基酸氧化酶、酪氨酸酶、赖氨酰氧化酶、苄胺氧化酶、二胺氧化酶、过氧化物歧化酶和铜蓝蛋白等；第二，维持铁的正常代谢，有利于血红蛋白合成和红细胞成熟；第三，参与骨形成，铜是骨细胞、胶原和弹性蛋白形成都不可缺少的元素。

鱼心脏、肝脏、脑、眼中铜浓度高，在血浆中以铜蓝蛋白复合物存在。

虹鳟和鲤鱼对饲料中铜的需要量为 3mg/kg，斑点叉尾鮰为 5mg/kg，大西洋鲑为 5mg/kg。斑点叉尾鮰缺铜会导致心脏细胞色素 C 氧化酶减少，肝脏铜锌过氧化物歧化酶活性降低。鲤鱼幼鱼饲料中缺铜会出现生长受抑制。

鱼对饲料中铜比对水中溶解铜更具耐受性。在水中以硫酸铜的形式提供 0.8～1.0mg/L 的铜，对许多鱼有毒。虹鳟可耐受高达 665mg/kg 饲料铜，当铜含量达 730mg/kg、饲喂 24 周，产生铜中毒(Lanno 等，1985)，中毒症状包括生长不良，饲料效率低和肝铜水平升高。

节肢动物（虾、蟹）以及软体动物（乌贼、章鱼）等血液中的铜蓝蛋白是运输氧的蛋白。铜是虾体中运输氧的血蓝蛋白的成分。

3. 锌　锌作为必需微量元素主要有以下营养生理作用：第一，参与体内酶组成，已知体内 200 种以上的酶含锌，在不同酶中，锌起着催化分解、合成和稳定酶蛋白质四级结构和调节酶活性等多种生化作用；第二，参与维持上皮细胞的正常形态、生长和健康，其生化基础与锌参与胱氨酸和黏多糖代谢有关，缺锌使这些代谢受影响，从而使上皮细胞角质化；第三，维持激素的正常作用，锌与胰岛素或胰岛素原形成可溶性聚合物，有利于胰岛素发挥生理生化作用，Zn^{2+} 对胰岛素分子有保护作用，锌对其他激素的形成、贮存、分泌有影响；第四，维持生物膜的正常结构和功能，防止生物膜遭受氧化损害和结构变形，锌对膜中正常受体机能有保护作用。

鱼类可从水和饲料中吸收锌，但饲料锌比水中锌可更有效地被鱼吸收。鱼类锌缺乏的一般表现为生长缓慢，食欲减退，死亡率增高，血清锌和碱性磷酸酶的含量下降。虹鳟锌缺乏还出现晶状体白内障，鳍和皮肤腐烂，躯体变短。对于斑点叉尾鮰，缺锌降低生长率、食欲和骨骼中锌、钙含量及血清锌浓度。鲤鱼缺锌表现出生长下降，厌食，白内障，鳍及皮肤溃烂，甚至死亡。

虹鳟和鲤鱼对饲料中锌有较高耐受力，可耐受锌 1 700～1 900mg/kg 而不影响生长和成活率。

4. 锰　锰的主要营养生理作用是在碳水化合物、脂类、蛋白质和胆固醇代谢中作为酶活化因子或组成部分。此外，锰是维持大脑正常代谢功能必不可少的物质。

鱼的骨骼中含锰量最高，在肝脏、肌肉、肾、生殖腺和皮肤中含量也较多。鱼既能从水中亦能更有效地从饲料中吸收锰。鲤鱼、虹鳟对锰的需求量为 13mg/kg，斑点叉尾鮰的需要量为 24mg/kg。

虹鳟、鲤鱼和罗非鱼缺乏锰会出现生长减缓和骨骼变形（尾柄短缩）。虹鳟对锰摄入不足时，心肌和肝脏中的铜-锌超氧化物歧化酶和锰超氧化物歧化酶活性下降，并抑制脊椎中锰和钙含量。

5. **硒** 肌肉中总硒含量最多,肾、肝中硒浓度最高,体内硒一般与蛋白质结合存在。

硒最重要的营养生理作用是参与谷胱甘肽过氧化物酶(gluthathione peroxidase,缩写 GSH-px)组成,对体内氢或脂过氧化物有较强的还原作用,保护细胞膜结构完整和功能正常,肝中此酶活性最高,骨骼肌中最低。硒对胰腺组成和功能有重要影响。硒有保证肠道脂肪酶活性、促进乳糜微粒正常形成,从而促进脂类及其脂溶性物质消化吸收的作用。硒和维生素 E 在机体抗氧化体系中有协同作用,维生素 E 能较好地保护磷脂膜不被氧化,而硒通过谷胱甘肽过氧化物酶的作用可清除细胞内过氧化物。

鱼对硒的需要量受水体含硒量、饲料中不饱和脂肪酸和维生素 E 的含量及硒的化学形式的影响。虹鳟对硒的需要量为 0.15~0.38mg/kg,斑点叉尾鲖为 0.25mg/kg。

6. **碘** 碘作为必需微量元素最主要功能是参与甲状腺组成,调节代谢和维持体内热平衡,对繁殖、生长、发育、红细胞生成和血液循环等起调控作用。体内一些特殊蛋白质的代谢和胡萝卜素转变成维生素 A 都离不开甲状腺素。

鱼类可从水中或饲料中吸收碘。目前,关于碘的需要量尚未明确,NRC(1993)推荐斑点叉尾鲖、虹鳟的碘需要量为 1.1mg/kg,太平洋鲑为 0.6~1.1mg/kg。

鱼类缺碘的主要症状是甲状腺增生,饲料中硫葡萄糖甙可导致甲状腺激素缺乏。

三、水生动物对矿物质的利用特点

水生动物可以同时从饲料和周围水环境中吸收矿物质,以满足自身的生理需要。水生动物很容易从水环境中吸收矿物质,据报道,海水鱼每天从海水(高渗液)中摄取的水量是鱼体重的 50%,通过摄入海水可基本满足对矿物质的需要;而淡水鱼生活在低渗环境中,主要从鳃和体表吸收矿物质,但吸收的矿物质主要用于补偿由尿中损失的盐分,因此,需要由饲料中提供矿物质。水生动物还有控制体内矿物质浓度的能力,但随种类不同而异。某些鱼类和甲壳类能排出高比例的摄入过量的矿物元素,因此能以相对正常的浓度控制铜、锌、铁等在体内的含量,但小鱼和新孵出的鱼苗对这些金属的调控和排出的能力比汞、铬、铅差。鳃、消化道是调控和排出过剩矿物质的场所。

无论是饲料中还是水环境中的矿物质,欲使之被水生动物吸收利用,首要条件必须是溶解的,呈离子态的固态物质不能被吸收。溶解度越大,吸收利用率则越高。矿物盐的溶解性不仅指水溶性,而且也包括酸溶性,所以,柠檬酸、胃酸都可促进钙的吸收,但是草酸、磷酸等可与钙结合形成不溶性盐,因而也就妨碍了钙的吸收。

对于溶解的离子态的矿物盐的吸收,也会受到自身结构、饲料中其他营养素含量的影响,如 Fe^{2+} 比 Fe^{3+} 易被吸收;蛋白质、氨基酸和乳糖可促进钙的吸收;过量脂肪则妨碍钙的吸收,而促进磷的吸收;镁可抑钙和磷的吸收;钙与磷也可互为抑制;维生素 D 对钙的吸收有明显的促进作用。另外,矿物质自身的含量也会影响到吸收率,水环境中矿物盐浓度也会影响对饲料中矿物盐的吸收率。部分矿物质在吸收作用上是相互关联的,如钙和磷在饲料中的含量要保持一定比例,鱼类需求钙:磷为 1:(1~1.5),甲壳类需求为 1:(1.7~1.75);饲料中铜、钼含量过高时会加重鱼类磷的排出量,而锌含量过高时,则会降低磷的吸收。

在研究鱼虾类矿物元素的营养中,主要是采用试验动物的增重率、存活率、饵料系数、蛋白质效率等为指标,来评价鱼虾对某种矿物质需要与否及其需要量。由于鱼虾类的特殊性、水环境的影响及对吃剩的饵料难以准确地测定，很难得出可靠的饵料系数和蛋白质效率，因此对矿物元素的生物有效性的认识尚不深入。

四、水生动物对矿物元素的需求

（一）适宜需要量　水生动物对矿物质的需求量很少（钙和磷例外），它们不仅可从饲料中获得，而且也可从水中获得。几种水生动物饲料中矿物质适宜含量见表 2-23 至表 2-25。

表 2-23　几种主要养殖鱼类对矿物质的需要量

（庄建隆等，1990）

矿物质	真鲷	鲤鱼	虹鳟	鳗鲡	罗非鱼	草鱼幼鱼[a]
钙（%）	<0.196	0.028	0.24	0.27	0.17～0.65	32.6～36.7
	—	0.8～1.1[b]				—
磷（%）	0.68	0.6～0.7	0.7～0.8	0.29～0.58	0.8～1.0	22.1～24.8
	—	1.7～2.4[b]				—
镁（%）	<0.012	0.04～0.05	0.06～0.07	0.04	0.06～0.08	1.8～2.0
锌（mg/L）	<24.3	15～30	15～30		10	0.44～0.50
锰（mg/L）	<17.8	13	13		12	0.04～0.05
铜（mg/L）	<5.1	3	3			0.02～0.03
钴（mg/L）	<4.3	0.1	0.1			0.04～0.05
铁（mg/L）	150	150	—	170	150	4.1～4.6
硒（mg/L）	—	—	0.15～0.40			—
碘（mg/L）	<0.11	—	0.6～1.1			

注：a. 黄耀桐等，1989。单位为每天每 100g 体重中的毫克数。
　　b. 李爱杰等，1992。

表 2-24　几种鱼类饲料中无机元素的适宜含量（占饲料的%）

（引自魏清和《水生动物营养与饲料学》）

无机元素	斑点叉尾鲴	鲤鱼	真鲷	日本鳗鲡	虹　鳟	大鳞大麻哈鱼
钙	≤0.05	≤0.028	0.34	0.27	—	—
	(14)[a]	(20)[a]	(400)[a]	(19)[a]		
磷	0.45	0.6～0.7	0.68	0.29		
	—					
镁	0.04	0.04	0.015		0.025～0.07	
	(1.6)[a]	(3.5)[a]	(1.35)[a]		(1.2～3.1)[a]	
铁			150mg/L			
			(0.01)[a]			
碘						0.6～1.1mg/L
						(0.2)[b]
硒				0.15～0.4mg/L	(0.04)[b]	—
锌	20mg/L	5mg/L			15mg/L	
	(25)[b]	(10)[b]			(11)[b]	
铜	1.5mg/L				0.7～3mg/L	
	(0.33)[b]	3mg/L				
锰		12～13mg/L			12～13mg/L	

注：a. 表示括号的数为养殖水体中含量，单位为 mg/L。
　　b. 水中含量，单位为 mg/L。

表 2-25 鲤鱼饲料中矿物质的最适含量

（引自魏清和《水生动物营养与饲料学》）

矿物质	鲤的规格（g/尾）	含量（占饲料干重%）	作　者
McCcllum185 号（矿物质混合盐）	2.0	4~5	Ggino 和 Kamizono，1976
镁	8.5	0.04~0.05（12~15mg/kg·d）	Ggino 和 Chiou，1976
钙	8.5	2~2.5	Ggino 和 Chiou，1976
钙/镁	8.5	50	Ggino 和 Chiou，1976
磷	—	0.6~0.7	Ggino 和 Chiou，1976
锰	1.86~1.92	0.012~0.013	Ggino 和 Yang，1980
锌	1.5~1.9	0.015~0.03	Ggino 和 Yang，1979
铁	—	0.015	Ggino 和 Yeon，1978
铜	1.86~1.92	0.003	Ggino 和 Yang，1980

（二）影响因素　影响饲料中矿物质适宜含量的因素主要有以下几方面：

1. **水生动物的规格及环境因素**　水生动物在小规格或在最适环境中时，代谢旺盛，生长潜力大，此时对矿物质的需求量大，反之则小。

2. **饲料中脂肪的含量**　硒具有抗脂肪氧化的作用，故当饲料中脂肪含量高时，硒的含量也应适当升高。

3. **其他矿物质**　对于那些具有颉颃作用的矿物质，当一种矿物质的含量高时，另一种或几种矿物质的含量也应升高，以削弱其颉颃作用，提高吸收量。

4. **其他营养素**　当饲料中对矿物质吸收有阻碍作用的其他营养素含量高时，相应矿物质的含量则应适当提高，反之则应当降低。当饲料中对矿物质的吸收有促进作用的其他营养素含量高时，相应矿物质含量可适当降低，反之，则应提高。

5. **水中含量**　若水环境中可溶解性矿物质含量高时，饲料中矿物质含量可适当降低，反之，则应适当提高。

6. **消化道中酸碱度**　酸性环境可以提高矿物质的溶解性，促进吸收，但若酸与矿物质形成沉淀，则会抑制其吸收，此时应适当增加饲料中矿物质含量。

五、矿物质的缺乏症

（一）**缺乏症症状**　矿物质是水生动物生长所必需的一类营养素，一旦缺乏，则导致代谢紊乱，产生缺乏症。几种水生动物的矿物质缺乏症症状见表 2-26。

表 2-26 部分鱼类矿物质缺乏症

（引自郝彦周《水生动物营养与饲料学》）

矿物质	鲤鱼	虹鳟	鳗鱼	鲇鱼	其他鱼类
磷（P）	生长不良，骨骼异常，鱼体脂肪蓄积，鱼体水分含量低，鱼体骨骼的灰分含量低	生长不良，骨骼异常，骨骼灰分量降低	生长不良，食欲减退	生长不良，饲料效率降低，骨骼灰分含量降低	鲫鱼生长不良，饲料效率低，血清磷与脂、肝脏水分与糖、脊椎骨灰分钙、磷含量降低，血糖和体脂增加

（续）

矿物质	鲤鱼	虹鳟	鳗鱼	鲇鱼	其他鱼类
镁（Mg）	生长不良，死亡率高，游泳异常（痉挛），骨骼钙量增加	生长不良，游泳异常（运动缓慢、痉挛），脊椎弯曲，骨骼钙增加，肾结石，死亡率高	生长不良，食欲减退		罗非鱼生长不良，痉挛，脊椎弯曲
钙（Ca）	不显缺乏症	不显缺乏症	生长不良，食欲减退	生长不良	
铁（Fe）	低血色素性小球性贫血		低血色素性小球性贫血	低血色素性小球性贫血	低血色素性小球性贫血
锰（Mn）	生长不良，短躯	生长不良，骨骼异常，头部、脊椎骨变形，白内障	生长不良，骨骼异常，头部、脊椎骨变形，白内障		
锌（Zn）	生长不良，皮肤、鳍发炎与糜烂，死亡率高	生长不良，皮肤、鳍发炎与糜烂，死亡率高，白内障	生长受阻，短体症		
铜（Cu）	生长不良，鱼体铜含量减少	生长不良，鱼体铜含量减少	脊椎变形等		
碘（I）					鲑鱼生长不良，甲状腺碘减少

（二）缺乏症产生的原因　矿物质缺乏症的发生原因主要有以下几方面：

1. 饲料和水中可溶性矿物盐均不足　水生动物可从饲料和水中获得无机盐，那么，一方含量高时，则可节约另一方中的含量，如果双方的含量均不足，或双方含量均足但有效性（溶解性）差，则可导致矿物质缺乏症。

2. 饲料中其他矿物质含量的影响　矿物质之间存在着复杂的关系，某一种矿物质含量过多，往往会影响到另一种或几种矿物质的吸收。

3. 饲料中其他营养素的影响　矿物质与其他营养素之间存在着密切的关系，其他营养素含量的增加或减少，则往往减弱水生动物对矿物质的吸收。

第六节　维生素营养

　　维生素（vitamin，V）是维持动物健康、促进动物生长发育所必需的一类低分子有机化合物。这类物质在动物体内不能合成或合成很少，必须由饲料提供。动物体对其需要量极少，所以一般都以微克或毫克计量，或用国际单位（IU）表示。

维生素不是形成机体各种组织器官的原料，也不是能源物质。它们主要以辅酶和催化剂的形式广泛参与体内代谢的多种化学反应，从而保证机体组织器官的细胞结构和功能正常，以维持动物的健康和各种生产活动。维生素长期摄入不足或由于其他原因不能满足生理需要，可引起机体代谢紊乱，导致水生动物物质代谢和能量代谢障碍，生长迟缓和对疾病的抵抗力下降等，产生一系列缺乏症，影响动物健康和生产性能，严重时可导致动物死亡。维生素的需要受其来源、饲粮（料）结构与成分、饲料加工方式、贮藏时间、饲养方式（如集约化饲养）等多种因素的影响。

一切维生素均含有碳、氢、氧三种元素，B组维生素中除肌醇外，还含有氮元素，少数B组维生素分子中还含有一个或一个以上的矿物元素。

一、维生素的分类及营养生理功能

（一）维生素的分类 维生素种类很多，现已发现的维生素有20多种，其化学组成、化学性质各异，一般按其溶解性分为脂溶性维生素和水溶性维生素两大类，其中至少有15种是水生动物必需的，其中大多数为辅酶的主要成分，体内不能大量贮存，必须经常由饲料供给。

脂溶性维生素包括维生素A（视黄醇、抗干眼病因子）、维生素D（钙化醇、抗佝偻病因子）、维生素E（生育酚）、维生素K（凝血维生素、抗出血因子）。

水溶性维生素包括维生素B_1（硫胺素）、维生素B_2（核黄素）、维生素B_3（泛酸）、维生素B_4（胆碱）、维生素B_5（烟酸又称尼克酸、烟酰胺又称尼克酰胺）、维生素B_6（吡哆醇）、生物素（维生素H、维生素B_7）、叶酸（维生素B_{11}）、肌醇、维生素B_{12}（氰钴素）和维生素C（抗坏血酸）等。

（二）维生素的营养

1. 脂溶性维生素

（1）维生素A。维生素A是含有β-白芷酮环的不饱和一元醇。它有视黄醇、视黄醛和视黄酸三种衍生物，每种都有顺、反两种构型，其中以反式视黄醇效价最高。维生素A只存在于动物体中，植物中不含维生素A，而含有维生素A原（前体）——胡萝卜素。胡萝卜素也存在多种类似物，其中以β-胡萝卜素活性最强。1分子β-胡萝卜素可以裂解为2个分子维生素A。不同种类动物，体内β-胡萝卜素转化为维生素A的效率不同，斑点叉尾鮰具有按1∶1比例转化β-胡萝卜素为维生素A_1和A_2的能力。淡水鱼能利用β-胡萝卜素作为维生素A的前体，罗非鱼肝脏中可将β-胡萝卜素和角黄素转变为维生素A_1。

食物的维生素A和胡萝卜素，在胃蛋白酶和肠蛋白酶的作用下，从与之结合的蛋白质上脱落下来。在小肠中，游离的维生素A被酯化后吸收。胆盐有表面活性剂的作用，对β-胡萝卜素的吸收具有重要意义，可促进β-胡萝卜素的溶解和进入小肠细胞。吸收的维生素A以酯的形式与维生素A结合蛋白相结合，经肠道淋巴系统转运至肝脏贮存。当周围组织需要时，水解成游离的视黄醇并与视黄醇结合蛋白（retinol binding protein，RBP）结合（称holo-RBP），再与血浆中别的蛋白质结合，形成视黄醇-蛋白质-蛋白质复合物，通过血液转运到达靶器官。

维生素 A 是一般细胞代谢和亚细胞结构中必不可少的重要成分，其重要营养生理作用包括：促进生长发育，维护骨骼健康；参与构成视觉细胞内感光物质（视紫红质），对维持视网膜的感光性及保护夜间视力有着重要作用；促进黏多糖的合成，维持细胞膜及上皮组织的完整性和正常的通透性；可促进新生细胞生长；有助于抗感染；对维持鳃的正常结构及功能有着重要的作用。动物的生长性能、肝脏维生素 A 的含量、血浆的维生素 A 浓度以及脑脊髓液压，都可反映动物维生素 A 的营养状况。

在自然界中，维生素 A 含量最高的是某些鱼（鳕寻、鲨鱼）肝油、动物肝脏及蛋黄，肉及奶中含量亦较多。维生素 A_1 主要存在于哺乳动物和海水鱼肝脏中，维生素 A_2 则主要存在于淡水鱼肝脏中。胡萝卜素主要存在于植物性饲料中，其中以各种青绿饲料和黄、红色块根茎和瓜类（如胡萝卜、红心甘薯和南瓜等）含量最为丰富；秸秆、秕壳、谷实（除黄玉米、粟）及其加工副产品则为胡萝卜素贫乏的饲料。

维生素 A 一般以国际单位（IU）为衡量单位，1IU 相当于 $0.3\mu g$ 的纯结晶维生素 A 醇或 $0.344\mu g$ 维生素 A 醋酸酯的活力。类胡萝卜素一般以毫克计。

（2）维生素 D。维生素 D 有 D_2（麦角钙化醇）和 D_3（胆钙化醇）两种活性形式。麦角钙化醇的前体是来自植物的麦角固醇，胆钙化醇来自动物的 7-脱氢胆固醇。维生素 D 原经紫外线照射而转变成维生素 D_2 和 D_3。小肠是维生素 D 主要的吸收部位。皮肤经光照产生的维生素 D_2 或 D_3 和小肠吸收的维生素 D_2 或 D_3 都进入血液。水生动物肝脏可贮存大量的维生素 D，陆生动物主要贮存于肝脏、肾、肺，皮肤和脂肪等组织也可贮存。

维生素 D 最基本的功能是促进肠道钙磷的吸收，提高血液钙和磷的水平，促进骨的钙化。

鱼类对维生素 D_2 的利用效率低，故一般采用维生素 D_3 作为饲料添加剂。

植物性饲料中维生素 D_2 的含量主要决定于光照程度，动物性饲料则取决于 7-脱氢胆固醇的活性物质 25-羟胆钙化醇的含量。动物的肝和禽蛋含有较多的维生素 D_3，特别是某些鱼类的肝中含量很丰富。

维生素 D 以 IU 计量，1IU 相当于 $0.025\mu g$ 结晶维生素 D_3 的活力。

（3）维生素 E。维生素 E（又称生育酚）是一组化学结构近似的酚类化合物。自然界中存在 $\alpha-$、$\beta-$、$\gamma-$ 和 $\delta-$、ζ_1-、ζ_2-、η 和 $\epsilon-$ 八种具有维生素 E 活性的生育酚，其中以 d-$\alpha-$生育酚活性最高，

维生素 E 有以下几个方面的作用：①生物抗氧化作用，通过中和过氧化反应链形成的游离基和阻止自由基的生成使氧化链中断，从而防止细胞膜中脂质的过氧化和由此而引起的一系列损害；②$\alpha-$生育酚也能通过影响膜磷脂的结构而影响生物膜的形成；③促进十八碳二烯酸转变成二十碳四烯酸并进而合成前列腺素；④维生素 E 和硒缺乏可降低机体的免疫力和对疾病的抵抗力；⑤维生素 E 在生物氧化还原系统中是细胞色素还原酶的辅助因子；⑥参与细胞 DNA 合成的调节；⑦可以降低镉、汞、砷、银等重金属和有毒元素的毒性；⑧通过使含硒的氧化型谷胱甘肽过氧化物酶变成还原型的谷胱甘肽过氧化物酶以及减少其他过氧化物的生成而节约硒，减轻因缺硒而带来的影响；⑨维生素 E 也涉及磷酸化反应、维生素 C 和泛酸的合成以及含硫氨基酸和维生

素 B$_{12}$ 的代谢等。

所有谷类粮食都含有丰富的维生素 E，特别是种子的胚芽中。绿色饲料、叶和优质干草也是维生素 E 很好的来源，尤其是苜蓿中含量很丰富。青绿饲料（以干物质计）维生素 E 含量一般较禾谷类籽实高出 10 倍之多。小麦胚油、豆油、花生油和棉籽油含维生素 E 也都很丰富。

维生素 E 一般也以 IU 衡量，1IU 相当于 1mg dl-α-生育酚或 1mg dl-α-生育酚醋酸酯的活性。

（4）维生素 K。维生素 K 的名字在丹麦语中是"凝结"的意思。现已知有多种具有维生素 K 活性的萘醌化合物。天然存在的维生素 K 活性物质有叶绿醌（维生素 K$_1$）和甲基萘醌（维生素 K$_2$）。前者为黄色油状物，由植物合成；后者是淡黄色结晶，可由微生物和动物合成。维生素 K 耐热，但对碱、强酸、光和辐射不稳定。

维生素 K 不像前三种脂溶性维生素那样具有较广泛的功能。它主要是参与凝血活动，是前凝血酶原（因子Ⅱ）、斯图尔特因子（因子Ⅹ）、转变加速因子前体（因子Ⅶ）和血浆促凝血酶原激酶（因子Ⅸ）的激活所必需的。维生素 K 缺乏，凝血时间延长。

绿色饲料是维生素 K 的丰富来源，其他植物饲料含量也较多。肝、蛋和鱼粉含有较丰富的维生素 K$_2$。双香豆素（草木樨醇，dicumarol）是自然界维生素 K 的主要颉颃物。动物采食过道草木樨可导致出血性疾患。

2. 水溶性维生素

（1）维生素 B$_1$。硫胺素由 1 分子嘧啶和 1 分子噻唑通过一个甲基桥结合而成，含有硫和氨基，故称硫胺素。能溶于 70% 的乙醇和水，受热、遇碱迅速被破坏。极易溶于水，在酸性溶液中较稳定。

硫胺素在细胞中的功能是作为辅酶（羧辅酶），参与 α-酮酸的脱羧而进入糖代谢和三羧酸循环。当硫胺素缺乏时，由于血液和组织中丙酸和乳酸的积累而表现出缺乏症状。硫胺素的主要功能是参与碳水化合物代谢，需要量也与碳水化合物的摄入量有关。

硫胺素也可能是神经介质和细胞膜的组成成分，参与脂肪酸、胆固醇和神经介质乙酰胆碱的合成。

鱼缺乏硫胺素表现为与猪、禽类似的症状，如厌食、生长受阻、无休止地运动、扭曲、痉挛、常碰撞池壁、体表和鳍褪色、肝苍白等。

酵母是硫胺素最丰富的来源，谷物含量也较多，胚芽和种皮是硫胺素主要存在的部位。瘦肉、肝、肾和蛋等动物产品也是硫胺素的丰富来源。成熟的干草含量低。

（2）维生素 B$_2$。核黄素是由一个二甲基异咯嗪和一个核酸结合而成，为橙黄色的结晶，微溶于水，耐热，但蓝色光或紫外光以及其他可见光可使之迅速破坏。饲料中的核黄素大多以 FAD（黄素腺嘌呤二核苷酸）和 FMN（黄素单核苷酸）的形式存在，在肠道随同蛋白质的消化被释放出来，经磷酸酶水解成游离的核黄素，进入小肠黏膜细胞后再次被磷酸化而生成 FMN。在门脉系统与血浆白蛋白质结合，在肝脏转化为 FAD 或黄素蛋白质。FMN 和 FAD 以辅基的形式与特定的酶蛋白结合形成多种黄素蛋白酶。这些酶与碳水化合物、脂肪和蛋白质的代谢密切相关。

鱼（虹鳟）缺乏核黄素，表皮呈浅黄绿色，鳍损伤，肌肉乏力，组织中核黄素水平下降，肝中 D-氨基酸氧化酶活性降低。

（3）维生素 B_3。泛酸是由 β-丙氨酸借肽键与 α,γ-二羟-β,β-二甲基丁酸缩合而成的一种酸性物质。游离的泛酸是一种黏性的油状物，不稳定，易吸湿，也易被碱和热破坏。泛酸钙是该维生素的纯品形式，为白色针状物。

泛酸是两个重要辅酶，即辅酶 A 和酰基载体蛋白质（ACP）的组成成分。辅酶 A 是碳水化合物、脂肪和氨基酸代谢中许多乙酰化反应的重要辅酶，在细胞内的许多反应中起重要作用；ACP 在脂肪酸碳链的合成中有相当于辅酶 A 的作用，并已证明，ACP 与辅酶 A 有类似的酰基结合部位。

泛酸广泛分布于动植物体中，苜蓿干草、花生饼、糖蜜、酵母、米糠和小麦麸含量丰富；谷物的种子及其副产物和其他饲料中含量也较多。常用饲粮一般不会发生泛酸的缺乏。

（4）维生素 B_4。胆碱是 β-羟乙基三甲胺羟化物，常温下为液体、无色，有黏滞性和较强的碱性，易吸潮，也易溶于水。饲料中的胆碱主要以卵磷脂的形式存在，较少以神经磷脂或游离胆碱形式出现。在胃肠道中经消化酶的作用，胆碱从卵磷脂和神经磷脂中释放出来，在空肠和回肠经钠泵的作用被吸收。但只是 1/3 的胆碱以完整的形式吸收，约 2/3 的胆碱以三甲基胺的形式吸收。

胆碱是卵磷脂及乙酰胆碱的组成成分，参与脂肪代谢，有利于脂肪从肝中运出，故有防止脂肪肝的作用；并为神经冲动的传导介质，是动物快速生长和提高饲料转化率必不可少的成分。

鱼对胆碱的需要一般为每千克饲料 4g。

自然界存在的脂肪都含有胆碱。因此，凡是含脂肪的饲料都可提供胆碱。多数动物能由甲基合成足够量的胆碱，合成的量和速度与饲粮含硫氨基酸、甜菜碱、叶酸、维生素 B_{12} 及脂肪的水平有关。

（5）维生素 B_5。尼克酸是吡啶的衍生物，它很容易转变成尼克酰胺。尼克酸和尼克酰胺都是白色、无味的针状结晶，溶于水，耐热。3-乙酰吡啶、吡啶 3-磺酸和抗结核药物异烟肼（雷米封）是尼克酸的颉颃物。

尼克酸主要通过烟酰胺腺嘌呤二核苷酸（NAD）或烟酰胺腺嘌呤二核苷酸磷酸（NADP）参与碳水化合物、脂类和蛋白质的代谢，尤其在体内供能代谢的反应中起重要作用。NAD 和 NADP 也参与视紫红质的合成。

鱼类对尼克酸的需要一般为每千克饲粮 $10\sim50$mg。每日每千克体重摄入的尼克酸超过 350mg 可能引起中毒。

（6）维生素 B_6。维生素 B_6 包括吡哆醇、吡哆醛和吡哆胺三种吡啶衍生物。维生素 B_6 的各种形式对热、酸和碱稳定；遇光，尤其是在中性和碱性溶液中易被破坏。

维生素 B_6 的功能主要与蛋白质代谢的酶系统相联系，也参与碳水化合物和脂肪的代谢，涉及体内 50 多种酶，维生素 B_6 参与的生理作用主要有：转氨基作用，脱羧作用；脱氨基作用；转硫作用；色氨酸转变成烟酸；维持肝中辅酶 A 的正常水平，参与亚油酸转变为花生四烯酸和降低血清胆固醇的作用等。维生素 B_6 对肉用动物具有更重要的意义。

鱼类对维生素 B_6 的需要一般为每千克饲粮 $3\sim6mg$，饲粮蛋白质水平的提高、色氨酸、蛋氨酸或其他氨基酸过多，也将增加维生素 B_6 的需要。鱼缺乏 B_6 表现为食欲差、痉挛和高度兴奋。

维生素 B_6 广泛分布于饲料中，酵母、肝、肌肉、乳清、谷物及其副产物和蔬菜都是维生素 B_6 的丰富来源。

（7）生物素。生物素具有尿素和噻酚相结合的骈环，噻唑环的 α 位带有戊酸侧链。它有多种异构体，但只有 d-生物素才有活性。合成的生物素是白色针状结晶，在常规条件下很稳定，不易受酸、碱及光线破坏，但高温和氧化剂可使其丧失活性。

在动物体内生物素以辅酶的形式广泛参与碳水化合物、脂肪和蛋白质的代谢。例如丙酮酸的羧化、氨基酸的脱氨基、嘌呤和必需脂肪酸的合成等。许多动物的生物素缺乏症都可通过饲喂生蛋清、无生物素的饲粮或加磺胺药（抑制肠道微生物的合成）引起。

鱼类对生物素的需要量一般为每千克风干料 $150\sim1\,000\mu g$。

（8）叶酸。叶酸由一个蝶啶环、对氨基苯甲酸和谷氨酸缩合而成，也叫蝶酰谷氨酸。它是橙黄色的结晶粉末，无臭无味，微溶于水，在酸性溶液中稳定，但遇热或见光则易分解。

叶酸在一碳单位的转移中是必不可少的，通过一碳单位的转移而参与嘌呤、嘧啶、胆碱的合成和某些氨基酸的代谢。叶酸缺乏可使嘌呤和嘧啶的合成受阻，核酸形成不足，使红细胞的生长停留在巨红细胞阶段，最后导致巨红细胞贫血；同时也影响血液中白细胞的形成，导致血小板和白细胞减少，产生老的分叶中性白细胞。叶酸对于维持免疫系统功能的正常也是必需的。

叶酸广泛分布于动植物产品中。绿色的叶片和肉质器官、谷物、大豆以及其他豆类和多种动物产品中叶酸的含量都很丰富。

（9）维生素 B_{12}。维生素 B_{12} 是一个结构最复杂的、惟一含有金属元素（钴）的维生素，故又称钴胺素（cobalamin）。它有多种生物活性形式，呈暗红色结晶，易吸湿，可被氧化剂、还原剂、醛类、抗坏血酸、二价铁盐等破坏。

维生素 B_{12} 在体内主要以二脱氧腺苷钴胺素和甲钴胺素两种辅酶的形式参与多种代谢活动，如嘌呤和嘧啶的合成、甲基的转移、某些氨基酸的合成以及碳水化合物和脂肪的代谢。与缺乏症密切相关的两个重要功能是促进红细胞的形成和维持神经系统的完整。维生素 B_{12} 是机体正常生长、血红细胞成熟、脱氧核糖核酸生物合成和神经组织健康所必需的。

鲤鱼、罗非鱼不需要饲粮提供维生素 B_{12}，其他鱼类还未确定。

在自然界，维生素 B_{12} 只在动物产品和微生物中发现，植物性饲料基本不含此维生素。

（10）维生素C。维生素C是一种含有 6 个碳原子的酸性多羟基化合物，因能防治坏血病而又称为抗坏血酸。它是一种无色的结晶粉末，加热很容易被破坏。结晶的抗坏血酸在干燥的空气中比较稳定，但金属离子可加速其破坏。

维生素C具有可逆的氧化性和还原性，所以它广泛参与机体的多种生化反应。已被阐明的最主要的功能是参与胶原蛋白质合成。此外，还有以下几个方面的功能：①在细胞内电子转移的反应中起重要的作用；②参与某些氨基酸的氧化反应；③促进肠道铁离子的吸收和在体内的转运；④减轻体内转运金属离子的毒性作用；⑤能刺激白细胞中吞噬细胞和网状内皮系统的功能；⑥促进抗体的形成；⑦是致癌物质——亚硝基胺的天然抑制剂；⑧参与肾上腺皮质类固醇的合成。

鱼类缺乏维生素 C，一般表现为食欲下降、生长受阻、骨骼畸形、脊柱弯曲、表皮及鳍出血等症状。

柑橘类水果、番茄、绿色蔬菜、马铃薯，以及大多数的水果，都是维生素 C 的重要来源。

（三）类维生素物质　除前面所讨论的维生素外，还有一些物质，根据目前的研究材料还不能完全证明它们属于维生素，但不同程度上具有维生素的属性。一类物质是已被证明在某些方面具有维生素的生物学作用，少数动物必须由饲粮提供，但没有证明大多数动物都必须由饲粮提供。属于这一类的类维生素物质有肉毒碱、硫辛酸、辅酶 Q 和多酚。还有一类物质，有促进动物机体代谢的作用或某方面的效益，但还没有被证明对哪种动物是必须由饲粮提供的。这一类物质包括维生素 B_{13}（乳清酸）、维生素 B_{15}（pangamic acid）维生素 B_{17}（苦杏仁苷）、维生素 H_3（gerovital）、维生素 U 以及葡萄糖耐受因子，由于后一类还不能确定是动物所必需的，又称为假维生素。关于这些物质是否属于维生素还有待进一步证明，也涉及维生素概念及定义的进一步阐明。

二、水生动物对维生素的需求

（一）水生动物对维生素的需要　鱼类对维生素的需要和畜禽类相比较有较大的差别，这主要体现在以下几个方面：①鱼类合成某些维生素的能力远较畜禽低，如鱼类将 β-胡萝卜素转化为维生素 A 的能力低，冷水鱼则几乎不能完成这种转化。另外，鱼类将色氨酸转化为烟酸的能力也较差。②鱼类高蛋白、低能量需求的特点，决定了鱼类对与氨基酸代谢有关的 B 族维生素需求较多。③鱼类对脂肪有较高的利用率及对不饱和脂肪酸的需求，使得鱼类对维生素 E 等与脂类代谢有关的维生素需求量增加。④鱼类能从水环境中有效地摄取钙，因而对维生素 D 不足的敏感性不及畜禽。⑤鱼类肠道微生物种类和数量少，因而肠道微生物合成维生素的数量相对较少，当使用抗菌药物或水温较低时，肠道微生物合成维生素的能力更低。另外，在鱼类维生素营养中，我们要特别注意维生素 C 和肌醇的添加，据研究，大剂量的维生素具有调节免疫功能、增强动物抗病力作用，而肌醇的促生长作用已得到了肯定。

水生动物营养所需要的维生素并不都需要直接从饲料中获得，其中少数几种维生素鱼体本身或消化道微生物可以合成，因而就不必依赖于饲料的直接供给，如鲤鱼饲料中如果缺乏叶酸、维生素 D、维生素 B_{12}，其各种生理活动和生长并不会因此而受到影响；而香鱼饲料中如果缺乏胆碱、肌醇和生物素，同样可保持正常的生理代谢和生长速度。但水生动物合成维生素的能力一般较差。

从水生动物生理代谢的角度讲，水生动物需要获得一定量的维生素才能维持正常的生理活动和生长。因此，在生产中，人们更关心的往往是饲料中维生素的添加量或饲料中维生素的适宜含量（表 2-27 至表 2-31）。

表 2-27　美国 NRC（1983）推荐的几种温水性鱼和虾的维生素营养需要量（mg/kg）

（引自张宏福、张子仪《动物营养参数与饲养标准》）

维生素 （vitamin）	鲇鱼 （Ictalurus unctatus）	鲤鱼 （Cyprinus carpio）	真鲷 （Chrysophrys major）	虾 （Penaeus ztecus）
维生素 B_1	1.0	—	R	120
维生素 B_2	9.0	7.0	R	NT
泛酸	10～20	30～50	R	NT
吡哆醇	3.0	5～6	5～6	120
尼克酸	14	28	R	NT
生物酸	R	I	N	NT
叶酸	N	N	N	NT
维生素 B_{12}	R	N	R	NT
胆碱	R	R	R	600
肌醇	R	R440	550～900	2 000
维生素 C	60	NT	R	≦10 000
维生素 A	1 000～2 000	10 000IU	NT	
维生素 D	500～1 000	N	NT	NT
维生素 E	30	200～300	NT	NT
维生素 K	R	N	NT	NT

注：R：日粮中需要，但其数量尚不知；N：在实验条件未证实为日粮需要；NT：尚未测定。

表 2-28　鱼类饲料中最低维生素需要量[1]

（引自李爱杰《水产动物营养与饲料学》）

维生素	鲑、鳟	斑点叉尾鲴	鲤鱼	真鲷	日本鳗鲡	中国对虾[4]
A（IU）	2 500	2 000	10 000	—[2]	—	120 000～180 000
D（IU）	2 400	1 000	—	—	—	60 000
E（IU）	30	30	300	—	—	360～440
K（IU）	10	R[3]	—	—	—	32～36
C（mg）	100	60		R	R	4 000（LAPP）
B_1（mg）	10	1	—	R	R	60
B_2（mg）	20	9	7	R	R	100～200
B_6（mg）	10	3	6	6	R	140
泛酸（mg）	40	20	50	R	R	100（泛酸钙）
维生素（mg）	1	R	1	—	R	0.8
烟酸（mg）	150	15	30	R	R	400
叶酸（mg）	5	—	—	—	R	5～10
B_{12}（mg）	0.02	R	—	R	R	0.01～0.02
胆碱（mg）	3 000	R	4 000	R	R	4 000
肌醇（mg）	400	—	440	900	R	4 000

注：①据 NRC（1981、1983）等资料整理而得。

②"—"表示需要量未经测试或尚未知道。

③"R"表示在饲料日粮中是需要的，但需要量待测。

④李爱杰等，1983、1984，为饲料中适宜需要量。

表 2-29　饲料中维生素含量推荐值（mg/kg）[①]

（引自李爱杰《水产动物营养与饲料学》）

维生素	尼罗罗非鱼	草　鱼	青　鱼[②]	团头鲂	鲤　鱼
B_1	25	20	5	—	5
B_2	100	20	10	—	7～10
B_6	25	11	20	—	5～10
烟酸	375	100	50	20	29
泛酸钙	250	50	20	50	30
肌醇	1 000	100	—	100	440
B_{12}	0.05	0.01	0.01	—	—
K	20	10	3	—	—
E	200	62	10	—	50～100
胆碱	2 500	550	500	100	500～700
对氨基苯甲酸	200	—	—	—	—
叶酸	705	5	1	—	—
C	500	600	50	50	50～100
A（IU）	—	5 500	5 000	—	2 000
D（IU）	—	1 000	1 000	—	1 000
生物素	—	—	—	—	0.5～1

注：①主要水生动物饲料标准及监测技术鉴定材料，1990。

　　②上海水产研究所，1982。

表 2-30　水生动物维生素供给量配方（1 000g 干饲料中）

（引自魏清和，2002）

维生素	单　位	鳟　类	鲇　类	温水性鱼类	对　虾
A	IU	2 000	2 000	5 500	—
D_3	IU		220	1 000	—
E	mg	30	11	50	—
K	mg	80	5	10	10 000
C	mg	100	0～100	30～100	120
B_1	mg	10	0	20	
B_2	mg	20	2～7	20	120
B_6	mg	10	11	20	
B_{12}	mg	20	2～10	20	—
生物素	mg	1	0	0.1	600
胆碱	mg	3 000	440	550	
叶酸	mg	5		5	—
肌醇	mg	400	0	100	2 000
烟酸	mg	150	17～28	100	
泛酸	mg	40	7～11	50	

表 2-31　鱼类饲料维生素配方

(林鼎等, 1987)

维生素	配方 （mg/kg）	Halver 配方 （mg/kg）	NRC 推荐量（鱼、对虾） （mg/kg）
B_1	60	50	20
B_2	200	200	20
B_6	40	50	11
烟酸	800	750	100
泛酸钙	280	500	50
肌醇	4 000	2 000	100
胆碱	8 000	5 000	550
生物素	6	5	0.1
叶酸	15	15	5
维生素 C	2 000	1 000	30～100
对氨基苯甲酸	400	—	—
B_{12}	0.09	0.1	0.09
A	鳕鱼肝油		5 000IU
D	20ml		1 000IU
K	40	40	10
E	400	400	50

（二）**影响因素**　饲料中维生素适宜含量的确定受很多因素的影响，如生长阶段、生理状态、放养密度、饲料来源及饲料加工等因素。

1. **水生动物种类**　水生动物种类不同，对维生素的需要量不同，不仅与动物自身的生理活动有关，而且也与自身及肠道中微生物的维生素合成有关，这是由种类间的特异性造成的。

2. **水生动物规格**　从理论上讲，小规格时，生长潜力大，新陈代谢旺盛，对维生素需求量大，随着规格的增大，需求量则渐少；对于亲体，为提高繁殖力，促进性腺发育及提高孵化率，维生素的需求有所提高。

3. **水生动物的生理状况及环境条件**　在集约化高密度养殖过程中，往往对水生动物采取一些强化生长措施，使其在逆境条件下生长。在这种情况下，水生动物对维生素的需要量往往是增加的。此外，当环境条件恶化（如溶氧量低、水质污染和水温剧变等），或饲料急剧更换，或人为的操作（如放养、称重和转塘等）对水生动物造成损伤和刺激，或机体生病需要用药及水体中病原菌含量增高时，水生动物体对维生素的需要量一般也是增加的，以增强水生动物对环境的适应力和对疾病的抵抗力。

4. **饲料成分**　对同一种水生动物，当饲料中某种营养素的含量提高时，参与该种营养素代谢的维生素的含量也应相应升高；另外，维生素之间的关系是复杂的，当某种维生素的含量升高时，与此有关的维生素的含量也应发生相应变化。

5. **饲料来源及养殖集约化程度**　在集约化程度较低的半精养、粗养方式中，由于水生动物的饲料来源较杂，其生长所需维生素除来自人工投喂的配合饲料外，还有相当一部分来自于其他饲料（如天然饵料生物和青饲料），因而对配合饲料中维生素的依赖性相对减少。同时，由于放养密度较低，生长速度较慢，水生动物对维生素的需要量也相对较低。但在集约化养殖条件下（如网箱养鱼和流水养鱼），鱼类放养密度高，生长多处于逆境，而其生长所需要维生素几乎全部来自配合饲料。因此，要适当提高维生素添加量。

6. **饲料的加工工艺**　若饲料经过高温、高压的处理，则对维生素破坏严重；若饲料颗粒较小，则维生素在水中的溶解量就较大。因此，为弥补这一损失，维生素的含量应相应增加。

三、维生素的缺乏症

（一）**缺乏症**　当饲料中某种维生素长期缺乏或不足时，可因其水生动物代谢紊乱出现病理变化，产生维生素缺乏症（表2-32、表2-33）。而早期轻度缺乏，尚无明显外部症状时，成为维生素不足症。

表 2-32　鱼类的维生素缺乏症

（引自魏清和《水生动物营养与饲料学》）

维生素	大鳞大麻哈鱼	虾鳟	鲤	斑点叉尾鮰	鳗鲡	香鱼
B₁	食欲不振，肌肉萎缩，死前痉挛	痉挛，乱窜，扭转身体，严重时导致死亡	生长减缓，体色变白，鳃、皮肤充血	生长减缓，迟钝，丧失平衡	食欲不振，生长减缓，运动失调，鳍充血，体色变暗，游动异常	神经过敏，死亡率增加
B₂	生长慢，水晶体混浊，眼出血，运动失调，体色变暗	生长减缓，眼、鼻、鳃盖出血，眼球或水晶体混浊	食欲不振，生长减缓，死亡率增加，表皮、肝脏出血	一侧或两侧眼的水晶体混浊，死亡率高	食欲不振，生长减缓，鳍充血，皮炎，眼异常，避光，游动异常	食欲不振，生长减缓
B₃	食欲不振，运动失调，贫血，神经异常，癫痫发作，腹部水肿，背青绿色，呼吸急促，鳃盖弯曲	生长减缓，神经功能异常，捕食不准确	食欲不振，运动失调，神经功能异常，癫痫发作，腹部水肿，眼球突出	食欲不振，死亡率高，游动异常，痉挛，受刺激旋转	食欲不振，生长减缓，神经功能异常，癫痫发作，痉挛	神经过敏，旋转运动，出血
泛酸	食欲不振，鳃丝硬化，被分泌物遮盖	鳃腐病	食欲不振，生长减缓，神经过敏，表皮出血	生长减缓，迟钝，尾部皮肤糜烂，鳃丝硬化，死亡率高	食欲不振，生长低下，运动失调，表皮出血，损伤，皮炎，死亡率高	食欲不振，生长减缓，眼球突出
肌醇	生长减缓，胃膨胀，空腹时间增加	生长不良，鳍腐烂，死亡率高	食欲不振，生长减缓，皮肤损伤	未见缺乏症	食欲不振，生长低下，肠道成白色	
生物素	食欲不振，结肠部障碍，肌肉萎缩，痉挛，红细胞破碎	表皮脱落，行动迟钝，食欲丧失，死亡率高	生长减缓，组织形态和血液性状改变	未见缺乏症	食欲不振，生长减缓，运动失调	

（续）

维生素	大鳞大麻哈鱼	虾 鳟	鲤	斑点叉尾鮰	鳗 鲡	香 鱼
叶酸	生长减缓，贫血，迟钝，尾鳍脆弱，体色变暗		未见缺乏症	食欲不振，迟钝，死亡率高	食欲不振，生长低下，体色变暗	
B_{12}	食欲不振，血液发生障碍	无缺乏症	无缺乏症	生长缓慢	食欲不振，生长减缓	
烟酸	食欲不振，生长减缓，结肠部障碍，胃、肠水肿，肌肉痉挛	生长不良，鳃水肿，严重时导致死亡	食欲不振，生长减缓，死亡率增加，皮肤出血	痉挛，迟钝，失去平衡，受刺激死亡	食欲不振，生长缓慢，运动失调，贫血，表皮出血，损伤	
C	脊椎弯曲，骨骼变形损伤，眼损伤，组织出血	生长不良，骨骼弯曲、变形，死亡率高		脊柱畸形	食欲不振，生长减缓，皮肤出血，头、颚部出血	食欲不振，生长减缓，神经过敏
胆碱	生长减缓，饲料效率低，肾与肠出血	肾退化性病变，眼球突出，肝大，贫血，生长差	生长减缓，肝脏含脂量增加，脂肪肝	生长减缓，肾局部出血，肝脏肥大	食欲不振，生长减缓，肠道灰白色	
A	眼球突出，水肿，腹水，生长失调		色素减少，眼球突出，鳃盖扭曲，皮肤出血	眼球突出，水肿		
D	生长不良，肌肉抽搐			骨的灰分减少		
E		生长不良，眼球突出，脊椎前凸	生长不良，色素减退，死亡率高，脂肪肝			

表 2-33 对虾维生素缺乏症
（引自李爱杰《水产动物营养与饲料学》）

维生素	缺 乏 症	资料来源
A	视网膜电位降低，视觉反应不灵敏，角膜软化水肿，角膜与小眼分离，晶体变形，髓体收缩	陈四清等，1993
D	钙磷利用差，易发生软壳病	陈四清等，1993
C	行动迟缓，反应较慢，红体病，软壳，鳃混浊 黑死病 蜕壳频率降低，蜕壳周期延长	王安利等，1992 Hagarelli 等，1979 徐志昌等，1992
B_1、B_6	肝胰脏淀粉酶及胰蛋白酶比活性降低	徐实荣等，1987
B_{12}	蛋白质、氨基酸消化吸收率降低	麦康森等，1985

（二）产生原因　维生素缺乏症的发生原因主要有如下几方面：

（1）饲料中维生素含量不足。

（2）饲料中含量本来充足，但由于：①加工、运输和贮存等因素的影响，使其中一部分失活，降低了有效含量；②其他营养素或环境因素的影响，动物对其需要量增加，导致含量相对不足；③由于维生素的吸收途径发生障碍，使吸收量减少；④维生素在动物体内被分解，使吸收量减少；⑤在投喂过程中，维生素在水中溶失，使食物中实际含量减少；以及抗维生素等因素的影响，使之不能充分发挥作用。

第七节　能量营养

水生动物在生命活动过程中需要能量，其能量主要来自于从饲料中获得的蛋白质、脂肪和碳水化合物在体内的氧化。水生动物生长过程实际上就是能量在体内积累的过程，因而，在其饲料中不仅需要含有各种营养素，而且还要有足够的能量。

能量可定义为做功的能力。动物体的所有生命活动，如呼吸、心跳、血液循环、肌肉活动、神经活动和生产产品都需要能量。在动物体内，能量以热能、机械能、电能和化学能等不同形式表现出来，并经常发生相互转化，如化学能转化为热能（脂肪、葡萄糖或氨基酸氧化时）或化学能转化为机械能（肌肉活动时）。动物所需的能量来自饲料，饲料能量以化学能的形式主要存在于三大养分中。从数量上，能量是饲粮中最多的部分，能量成本也是饲粮成本的最主要部分，饲粮能量浓度是影响动物采食量的主要因素，因此，各种动物的营养需要或饲养标准均可用能量需要为基础来表示。饲料被动物采食后，饲料能量经过复杂的转化过程为动物所利用，其中，可被动物利用的能量称为可利用能（有效能），不能被动物利用的称为不可利用能。饲料有效能含量的高低就是饲料能量的营养价值，简称为能值。

水生动物从外界摄取营养物质的第一需要是供给生命活动的能量需要，一切生命活动均需要能量。根据能量守恒定律，输入的能量应该等于输出的能量与贮存的能量之和，即：

$$能量输入＝能量输出＋能量贮存$$

如果能量输入大于能量输出，则能量贮存为正值，此时组成水生动物的物质增加，其表现为水生动物体生长和体重增加；若在饥饿和静息的条件下，既没有通过摄食输入能量，也没有通过作功输出能量，也就是说，机体产生的热量来自消耗内贮存的物质，此时，水生动物体消瘦，体重减轻。

一、饲料的能量

1. **总能**（gross energy，GE）　总能是指一定量饲料或饲料原料中所含的全部能量，也就是饲料中三大能源营养物质（碳水化合物、粗蛋白质和粗脂肪）完全氧化燃烧生成二氧化碳、水和其他氧化物时释放的全部能量。三大养分的能量平均为：碳水化合物17.5kJ/g；蛋白质23.64kJ/g；脂肪39.54kJ/g，可用弹式测热计（bomb calorimeter）测定。

总能不会被水生动物完全利用，因为在消化或代谢过程中，总有一部分能量损失，其损失的数量与水生动物的摄食水平、饲料种类、环境因子因素和水生动物的生理机能状态等诸多因素有关。

2. 可消化能(digestible energy，DE)　可消化能是指从饲料中摄入的总能(GE)减去粪能(energy in feces，FE)后所剩下的能量，即已消化吸收养分所含总能量。可表示为：

$$DE=GE-FE$$

可消化能可作为评定饲料可利用情况的参数。因为影响饲料可消化能的因素与影响饲料消化率的因素相同。虽然饲料原料的种类、形状、饲料配合比例、水温和鱼体大小等对饲料中各营养素的消化率都有影响，但各营养素之间的相互作用几乎不存在，因而，配合饲料中各个原料的可消化能值和与该配合饲料的消化能值相等。作为能量指标，消化能的这种加成性质在饲料配方中具有重要意义。

消化能可由消化实验测定（参考饲料消化率的测定方法）。表 2-34 列出了不同种类的鱼饲料消化能值与猪的消化能值的比较，通常饲料对鱼的消化能值远远低于猪的消化能，说明鱼对饲料的能量利用效率较低，这与鱼的营养生理特点是相适应的。

表 2-34　几种鱼饲料 DE 值与猪的 DE 比较（MJ/kg）

饲　　料	总能值	消　化　能（DE）				
		斑点叉尾鮰	罗非鱼	虹鳟	大麻哈鱼	猪
苜蓿（17%CP）	17.78	2.68	4.23	2.13		7.66
生玉米	17.70	4.60	10.29	—		14.77
熟玉米	18.07	10.56	12.63	—		—
棉粕（浸提，41%CP）	19.04	10.67	—	10.33	10.33	10.79
豆粕（浸提）	19.12	10.79	13.97	12.23	13.60	14.60
豆粕（浸提，去壳）	20.75	—	—	—	—	15.44
小麦	17.70	10.67	12.09	18.16	20.42	13.43
鲱鱼粉	22.01	—	—	—		16.57
步鱼粉	19.50	16.32	16.90	13.35		15.77
肉骨粉	18.03	14.52	20.67	—		10.21
水解羽毛粉	21.84	14.27	—	—		12.51
步鱼油	39.33	36.94	—	—		35.48
黄豆油	39.33	37.36				36.61

注：摘自 Stickney 等，1977；Paperna，1982；NRC，1993；NRC，1998；"—"表示数据未获得。

3. 代谢能（metabolizable energy，ME)　代谢能是指摄入的总能（GE）与由粪、尿、鳃及体表排出的能量之差，也就是消化能在减除尿能和鳃能后所剩余的能量，即可被吸收供代谢的三大营养素所含的能量。可表示为：

$$ME=DE-(UE+ZE)$$

式中：ME 为代谢能；UE 为尿中排泄的能量；DE 为消化能；ZE 为鳃中排泄的能量。

由于代谢能修正了从尿和鳃中排泄的能量，故比可消化能更能正确地反映能量被利用的情况，但由于代谢能无加成性以及在评定中的困难和不准确，一般不将其作为饲料能量的实用指标。

代谢能一般包括标准代谢、活动代谢和体增热。

标准代谢是指一尾不受惊吓的鱼、虾于静水中在肠胃内食物刚被吸收完时所产生的最低强度的热量。标准代谢是水生动物维护基本生命活动所需的最低能量消耗。它与人类的基础代谢——人体在清醒而又极端安静的状态下，不受食物、肌肉活动、环境温度及精神紧张等因素影响时的能量代谢意义相似。由于很难使水生动物静止不动，若是水生动物固定，它会挣扎企图摆脱，所消耗的能量会比它在静水中游动所需的能量还要多，因此，基础代谢的定义显然不适用于水生动物。故提出"标准代谢"这一概念，其值是哺乳类的3%～10%，是同样体重的鸟类的1%。同一水温下，冷水性鱼比温水性鱼标准代谢高；同一种类，水温越高标准代谢越高；并且体重（或体表面积）大的水生动物比体轻的水生动物标准代谢高。

活动代谢是指水生动物以一定强度作位移运动（游动）时所消耗的能量，即是水生动物随意活动所消耗的能量。在鱼类能量收支中表示活动代谢的方法存在以下两种观点：一是把活动代谢作为与摄食率等因素无关的定值，一般以标准代谢的恒定倍数来表示；第二种观点认为鱼类的活动代谢是一个变动的组分，它与摄食率（或）食物密度呈正相关，所以应该用摄食率和饵料生物量来表示。

体增热又叫养分代谢热能，是指动物摄食后体产热的增加量。体增热值一般比陆上哺乳动物低，在多数情况下，体增热值为摄入饲料总能量的10%～30%，它受水生动物的种类、饲料水平等因素的影响。

4. 净能（net energy，NE）　净能是指代谢能（ME）减去摄食后的体增热（heat increment，HI)量，是完全可以被动物利用的能量，可表示为：

$$NE＝ME－HI$$

净能可分为两个主要部分，一部分用于鱼类的基本生命活动，如标准代谢和活动代谢等，这部分净能被称为维持净能（NE_m）；另一部分用于鱼类的生产，如生长和繁殖等称为生长净能（NE_p）。

用净能来表示水生动物对饲料利用程度的指标更合理、更可靠，它是动物能量代谢研究的难点。

二、水生动物的能量代谢

水生动物摄取了含有营养物质的饲料，也就摄取了能量。随着物质代谢的进行，能量在水生动物体内被分配。已知水生动物摄入饲料的总能并不能全部被吸收利用，其中一部分

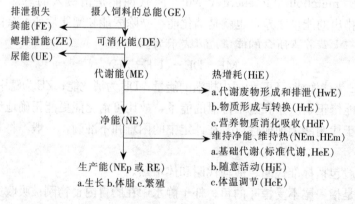

图 2-3　能量在鱼虾体内的部分

（NRC，1981）

随粪便排除体外。被水生动物体吸收的能量中，一部分作为增热而消耗，一部分随鳃的排泄物和尿排出而损失，最后剩下的那部分称为净能的能量，才真正用于水生动物的基本生命活动和生长繁殖的需求。水生动物摄食后饲料中的能量在体内的转化情况可用图2-3表示。

一般来说，水生动物代谢消耗能量（M）及排出废物所含能量（E）和水生动物生长积累的能量（G）之和应与摄入饲料所含能量（I）相等。

水生动物摄食的能量的收支情况可表示为：

$$I = E + M + G$$

如果I（摄入总能）减少，M的比例会相对增加，G则减少；另外，若饲料中的蛋白质质量低劣，E就会增加，G也会减少；动物体重越小，用于G的比例就越大。

水生动物种类、水温、溶氧及其他因素等都会对能量的分配产生影响。

三、水生动物的能量需求

（一）适宜含量 饲料中的能量过多或过少都会导致生长速率的降低，因为能量在满足维持和随意运动需求之后才能用于生长，若饲料中的能量不足，则蛋白质将用于产能；若含能量过高，能量对蛋白质和其他营养素的摄入会产生阻碍作用，即能量的多少会影响其他营养素的含量。因此，饲料中含能量不可过多或过少，否则，就会影响水生动物正常的生长性能。

（二）影响因素

1. **水生动物种类** 新陈代谢是化学反应过程，而化学反应的速率与温度成正比，因此，一般温水性水生动物的代谢强度较冷水生动物的代谢强度高。所以，温水性水生动物对能量的需求也较冷水性动物高。

2. **水生动物规格** 规格较小的动物新陈代谢旺盛，生长速率快，此时对能量的需求也大，随着规格的增大，对能量的需求也相对减少。

3. **水温** 水温的升降可改变水生动物的体温，而其体温的改变却直接影响到体内的新陈代谢强度。因此，当水生动物在其最适水温时，代谢最旺盛，对能量的需求也最大。

4. **饲料组成** 饲料中蛋白质的消化分解需要较多的能量，而蛋白质代谢后所产生的含氮废物排出体外也需要消耗能量。因此，当饲料中蛋白质含量较高时，对能量的需求量也越高。

5. **活动量** 水生动物活动量越大，对能量的需求量也越大，如较大的水流、捕食、逃避敌害和环境刺激等均会增加对能量的需求。

另外，光照时间过长或各种生理变化也会增加水生动物对能量的需求。

四、能量·蛋白比

动物为了生存，就必须摄取一定的能量。而在能量营养素中，蛋白质是构成机体必不可少的物质，且在自然界的存量又很有限，所以，为了节约蛋白质，同时又能满足动物对能量的需求，人们提出了能量·蛋白比的概念。

所谓能量·蛋白比（C/P），是指单位重量饲料中所含的总能与饲料中粗蛋白含量的比值。能量·蛋白比的原始计算公式为：

$$C/P = \frac{1lb\ 饲料所含的总能（kJ）}{饲料中粗蛋白质含量（\%）}$$

上式中的饲料重量单位是磅，而国际标准计量单位及我国法定计量单位皆为千克，故按上式计算所得的 C/P 值需乘以 2.20，以换算为相当于每千克饲料的 C/P 值；每千克饲料的 C/P 值乘以 0.454，即等于每磅饲料的 C/P 值。目前，国内研究资料报道的 C/P 值多指 1kg 饲料的总热能值与其粗蛋白质含量（%）之比。

近年来，有些研究者认为，以消化能·蛋白比（DE/P）代替 C/P 更能反映实际情况。

$$能量·蛋白比（DE/P）= \frac{1kg\ 饲料所含的可消化能（kJ）}{饲料粗蛋白含量（\%）}$$

$$能量·蛋白比（DE/P）= \frac{1kg\ 饲料所含的可消化能（kJ）}{1kg\ 饲料所含的粗蛋白重量（g）}$$

能量·蛋白比在水生动物饲料学上具有重要的意义。饲料的能量·蛋白比是衡量饲料质量的一个重要指标，这是因为不适宜的能量含量会使蛋白质成为一种能源，用于产生能量的蛋白质越多，鱼体排泄的氮就越多，体内保留的氮越少，蛋白质效率就越低，从而造成蛋白质的浪费。然而，当饲料中的蛋白质含量适宜而能量水平过高时，鱼体会过多地吸收热量，导致体内脂肪的累积；适宜的能量水平将节省饲料中用于生长的蛋白质。因此，鱼类饲料配方中保持蛋白质与能量的适宜比值是很必要的。饲料中适宜的能量·蛋白比既有利于能量的利用，又有利于蛋白质的利用，从而可提高饲料的效率。因此，研究饲料中适宜的能量·蛋白比，对增加饲料利用效率和改善养殖效果是极为有益的（表 2-35）。

表 2-35　几种水生动物饲料中能量的适宜含量及能量·蛋白比

水生动物种类	水生动物规格（g）	饲料中能量的适宜含量（kJ/kg）	能量·蛋白比* （kJ/g）	资料来源
草鱼	1		37.355 以上	毛永庆等，1992
	5		34.868～40.053	毛永庆等，1992
	15		38.037～40.053	毛永庆等，1992
团头鲂	夏花	12961.2～13540.7（DE）	33.18～44.81	石文雷等，1985
			35.98	杨国华等，1986
		12552（C）		
鲤鱼	4.3	12970～15062（DE）	97～116	竹内等，1983
尼罗罗非鱼	6.1	17510（DE）	140	王基炜等，1985
		16740（DE）		雍文岳等，1990
青鱼	鱼种	13326～15230（C）		戴祥庆等，1988
		14895～16364（DE）		王道尊等，1992

注：选自郝彦周主编《水生动物营养与饲料学》。
　　*　每克蛋白质中所含的消化能。

第八节　营养物质的相互关系

水产动物所需要的各种营养物质共同存在于饲（饵）料中，但其数量与质量各不相同。实际生产中需要利用各种饲料配成满足具体饲喂对象营养需要的饲粮。任何饲粮的营养价值不仅取决于其主要营养物质的含量，而且也取决于这些营养物质之间比例是否适宜。营养物质间的相互关系按其表现形式可分为四种类型：①协同作用；②相互转变；③相互颉颃；④相互替代。产生这些关系的生物学基础是高等动物新陈代谢的复杂性、整体性和代谢调节的准确性、灵活性和经济性。这就要求各营养物质作为一个整体，应保持相互间的平衡。迄今为止，对营养物质间的相互关系了解尚不充分。

一、能量与其他物质的关系

饲料中的有机物质，特别是三大养分都是能量之源，在有机营养物质代谢的同时必然伴随着能量代谢。饲料中有机营养物质种类及含量直接与能量高低相关。

1. **能量与蛋白质、氨基酸的关系**　水产动物饲料中，能量与蛋白质应保持适宜的比例，比例不当会影响营养物质的利用效率和导致营养障碍。饲料中适宜的能量·蛋白比，有利于能量、蛋白质的利用，从而可提高饲料效率。饲料中的能量物质包括碳水化合物、脂肪和蛋白质。大多数鱼类对碳水化合物的利用率低，当日粮中能量不足时，鱼类会利用蛋白质、脂肪供能，这就造成了蛋白质的不必要消耗。蛋白质的主要作用是作为组织物质，饲料的能量来源更多地依赖碳水化合物与脂肪。饲料中蛋白质过多时，满足需要后的剩余部分会被氧化供能，造成蛋白质浪费。同时，由于蛋白质氧化供能时的能量损失较大，降低了能量的利用效率。当蛋白质过低时，日粮中过多的能量会以脂肪的形式贮存于体内，而作为体内组织物质的蛋白质的合成减少，这就导致了营养不良，甚至出现疾病如脂肪肝。

饲料中氨基酸平衡亦影响蛋白质沉积和能量利用效率，氨基酸平衡良好的日粮，蛋白质的利用率较高，同时也伴随能量沉积的增大。日粮中氨基酸比例不恰当时，一部分氨基酸不能用于体组织蛋白质的合成，而被氧化供能，降低了蛋白质的利用效率，如饲粮中苏氨酸、亮氨酸和缬氨酸缺乏时，会引起能量代谢水平下降。同时，由于氨基酸氧化供能的能量损失较大，能量利用效率也降低。日粮中补加限制性氨基酸，对改善蛋白质和能量的利用效率效果明显。

2. **能量与其他营养物质的关系**　日粮中的能量除了与三大有机营养物质中的蛋白质关系密切外，还与另外两个有机营养物质即碳水化合物和脂肪有关。饲料中的碳水化合物和脂肪是主要的能量物质，对于大多数鱼类，脂肪的供能效率高于碳水化合物，多数鱼不能很好地利用碳水化合物。高能日粮需要脂肪，不仅能量利用效率高而且可以节省蛋白质。同样由于一些鱼类对碳水化合物利用不良，碳水化合物高的日粮，其有效能值低于脂肪含量高或蛋白质含量高的日粮。尽管如此，碳水化合物仍然是水产动物最经济的能源。

一些矿物质与能量代谢有关。磷对能量的有效利用起着重要作用，机体代谢过程中释放的能量可以高能磷酸键形式贮存在 ATP 及磷酸肌酸中，需要时再释放出来。镁是焦磷酸酶、ATP 酶等的活化剂，能促使 ATP 的高能键断裂而释放出能量。此外，还有一些微量元素（如锰）间接地与能量代谢有关。

几乎所有的 B 族维生素都与能量代谢直接或间接有关，因为它们作为辅酶参与三大有机营养物质的代谢，这些维生素的缺乏会影响到有机物质的代谢，最终影响能量代谢。

微量元素作为金属酶的组成成分，与三大有机物质的代谢有关，也就与能量代谢有关。

二、蛋白质、氨基酸与其他营养物质的关系

1. **蛋白质与氨基酸的关系**　理想蛋白质模式描述了蛋白质品质与氨基酸的组成、含量和比例之间的关系，必需氨基酸的数量和比例影响蛋白质的利用效率，限制性氨基酸的缺乏对机体蛋白质合成的影响尤其严重。

2. **氨基酸间的相互关系**　氨基酸之间存在着协同、转化、替代、节省和颉颃作用。蛋氨酸能转化为胱氨酸，苯丙氨酸可转化为酪氨酸，这在鱼类中也已经证实。虽然这两种转化反应是不可逆的，但添加胱氨酸和酪氨酸，可分别节省蛋氨酸和苯丙氨酸的需要。

氨基酸之间的颉颃作用可能表现在吸收机制上，结构相似的氨基酸在肠道吸收过程同属一个转移系统，导致相互竞争转运载体，最典型的具有颉颃作用的氨基酸是赖氨酸和精氨酸，饲粮中赖氨酸过量会增加精氨酸的需要量。过量的氨基酸可导致其他氨基酸的吸收受到严重影响，那些稍显不足的氨基酸因此会表现出严重的缺乏。鉴于此，为防止某些氨基酸间的颉颃作用，必须使饲粮中的各种氨基酸保持平衡。

3. **蛋白质与碳水化合物及脂肪的关系**　蛋白质在鱼体内可转变为碳水化合物。各种氨基酸均可经脱氨基作用生成酮酸，然后沿糖的异生途径合成糖。反之，糖类亦可转变为非必需氨基酸。尽管多数鱼类对碳水化合物利用不良，碳水化合物仍是鱼类最主要的能源，饲料中适宜的碳水化合物可减少蛋白质的分解供能，因而对蛋白质有节省作用，但这种作用较弱。

蛋白质中的氨基酸可经生酮或生糖作用，然后再转变为脂肪。脂肪中的甘油可转变为丙酮酸和其他酮酸，然后经转氨基作用转变为非必需氨基酸，或经糖的异生作用合成糖。脂肪中的脂肪酸通常不能合成糖，但与之相反，糖类可转变为脂肪。在水生动物中，糖和氨基酸更趋向于转化为脂类，而相反的转化则相对较弱。

值得注意的是，水产动物所需要的必需氨基酸、必需脂肪酸不能通过转化而合成，它们必须由饲料中蛋白质和脂肪提供，添加必需氨基酸、必需脂肪酸，分别可以节省蛋白质和脂肪的需要。

4. **蛋白质、氨基酸与微量元素的关系**　许多微量元素掺入蛋白质代谢有关的酶中而发挥作用，如含锌的肽酶、含铜的赖氨酰氧化酶等。微量元素缺乏导致蛋白质代谢异常，如缺锌后各种含锌酶的活性降低，胱氨酸、蛋氨酸、亮氨酸及赖氨酸的代谢紊乱，结缔组织蛋白质的合成受到干扰。锌对蛋白质的合成具有重要意义，缺锌可降低动物对氮的利用效率。硬头鳟缺锌时对日粮中蛋白质的消化率降低。在细胞分裂和氨基酸合成蛋白质的过程中，都需要有锌的存在。尼罗罗非鱼摄取低蛋白饲料，机体内锰含量显著下降；摄取高蛋白铁锰饲料，机体高钙血症明显；摄取低蛋白高锰饲料，罗非鱼血液参数、血细胞比容、血红蛋白明显减低。

氨基酸可促进某些微量元素的吸收，如氨基酸微量元素螯合物的吸收利用率较其无机盐高。

5. **蛋白质、氨基酸与维生素的关系**　许多维生素与蛋白质、氨基酸代谢有关，如维生素 B_6 参与许多氨基酸的转氨、脱羧和脱氢反应，核黄素、烟酸也与蛋白质代谢密切相

关。蛋白质的代谢与维生素 A 也存在密切的联系：饲料蛋白含量不足，影响维生素 A 载体蛋白的形成，从而降低了机体对维生素 A 的利用。

动物体内色氨酸可转化为烟酸，鱼类这种转化作用可能比较弱。蛋氨酸通过供给甲基，可促进胆碱的合成及部分补偿胆碱和维生素 B$_{12}$ 的不足。维生素 B$_{12}$ 参与半胱氨酸甲基化生成蛋氨酸。

日粮中蛋白质水平较高时，通常应提高有关维生素水平，以满足蛋白质代谢的需要。

三、矿物质与其他营养物质的关系

（一）矿物质间的相互关系 水产动物需要多种矿物质，这些矿物质在消化吸收或体内代谢过程中存在着相互作用与影响，表现出两种相互关系，即协同与颉颃关系。

1. 协同作用 许多矿物元素之间存在着协同作用，这种作用可能发生在两个或更多元素之间。

饲粮中钙、磷之间既表现出协同作用、又表现出颉颃作用。钙和磷比例适宜时，对骨骼生长有协同作用，钙和磷比例不恰当时，则效果相反。微量元素铜、铁、锌、锰按一定水平组合有利于提高鲤鱼的生产成绩，其最优水平组合为铜 23.5mg/kg，铁 141.7mg/kg，锌 89mg/kg，锰 31.8mg/kg（陈冬梅等，2003）。铁、铜、钴之间在血细胞的成熟中存在着协同作用。

2. 颉颃作用 元素间的颉颃作用可能发生在消化吸收过程或利用过程中。钙与磷之间在比例不当时表现出颉颃作用；钙与镁存在颉颃作用，饲料中含镁低时，骨骼中钙含量增加，饲料中高钙或钙、磷含量同时增加时，影响镁的吸收；钙、磷与锌之间亦存在颉颃作用，饲料中钙过多时会抑制锌的利用，饲料中过高的磷也会干扰锌的吸收，过高的钙、磷会导致锌在肠道形成不溶性的磷酸钙锌复合物而影响锌的吸收。饲料中含铁量高时，可减少磷的胃肠道内的吸收。

（二）矿物质与维生素之间的关系 矿物质与维生素之间亦存在协同与颉颃关系。

1. 协同作用 维生素 D 可促进肠道中钙的吸收及钙、磷在骨中的沉积。维生素 E 和硒在体内生物抗氧化作用中有协同作用，二者相互补充，维生素 E 可代替硒的功能，但硒不能代替维生素 E。维生素 C 可促使三价铁离子还原为二价铁离子，进而促进铁的吸收。

2. 颉颃作用 一些金属离子会加速维生素的氧化破坏，如亚铁离子会加速脂溶性维生素 A、D、E 的氧化破坏，铜离子会导致维生素 C 的分解加速，饲料中的钙会使维生素 D$_3$ 很快破坏。维生素 C 能促进铁的吸收，并缓解铜在体内的吸收，但高剂量的维生素 C，则影响鱼虾类肠道中铜的吸收，且降低铜在机体组织中的贮存量，故饵料中维生素 C 高时，应适当增加铜的给量。故生产中维生素与微量元素一般分开添加。

四、维生素间的相互关系

1. 协同作用 维生素 E 可促进维生素 A 在肝脏中的贮存，保护维生素 A 免受氧化破坏。维生素 B$_1$ 与维生素 B$_2$ 在促进碳水化合物与脂肪的代谢过程中有协同作用。核黄素能促进色氨酸转化为烟酸，当核黄素缺乏时，这一转化过程受阻，出现烟酸缺乏症。叶酸与

维生素 B_{12} 共同对氨基酸和核酸代谢起重要作用。核黄素与烟酸之间存在着协同作用，它们同是生物基质氧化反应过程中的辅酶成分。维生素 C 能减轻因硫胺素和核黄素不足所出现的症状。

2. 颉颃作用 饲料中高水平维生素 A 可降低血浆或体脂中的维生素 E 的水平。胆碱由于易吸潮及强碱性，可使许多维生素被破坏。维生素 C 水溶液呈酸性，并具有强还原性，可使叶酸、维生素 B_{12} 破坏损失。维生素 B_{12} 对叶酸的破坏性显著，维生素 B_1 可加速维生素 B_{12} 在高温下的破坏作用。维生素之间的这些颉颃作用为实际工作中正确使用维生素提供了依据。

复习思考题

1. 蛋白质有哪些生理功用？
2. 解释模式 $I = I_m + I_g + I_e$，并说明饲料对模式的影响。
3. 什么叫蛋白质的周转代谢？对水产动物的蛋白质营养有何意义？
4. 什么是氮零平衡、氮正平衡、氮负平衡？
5. 鱼、虾类对饲料蛋白质需求量的高低受到哪些因素的影响？
6. 怎样确定饲料蛋白质的最适需求量？应考虑哪些问题？
7. 试写出主要淡水养殖鱼类对蛋白质的需求量。
8. 举例说明对虾对蛋白质的需求量。
9. 什么是必需氨基酸和非必需氨基酸？各有哪几种？
10. 什么是氨基酸平衡？为什么氨基酸不平衡会影响鱼、虾类的生长？
11. 什么是限制性氨基酸？一般饲料中限制性氨基酸有哪些？
12. 什么是蛋白质互补作用？试举例说明。
13. 鱼、虾类的必需氨基酸是如何确定的？
14. 举例说明鱼、虾类对必需氨基酸的需求量。
15. 怎么评定蛋白质的营养价值？
16. 试说明水产动物肽的营养。
17. 糖类的正确定义是什么？
18. 糖类按其结构如何分类？各类糖含有哪些糖？
19. 举例说明单糖的存在与作用。
20. 常见的双糖有哪几种？它们的存在与作用如何？
21. 甲壳素的结构组成如何？虾、蟹类饲料中为什么要添加含甲壳素的虾糠？
22. 糖类有何生理功用？试详述之。
23. 粗纤维一般不能为鱼、虾类消化利用，但为什么又是鱼、虾类所需要的？
24. 鱼、虾类利用糖类的能力低，其原因何在？

25. 不同种类的鱼对糖的利用率是否相同？

26. 糖的种类对糖类利用率有无影响？试举例说明。

27. 鲑、鳟、鲤、真鲷和对虾对糖的利用率以哪种糖为最高，依次是哪种糖？

28. 糖类长期摄入量不足或超量，鱼会产生何种营养性疾病？

29. 各种鱼对饲料中糖类的需要量各是若干？影响饲料中糖类需要量的因素是什么？

30. 肉食性鱼、草食性鱼、杂食性鱼对饲料中纤维的适宜含量各是多少？

31. 对虾配合饲料中粗纤维的适宜含量是多少？

32. 脂类是如何分类的？各类含有哪些物质？

33. 脂类有哪些与营养有关的性质？

34. 脂类有哪些生理作用？

35. 脂类在鱼、虾体内是如何消化吸收和代谢的？

36. 鱼、虾类对脂肪的吸收利用受到哪些因素的影响？

37. 什么叫必需脂肪酸，它有何生物学作用？

38. 饲料中缺乏必需脂肪酸时，鱼类会出现哪些症状？

39. 磷脂在鱼、虾营养中起到什么作用？鱼、虾对磷脂的需要量是多少？

40. 胆固醇对虾的营养有何作用？对虾对胆固醇的适宜需要量是多少？

41. 氧化脂肪对鱼、虾会带来什么危害？如何防止油脂的氧化酸败？

42. 维生素如何分类？有哪些维生素？

43. 维生素A有何生理功用？维生素 A_1 和 A_2 有何区别？鱼、虾缺乏维生素A会产生何种缺乏症？

44. 影响鱼类对维生素需要量的有哪些因素？

45. 什么是抗维生素？其颉颃机理为何？

46. 矿物质如何分类？通常所说的矿物元素指的是哪些元素？

47. 钙磷的生理功用是什么？它在何处沉积？骨中的钙、磷是如何进行动态平衡的？

48. 鱼、虾缺乏钙、磷产生什么症状？

49. 鱼、虾对矿物质的吸收与水环境有何关系？

50. 影响鱼、虾对矿物质的吸收有哪些因素？试详加说明。

51. 饲料中钙、磷的利用率受哪些条件的影响？如何增进鱼、虾对饲料中钙、磷的吸收和利用？

52. 研究能量营养的意义何在？

53. 为什么鱼、虾类的能量需要低于恒温饲养动物？

54. 什么是总能？总能如何测定？

55. 什么是可消化能？

56. 什么是代谢能？它包括哪些部分？

57. 什么是标准代谢？鱼的标准代谢和鱼的体重之间存在何种关系？

58. 什么是活动代谢？

59. 什么是体增热？以蛋白质、脂肪、糖类喂鱼，所产生的体增热是否一样？为什么？

60. 什么是能量·蛋白比？能量与蛋白质之间存在什么关系？研究鱼类饲料中适宜能量·蛋白比有何实际意义？

61. 蛋白质、脂肪和糖类在体内是如何相互转变的？

62. 在配制水生动物配合饲料时应如何考虑饲料蛋白质、脂肪和糖类的相互作用？试举例说明其相互作用。

63. 举例说明饲料中必需氨基酸之间、矿物元素之间、矿物元素和维生素之间是如何相互影响的，对饲料的配制有何指导意义？

64. 矿物质对蛋白质、脂肪和糖类的代谢有何影响？

实 验 实 训

第一部分 概略养分分析

实验一 饲料水分的测定

一、适用范围

本方法适用于测定配合饲料和单一饲料中水分的含量，但用作饲料的奶制品、动植物油脂和矿物质除外，因为它们在测定水分的热处理过程中易引起其组成成分的破坏或损失。

二、原 理

饲料中的水分分为游离水和结合水两大类。游离水受作用力主要为毛细管力，结合水受作用力为氢键和吸附力，故又将结合水分为吸附态水和结合态水。游离水受作用力较小，加热时易蒸发逸出，$60 \sim 65℃$ 加热失去的水为游离水，得风干样本。结合水受作用力大，需在 $100℃$ 以上加热使之蒸发逸出，试样在 $105 \pm 2℃$ 烘箱中，1 个大气压下烘干，直至恒重，饲料减少的重量为结合水量，得到绝干样本。

三、仪器设备

1. 粉碎机：实验室用样品粉碎机或研钵。

2. 分样筛：孔径 0.45mm（40 目）。

3. 分析天平：感量 0.000 1g。

4. 电热式恒温烘箱：可控制温度为 105±2℃。

5. 称样皿：玻璃或铝质，直径为 40mm 以上，高 25mm 以下。

6. 干燥器：用变色硅胶做干燥剂。

四、试样的选取、制备及测定

1. 选择有代表性的试样，其原始样量在 1 000g 以上；用四分法将原始样品缩至 500g，风干后粉碎至 0.45mm，再用四分法缩减至 200g，装入密封容器，于阴凉干燥处保存。

2. 若样品是多汁的鲜样，或无法粉碎时，应预先干燥处理，称取试样 200～300g，在 105±2℃烘箱中烘 15min，灭酶活，再立即降至 65℃，烘干 8～10h。取出后，在室内空气中冷却回潮 4h，称重，失去的水分含量为初水量，所得样本为风干样本。

3. 将洁净的称样皿，在 105±2℃烘箱中烘 1h，取出，在干燥器中冷却 30min，称准至 0.000 2g，再烘干 30min，同样冷却，称重，直至两次称重之差小于 0.000 5g 为恒重。

将样本取 2～5g（含水重 0.1g 以上，样品厚度 4mm 以下）于已称恒重的称样皿中，准确至 0.000 2g，分别作两个平行样，在 105±2℃烘箱中烘 3～4h（以温度到达 105±2℃开始计时），取出，盖好称样皿盖置于干燥器中冷却 30min，称重，同样再烘干 1h，冷却，称重，直到前后两次称重之差小于 0.002g 为止。失去的重量为样本结合水的含量，并得到绝干物质。

4. 结果计算：

（1）计算公式：

$$水分 = \frac{水分质量}{样本质量} \times 100\% = \frac{m_1 - m_2}{m_1 - m_0} \times 100\%$$

式中：m_1：105℃烘干前试样及称样皿质量（g）；

m_2：105℃烘干后试样及称样皿质量（g）；

m_0：已恒重的称样皿质量（g）。

（2）重复性：每个试样，应取两个平行样进行测定，以其算术平均值为结果。两个平行样测定值相差不得超过 0.2%，否则应重做。

5. 注意事项：

a. 新鲜多汁样品在 60～65℃下制成风干样本后失去的游离水量，为该样品的初水含量。风干样本在 105±2℃条件下失去结合水，在干燥器中冷却 30min 后减少的重量为该风干样本的总水含量。

b. 进行过预先干燥处理多汁的鲜样，其原来试样中所含水分总量：

原试样总水分＝预干燥减重（％）＋［100－预干燥减重（％）］×风干试样水分（％）

c. 某些含脂肪高的样品，烘干时间长反而会增重，是由于脂肪氧化所致，应以增重前那次称量为准。

d. 含糖分高的、易分解或易焦化的试样，可用减压干燥法测定水分（70℃、80kPa 以下处理 5h）。

e. 饲料的含水量一般用百分含量表示，可用干基百分含量法和湿基百分含量法表示。

干基表示法：水分＝（水分含量÷干物重量）×100％

湿基表示法：水分＝（水分含量÷未去水分饲料重量）×100％

实验二　饲料粗蛋白质的测定

一、凯式定氮法

本方法适用于配合饲料、单一饲料、添加剂、肥料、土壤、食品粗蛋白分析。

二、方法原理

该法由凯达尔（Kjeldehl）首创，被 AOAC、ICC 等组织确定为标准分析法。饲料中有机物在还原性催化剂（如 $CuSO_4$，K_2SO_4 或 Na_2SO_4 或 Se）的作用下，用浓硫酸进行消化，使蛋白质和其他有机态氮（在一定处理下也包括硝酸态氮）都转变成 NH_4^+，进一步与 H_2SO_4 化合生成 $(NH_4)_2SO_4$；而非含氮物质，则以 CO_2、H_2O、SO_2 状态逸出。消化液在浓碱作用下进行蒸馏，释放出的铵态氮，用硼酸溶液吸收之并与之结合成为四硼酸铵，然后以甲基红溴甲酚绿为混合指示剂，用盐酸标准溶液（0.1mol/L）滴定，求出氮的含量，根据不同的饲料再乘以一定的蛋白换算系数（通常用 6.25 系数计算），即为粗蛋白质的含量。

本法不能区别蛋白质氮和非蛋白质氮，只能部分回收硝酸盐和亚硝酸盐等含氮化合物。在测定结果中除蛋白质外，还有氨基酸、酰胺、铵盐和部分硝酸盐、亚硝酸盐等，故以粗蛋白质表示。

三、试剂和溶液

本方法除注明外，试剂均为分析纯，水均为蒸馏水。

1. 硫酸：化学纯，含量为 98％，无氮。

2. 混合催化剂：0.4g 硫酸铜（5 个结晶水），6g 硫酸钾或硫酸钠，均为化学纯，磨碎混匀。

3. 氢氧化钠（化学纯）：40％水溶液。

4. 硼酸（化学纯）：2％水溶液。

5. 混合指示剂：甲基红 1g/L 乙醇溶液；溴钾酚绿 5g/L 乙醇溶液。两溶液等体积混合，在阴凉处保存 3 个月。

6. 盐酸标准溶液（邻二甲苯酸氢钾法标定）：0.1mol/L 盐酸标准溶液。取 8.3ml 盐酸（GB 622—88），分析纯，用蒸馏水定容至 1 000ml。0.02mol/L 盐酸标准溶液。1.67ml 盐酸同（1），用蒸馏水定容至 1 000ml。

7. 蔗糖。

8. 硫酸铵：干燥。

四、仪器设备

1. 粉碎机：实验室用样品粉碎机或研钵。

2. 分样筛：孔径 0.45mm（40 目）。

3. 分析天平：感量 0.001g。

4. 消煮炉或电炉。

5. 滴定管：酸式，10ml、25ml。

6. 凯式烧瓶：250ml。

7. 凯式蒸馏装置：常量直接蒸馏或半馏式或半微量水蒸气蒸馏式。

8. 锥形瓶：150ml、250ml。

9. 容量瓶：100ml。

五、测定步骤

1. 称取 0.5～1.0g 试样（含氮量 5～80mg）准确至 0.000 2g，无损失地放入凯氏烧瓶中，液体或膏状黏液试样应注意取样的代表性，用干净的可放入凯氏烧瓶的小玻璃容器称样。加入硫酸铜 0.9g，无水硫酸钾（或硫酸钠）1.5g，与试样混合均匀，再加硫酸 25ml 和 2 粒玻璃珠，在消煮炉上小心加热，待样品预消化，泡沫消失，再加强火力（360～410℃）直至溶液澄清后，再加热消化 15min。

2. 氨的蒸馏：试样的消煮液冷却后，加蒸馏水 20ml 转入 100ml 容量瓶，冷却后用水定容至刻度，摇匀。取 2% 硼酸溶液 20ml，加混合指示剂 2 滴，使半微量蒸馏装置的冷凝管末端浸入此溶液。蒸馏装置的蒸汽发生器的水中应加甲基红指示剂数滴，硫酸数滴，且保持此溶液为橙红色，否则应加硫酸。准确移取试样分解液 10～20ml 注入蒸馏装置的反应室中，用少量蒸馏水冲洗进样入口，塞好入口玻璃塞，再加 10ml40% 氢氧化钠溶液，小心提起玻璃塞使之流入反应室，将玻璃塞塞好，并在入口处加水密封，防止漏气，蒸馏 4min，使冷凝管末端离开吸收液面，用蒸馏水洗冷凝管末端，洗液均流入吸收液。

注：混合指示剂：0.1% 甲基红乙醇溶液，0.5% 溴甲酚绿乙醇溶液，两溶液等体积混合，阴凉处保存期 3 个月以内。

0.05mol/L 盐酸标准溶液（邻苯二甲酸氢钾法标定）：4.2ml 盐酸，分析纯，用蒸馏水定容至 1 000ml 容量瓶中。

在测定饲料样本中含氮量的同时，应做一空白对照测定，即各种试剂的用量及操作步骤完全相同，但不加样本，这样可以校正因药品不纯所发生的误差。

3. 滴定：吸收氨后的吸收液立即用 0.05mol/L 的盐酸标准溶液滴定，以甲基红或混合甲基红为指示剂，溶液由蓝绿色变为灰红色为终点。

六、结果计算

1. 计算：

$$粗蛋白质 = \frac{(V_2-V_1)\times C\times 0.014\ 0\times 6.25}{m\times \dfrac{V'}{V}}\times 100\%$$

式中：V_2：试样滴定时所需酸标准溶液的体积（ml）；

V_1：空白滴定时所需酸标准溶液的体积（ml）；

C：盐酸标准溶液的浓度（mol/L）；

m：试样的质量（g）；

V：试样的分解液总体积（ml）；

V'：试样分解液蒸馏用体积（ml）；

0.0140：每毫升 1mol/L 盐酸标准溶液相当于 0.014 0g 的氮；

6.25：氮换算成蛋白质的平均系数（不同的原料其蛋白质换算系数不同，见表 2-36）。

表 2-36　不同原料的蛋白质换算系数

（宁开桂，1993）

名　称	换算系数	名　称	换算系数	名　称	换算系数
小麦（整粒）	5.83	玉米	6.25	花生	5.46
黑　麦	5.83	大豆	5.71	棉籽	5.50
大　麦	5.83	箭舌豌豆	5.70	荞麦	6.25
燕　麦	5.83	蚕豆	5.70	乳	6.30
大　米	5.95	向日葵籽	5.30	蛋	6.25
芝　麻	5.30	肉	6.25	明胶	5.55
稻　谷	5.83	小麦麸	6.31		

2. 重复性：每个试样取两个平行样进行测定，以其算术平均值为结果。

当粗蛋白质含量在 25% 以上，允许相对偏差为 1%；

当粗蛋白质含量在 10%～25% 时，允许相对偏差为 2%；

当粗蛋白质含量在 10% 以下时，允许相对偏差为 3%。

3. 氨蒸馏步骤开始前，若为了检查蒸馏装置是否漏气，是否正常，可先取标准硫酸铵 0.1g（预先干燥，准确称至 0.000 1g），配制成 100ml 的水溶液，取 5ml 该硫酸铵溶液，从蒸馏步骤开始操作，得硫酸铵的含氮量应为 21.19%±0.2%，否则检查蒸馏装置。

实验三 饲料粗脂肪的测定

一、适用范围

本法适用于各种混合饲料和单一饲料。

二、原 理

在索氏（Soxhlet）脂肪提取器中用乙醚提取试样，称提取物的重量。因除脂肪外，还有脂肪酸、磷脂、脂溶性维生素、叶绿素等，因而测定结果称为粗脂肪或乙醚提取物。

三、试剂与溶液

无水乙醚（分析纯）。

四、仪器设备

1. 实验室用样品粉碎机或研钵。
2. 分样筛：控径 0.45mm。
3. 分析天平：感量 0.000 1g。
4. 电热恒温水浴锅：室温至 100℃。
5. 恒温烘箱：50～200℃。
6. 索氏脂肪提取器（带球形冷凝管）：100ml 或 150ml。
7. 索氏脂肪提取仪。
8. 滤纸或滤纸筒：中速，脱脂。
9. 干燥器：用氯化钙（干燥级）或变色硅胶为干燥剂。

五、测定步骤

称取试样 1～5g，准确至 0.000 2g，于滤纸筒中，或用滤纸包好并编号，放入 150℃烘箱中，烘干 2h（或称测水分后的干试样，折算成风干样重），滤纸筒应高于提取器虹吸管的高度，滤纸包长度应以可全部浸泡于乙醚中为准。将滤纸筒或包放入抽提管，在抽提瓶中加无水乙醚 60～100ml，在 60～75℃的水浴上加热，使乙醚回流，控制乙醚回流次数为每小时约 10 次，共回流约 50 次（8～16h），样品中的脂肪全部提出，并残留于提取瓶中。

取出试样，仍用原提取器回收乙醚直至抽提瓶中乙醚几乎全部回收完，取下抽提瓶，在水浴上蒸去残余乙醚。擦净瓶外壁。将抽提瓶放入 105±2℃烘箱中烘干 1h，干燥器中冷却 30min，称重，再烘干 30min，同样冷却称重，两次称重之差小于 0.001g 为恒重。

六、结果计算

1. 计算：

$$粗脂肪 = \frac{m_2 - m_1}{m} \times 100\%$$

式中：m：风干试样质量（g）；

m_1：已恒重的抽提瓶质量（g）；

m_2：已恒重的盛有脂肪的抽提瓶质量（g）。

2. 重复性：每个试样取两个平行进行测定，以其算术平均值为结果。

粗脂肪含量在10％以上（含10％）时，允许相对偏差为3％；

粗脂肪含量在10％以下时，允许相对偏差为5％。

3. 回流时间：脂肪含量在20％以上，回流16h，脂肪含量在5％～20％，回流12h，脂肪含量在5％以下，回流8h。

4. 也可以按鲁氏抽脂法，利用滤纸包在抽脂前后的重量差为粗脂肪含量来计算饲料中的粗脂肪百分比值。

实验四　饲料粗纤维的测定

一、适用范围

本法适用于各种混合饲料和单一饲料。

二、原　　理

纤维素是由许多吡喃葡萄糖分子构成的直链聚合物。它不溶于稀酸、稀碱和一般有机溶剂。所谓"粗纤维"，是指在特定条件下测得的纤维素。即将样品经一定容量和浓度的稀酸、稀碱、醇和醚处理之后，再除去矿物质所剩余残渣。当用稀酸处理时，淀粉、果胶和部分半纤维素被溶解；当用稀碱处理时，又可去除蛋白质和部分半纤维素、木质素、脂肪；用乙醇和乙醚处理时，可去除单宁、色素、脂肪、蜡质以及部分蛋白质和戊糖。所以，这样测得的粗纤维，实际上是以纤维素为主，同时含部分半纤维素和木质素的混合物。

三、试剂与仪器

1. 试剂：本法试剂均为分析纯，水为蒸馏水。具体试剂或药品有：硫酸溶液0.128±0.005mol/L，使用氢氧化钠标准溶液标定；氢氧化钠溶液，0.313±0.005mol/L，使用邻苯二甲酸氢钾法标定；酸洗石棉；95％乙醇；乙醚；正辛醇（防泡剂）等。

2. 仪器：粗纤维测定仪，实验室用样品粉碎机，分析天平，电加热器（可调温电炉），电热恒温箱（可控制温度在130℃），高温炉（可控温500～600℃），消煮器，抽滤装置，古氏坩埚（30ml）等。

四、测定步骤

称取1～2g试样，准确至0.000 2g，用乙醚脱脂（含脂肪小于1%的样本可不脱脂），放入消煮器，加浓度为0.128±0.005mol/L的且已沸腾的硫酸溶液200ml和1滴正辛醇，立即加热，应使其在2min内沸腾，且连续微沸30±1min，注意保持硫酸浓度不变，试样不应离开溶液沾到瓷壁上（否则可补加沸蒸馏水）。随后过滤，用沸蒸馏水洗至不含酸，取下不溶物，放入原容器中，加浓度为0.313±0.005mol/L的且已沸腾的氢氧化钠溶液200ml，同样微沸30±1min。立即在铺有石棉的古氏坩埚上抽滤，选用硫酸溶液25ml洗涤，再用沸蒸馏水洗至洗液为中性。用乙醇15ml洗残渣，再将古氏坩埚和残渣放入烘箱，于130±2℃下烘干2h，在干燥器中冷却至室温，称重。再于550±25℃的高温炉中灼烧30min，于干燥器中冷却至室温后称重。

五、结果计算

1. 计算：

$$粗纤维 = \frac{m_1 - m_2}{m} \times 100\%$$

式中：m_1：130℃烘干后坩埚及试样残渣质量（g）；

m_2：550℃灼烧后坩埚及残渣灰质量（g）；

m：试样（未脱脂时）质量（g）。

2. 重复性：

每个试样取两个平行进行测定，以其算术平均值为结果；

粗纤维含量在10%以下时，允许相差（绝对值）为0.4%；

粗纤维含量在10%以上时，允许相对偏差为4%。

六、注意事项

1. 铺两层玻璃纤维，有利于过滤。

2. 石棉应搅拌成稀薄悬浮液倒入坩埚中，使之自动漏去水分，再用抽滤抽干，石棉应铺均匀，不留空隙，也不可太厚。

3. 用Tecator纤维素测定仪（半自动型），可将0.5～3.0g样品放入坩埚，再将坩埚置于提取仪中，试剂可自动加入，连续提取、洗涤和过滤，最后取出烘干，灰化并称重。

附：酸性洗涤纤维（ADF）的测定

1. 原理：样品经十六烷基三甲基溴化铵（CTAB）的硫酸溶液消煮后，抽剩的不溶残渣称为酸性洗涤纤维。其主要成分为纤维素、木质素和少量矿物质。若再除去灰分，即为无灰酸性洗涤纤维。

2. 仪器和试剂：恒温干燥箱、马福炉、干燥器、砂芯玻璃坩埚（20ml）、古氏坩埚（30～50ml）、抽滤装置、回流装置（250ml圆底烧瓶、30cm冷凝管），丙酮、十氢萘酸性洗涤剂：将10g十六烷基三甲基溴化铵溶于标定过的1 000ml 0.500mol/L硫酸溶液。酸性石棉：将20g石棉放入盛有170ml蒸馏水的烧杯中，加280ml浓硫酸，混匀，放置2h，冷却后用砂芯玻璃坩埚过滤，用水洗涤至中性，取出置于烘箱中干燥，在550～600℃马福炉中灼烧16h，冷却备用。

3. 操作步骤：准确称取风干样品1g左右，加100ml酸性洗涤剂和2ml十氢萘，装上冷凝管，置于电炉上，在5～10min内加热至沸，从沸腾算起回流60min。

将酸洗石棉放于100ml烧杯中，加约30ml蒸馏水，搅拌均匀，倒入古氏坩埚中，待水流尽，放入105℃烘箱中烘3h，取出置于干燥器中冷却30min，称重直至恒重。

将回流完毕的溶液连同残渣倒入已称至恒重的古氏坩埚中，抽滤，用热蒸馏水洗至近中性，再用丙酮洗涤至滤液无色。

将古氏坩埚取下，置于100～105℃烘箱中烘3h，然后取出放入干燥器中冷却30min，称重，直至恒重。

将古氏坩埚放入550～600℃马福炉中灼烧2h，稍冷后放入干燥器中冷却30min，称重，直至恒重。

4. 计算：

$$ADF = \frac{W_2 - W_1}{W} \times 100\%$$

$$无灰酸性洗涤纤维（ADF）= \frac{W_2 - W_3}{W} \times 100\%$$

式中：W_1：空坩埚重（g）；

W_2：空坩埚重（g）＋酸性洗涤纤维重（g）；

W_3：空坩埚重（g）＋灰分重（g）；

W：样品重（g）

附：中性洗涤纤维的测定

1. 原理：用中性洗涤剂处理样品后所得不溶残渣称为中性洗涤纤维（NDF）。

2. 仪器与试剂：

仪器：同酸性洗涤纤维的测定。

中性洗涤剂：将18.61g乙二胺四乙酸二钠（EDTA）和6.81g硼砂放入烧杯中，加水500ml，加热使之溶解；在另一烧杯中放入30g十二烷基硫酸钠和10ml乙二醇单乙醚溶液，用 400ml 水加热溶解。将溶液混合，调节 pH 在 6.9～7.1 范围，转入 1 000ml 容量瓶中，加水定容。

3. 操作步骤：准确称取样品 1g 左右，倒入 250ml 烧瓶底部，加入 100ml 中性洗涤剂、2ml 十氢萘、0.5g 亚硫酸钠。在 5～10min 内煮沸，在微沸状态下回流 60min。

将古氏坩埚铺好酸洗石棉，置于 105℃ 烘箱中烘 3h，然后取出放入干燥器中冷却 30min，称重，直至恒重。将回流完毕的溶液用已称至恒重的古氏坩埚过滤，用热蒸馏水洗涤残留物 3～4 次，然后用丙酮洗 2 次。将古氏坩埚取下，置于 100℃ 烘箱中烘 8h，然后取出放入干燥器中冷却 30min，称重，直至恒重。将古氏坩埚放入 550～600℃ 马福炉中灼烧 3h，稍冷后放入干燥器中冷却 30min，称重，直至恒重。

4. 计算：

$$NDF = \frac{W_2 - W_1}{W} \times 100\%$$

$$无灰中性洗涤纤维\ NDF = \frac{W_2 - W_3}{W} \times 100\%$$

式中：W_1：空坩埚重（g）；

$\quad\quad\ W_2$：空坩埚重（g）＋中性洗涤纤维重（g）；

$\quad\quad\ W_3$：空坩埚重（g）＋灰分重（g）；

$\quad\quad\ W$：样品重（g）。

5. 注意事项：因为中性洗涤剂对蛋白质和淀粉的提取率不高，所以有少量混杂于中性洗涤纤维中，使测定结果偏高。改进的方法为：将中性洗涤剂 pH 由 6.9～7.1 调整到 3.5 左右，或在中性洗涤剂处理之前，对于高蛋白质样品先用蛋白酶处理样品，对于高淀粉样品可先用 α-淀粉酶处理，再用中性洗涤剂处理。

实验五　饲料粗灰分的测定

一、适用范围

本法适用于配合饲料及各种单一饲料中粗灰分的测定。

二、原　　理

在 550℃ 灼烧后所得残渣，用质量百分率表示。残渣中主要是氧化物、盐类等矿物质，也包括混入饲料的砂石、土等，故称粗灰分。

三、仪器和设备

分析天平（感量 0.000 1g）；马福炉；干燥器：用氯化钙（干燥试剂）或变色硅胶作干燥剂等。

四、测定步骤

将干净坩埚放入高温炉，在 $550\pm2℃$ 下灼烧 30min，取出，在空气中冷却约 1min，放入干燥器中冷却 30min，称重。再重复灼烧，冷却，称重，直至两次称重之差小于 0.000 5g 为恒重。

在已恒重的坩埚中称取 2～5g（灰分重 0.05g 以上）试样，准确至 0.000 2g，在电炉上小心炭化，再放入高温炉，于 $550\pm2℃$ 下灼烧 3h，取出，在空气中冷却约 1min，放入干燥器中冷却 30min，称重。再灼烧 1h，称重，直至两次称重之差小于 0.001g 为恒重。

五、结果计算

1. 计算：

$$粗灰分 = \frac{m_2 - m_0}{m_1 - m_0} \times 100\%$$

式中：m_0：已恒重的坩埚质量（g）；

m_1：坩埚加试样质量（g）；

m_2：灰化后坩埚加灰分质量（g）。

2. 重复性：

每个试样取两个平行进行测定，以其算术平均值为结果；

粗灰分含量在 5% 以上时，允许相对偏差为 1%；

粗灰分含量在 5% 以下时，允许相对偏差为 5%。

六、注意事项

1. 用电炉炭化时应小心，以防炭化过快，试样飞溅。

2. 灼烧残渣颜色与试样中各元素含量有关，含铁高时为红棕色，含锰高为淡蓝色。但有明显黑色炭粒时，为炭化不完全，应延长灼烧时间。

第二部分 纯养分分析

实验六 饲料中钙的测定（GB/T 6436—2002）

一、适用范围

本方法适用于饲料原料和饲料产品，钙的最低检测限为 150mg/kg（取试样1g 时）。

二、原 理

将试样中有机物破坏，钙变成溶于水的离子，用草酸铵定量沉淀，用高锰酸钾法间接测定钙的含量。

三、仪器与设备

1. 粉碎机：实验室用样品粉碎机或研钵。

2. 分样筛：孔径 0.45mm（40 目）。

3. 分析天平：感量 0.000 1g。

4. 高温炉：电加热，控制温度在 550±20℃。

5. 坩埚：瓷质。

6. 容量瓶：100ml。

7. 滴定管：酸式，25ml 或 50ml。

8. 玻璃漏斗：直径 6cm。

9. 定量滤纸：中速，直径 7~9cm。

10. 移液管：10，20ml。

11. 烧杯：200ml。

12. 凯氏烧瓶：250 或 500ml。

四、试剂和溶液

本方法试剂使用分析纯，水为蒸馏水。

1. 盐酸溶液：1∶3 水溶液。

2. 硫酸溶液：1∶3 水溶液。

3. 氨水溶液：1∶1 水溶液。

4. 草酸铵溶液：4.2% 水溶液。

5. 甲基红指示剂：称取 0.1g 甲基红，溶于 100ml 的 95% 乙醇中。

6. C（$KMnO_4$/5）=0.05mol/L 高锰酸钾标准溶液。

（1）配制标准溶液：称取高锰酸钾约 1.6g，溶于 1 000ml 蒸馏水中，煮沸 10min，冷却静置 1～2d，用滤纸过滤，保存于棕色瓶中。

（2）标定：称取草酸钠基准物（105℃干燥 2h，存于干燥器中）0.1g，准确至 0.000 2g，溶于 50ml 水中，再加硫酸溶液 10ml，将此溶液加热至 75～85℃。用配制的高锰酸钾标准溶液滴定。溶液呈现粉红色且 1min 不褪色为终点，滴定结束时，溶液温度在 60℃以上。同时做试剂空白实验。高锰酸钾标准溶液浓度（c）按下式计算：

$$C=m/（V-V_0）/0.067\ 0$$

式中：C：高锰酸钾标准溶液（mol/L）；

m：基准草酸钠（NaC_2O_4）的质量（g）；

0.067 0：与 1.00ml 高锰酸钾标准溶液 $[c$（$KMnO_4$）/5=1.000mol/L$]$ 相当的以克表示的草酸钠的质量；

V：滴定时消耗高锰酸钾标准溶液体积（ml）；

V_0：空白实验时高锰酸钾标准溶液的消耗体积（ml）。

五、测定步骤

1. 试样的分解：

（1）干法：称取试样 2～5g 于坩埚中，准确至 0.000 2g，在电炉上小心炭化，再放入马弗炉中于 550℃下灼烧 3h（或测定粗灰分后接续进行）。在盛灰坩埚中加入盐酸溶液 10ml 和浓硝酸数滴，小心煮沸。将此溶液转入 100ml 容量瓶，冷却至室温，用蒸馏水稀释至刻度，摇匀，为试样分解液。

（2）湿法（用于无机物或液体饲料）：称取试样 2～5g 于凯氏烧瓶中，准确至 0.000 2g。加入硝酸 30ml，加热煮沸，至二氧化氮黄烟逸尽，冷却后加入 70%～72%高氯酸 10ml，小心煮沸至溶液无色。不得蒸干（危险）。冷却后加蒸馏水 50ml，并煮沸驱逐二氧化氮，冷却后转入 100ml 容量瓶，用蒸馏水稀释至刻度，摇匀，为试样分解液。

2. 试样的测定：准确移取试样分解液 10～20ml（含钙量 20mg 左右）于烧杯中，加蒸馏水 100ml，甲基红指示剂 2 滴。滴加氨水溶液至溶液呈橙色，再加盐酸溶液使溶液恰好变红色（pH 为 2.5～3.0）。小心煮沸，慢慢滴加热草酸铵溶液 10ml，并不断搅拌。如溶液变橙色，应补滴盐酸溶液至红色。煮沸数分钟，放置过夜使沉淀陈化（或在水浴上加热 2h）。

用滤纸过滤，用 1：50 的氨水溶液洗沉淀 6～8 次，至无草酸根离子（接滤液数毫升加硫酸液数滴，加热至 80℃，再加高锰酸钾溶液数滴，呈微红色，应半分钟不褪色）。

将沉淀和滤纸转入原烧杯，加硫酸溶液 10ml，蒸馏水 50ml，加热至 75～85℃，用 0.05mol/L 高锰酸钾溶液滴定，溶液呈粉红色半分钟不褪色为终点，同时进行空白溶液的滴定。

六、结果计算

1. 计算：
$$Ca = \frac{(V-V_0) \times c \times 0.02}{m \times \dfrac{V'}{100}} \times 100\% = \frac{(V-V_0) \times C \times 200\%}{m \times V'}$$

式中：V：测定样品时 0.05mol/L 高锰酸钾标准溶液滴定用体积（ml）；

　　　V_0：测定空白时 0.05mol/L 高锰酸钾标准溶液滴定用体积（ml）；

　　　C：高锰酸钾标准溶液浓度（mol/L）；

　　　M：试样质量（g）；

　　　V'：滴定时移取试样分解液体积（ml）；

　　　0.02：与 1.00ml 高锰酸钾标准液相当的以克表示的钙的质量。

2. 重复性：

每个试样取两个平行进行测定，以其算术平均值为结果。含钙量在 10% 以上时，允许相对偏差为 2%；含钙量在 5%～10% 时，允许相对偏差为 3%；含钙量在 1%～5% 时，允许相对偏差为 5%，含钙量在 1% 以下时，允许相对偏差为 10%。

七、注意事项

1. 高锰酸钾溶液浓度不稳定，应至少每月标定一次。

2. 每种滤纸的空白值不同，消耗高锰酸钾溶液体积也不同，因此，至少每盒滤纸作一次空白溶液测定。

3. 试剂配制：甲基红指示剂：甲基红，分析纯，0.1g 溶于 100ml 的 95% 的乙醇中。0.05mol/L 高锰酸钾标准溶液：称取高锰酸钾约 1.6g，溶于 1 000ml 蒸馏水中，煮沸 10min，冷却静置 1～2d，用烧结玻璃滤器过滤，保存于棕色瓶中。

实验七　饲料中总磷量的测定（GB/T 6437—2002）

一、适用范围

本方法适用于配合饲料、浓缩饲料、预混合饲料和单一饲料（磷酸盐除外）。

二、原　　理

先将试样中有机物破坏，使磷游离出来，在酸性溶液中，用钒钼酸铵处理，生成黄色的 $(NH_4^+)_3PO_4NH_4^+VO_3 \cdot 16MoO_3$，在波长 420nm 下进行比色测定。此法测得为总磷量，其中包括动物难以吸收的植酸磷。

三、试剂与溶液

1. 盐酸盐溶液：1∶1水溶液。

2. 硝酸。

3. 高氯酸。

4. 钒钼酸胺显色剂：称取偏钒酸胺1.25g，加水200ml，加热溶解，冷却后加硝酸250ml。另称取钼酸胺25g，加水400ml溶解之，在冷却的条件下，将两种溶液混合，用水定容至1000ml。避光保存，若生成沉淀，则不能继续使用。

5. 磷标准液：将磷酸二氢钾105℃高温干燥1h，冷却后称取0.2195g溶解与水，定量转入1000ml容量瓶中，加硝酸3ml，用水稀释至刻度，摇匀，即为50μg/ml磷标准液。

四、仪器设备

1. 粉碎机：实验室用样品粉碎机或研钵。

2. 分样筛：孔径0.45mm（40目）。

3. 分析天平：感量0.0001g。

4. 分光光度计：有10mm比色皿，可在420mm下测定吸光度。

5. 高温炉：可控制温度在550±20℃。

6. 瓷坩埚：50ml。

7. 容量瓶：50、100、1000ml。

8. 刻度移液管：1.0、2.0、3.0、5.0、10ml。

9. 凯氏烧瓶：125、250ml。

10. 可调稳电炉：1000W。

五、测定步骤

1. 试样的分解：

(1) 干法（不适用于含磷酸氢钙的饲料）：称取试样2～5g于坩埚中，准确至0.0002g，在电炉上小心炭化，再放入马福炉中于550℃下灼烧3h（或测定粗灰分后进行）。在盛灰坩埚中加入盐酸溶液10ml和浓硝酸数滴，小心煮沸。将此溶液转入100ml容量瓶，冷却至室温，用蒸馏水稀释至刻度，摇匀，为试样分解液。

(2) 湿法（用于无机物或液体饲料）：称取试样0.5～5g于凯氏烧瓶中，准确至0.0002g。加入硝酸（化学纯）30ml，加热煮沸，至二氧化氮黄烟逸尽，冷却后加入70%～72%高氯酸10ml，小心加热至高氯酸冒白烟（不得蒸干，危险！）溶液基本至无色。冷却后加蒸馏水50ml，并煮沸驱逐二氧化氮，冷却后转入100ml容量瓶，用蒸馏水稀释至刻度，摇匀，为试样分解液。

(3) 盐酸溶解法（适用于微量元素预混料）：称取试样0.2～1.0g于100ml烧杯中（准确至0.0002g），缓缓加入1∶1盐酸10ml，使其全部溶解，冷却后转入100ml

容量瓶，用蒸馏水稀释至刻度，摇匀，为试样分解液。

2. 标准曲线的绘制：准确移取磷标准溶液（50μg/ml）0.0，1.0，2.0，4.0，6.0，8.0，10.0，12.0，15.0ml 于 50ml 容量瓶中，各加入钒钼铵显色剂 10ml。用蒸馏水稀释至刻度，摇匀，放置 10min 以上。以 0 毫升溶液为参比，用 10mm 比色池，在 400nm 波长下，用分光光度计测各溶液的吸光度。以磷含量为横坐标，吸光度为纵坐标绘制标准曲线。

3. 试样的测定：准确移取试样分解液 1.0～10.0ml（含磷量 50～750μg）于 50ml 容量瓶中，加入钒钼酸铵显色试剂 10ml，按（2）的方法显色和比色测定，测得试样分解液的吸光度。用标准曲线查得试样分解液的含磷量。

六、结果计算

1. 计算：

$$P = \frac{m_1 \times V}{m \times V_1 \times 10^6} \times 100\%$$

式中：m：试样质量（g）；

$\quad\quad m_1$：由工作曲线查得的试样分解液的磷含量（μg）；

$\quad\quad V$：试样分解液的总体积（ml）；

$\quad\quad V_1$：试样测定时移取试样分解液的体积（ml）。

2. 重复性：每个试样取两个平行进行测定，以其算术平均值为结果。

含磷量在 0.5％以上时，允许相对偏差为 3％；含磷量在 0.5％以下时，允许相对偏差 10％。

实验八　真蛋白的测定

一、原　　理

蛋白质在碱性水溶液中被重金属盐（硫酸铜等）沉淀，过滤后即与非蛋白质氮化合物分离。将沉淀洗净，用凯氏法测定含氮量，可计算出真蛋白含量。

二、试剂与仪器

1. 粉碎机：实验室用台式粉碎机。

2. 分析筛：孔径 0.9mm（20 目）。

3. 分析天平：感量 0.1mg。

4. 烧杯：200ml。

5. 玻璃棒：直径 5mm，长 150mm。

6. 玻璃波纹漏斗：直径 10mm。

7. 定性滤纸：中速，直径 12.5cm，15cm。

8. 表面皿：直径 10cm。

9. 干燥箱：可控温度 65～70℃。

10. 消化管或凯氏烧瓶：200ml 或 250ml。

11. 消化炉或电炉。

12. 半微量定氮蒸馏器。

13. 容量瓶：200ml。

14. 锥形瓶：200ml 或 250ml。

15. 酸氏滴定管：10ml。

三、试剂与溶液

本方法除特殊注明外，试剂均为分析纯，水均为蒸馏水。

1. 硫酸：分析纯。

2. 硫酸铜：分析纯。

3. 硫酸铜水溶液：100g/L。

4. 硫酸钾或无水硫酸钠：分析纯。

5. 氢氧化钠：分析纯。

6. 400g/L 氢氧化钠水溶液，25g/L 氢氧化钠水溶液。

7. 20g/L 硼酸水溶液。

8. 甲基红—溴甲酚绿混合指示剂：1g/L 的甲基红乙醇溶液与 5g/L 的溴甲酚绿乙醇液等体积混合。保存期不超过 3 个月。

9. 0.05g/L 盐酸标准溶液：配制与标定见实验二。

10. 氯化钡试液：50g/L 氯化钡水溶液。

四、操作步骤

准确称取样品 1～2g，倒入烧杯中，加 50ml 蒸馏水，加热至沸并保持 30min。在搅拌下加入 20ml10%硫酸铜溶液和 25ml2.5%氢氧化钠溶液。静止 2h，用双层定量滤纸过滤。沉淀用热水洗涤，直至用氯化钡溶液检查滤液不浑浊为止。将漏斗连同滤纸置于 50～60℃烘箱中。烘至略潮。取下滤纸，连沉淀一并置于凯氏烧瓶中。按半微量凯氏定氮法进行消化、蒸馏、滴定，其计算结果即为真蛋白含量。

实验九 有效赖氨酸的测定——染料结合赖氨酸法（DBL 法）

一、原 理

某些染料（如橙黄 G、酸性橙 12 等）在弱酸溶液中能与样品中碱性氨基酸结合，生成不溶络合物，其染料结合量相当于这些碱性氨基酸量的总和。若将样品用丙酸酐处理，使赖氨酸分子中的 ε-NH_2 基酰化而掩蔽，则失去与染料结合的能力。测定酰化和未酰化的两份样品与染料的结合量（由染料原浓度减去剩余浓度而求得）的差值，便可求得有效赖氨酸的结合量，进而求得染料结合赖氨酸（DBL）的含量。

二、试　剂

磷酸盐缓冲液：称取磷酸二氢钾3.4g，草酸2g，分别用水溶解后转入1 000ml容量瓶中，然后加入3.4ml 1∶1磷酸水溶液（体积比）、60ml冰醋酸及1ml丙酸，用水稀释至刻度。

染料溶液：称取酸性橙12（AO—12，分子量350.37）1.363g，用磷酸盐缓冲液配制成1 000ml，浓度为3.89mmol/L。

三、操作步骤

样品的处理和测定：将样品粉碎，过0.25mm筛，充分混匀。从同一样品中称0.1～0.6g（准确至0.002g）的酰化和不酰化样品各两份，分别放到具塞的刻度玻璃管内，标明A、B管（酰化样品）和C、D管（不酰化样品）。向A、B管各加入2ml半饱和醋酸钠溶液及0.2ml丙酸酐，向C、D管各加入2ml半饱和醋酸钠溶液及0.2ml磷酸盐缓冲液，加塞，在振荡器中振荡15min。向A、B、C、D管中各加3.89mmol/L的染料溶液20ml，加塞，在振荡器上振荡至反应平衡或近于平衡（一般植物性样品1～2h，而鱼粉等动物性样品4～6h）。将反应液倒入离心管中，并在3 000～4 000r/min速度下离心10min，取上层清液在蛋白质分析仪上分别测定其透光率。

标准曲线的绘制：分别吸取0.0、28.3、30.9、33.4、36.0、38.6、41.1、43.7、46.3、48.8ml的3.89mmol/L染料溶液，用磷酸盐缓冲液稀释至100ml，作为标准工作液，其浓度分别为0.0、1.10、1.20、1.30、…、1.90mmol/L，准确吸取以上标准工作液各20ml加2ml半饱和醋酸钠溶液及0.2ml磷酸盐缓冲液，充分混匀后在蛋白质分析仪上分别测定其透光率。其中以不加染料液的作空白，在半对数纸上以透光率为纵坐标，染料浓度为横坐标绘制标准曲线。

四、计　算

$$有效赖氨酸（DBL）=\left[\frac{3.89-\dfrac{C_C+C_D}{2}}{W_{CD}}-\frac{3.89-\dfrac{C_A+C_B}{2}}{W_{AB}}\right]\times\frac{20}{1\,000}$$

$$\times\frac{146.2}{1\,000}\times100\%$$

式中：3.89：染料溶液起始浓度（mmol/L）；

W_{CD}：C、D管中样品重（g）；

W_{AB}：A、B管中样品重（g），

146.2：赖氨酸的摩尔质量（g/mol）；

20：所加染料液的体积（ml）；

C_C、C_D、C_A、C_B：分别为不酰化的 C、D 管样品，酰化的 A、B 管样品与染料作用后所剩余染料的浓度（mmol/ L）。

若没有蛋白质分析仪，可将标准溶液和样品溶液稀释，在分光光度计上用 1cm 比色皿，在 475nm 波长处测定透光率。

五、注意事项

1. 样品粒度对碱性氨基酸与染料结合量影响很大，饲料应通过 0.25mm 孔径的筛，含脂高的样品应先脱脂处理。

2. 染料与碱性氨基酸结合反应时，当两者达到一定的比例，结合与游离染料的量出现动态平衡，因此，样品的称样量决定了结合的染料量，样品的称样量在很大程度上影响了实验结果。一般酰化样品的称样量大于不酰化样。如玉米、小麦、水稻、高粱的酰化样品称样量分别为：0.8、0.5、0.7、1.0g；而相应的不酰化样品称样量分别为：0.6、0.4、0.5、0.7g。

3. 温度明显影响酰化过程，一般酰化温度宜在 20～25℃之间，酰化时间 10min。

附：饲料有效赖氨酸测定方法

（GB/ T 15398－1994）

1. 适用范围　本标准适用于含有动物或植物性蛋白质的配合（混合）饲料及单一饲料。

2. 术语

有效赖氨酸是指在规定的测定条件下测得的总赖氨酸和非有效赖氨酸之差。

3. 原理　蛋白质中有效赖氨酸的 ε－氨基可与 2,4－二硝基氟苯反应，酸解后生成二硝基苯赖氨酸，而其他非有效部分则生成赖氨酸。因此，将不经二硝基氟苯处理的样品和经由二硝基氟苯处理的样品分别水解，用离子交换色谱法测定各自的赖氨酸含量，即可由其差值得出样品中有效赖氨酸的含量。

4. 试剂和溶液　本标准所用试剂均为分析纯，水为去离子水。

4.1　乙醚（HG 3-1002）。

4.2　碳酸氢钠（GB 640）溶液：80g/ L。

4.3　2,4－二硝基氟苯（DNFB）乙醇溶液：将一定量的 DNFB 溶于 95％乙醇，其体积比为 0.15：12，该溶液用前现配。

4.4　盐酸（BG 622）溶液：6.0mol/ L。

4.5　盐酸（BG 622）溶液：6.5mol/ L。

4.6　稀释用柠檬酸钠缓冲液：pH 约 2.2。

将下列试剂依次溶于适量水：

20g　水合柠檬酸（HG 3—1108）

8g 氢氧化钠（GB 629）

16ml 浓盐酸（GB 622）

0.1 ml 辛酸

20ml 硫二甘醇

加水稀释至 1 000ml。

4.7 层析用柠檬酸钠缓冲液：pH 及配制方法依不同型号的氨基酸测定仪有所区别，请参见仪器说明书配制。

4.8 茚三酮试剂：按仪器说明书配制。

4.9 赖氨酸标准液：50nmol/ml 或其他浓度。

先配制 2.5μmol/ml 赖氨酸标准贮备液：称取 45.6mg 赖氨酸单盐酸盐溶于 0.1mol/L 的盐酸中，稀释至 100ml，混匀。

用该标准贮备液或商品 2.5μmol/ml 的标准氨基酸混合液，以 pH2.2 柠檬酸钠缓冲液为溶剂配制 50.0nmol/ml 标准液。也可根据仪器说明书配制成其他最佳使用浓度。

5. 仪器、设备

5.1 实验室用样品粉碎机：能快速一致地粉碎样品，并能避免样品过热和尽可能少与外界接触。

5.2 样品筛：孔径 0.25mm（60 目）。

5.3 分析天平：感量 0.000 1g。

5.4 油浴：温度可稳定于 120～130℃之间。

5.5 回流水解装置：150ml、500ml 短颈烧瓶以玻璃磨口接头与回流冷凝器（长约 35～40cm）相接。

5.6 离心机：4 000r/min。

5.7 旋转蒸发器。

5.8 氨基酸自动分析仪。

5.9 回流水解装置：50ml 水解管或消煮管，具磨口接头与回流冷凝器相接。

5.10 金属块消煮炉：要求温度保护在 120～130℃之间，必要时可加继电器和接点温度计控制。金属块内消煮管的受热深度应高于或等于 25ml 消煮液的液面高度。

5.11 水浴

6. 试样制备 采集具代表性的配合（混合）饲料或单一饲料，按四分法缩分制备实验室样品，取 10～20g 粉碎，使其全部通过样品筛（5.2）。充分混匀，装入密闭容器。

7. 分析步骤

7.1 A 法

7.1.1 总赖氨酸

7.1.1.1 酸水解 称取约含 50mg 粗蛋白质的样品两份，置于 500ml 烧瓶中，加入 250ml 盐酸（4.4），装好回流冷凝器，置 120～130℃油浴（5.4）中，使其徐徐沸腾，回流水解 24h。

取下烧瓶，冷却。必要时将酸解液（连同水解后不溶物）重新定容至 250ml。过滤，吸取5ml滤液，于旋转蒸发器（5.7）上，60℃左右蒸发至干。加水少许，重复蒸干1～2次。

将残渣溶于5ml稀释用柠檬酸钠缓冲液（4.6），离心10min（4 000r/min），取上清液上机或贮于具塞小管中冷藏备用。

7.1.1.2　测定　打开氨基酸自动分析仪（5.8），使柱温、反应浴温度、缓冲液及茚三酮流速等各种操作参数达到预定要求，并按仪器说明书取一定量的赖氨酸标准液（4.9）进行校准。然后在同样条件下取7.1.1.1中所得之样品溶液进行测定。

7.1.2　非有效赖氨酸

7.1.2.1　二硝基苯化反应　称取约含50mg粗蛋白的样品两份，置于150ml烧瓶（5.5）中，加入4ml碳酸氢钠溶液（4.2），放置10min，其间需不时振摇。再加入6mlDNFB乙醇溶液（4.3），加盖，振摇，注意勿使样品颗粒黏附于瓶壁上。在室温下暗处放置过夜。

7.1.2.2　纯化　在旋转蒸发器上，温度不高于40℃条件下，将上述反应物蒸干，加入35ml乙醚（4.1），振摇或搅拌后，待固体充分沉降，弃去绝大部分乙醚，小心不要带出固体样品颗粒。重复上述操作两次，每次加25ml乙醚（此步骤乙醚层有时似较浑浊，只要倾倒时不带出样品颗粒，可不必离心）。最后，蒸发除去残存乙醚。

7.1.2.3　酸水解　边冲洗瓶口瓶壁边加入75ml盐酸（4.4），使样品全部浸于酸中，装好回流冷凝器，置于120～130℃油浴中，使其徐徐沸腾，回流水解24h。

取下烧瓶，冷却。将水解物定量转移至100ml容量瓶中，用水定容，过滤。吸取5ml滤液于旋转蒸发器上，60℃左右蒸发至干，加水少许，重复蒸干1～2次。

将残渣溶于3ml稀释用柠檬酸钠缓冲液（4.6），用离心机（5.6）离心10min，取上清液上机或贮于具塞小管中冷藏备用。

7.1.2.4　测定　同7.1.1.2。

非有效赖氨酸峰值较低，易受邻峰或杂峰干扰，如某些氨基酸自动分析仪该峰分离不好，需将树脂床（或分析柱）加长，或变换参数与程序。

7.2　B法——简化法

7.2.1　总赖氨酸　准确称取约含50mg粗蛋白质的样品双份，置于50ml水解管中，加入25ml盐酸（4.4），装好回流冷凝器并置于预先热至120～130℃金属块消煮炉（5.10）上，缓缓煮沸水解24h。

冷却，将水解液定容至50ml，混匀，过滤。吸取滤液2ml，于旋转蒸发器上，60℃浓缩至干，加水少许，重复蒸干1～2次。

残渣中加入适量稀释用柠檬酸钠缓冲液（4.6），（粗蛋白质含量为10%～20%的样品加2ml，粗蛋白质含量为30%～50%的加5ml），充分溶解后离心，取上清液上机。

7.2.2　非有效赖氨酸

7.2.2.1　二硝基苯化反应　称取约含蛋白质20～25mg的样品双份，置于50ml水解管中，加入2ml碳酸氢钠溶液（4.2），放置10min（其间不时振摇），加入DN-FB乙醇溶液（4.3）3ml，振摇混匀后，在室温下暗处放置过夜。

将上述水解管置85～90℃水浴中蒸去乙醇，直至振摇时不产生泡沫为止。此时水解管内物应失重2.5～3g。

7.2.2.2　纯化　于去醇后的水解管内加入20ml乙醚（4.1），加塞，剧烈振摇后令其分层，弃去乙醚层，再用乙醚萃取两次，每次10ml，弃去醚层后，将水解管放入60～70℃水浴，除去残存乙醚。

7.2.2.3　酸水解

边冲洗管口管壁边加入23ml盐酸（4.5）装好冷凝器，与测总赖氨酸样品一道置120～130℃金属块消煮炉（5.10）上，回流水解24h。

冷却，将水解液定容至50ml，混匀，过滤。吸取滤液5ml于60℃旋转蒸发器上蒸发至干，加水少许，重复蒸干1～2次。

残渣中加入适量稀释用柠檬酸钠缓冲液（4.6）（蛋白质含量10％～20％加3ml，30％～50％加5ml），充分溶解后离心，取上清液上机。

8. 分析结果的表述

8.1　总赖氨酸：样品中总赖氨酸含量W_1，以其质量百分率表示，即

$$总赖氨酸\ W_1 = (A \div m_1) \times 10^{-6} \times 100\% \times D \quad\cdots\cdots (1)$$

式中：A：每毫升上机液中赖氨酸含量，ng；

$\quad\quad m_1$：样品质量，mg；

$\quad\quad D$：稀释倍数。

8.2　非有效赖氨酸：样品中非有效赖氨酸含量W_2，以其质量百分率表示，即：

$$非有效赖氨酸\ W_2 = (A \div m_2) \times 10^{-6} \times 100\% \times D \quad\cdots\cdots (2)$$

式中：A：每毫升上机液中赖氨酸含量，ng；

$\quad\quad m_2$：非有效赖氨酸测定中样品质量，mg；

$\quad\quad D$：稀释倍数。

8.3　有效赖氨酸：样品中有效赖氨酸含量W_3，以质量百分率表示，即：

$$有效赖氨酸\ W_3 = W_1 - W_2 \quad\cdots\cdots\cdots\cdots\cdots\cdots (3)$$

若有效赖氨酸含量以其在总赖氨酸中的质量百分率表示，则

$$W_3 = (W_1 - W_2) \div W_1 \times 100\% \quad\cdots\cdots\cdots (4)$$

9. 重复性

同一试样两平行测定值的相对相差，应不超过其平均值的10％。

注：与生物测定法相比，本法测定结果偏高，在分析评价实验结果时需加以注意。

实验十　直链淀粉和支链淀粉的测定

一、原　　理

用热水分离直链淀粉后，在完全糊化的条件下加入淀粉酶使之水解，测定水解液

的麦芽糖含量，再折算成直链淀粉含量。

二、测定

准确称取淀粉 3.0～5.0g，用适量水调匀，再加沸水 150ml，置于沸水浴中使之完全糊化。冷却至55～60℃，加入10ml淀粉酶浸出液或3～8滴淀粉甘油浸出液或适量的淀粉酶粉末，保持45～55℃，直至糖化完全(遇碘试液不显蓝色)。中和，冷却，定容至250ml，过滤。按测还原糖方法测定麦芽糖含量，按下式计算支链淀粉含量：

直链淀粉含量＝麦芽糖含量（％）×0.947

式中 0.947 为麦芽糖与淀粉的换算系数，即 0.947g 淀粉水解可生成 1g 麦芽糖。

支链淀粉含量＝100％－直链淀粉含量（％）

附：还原糖的测定

1. 高锰酸钾滴定法

a. 原理：样品经除蛋白质后，其中还原糖把铜盐还原成为氧化亚铜，加酸性硫酸铁后，氧化亚铜被氧化成铜盐，以高锰酸钾溶液滴定氧化作用后生成的亚铁盐，根据高锰酸钾的消耗量，计算氧化亚铜含量，然后再求得还原糖含量。本法为国家标准分析方法，适用于各类样品中的还原糖滴定，有色样液也不受限制。

b. 测定：样品处理：称取 2.5～5.0g 固体样品（或吸取 25～50ml 的液体样品）置于250ml 的容量瓶中，加50ml水，摇匀后加入10ml碱性酒石酸铜甲液（15g硫酸铜及 0.05g 次甲基蓝，溶于水并定溶至 1 000ml），4ml 1mol/L 氢氧化钠溶液，加水至刻度，混匀、静置30min，用干燥滤纸过滤除去初滤液，其余滤液备用。

样品测定：吸取 50ml 处理后的样品溶液于 400ml 烧杯中，加入 25ml 碱性酒石酸铜甲液及 25ml 碱性酒石酸铜乙液（50g 酒石酸钾钠，75g 氢氧化钠，溶于水后再加4g 亚铁氰化钾，完全溶解后加水稀释至 1 000ml，贮存于橡胶塞玻璃瓶中），于烧杯上盖一表面皿，加热，控制在 4min 内沸腾，再准确煮沸 2min，趁热用铺好石棉的古氏坩埚或 G_4 垂融坩埚抽滤，并用 60℃ 热水洗涤浇杯及沉淀，至洗液不呈现碱性为止。将古氏坩埚或垂融坩埚放回原 400ml 烧杯中，加 25ml 硫酸铁溶液及 25ml 水，用玻棒搅拌使氧化亚铜完全溶解，以 0.10mol/L 高锰酸钾标准溶液滴定至微红色为终点。同时吸取 50ml 水代替样品，按上述方法作试剂空白试验。

c. 计算：

样品中还原糖质量相当于氧化亚铜的质量：

$$m = (V-V_0) \times c \times \frac{5}{2} \times \frac{143.08}{1\,000} \times 1\,000$$

式中：m：样品中还原糖质量相当于氧化亚铜的质量（mg）；

V：测定用样品液消耗高锰酸钾标准液的体积（ml）；

V_0：试剂空白液消耗高锰酸钾标准液的体积（ml）；

C：高锰酸钾标准液的浓度（mol/L）；

143.08：Cu_2O 的摩尔质量（g/mol）。

根据计算所得氧化亚铜质量，用下列回归方程可分别得出氧化亚铜相当于还原糖的质量（mg）。

$$m_1 = 0.438\,8x - 0.480\,5$$
$$m_2 = 0.486\,5x - 0.728\,6$$
$$m_3 = 0.685\,6x - 0.308\,7$$
$$m_4 = 0.454\,5x - 0.032\,7$$

式中：m_1：氧化亚铜相当于葡萄糖质量（mg）；

m_2：氧化亚铜相当于果糖质量（mg）；

m_3：氧化亚铜相当于乳糖质量（mg）；

m_4：氧化亚铜相当于转化糖质量（mg）。

还原糖的含量：

$$还原糖 = \frac{m_i}{m \times \dfrac{V_2}{V_1} \times 1\,000} \times 100\%$$

式中：m_i：m_1 或 m_2 或 m_3 或 m_4（mg）；

m：样品质量（g）；

V_1：样品处理液总体积（ml）；

V_2：测定用样品溶液的体积（ml）。

2. 3,5-二硝基水杨酸比色法

a. 原理：在氢氧化钠和丙三醇存在下，还原糖能将 3,5-二硝基水杨酸中的硝基还原为氨基，生成氨基化合物。此化合物在过量的氢氧化钠碱性溶液中呈橘红色，在540nm 波长处有最大吸收，其吸光度与还原糖含量成线性关系。

b. 试剂：3,5-二硝基水杨酸溶液：称取 6.5g 3,5-二硝基水杨酸溶于少量水中，移入 1 000ml 容量瓶中，加 2mol/L 氢氧化钠溶液 325ml，再加入 45g 丙三醇，摇匀，定容至 1 000ml。

c. 测定：吸取样液 1.0ml（含糖 3~4mg），置于 25ml 容量瓶中，各加入 3,5-二硝基水杨酸溶液 2ml，置于沸水浴中煮 2min，进行显色，然后以流水迅速冷却，用水定容至 25mL，摇匀。以试剂空白调零，在 540nm 波长处测定吸光度，与葡萄糖标准样作对照，求出样品中还原糖的含量。

实验十一　饲料中铁、铜、锰、锌、镁的测定方法——原子吸收光谱法

一、适用范围

本标准适用于饲料原料、配合饲料、浓缩饲料、预混合饲料中的铁、铜、锰、锌、

镁的测定。试样测定液的浓度范围铁为 $1\sim16\mu g/ml$，铜、锰为 $0.5\sim5\mu g/ml$，锌、镁为 $0.1\sim2\mu g/ml$。

二、方法原理

用干法灰化饲料原料、配合饲料、浓缩饲料样品，在酸性条件下溶解残渣，定容制成试样溶液；用酸浸提法处理预混合饲料样品，定容制成试样溶液；将试样溶液导入原子吸收分光光度计中，分别测定各元素的吸光度。

三、试剂和溶液

实验用水符合 GB 6682 中二级用水的规格，使用试剂除特殊规定外均为分析纯。

3.1　盐酸　优级纯（$\rho1.18g/ml$）。

3.2　硝酸　优级纯（$\rho1.42g/ml$）。

3.3　硫酸　优级纯（$\rho1.84g/ml$）。

3.4　乙酸　优级纯（$\rho1.049g/ml$）。

3.5　乙醇　优级纯（$\rho0.798g/ml$）。

3.6　丙酮　优级纯（$\rho0.788g/ml$）。

3.7　乙炔　符合 GB 6819 规定。

3.8　干扰抑制剂溶液　称取氯化锶152.1g，溶于420ml盐酸，加水至1 000ml，摇匀，备用。

3.9　铁标准溶液

3.9.1　铁标准贮备溶液　准确称取 $1.000\ 0\pm0.000\ 1g$ 铁（光谱纯）于高型烧杯中，加20ml盐酸（3.1）及50ml，水，加热煮沸，放冷后入1 000ml容量瓶中，用水定容，摇匀，此液1ml含1.00mg的铁。

3.9.2　铁标准中间工作溶液　称取 3.9.1 溶液 0.00，4.00，6.00，8.00，10.0，15.0ml分别置于100ml容量瓶中，用盐酸（1+100）稀释定容，配制成0.00，4.00，6.00，8.00，10.0，15.0$\mu g/ml$的标准系列。

3.10　铜标准溶液

3.10.1　铜标准贮备溶液　准确称取按顺序用乙酸（1+49）、水、乙醇洗净的铜（光谱纯）$1.000\ 0\pm0.000\ 1g$于高型烧杯中，加硝酸（3.2）5ml，并于水浴上加热，蒸干后加盐酸（1+1）溶解，移入1 000ml容量瓶中，用水定容，摇匀，此液1ml含1.00mg的铜。

3.10.2　铜标准中间工作溶液　取 3.10.1 溶液 2.00ml 于100ml容量瓶中，用盐酸（1+100）稀释定容，摇匀，此溶液1ml含20.0μg铜。

3.10.3　铜标准工作溶液　取 3.10.2 溶液 0.00，2.50，5.00，10.0，15.0，20.0ml分别置于100ml容量瓶中，用盐酸（1+100）稀释定容，配制成0.00，0.50，1.00，2.00，3.00，4.00$\mu g/ml$的标准系列。

3.11　锰标准溶液

3.11.1 锰标准贮备溶液 准确称取用硫酸（1+18），水洗净，烘干的锰（光谱纯）1.000 0±0.000 1g于高型烧杯中，加20ml硫酸（1+4）溶解，移入1 000ml容量瓶中，用水定容，摇匀，此液1ml含1.00mg的锰。

3.11.2 锰标准中间工作溶液 取3.11.1溶液2.00ml于100ml容量瓶中，用盐酸（1+100）稀释定容，摇匀，此液1ml含20.0μg的锰。

3.11.3 锰标准工作溶液 取3.11.2溶液0.00，2.50，5.00，10.0，20.0，25.0ml分别置于100ml容量瓶中，加入3.8溶液10ml，用盐酸（1+100）稀释定容，配制成0.00，0.50，1.00，2.00，4.00，5.00μg/ml标准系列。

3.12 锌标准溶液

3.12.1 锌标准贮备溶液 准确称取盐酸（1+3），水、丙酮洗净的锌（光谱纯）1.000 0±0.000 1g于高型烧杯中，用10ml盐酸（3.1）溶解，移入1 000ml容量瓶中，用水定容，摇匀，此液1ml含1.00mg的锌。

3.12.2 锌标准中间工作溶液 移取3.12.1溶液2.00ml于100ml容量瓶中，用盐酸（1+100）稀释定容，摇匀，此液1ml含20.0μg的锌。

3.12.3 锌标准工作溶液 移取3.12.2溶液0.00，1.00，2.50，5.00，7.50，10.0ml分别置于100ml容量瓶中，用盐酸（1+100）稀释定容，配制成0.00，0.20，0.50，1.00，1.50，2.00μg/ml的标准系列。

3.13 镁标准溶液

3.13.1 镁标准贮备溶液 准确称取镁（光谱纯）1.000 0±0.000 1g于高型烧杯中，用10ml盐酸（3.1）溶解，移入1 000ml容量瓶中，用水定容，摇匀，此液1ml含1mg的镁。

3.13.2 镁标准中间工作溶液 移取3.13.1溶液2.00ml于100ml容量瓶中，用盐酸（1+100）稀释定容，摇匀，此液1ml含20.0μg的镁。

3.13.3 镁标准工作溶液 移取3.13.2溶液0.00，1.00，2.00，5.00，7.50，10.0ml分别置于100ml容量瓶中，加入3.8溶液10.0ml，用盐酸（1+100）稀释定容，配制成0.00，0.20，0.50，1.00，1.50，2.00μg/ml标准系列。

四、仪器、设备

4.1 实验室常用仪器。

4.2 原子吸收分光光度计 波长范围190～900nm。

4.3 离心机 转速为3 000r/min。

4.4 磁力搅拌器

4.5 硬质玻璃烧杯 100ml。

4.6 具塞锥形瓶 250ml。

五、试样制备

采取具有代表性的样品至少2kg，用四分法缩减至约250g，粉碎过0.45mm（40目）

筛，混匀，装入样品瓶内密闭，保存备用。

六、分析步骤

6.1 饲料原料、配合饲料、浓缩饲料试样的处理 准备称取2～5g试样（精确至0.000 1g）于100ml硬质玻璃烧杯中，于电炉或电热板上缓慢加热炭化，然后于高温炉中500℃下，灰化16h，若仍有少量的炭粒，可滴入硝酸（3.2）使残渣润湿，加热烘干，再于高温炉中灰化至无炭粒。取出冷却，向残渣中滴入少量润湿，再加10ml盐酸（3.1）并加水30ml煮沸数分钟后放冷，移入100ml容量瓶中，用水定容、过滤，得试样分解液，备用，同时制备试样空白溶液。

6.2 预混合饲料样品处理 准确称取1～3g试样（精确至0.000 1g）于250ml具塞锥形瓶中，加入100.0ml盐酸（1+10），置于磁力搅拌器上，搅拌提取30min，再用离心机以3 000r/min离心分离5min，取其上层清液，为试样分解液；或是搅拌提取后，取过滤所得溶液作为试样分解液，同时制备试样空白溶液。

含金属螯合物的预混合饲料按6.1处理。

6.3 仪器工作参数

仪器工作参数，见下表：

元 素	铁（Fe）	铜（Cu）	锰（Mn）	锌（Zn）	镁（Mg）
波长（nm）	248.3	324.8	279.5	213.8	285.2

由于原子吸收分光光度计的型号不同,操作者可按照所用仪器要求调整仪器工作条件。

6.4 工作曲线的绘制 将待测元素的标准系列导入原子吸收分光光度计，按仪器工作条件测定该标准系列的吸光度，绘制工作曲线。

6.5 试样测定 取试样分解液 V_1（ml），用盐酸（1+100）稀释至 V_2（稀释倍数根据该元素的含量及工作曲线的线性范围而定）。若测定锰、镁加入定容体积1/10的3.8溶液，如最终定容体积为50ml，则应加入5ml的4.8溶液。将试样测定液导入原子吸收分光光度计中，同6.4的条件测定其吸光度，同时测定试样空白溶液的吸光度，并由工作曲线求出试样测定溶液中元素的浓度。

七、分析结果计算和表述

7.1 被测元素的含量（mg/kg）按下式计算：
$$元素含量（mg/kg）=\left[(C-C_0)\times100\times V_1\right]\div mV_2$$

式中：C：由工作曲线求得的试样测定溶液中元素的浓度，$\mu g/ml$；

C_0：由工作曲线求得的试样空白溶液中元素的浓度，$\mu g/ml$；

m：试样的质量；

V_1：分取试样测定溶液的体积，ml；

V_2：试样测定溶液的体积，ml；

100：试样分解溶液的体积，ml。

所得的结果表示到 0.1mg/ kg。

7.2　允许差　室内每个试样应称取 2 份试料进行平行测定，以其算术平均值为分析结果，其间分析结果的相对偏差应不大于下表所列的相对偏差。

元　素	相对偏差（%）
Fe	15
Cu	15
Mn	15
Zn	15
Mg	15

实验十二　饲料中总抗坏血酸的测定——邻苯二胺荧光法

一、适用范围

本方法适用于单一饲料、配合饲料、预混料及浓缩饲料。不适用以酯化抗坏血酸形式添加的各种饲料中抗坏血酸的测定。在最终提取液中抗坏血酸最小检出限为 $0.022\mu g/ml$。

二、方法原理

先将试样中抗坏血酸在弱酸性条件下提取出来，提取液中还原型抗坏血酸经活性炭氧化为脱氢抗坏血酸，与邻苯二胺（OPDA）反应生成荧光的喹喔啉（quinoxaline），其荧光强度与脱氢抗坏血酸的浓度在一定条件下成正比。另外，根据脱氢抗坏血酸与硼酸可形成硼酸—脱氢抗坏血酸络合物而不与邻苯二胺反应，以此作为"空白"排除试样中荧光杂质的干扰。

三、试　剂

本标准所用试剂，除特殊说明外，均为分析纯。实验室用水符合 GB/ T6682 中三级水的规格。

3.1　偏磷酸-乙酸溶液：称取 15g 偏磷酸，加入 40ml 冰乙酸及 250ml 水，加温，搅拌，使之逐渐溶解，冷却后加水至 500ml。于 4℃冰箱可保存 7～10d。

3.2　0.15mol/ L 硫酸溶液：取 10ml 硫酸，小心加入水中，再加水稀释至 1 200ml。

3.3　偏磷酸-乙酸-硫酸溶液：以 0.15mol/ L 硫酸溶液（3.2）为稀释液代替水，其余同 3.1 配制。

3.4　50%乙酸钠溶液：称取 500g 乙酸钠（$CH_3COONa \cdot 3H_2O$），加水至 1 000ml。

3.5 硼酸—乙酸钠溶液：称取 3g 硼酸，溶于 100ml 乙酸钠溶液（3.4）中。临用前配制。

3.6 邻苯二胺溶液：称取 20mg 邻苯二胺，于临用前用水稀释至 100ml。

3.7 抗坏血酸标准溶液（1mg/ml）：准确称取 50mg 抗坏血酸，用溶液（3.1）溶于 50ml 容量瓶中，并稀释至刻度。临用前配制。

3.8 抗坏血酸标准工作溶液（100μg/ml）：取 10ml 抗坏血酸标准溶液（3.7），用溶液（3.1）稀释至 100ml。稀释前测试 pH，如其 pH 大于 2.2 时，则应用溶液（3.3）稀释。

3.9 0.04％百里酚蓝指示剂溶液：称取 0.1g 百里酚蓝，加 0.02mol/L 氢氧化钠溶液，在玻璃研钵中研磨至溶解，氢氧化钠的用量为 10.75ml，磨溶后用水稀释至 250ml。

变色范围：pH 等于 1.2 为红色；pH 等于 2.8 为黄色；pH 大于 4.0 为蓝色。

3.10 活性炭的活化：加 200g 碳粉于 1L 盐酸（1+9）中，加热回流 1～2h，过滤，用水洗至无铁离子（Fe^{3+}）为止，置于 110～120℃烘箱中干燥，备用。

检验铁离子方法：利用普鲁士蓝反应。将 2％亚铁氰化钾与 1％盐酸等量混合，将上述洗出滤液滴入，如有铁离子则产生蓝色沉淀。

四、仪器、设备

4.1 荧光分光光度计：激发波长 350nm，发射波长 430nm，1cm 石英比色皿。

4.2 实验室用样品粉碎机。

4.3 实验室常用仪器、设备。

五、试样制备

取具有代表性样品，用四分法缩分至 200g，然后粉碎至过 0.45mm（40 目）筛，混匀后装于密封容器，保存备用。

六、测定步骤

6.1 试样中碱性物质量的预检 称取试样 1g 于烧杯中，加 10ml 偏磷酸-乙酸溶液（3.1），用百里酚蓝指示剂检查 pH，如呈红色，即可用偏磷酸-乙酸溶液作样品提取稀释液。若呈黄色或蓝色，则滴加偏磷酸-乙酸-硫酸溶液（3.3），使其变红，并记录所用量。

6.2 试样溶液的制备

称取试样若干克（精确至 0.000 1g，含抗坏血酸约 2.5～10mg）于 100ml 容量瓶中，按 6.1 预检碱量，加偏磷酸-乙酸-硫酸溶液（3.3）调至 pH 为 1.2，或者直接用偏磷酸-乙酸溶液（3.1）定容，摇匀。如样品含大量悬浮物，则需进行过滤，滤液为试样溶液。

6.3 测定步骤

6.3.1 氧化处理：分别取上述试样溶液（6.2）及标准工作溶液（3.8）100ml于200ml带盖三角瓶中，加2g活性炭（3.10），用力振摇1min，干法过滤，弃去最初数毫升，收集其余全部滤液，即为样品氧化液和标准氧化液。

6.3.2 各取10ml标准氧化液于两个100ml容量瓶中，分别标明"标准"及"标准空白"。

6.3.3 各取10ml样品氧化液于两个100ml容量瓶中，分别标明"样品"及"样品空白"。

6.3.4 于"标准空白"及"样品空白"溶液中各加5ml硼酸—乙酸钠溶液（3.5），混合摇动15min，用水稀释至100ml。

6.3.5 于"标准"及"样品"溶液中各加5ml乙酸钠溶液（3.4），用水稀释至100ml。

6.3.6 荧光反应：取6.3.4中"标准空白"、"样品空白"溶液及6.3.5中"样品"溶液2.0ml，分别置于10ml带盖试管中。在暗室迅速向各管中加入5ml邻苯二胺溶液（3.6），振摇混合，在室温下反应35min，于激发波长350nm，发射波长430nm处测定荧光强度。

6.3.7 标准曲线的绘制：取上述"标准"溶液（6.3.5）（抗坏血酸含量10μg/ml）0.5，1.0，1.5和2.0ml标准系列，各双份分别置于10ml带盖试管中，再用水补充至2.0ml。荧光反应按6.3.6。以标准系列荧光强度分别减去标准空白荧光强度为纵坐标，对应抗坏血酸含量（μg）为横坐标，绘制标准曲线。

七、分析结果的计算及表示

分析结果按式
（1）计算

$$X = nC \div m \cdots\cdots\cdots\cdots\cdots\cdots\cdots\cdots (1)$$

式中：X：每千克试样中含抗坏血酸及脱氢抗坏和因酸总量，mg；

$\quad$ C：从标准曲线上查得的试样液中抗坏血酸的含量，μg；

$\quad$ m：试样质量，g；

$\quad$ n：试样溶液的稀释倍数。

所得结果表示到小数点后一位。

八、允 许 差

每个试样称取两份试料进行平行测定，以其算术平均值为测定结果。

在每千克饲料中抗坏血酸的含量小于或等于1000mg时，测定结果的相对偏差不大于10%。

在每千克饲料中抗坏血酸的含量大于1000mg时，测定结果的相对偏差不大于5%。

第**3**章 基础饲料与饲料添加剂

"饲料"是指能够为动物提供营养物质、调节其生理机制、促进其健康生长发育和繁殖、改善养殖对象质量的物质。对于那些含有大量营养素同时也含有少量或微量的抗营养因子或毒素的物质，以及少量时对动物起营养作用而只有在大量时才产生毒性的物质，也属于饲料。有些物质对动物本身不产生任何作用，但对于饲料具有正面影响，它们也属于饲料的范畴。饲料既包括天然饲料，也包括人工饲料；既包括单一饲料，也包括复合饲料。

饲料是动物生长、发育和繁殖的物质基础。只有掌握了饲料的性质，才能发挥其最大的作用。

第一节 饲料的分类及相应的特性

水生动物的饲料种类繁多，特性各异，但某些饲料之间还是存在着一定的相似性。为了便于系统地比较、研究和利用它们的特性，判断其在养殖生产中的地位和价值，特别是为了便于在饲料工业上的应用，对其进行恰当的分类是必需的。饲料分类就是给特性相似的饲料一个标准名词，该标准名词能够反映这些饲料的特性。属于同一标准名词的饲料，其特性存在着一定的相似性。标准名词的含义越笼统，所包含的饲料的相似性越少；反之，标准名词的含义越详细，所包含的饲料的相似性越多。

一、传统分类法

我国对水生动物饲料的传统分类，一般是以其来源、理化特性等为依据，通常分为如下几类。

（一）**浮游生物性饲料** 这一概念在这里专指漂（悬）浮生活于水中的细小生物的鲜活体，不包括干制品。其个体小，营养物质丰富，是水生动物幼体及滤食性种类的良好食物。这类饲料种类较多，包括浮游植物、浮游动物和细菌等。

（二）**植物性饲料** 这一概念在这里专指鲜活的植物体，不包括干燥植物体及其籽实。这类饲料不仅是草食性水生动物的重要食物，而且也可为杂食性甚至肉食性水生动物所利用。这类饲料的种类很多，根据其生态环境不同，大致可分为水生植物和陆生植物两大类。

（三）**动物性饲料** 这一概念在这里专指鲜活的动物体，不包括干制品。可以说它是各类水生动物的良好食物。这类饲料的种类也很多，根据其生态环境不同，大致可分为水生动物和陆生动物两大类。

（四）**矿物性饲料** 这一概念在这里专指天然的、能为水生动物提供矿物元素的饲料，不包括人工生产的矿物质。这类饲料有食盐、天然矿石等。

（五）**商品饲料** 这是一类典型的传统意义上的饲料类别，指具有一定商品价值的饲料，种类更多，范围更广，现简述如下：

1. **禾本科籽实** 水产饲料常用的有玉米、大麦、高粱等。最大特点是无氮浸出物含量高，常占60%左右，而蛋白质、脂肪含量相对较少，常以能量饲料的面目出现于配合饲料中。

2. **豆科籽实** 大豆是最为常见的，有时甚至还以动物蛋白的替代品（需加入某些氨基酸）的形式出现。其营养特点是蛋白质含量高，常高出禾本科籽实类1倍以上，达30%～40%，碳水化合物相对较少，是主要的植物蛋白饲料。另外，还有蚕豆、豌豆等。

3. **农副产品** 主要包括饼粕、糠麸、糟渣、农作物秸秆等。

常见的饼粕类有大豆饼粕、棉籽饼粕、花生饼粕等。常作蛋白饲料，营养价值较高。糠麸类主要有米糠、麦麸、地脚粉（灰粉）等，以无氮浸出物含量较高为特点，常作能量饲料，效果较好。糟渣类主要有酒糟、粉渣、豆腐渣、糖渣等，品质比前几类差，但仍可作为能量饲料利用。农作物秸秆通常以稻草、麦秸及玉米的秆、芯、皮和豆秸等为主，其粗纤维及无氮浸出物为主要成分，在农区常作为一种廉价的能量饲料。以干制草粉形式投喂，其营养价值远不如其他饲料。

4. **动物性饲料** 一般指肉产品加工的副产品。这类饲料蛋白质含量高，且氨基酸齐全，是动物性蛋白及必需氨基酸的重要补充来源。这里的动物性饲料并不包括前述的动物活体。主要指鱼粉、血粉、肉骨粉、羽毛粉、蚕蛹（粉）等干制品。

5. **微生物性饲料** 这一概念在这里专指干燥的酵母类、藻类及菌类等。

6. **添加剂** 这是一类补充饲料。为补充某些营养素或特殊需要而添加的成分。通常用量较少，但作用很大，是配合饲料的重要组成部分。饲料添加剂包括营养性添加剂（如维生素添加剂等）、非营养性添加剂（如生长促进剂等）两大类。

从上述分类来看，将来自于生物体的饲料分为两大类——鲜活品和干制品。前三者属于鲜活品，商品饲料即干制品。这种分类方法在名词使用上存在着一定的混乱性，但若干年来人们一直这样使用。只是近十年为与国际接轨，制定了系统分类。

二、现行分类法

（一）**国际分类法**

1956 年，美国学者 L. E. Harris 根据饲料的营养特性，将其分为八大类，并对每类冠以相应的国际饲料编码（international feeds number，缩略语 IFN），并应用计算机技术建立了国际饲料数据管理系统，这一分类系统在全世界已有近 30 个国家采用或赞同。国际饲料分类法的八大类分别如下：

1. **粗饲料** 饲料干物质中粗纤维含量大于或等于 18%，并以风干物为饲喂形式。其国际饲料编码（IFN）形式为 1-00-000。

2. **青绿饲料** 包括天然水分含量在 60% 以上的新鲜饲草及以放牧形式饲喂的人工种植牧草、草原牧草等。其 IFN 形式为 2-00-000。

3. **青贮饲料** 以新鲜的天然植物性饲料为原料，以青贮方式调制成的饲料。IFN 形式为 3-00-000。

4. **能量饲料** 干物质中粗纤维含量小于 18%，粗蛋白质含量小于 20% 的饲料。其 IFN 形式为 4-00-000。

5. **蛋白质补充饲料** 干物质中粗纤维含量小于 18%，而粗蛋白质含量大于或等于 20% 的饲料。IFN 形式为 5-00-000。

6. **矿物质** 可供饲用的天然矿物质及化工合成的无机盐类。其 IFN 形式为 6-00-000。

7. **维生素** 由工业合成或提纯的维生素制剂。其中不包括未经提取的富含维生素的天然青绿饲料（如胡萝卜、牧草等）在内。IFN 形式为 7-00-000。

8. **饲料添加剂** 为保证或改善饲料品质，防止饲料质量下降，促进动物生长繁殖，保障动物健康而掺入饲料中的少量或微量的物质。但前面已提到的合成氨基酸、维生素不包括在内。IFN 形式为 8-00-000。

（二）中国分类法

中国饲料业有关管理部门，在饲料数据库的基础上，将传统饲料分类法与国际饲料分类法相结合，建立了中国饲料分类法。中国饲料分类法将饲料分成八大类、十六亚类，共形成 34 个饲料类别。与国际分类法相似，对每类饲料冠以相应的饲料编码，称之为中国饲料编码（feeds number of China 缩略语为 CFN）。CFN 由 7 位数组成：首位为 IFN，第二、三位为 CFN 亚类编号，第四至七位为顺序号。例如 1-05-0001，其中第一档的"1"为 IFN，代表粗饲料，第二档的"05"为亚类编码，指第五亚类，指干草类，第三档的"0001"则为序号，指粗饲料中干草类的第一种饲料。

中国饲料分类法比国际饲料分类法更加详细、更明确。用户在使用过程中，既可以直观地根据其显示的 IFN，参照国际分类原则判定饲料性质，又能按传统习惯，从亚类中检索饲料资源出处，十分方便，更切合中国的实际。

中国饲料分类法形成的十六个亚类是：

1. **青绿饲料** 以天然水分含量大于或等于 45% 为第一条件，不考虑其部分失水状态、风干状态、绝干状态时粗纤维含量或粗蛋白含量是否足以构成粗饲料、能量饲料或蛋白饲料的条件。这类饲料有新鲜牧草、草原牧草、野菜、鲜嫩的藤蔓、秸秧等，某些未完全成熟的谷物植株也属此亚类。它属于 IFN 的第二大类，故其 CFN 形式应为 2-01-0000。

2. **树叶** 此亚类一般可分为两类：一类属 IFN 的第一大类，另一类则属于 IFN 的第二大类，其 CFN 形式分别为 1-02-0000，2-02-0000。

1-02-0000：风干后的乔木、灌木、亚灌木的树叶等，水分含量低，干物质中粗纤维含量大于或等于18%，属粗饲料大类。如槐叶、银合欢叶、松针叶、木薯叶等。

2-02-0000：刚采摘下来的树叶，饲用时天然水分含量尚能保持在45%以上，这种形式多是一次性的，数量不大，它们在国际分类中属青绿饲料，如某些叶肉较厚的树叶。

此亚类还有能量饲料和蛋白饲料两类，CFN为4-02-0000和5-02-0000。

3. 青贮饲料 根据它们在国际分类中所属不同的大类，此亚类包括三种类型，其CFN形式分别为3-03-0000、3-03-0000、4-03-0000。

3-03-0000：由新鲜的天然植物性饲料调制成的青贮饲料，或在新鲜的植物性饲料中加入一些辅料或防腐、防霉等化学添加剂制成的青贮饲料，一般含水量在65%~75%。它们属于国际分类中的第三大类，即青贮饲料。

3-03-0000：其CFN形式与前一类型相同，也都属于国际分类中的青贮饲料。但它与前一类型有明显区别，它用天然含水量45%~55%的半干青绿植物调制而成，称低水分青贮饲料或半干青贮饲料。

4-03-0000：这是一类从营养成分看，符合国际饲料分类中的能量饲料标准，但从调制方法上又属青贮饲料的类型。以新鲜玉米、麦类籽实为主要原料，采用钢筒青贮或密封窖青贮方式进行谷物湿贮，其水分含量一般在28%~35%。

4. 块根、块茎、瓜果等 天然水分含量在45%以上（大于或等于）的各类可食块根、块茎、瓜果，饲料脱水后干物质中淀粉含量高，粗纤维及蛋白质含量均较低。因此，这类饲料若鲜喂，则属于国际分类的第二大类，即青绿饲料，CFN则应为2-04-0000；如果干喂，则属于第四大类，即能量饲料，中国分类则不同于鲜喂，CFN形式为4-04-0000。本亚类的饲料主要有：胡萝卜、萝卜、芜菁、饲用甜菜、瓜皮、甘薯、木薯及其薯干等。

5. 干草 人工栽培或野生牧草的脱水或风干物，水分含量一般在15%以下。根据草的类型不同，干草中营养成分含量差异很大，又可将此亚类区分为三种类型，分属于国际分类中的三个大类，形成中国分类系统中的三类不同的干草。其CFN形式分别为：1-05-0000、4-05-0000、5-05-0000。

1-05-0000：干草中干物质含粗纤维大于或等于18%，属粗饲料，如后期收获的较老的禾本科牧草的干草。

4-05-0000：干草中干物质含粗纤维小于18%，而蛋白质含量小于20%者，都属于第四大类能量饲料，它们包括一些幼嫩的禾本科牧草及部分品质稍差的豆科牧草，还有一些菊科等其他科牧草的干草。

5-05-0000：干物质中粗蛋白含量大于或等于20%，而粗纤维含量又低于18%的干草，按国际分类属第五大类蛋白质饲料，如一些优质豆科干草，包括苜蓿、紫云英等，皆属此类。

6. 农副产品 农作物收获后的副产品，如藤蔓、秸秆、秧、荚、壳等。与国际分类相组合，也形成三个不同类型。

1-06-0000：干物质中粗纤维含量大于或等于18%，属粗饲料。

4-06-0000：干物质中粗纤维含量小于18%，粗蛋白含量是比较低的，属能量饲料。

5-06-0000：干物质中粗纤维含量小于18%，粗蛋白含量大于等于20%，属蛋白饲料。

7. 谷实　指粮食作物的籽实，主要是禾谷类。除了某些带壳谷实外，粗纤维、粗蛋白含量都较低，淀粉含量较高，属能量饲料。因此其 CFN 形式为 4-07-0000。

8. 糠麸　糠麸亚类中，又可分为两种不同类型，与国际分类组合则形成两类，CFN 形式分别为 4-08-0000、1-08-0000。

4-08-0000：指干物质中粗纤维含量小于 20%，粗蛋白含量小于 20% 的各种粮食的加工副产品，它们属能量饲料。小麦麸、米糠、玉米皮、高粱糠等属此类。

1-08-0000：指粮食加工后的低档副产品（如统糠）或在米糠中人为掺加没有实际营养价值的稻壳粉等形成的饲料，其中干物质中粗纤维含量超过 18%，则应属粗饲料。

9. 豆类　指可作为饲料的豆类籽实，属第九亚类。此亚类，也可与国际分类组合成两种类型，其 CFN 形式分别为 5-09-0000，4-09-0000。

5-09-0000：豆类中大部分属此类。它们干物质中粗蛋白质含量高于 20%，可作为蛋白质补充饲料，如大豆、豌豆、蚕豆等。

4-09-0000：豆类中也有极少数种类，其籽实的干物质中粗蛋白含量低于 20%，只能被归入国际分类的能量饲料类型。例如在我国南方能见到的鸡子豆和爬豆。

10. 饼粕　对于饼粕而言，也有三种类型，分属于国际分类的粗饲料类、能量饲料类和蛋白饲料类，CFN 形式分别为 1-10-0000、4-10-0000、5-10-0000。

1-10-0000：有些饼粕，干物质中粗纤维含量高于 18%，只此第一条件，便决定了它们只能归属粗饲料类，即使其蛋白质含量高于 20%，也是归属粗饲料类，如棉籽饼等。

4-10-0000：另一些饼粕，尽管纤维素含量低于 18%，但由于其粗蛋白含量也低于 20%，则它们只能归属于能量饲料，而不能归入蛋白饲料类。如米糠饼、玉米胚芽饼等属此类。

5-10-0000：还有大部分饼粕，纤维素含量低于 18%，而粗蛋白含量高于 20%，在国际分类中属蛋白质补充料，如豆饼、油饼等。

11. 糟渣　与饼粕一样，糟渣亚类也有三种不同类型，其 CFN 形式分别为 1-11-0000、4-11-0000、5-11-0000。

1-11-0000：干物质中粗纤维含量高于 18% 的糟渣，属粗饲料。

4-11-0000：干物质中粗纤维含量低于 18%，粗蛋白质低于 20% 的糟渣，属能量饲料，如粉渣、酒渣、糖渣。

5-11-0000：干物质中粗纤维含量低于 18%，同时其粗蛋白含量高于 20% 的糟渣，属蛋白饲料，如啤酒糟、豆腐渣。

12. 草籽树实　也与饼粕、糟渣一样，可分为三种不同类型，CFN 形式分别为：1-12-0000，属粗饲料；4-12-0000，属能量饲料；5-12-0000，属蛋白饲料，不过这种类型罕见。

13. 动物性饲料　指那些来源于渔业、畜牧业的饲料及其加工副产品，既包括鲜活动物，又包括加工品，还包括加工过程中的副产品。如果与国际饲料分类法相结合，则此亚类中既有蛋白饲料，又有能量饲料，还有矿物质饲料，因此，其 CFN 有三种形式：　4-13-0000、5-13-0000、6-13-0000。

4-13-0000：指动物性饲料中粗蛋白低于 20%，且粗灰分较低的部分，它们属能量饲料，如动物油脂即十分典型。

5-13-0000：指动物性饲料中干物质的粗蛋白高于 20％的部分，它们属蛋白质饲料。事实上，动物性饲料中大部分属于此类，如鱼、虾、小型动物、肉、皮、毛、血等。

6-13-0000：粗蛋白及粗脂肪含量均较低，粗灰分含量较高，并以补充钙、磷等矿物质为主要目的的部分，它们应属矿物质饲料，如骨粉、贝壳粉等。

14. 矿物质饲料 指可供饲用的天然矿物质，而不包括那些来源于动植物体的矿物质及化工合成或提纯的无机盐，这类矿物质饲料有大理石灰、沸石灰、白云石粉等。其CFN 形式为 6-14-0000。

15. 维生素饲料 特指那些由工业提纯或合成的饲用维生素，而不包括未经提纯的包含于富含维生素及维生素原的天然青绿多汁饲料中的维生素。维生素 A、维生素 B、维生素 C、维生素 D、维生素 E、维生素 K 制品等均属此类。CFN 形式为 7-15-0000。

16. 添加剂及其他 第 16 亚类具有很大包容性，它包括一切不属于 1～15 亚类的所有人为加入饲料中的成分，目前，常加入的有防腐剂、促生长剂、抗氧化剂、黏合剂、保健剂、激素、无机矿物质元素（化学）等。CFN 形式为 8-16-0000。

第二节 常见商品饲料介绍

一、动物性饲料

水产用动物性饲料主要是鱼粉和蚕蛹，其他还有虾（壳）粉、乌贼（内脏）粉等。这类饲料的特点是蛋白质含量高，一般在 40％以上，各种氨基酸组成好，营养价值高。碳水化合物含量极少，且无粗纤维，因而消化吸收率高。有些品种的脂肪含量也高，再加上高蛋白含量，因而能量价值也较高。钙、磷含量丰富，比例恰当。富含 B 族维生素，特别是含有植物性饲料所缺少的维生素 B_{12}。但是资源有限，价格较高，而这类饲料又是水生动物生长所必需的，故生产上应与植物性饲料配合使用。它们大多含有较高的脂肪，易被氧化酸败，平时应注意贮存条件，最好使用脱脂产品。

（一）鱼粉

1. 原料与生产方法 鱼粉是由经济价值较低的全鱼或鱼品加工副产品制成的，其质量取决于生产原料及加工方法。由水产品加工废弃物（鱼骨、鱼头、鱼皮、鱼内脏等）为原料生产的鱼粉称粗鱼粉。粗鱼粉粗蛋白含量较低而灰分含量较高，其营养价值低于用全鱼制造的鱼粉。

鱼粉加工有土法、干法、湿法等几种。所谓"土法"生产，是指渔民用晒干粉碎的方法生产，由于此种加工方法受天气制约，鱼粉质量较差。"干法"生产，是将原料进行蒸煮和干燥，除去水分，然后压榨或萃取鱼油，最后经粉碎、筛分即得。用此法生产的鱼粉残留油脂较多，深褐色，品质较差。"湿法"生产，是将原料进行蒸煮后，压榨，除去鱼油和大部分水分，干燥，再轧碎，压榨液经离心去油后，浓缩混合于轧碎的榨饼中，一并干燥而得鱼粉。湿法生产较干法生产能耗低，除臭彻底，鱼粉得率高，质量好。

2. 营养价值 鱼粉是目前公认的优质饲料蛋白源，其营养成分和消化率随原料和加工工艺而异。国产鱼粉蛋白质含量大多在 30%～55%，进口鱼粉一般在 60% 以上，日本北洋鱼粉和美国阿拉斯加鱼粉蛋白质含量 70% 左右。鱼粉的脂肪一般在 1.3%～15.5%，灰分 14.5%～45%，钙为 0.8%～10.7%，磷 1.2%～3.3%。鱼粉中富含烟酸、维生素 B_2 和维生素 B_{12}，真空低温干燥制成的鱼粉还含有维生素 A 和维生素 D，另外，还含有不明促生长因子，是目前水生动物最好的饲料源。

鱼粉质量的优劣，除蛋白质含量外，还应注意蛋白质的可消化性。优良的鱼粉，用胃蛋白质酶测定，消化率应在 93% 以上。鱼粉脂肪酸价一般在 20% 以下为宜，过氧化值最好为 5，不应超过 10，油脂氧化早期的酸败现象的 TBA（硫代巴比土酸值）不应超过 20。鱼粉中三甲胺、氨等挥发性物质，一般在全氮量的 10% 以下。

为了保证鱼粉的质量，我国制定了国产鱼粉标准和进口鱼粉标准，详见第六章。

进口鱼粉有两种，即白色鱼粉（北洋鱼粉）和褐色鱼粉（红色鱼粉）。白色鱼粉的原料主要为鲽、鳕、狭鳕等白肉鱼的全鱼。它们主产于阿拉斯加湾等海域，如美国的海鲜鱼粉，日本的北洋鱼粉，还有丹麦、俄罗斯、新西兰等国生产的优质鱼粉。这类鱼粉呈淡黄色，蛋白质含量一般在 60%～70%，有的高达 74%，脂肪含量低，一般为 2%～8%，鲜度好，质量好，但价格也高，一般仅用于高档水产品的饲料。褐色鱼粉的原料为沿海多获性的沙丁鱼、竹刀鱼、太平洋鲱等。这些鱼肌肉呈红褐色，故所制成的鱼粉称褐鱼粉，这类鱼粉蛋白质含量较前者略低，脂肪含量高（10%～13%），富含不饱和脂肪酸。褐色鱼粉多从秘鲁、智利进口，由于原料的不同，智利南部生产的鱼粉质量比北部生产的鱼粉好。

3. 注意事项

（1）鱼粉易霉变及受虫害，尤其在高温多湿的情况下，更易变质。所制鱼粉必须充分干燥，并贮放于干燥、通风处。

（2）含脂肪较多的鱼粉如果贮存不当，容易发生酸败现象，使鱼粉形成一些红黄色或红褐色的物质——油污，出现恶臭味，使鱼粉品质显著降低。最好使用脱脂鱼粉。

（3）购买鱼粉时应注意鱼粉的质量，加强质量检测。除感官检验其色泽、气味和质感，化学检验其粗蛋白、粗脂肪、水分、盐分、灰分、砂分外，还要检查掺杂使假情况。

（4）鱼粉价格较高，故应与其他饲料配合使用。

（二）蚕蛹　蚕蛹是蚕茧缫丝后的副产品。蚕蛹是良好的动物性饲料，其营养价值很高，在南方一些淡水养鱼区，很早就被用作为养鱼饲料，效果良好。

1. 营养价值　蚕蛹含蛋白质高。鲜蚕蛹含粗蛋白质 17% 左右，干蚕蛹粗蛋白质含量可达 55% 以上，且赖氨酸、蛋氨酸、色氨酸等必需氨基酸含量丰富，钙、磷含量较低。但普通干蚕蛹因脂肪含量高（达 20% 左右），易变质，不宜久存，故常制成脱脂蚕蛹。经脱脂后的蚕蛹称为脱脂蚕蛹。脱脂蚕蛹不易变质。在粗蛋白和氨基酸含量及组成上与优质鱼粉相似，而且维生素含量丰富，维生素 E 和维生素 B_2 含量分别为 900mg/kg 和 72mg/kg。

饲料用蚕蛹质量标准详见第六章。

2. 注意事项

（1）蚕蛹虽含蛋白质很高，但过多使用，鱼体会产生一种特殊异味，影响商品质量，因此，蚕蛹在配合饲料中的用量不宜过多（10％以下），并且在鱼起捕前半个月内应停止使用。

（2）大量投喂变质蚕蛹后，虹鳟会发生贫血等疾病，鲤鱼则会引起瘦背病。所以对质量差的干蚕蛹应该控制使用。

（三）虾（蟹）粉和虾（蟹）壳粉 将虾（蟹）可食部分除去之后的新鲜虾（蟹）杂为原料，经干燥、粉碎之后所得的产品称虾（蟹）粉。由纯虾（蟹）壳经干燥、粉碎之后所得的产品叫虾（蟹）壳粉。

二者的成分随原料品种、加工方法及鲜度不同而有很大差别。虾（蟹）粉含蛋白质约40％左右，其中部分为来自几丁质的氮，利用价值很低，虾（蟹）壳粉的粗蛋白约有1/2是来自几丁质的氮。虾（蟹）粉和虾（蟹）壳粉含有部分脂肪，其中含有大量不饱和脂肪酸，并富含胆碱、磷脂及胆固醇等成分，并含有着色效果的虾红素。

在水生饲料中可作为诱食剂和着色剂。用量一般为10％～15％。但应注意品质和新鲜度。

（四）乌贼粉与乌贼内脏粉 以人类不能食用的乌贼残屑（以头、足为主）为原料，经干燥、粉碎得到的产品叫乌贼粉，若以乌贼的头、足、内脏等不可食部分经发酵、提油、干燥、粉碎后得到的产品叫乌贼内脏粉。均属高蛋白饲料，乌贼粉粗蛋白含量可达70％～80％，乌贼内脏粉粗蛋白含量一般在35％～53％。其氨基酸组成良好，对水生动物具有强烈的诱食效果，且含有高度不饱和脂肪酸及胆固醇，是水生动物的良好饲料。

但制取乌贼内脏粉时应除去乌贼墨汁，否则会引起养殖对象嗅觉麻痹而造成拒食现象。

陆生动物养殖上常用的肉骨粉、血粉等，因水生动物对其消化率较低，用者较少，在此不做介绍。

二、禾本科谷实

这类饲料含有丰富的无氮浸出物，约占干物质的60％～80％（燕麦低，例外），其中约有3/4是淀粉。蛋白质含量约8％～13％，必需氨基酸总量、赖氨酸和蛋氨酸含量低，所以蛋白质质量差。脂肪含量一般在2％～8％，且大部分存在于胚和种皮中，主要为不饱和脂肪酸。无机物含量约为1.5％～4.5％，磷和钾丰富，但相当一部分磷是以肌醇六磷酸的形式存在，故利用率低。钙含量少，一般低于0.1％。钙磷比例不平衡。富含B族维生素和维生素E，但缺乏维生素A和维生素D，在黄色玉米中含胡萝卜素。

（一）玉米 玉米产量高，品种多，从色泽上来看有红玉米、黄玉米、白玉米等。玉米是禾本科谷实饲料中能量最高的饲料，也是配合饲料中使用较多的原料之一。

玉米含无氮浸出物约为70％～75％，几乎全为淀粉。粗纤维含量极低，故易消化，是良好的能量来源。玉米含粗蛋白含量较低，约8％～10％，其中50％是可溶于酒精的玉米胶蛋白，这种蛋白质中缺乏赖氨酸和色氨酸等必需氨基酸，所以蛋白质品质较差，不能作为优良的蛋白源。且含有较多的脂肪（4％～5％），因而含能量高。矿物质中磷多钙少（含钙0.02％～0.04％，含磷0.25％～0.28％），磷利用率低。除黄色玉米含有较高胡萝卜素（5～8m/kg）外，其他维生素均缺乏。

饲料用玉米质量标准详见第六章。

利用玉米时，必须同其他含蛋白质、维生素丰富的饲料搭配使用，以弥补其缺陷。另外，玉米中的脂肪酸以亚油酸为主，易氧化；玉米还易感染黄曲霉菌，故粉碎后的玉米不宜久存。

（二）小麦 小麦中含无氮浸出物 67%～75%，主要是淀粉，淀粉中直链淀粉占 27% 左右。小麦含水分 8%～13%，含蛋白质 9%～13%。蛋白质主要是麦谷蛋白和麦胶蛋白，此外还有白蛋白、球蛋白等。麦胶蛋白在湿润状态时，柔韧而黏着力强，富有弹性和延伸性，其黏着力可因添加少量食盐而增强，是一种较好的黏合剂。蛋白质中赖氨酸、色氨酸和苏氨酸都较低，尤其是赖氨酸。含脂肪 0.8%～3%，纤维素 1%～3%。粗灰分约 1.7%，含钙低而磷高。含维生素 B 族和维生素 E 较多，其他维生素较少。胚芽中含丰富的卵磷脂。

小麦在所有谷实类中，是最适用于杂食性鱼类和草食性鱼类的淀粉质原料，而且可以改善颗粒硬度。一般用量在 10%～30%。

饲料用小麦质量标准详见第六章。

（三）大麦 大麦主要产于我国华东、华北及西北地区，是这些地区的主要精饲料。含无氮浸出物 60%～72%。粗蛋白含量略高于玉米，约为 12%，赖氨酸含量较高，多达 0.52%，蛋白质品质优于玉米。粗纤维约为 5.2%，较玉米高。粗脂肪含量低，约为 2%。粗灰分约为 2.5%，钙、磷含量高于玉米。硫胺素和烟酸含量丰富，而胡萝卜素、维生素 D 和核黄素含量较低。消化率较高，是鱼类的良好饲料。若将其发芽后投喂亲鱼，效果会更佳。

饲料用大麦质量标准详见第六章。

大麦含有胰蛋白酶抑制因子和胰凝乳酶抑制因子，前者含量低，后者可被胃蛋白酶分解，故对动物均无营养负效应。

（四）高粱 高粱的营养价值稍低于玉米。含无氮浸出物 68%～70%，主要为淀粉。蛋白质含量稍高于玉米，约 8%～12%，其可消化性不如玉米蛋白，必需氨基酸含量与玉米相似，也缺乏赖氨酸、组氨酸、色氨酸、蛋氨酸，含量低于玉米。含脂肪约为 3%，粗纤维约 2%，均低于玉米。粗灰分约 1.7%，钙、磷含量与维生素含量均与玉米相似。

饲料用高粱质量标准详见第六章。

高粱籽实中含有单宁（0.2%～2%），略有涩味，适口性差，所以用量不宜过高。

另外，燕麦、稻谷等也是良好的饲料

三、豆科籽实

这类饲料粗蛋白含量可达 22%～38%，蛋白质质量较好，所含精氨酸、赖氨酸、苯丙氨酸、亮氨酸、蛋氨酸等必需氨基酸的含量均高于禾本科籽实。除大豆、花生外，其他豆科籽实的脂肪含量均较低，为 2%～5%。无氮浸出物含量中等，为 22%～56%。粗纤维含量低，为 3.5%～6.5%，故易消化。矿物质和维生素含量与禾本科籽实相似，某些豆类的维生素 B_2、B_1 稍高于谷实。钙的含量也稍高于谷实，但钙、磷比例仍不适当。

豆科籽实中含有抗胰蛋白酶、抗血凝集素、皂素等有害物质。这些物质经高温

（110℃、3min）加热处理后，即可失去活性。因此，加热处理可以提高其消化利用率。

（一）大豆

1. 营养价值 大豆属于植物性蛋白质饲料，富含蛋白质，约为 36％；蛋白质不仅含量高，而且质量好，特别是赖氨酸含量高，故品质较好，但含硫氨基酸（蛋氨酸和胱氨酸）的含量较少。含脂肪约 16％，是榨油的原料之一；脂肪含量高，而且属于不饱和脂肪酸，其中亚油酸约为 50％左右，利用价值高。无氮浸出物含量也高，约 23％，所以含能量也较多。粗纤维约 6％；粗灰分约 5％，钾、磷、钠含量多；维生素含量高于谷类，B 族维生素含量较多，而胡萝卜素、维生素 D 含量较少。

饲料用大豆质量标准详见第六章。

2. 注意事项 使用大豆作为蛋白质饲料，要注意以下几点：

（1）尽管大豆赖氨酸含量丰富（可达粗蛋白的 6％），但含硫氨基酸较低，不能满足水生动物的需要，因而在使用时宜与其他饲料搭配使用，如与禾本科谷实饲料混和使用，或在以大豆为主要蛋白源的饲料中适当添加蛋氨酸等，以提高饲料蛋白质利用率。

（2）大豆含有一些抗营养因子，如抗胰蛋白酶、血细胞凝集素、异黄酮、皂素、植酸等，因而影响饲料的营养价值，利用前最好先消除其中的抗营养因子。

（3）使用全脂大豆不仅提供蛋白质，还可提供可利用的脂肪。但全脂大豆用量也不宜过多，如配合饲料中用量超过 30％，将会使颗粒料的黏结性下降。

（二）蚕豆 蚕豆盛产于我国南方和长江流域，在该地用作饲料较为普遍。

1. 营养价值 蚕豆含粗蛋白约 25％左右，无氮浸出物 48％左右，含脂肪较低。由于蚕豆种皮较厚，故粗纤维含量较高，达 8％～9％，比大豆高出 1 倍，比玉米高出 4 倍。因此，未脱皮蚕豆的有效能值相对较低。蚕豆的赖氨酸含量较高，含硫氨基酸的含量则明显缺乏。

2. 注意事项 蚕豆种皮较厚，含有单宁和胰蛋白酶抑制因子，适口性也不太好。如果经过脱皮处理，不仅降低抗营养因子和粗纤维，而且提高适口性。

饲料用蚕豆质量标准详见第六章。

（三）豌豆 我国西南、西北和内蒙古等地常用豌豆做饲料。豌豆含粗蛋白 23％左右，无氮浸出物 53％左右，含脂肪较低。

饲料用豌豆质量标准详见第六章。

豆科籽实中还有绿豆、红豆、巴山豆等，都是水生动物的良好饲料。

四、饼粕类饲料

这类饲料是油料作物的籽实脱油之后的副产品。脱油方法主要有两种：机械压榨法和溶剂浸提法。压榨法脱油之后的副产品叫饼；浸提法脱油之后的副产品叫粕。压榨法脱油效率低，饼内常残留 4％以上的油脂，可利用能量高，但油脂易酸败。浸提法脱油效率高，粕内油脂残留少，有的可在 1％以下，这样，其他物质含量相对提高。

农村榨油作坊多采用夯榨和螺旋压榨法，脱油效率不高，油饼的质量也难以保证。

同种籽实因加工方法不同而得到的饼或粕性质相近。其差异主要是残油量不同而导致的其他成分的含量不同。

这类饲料的营养价值随原料的种类和加工方法而异。由于各种油料籽实的共同特点是脂肪和蛋白质含量较高，而无氮浸出物含量较一般谷实类低，因而饼、粕中蛋白质含量也就高，再加上残留的部分油脂，故它们是植物性饲料中营养价值最好的饲料，是我国水产饲料的主要蛋白质饲料。饼、粕类饲料蛋白质含量 30％～45％，氨基酸组成较齐全，除蛋氨酸含量偏低外，其他必需氨基酸均较丰富，尤其是赖氨酸、苏氨酸、苯丙氨酸、组氨酸和精氨酸等含量较高。脂肪含量随加工方法不同差异较大，一般饼的含油量在 5％左右，粕的含油量在 1％左右。无氮浸出物含量为 22％～35％。粗纤维含量 6％～7％。磷比钙含量高。B 族维生素含量高，而胡萝卜素含量低。

上述营养成分含量是指籽实脱皮后生产的饼、粕，有些厂家脱油时，籽实不脱皮而直接加工，这样的产品的粗纤维含量高，有时高达 20％以上，其他成分的含量相应降低，因而其整体的利用价值也大大降低。

（一）大豆饼、粕 大豆饼、粕是大豆取油后的副产品，是质量最好的饼、粕类饲料，得到世界各国的普遍采用。

1. 营养价值 大豆饼、粕的粗蛋白质含量为 40％～45％，无氮浸出物 27％～33％，粗脂肪 5％左右，粗纤维 6％左右，粗灰分 5％～6％，钙 0.2％～0.4％，磷 0.5％～0.8％。富含 B 族维生素。此外，大豆饼、粕必需氨基酸含量比其他植物性饲料高，特别是赖氨酸，占干物质的 3％左右，是棉、菜籽饼（粕）的 1 倍左右，约为玉米的 10 倍。赖氨酸和异亮氨酸的含量是所有饼、粕类饲料中含量最多的。异亮氨酸和亮氨酸的比例也是最好的。色氨酸和苏氨酸含量也很高。而且适口性好，为各种动物所喜食，消化率也高。因此，大豆饼、粕是水生动物良好的饲料原料。

大豆饼、粕由于取油方法不同，两者之间营养成分也略有差异。大豆饼粗脂肪含量比大豆粕高，其他成分相对较低。饲料用大豆饼、粕质量标准详见第六章。

2. 注意事项

（1）大豆饼、粕蛋氨酸等含量较低，蛋氨酸为大豆饼、粕的第一限制必需氨基酸。国内、外一直致力于用大豆饼、粕辅以少量蛋氨酸等替代部分鱼粉的研究，现已在斑点叉尾鲴、鲤鱼、罗非鱼、鲟鱼等水生动物中得到证实。但从经济效益方面考虑，不能用此方法代替全部的鱼粉。从生长速度、饲料利用、经济效益等多方面综合考虑，鱼粉和大豆之间应保持一个合适的比例，再配合一些能量饲料做成配合饲料使用。

（2）热处理程度不够的大豆饼、粕中含有较多的抗胰蛋白酶、血细胞凝集素和皂角苷等抗营养因子，从而影响其营养价值。如果在榨油过程中给予适当加热，上述毒素就会受到不同程度的破坏。

（3）购买大豆饼、粕时，除需作粗蛋白分析外，还需注意检测抗胰蛋白酶值，对抗胰蛋白酶值超标的生豆饼、粕，要先热处理再利用。

（二）花生饼、粕 花生饼、粕是花生取油后的副产品，是常用的植物蛋白饲料之一。

1. 营养价值 其营养价值与原料和加工工艺有关。脱壳的花生饼、粕营养成分一般为：粗蛋白约为 43％左右，有的可高达 50％；无氮浸出物 21％～25％，有的高达 40％以上；粗脂肪 5％～8％，粗纤维 5％～8％，钙 0.36％，磷 0.66％。脱壳的花生饼、粕蛋白质含量高，营养价值与豆饼相似，花生饼还具有花生米的香味和甜味，对水生动物的适口性和诱食性较好。

而带壳花生饼、粕粗蛋白含量低（26％～28％），粗纤维含量高（15％以上），饲用价值低，不宜作为肉食性和杂食性水生动物饲料使用，即使对草食性水生动物亦应限量使用。花生粕香味较淡，其适口性和饲料效果较花生饼差。

花生饼、粕所含的蛋白质与大豆蛋白质不同。其蛋白质氨基酸组成不佳，赖氨酸含量（1.35％）和蛋氨酸含量（0.39％）较低，但精氨酸和组氨酸含量较高，其中精氨酸含量达5.2％，是所有动植物饲料中最高的，花生饼、粕中胡萝卜素、维生素D含量较低，但尼克酸和泛酸含量特别丰富。

饲料用花生饼（粕）的质量标准，详见第六章。

2. 注意事项

（1）花生饼、粕中也含有抗胰蛋白酶等抗营养因子，在使用时应注意消除，以提高饲料营养价值。

（2）花生饼、粕很易感染霉菌，产生黄曲霉毒素等有毒物质。当花生的含水量在9％以上、温度在30℃、相对湿度为80％时，就可使黄曲霉菌大量繁殖。在相同气候下，谷物的含水量在14％以上时，黄曲霉菌才会繁殖。因此，夏季使用花生饼、粕时要特别慎重。

（3）因为氨基酸组成不平衡，使用时应与精氨酸含量低、赖氨酸和蛋氨酸含量高的一些饲料配合使用。

（三）棉籽（仁）饼（粕）

1. 营养价值　棉籽饼（粕）是棉籽带壳取油后的副产品，粗蛋白质含量一般为20％左右，无氮浸出物含量也低，粗纤维含量高，因而可消化能也很低。

棉仁饼（粕）是棉籽去壳后取油后的副产品，粗蛋白含量取决于制油前的去壳程度和出油率，一般为35％～40％，有的高达44％。无氮浸出物含量高，粗纤维含量低，因而可消化能也高。

为了便于油渣压榨，有些油脂厂常把脱掉的棉壳又在榨油时加入一部分，这样的棉籽（仁）饼的蛋白质水平一般在35％左右。

棉籽（仁）饼、粕中蛋白质品质仅次于大豆饼、粕，蛋白质消化率比菜籽饼高。蛋白质的氨基酸组成特点是赖氨酸不足，赖氨酸含量在1.4％左右，略超过大豆饼、粕的一半，而精氨酸含量过高，达3.7％左右，赖氨酸与精氨酸之比在1∶2.7左右，远远超过理想值。蛋氨酸、色氨酸含量与大豆饼粕相近。除精氨酸、苯丙氨酸含量较多外，其他氨基酸的含量均低于水生动物生长的需要量，尤其赖氨酸含量更低，且赖氨酸利用率低，只有66％左右可被吸收利用。缺乏胡萝卜素和维生素D，即使是棉仁饼、粕，其营养价值也低于大豆饼、粕，与菜籽饼粕相差不多，但比禾本科籽实要好。将棉仁饼、粕作为水生动物的植物蛋白饲料，养殖效果良好。

饲料用棉籽（仁）饼、粕质量标准详见第六章。

2. 注意事项

（1）棉籽（仁）饼、粕含有棉酚、环丙烯脂肪酸等有毒物质。游离棉酚含量较高（约1％），但在制油加工过程中，大量的游离棉酚可与蛋白质中的赖氨酸结合，形成结合棉酚，所以在机榨棉籽饼中游离棉酚含量已很低（0.05％～0.08％）。制油加工虽然显著降低了游离棉酚含量，但同时也损失了部分赖氨酸（这是棉籽饼中赖氨酸利用率低的原因之一）。棉酚对陆生动物有毒，但水生动物对其反应不敏感，这与水生动物肝脏的解毒能力有关，同时也与水的浸泡有关。但长期使用，水生动物也会中毒，因此使用前最好进行脱毒处理。

我国饲料卫生标准规定，饲料棉籽（仁）饼、粕中游离棉酚含量应小于 200mg/kg。

（2）在购买和使用棉籽（仁）饼（粕）时，要注意检测其粗蛋白、粗纤维、游离棉酚、有效赖氨酸含量（与加工过程中的热处理强度有关）。

（3）棉籽（仁）饼（粕）易霉变（主要是黄曲霉），因而贮存、购买和使用时应注意。

（4）棉籽（仁）饼、粕适口性比大豆饼、粕差。

（四）菜籽饼、粕 油菜籽提取油脂后的副产品即为菜籽饼、粕。油菜籽在我国种植很广，除东北外，各地产量都很高，因其营养丰富，故是主要蛋白饲料之一。

1. 营养价值 菜籽饼、粕含粗蛋白质一般为 31%～40%。氨基酸构成比较齐全，与其他饼、粕类饲料蛋白相比，蛋氨酸、胱氨酸含量较高，仅次于芝麻饼、粕，赖氨酸略低于大豆，精氨酸含量低，是饼、粕类饲料中含量最低的。菜籽饼、粕含粗脂肪 1.5% 左右。无氮浸出物 30% 左右。粗纤维 8%～11%。灰分 7.8%，磷、钙、镁及硒含量远高于大豆饼、粕，磷利用率高，含硒量是常见植物性饲料中最高的，是大豆饼粕的 10 倍左右，达到鱼粉含硒量的一半；还含有丰富的铁、锰、铜、锌。菜籽饼粕也是维生素的良好来源，含有比大豆饼粕更高的胆碱、尼克酸、维生素 B_2、叶酸和维生素 B_1 等。

据测定，我国常见淡水鱼对饲料中菜籽饼、粕的总消化率大致为 45%～50%，粗蛋白质消化率 65%～90%，对能量的消化率在 70% 左右。

饲料用菜籽饼（粕）质量标准详见第六章。

2. 注意事项

（1）传统的菜籽饼、粕含有毒素。目前，我国水产养殖上使用的大多是传统的菜籽饼、粕，含有一系列毒素或抗营养因子，主要是硫葡萄糖苷（芥子苷），另外，还含有单宁、植酸、芥子酸等。虽然已研究出多种脱毒方法，但实际生产上去毒的不多。但长期养鱼生产实践表明，鱼类对菜籽饼的毒性不敏感，这是因为菜籽、仁经过制油的加工处理，其中的毒物降低，再加上饲料制粒过程中的高温和投喂过程中的高水分浸泡，均有一定的去毒作用。因此，有些生产单位把配合饲料中菜籽饼的添加量加到 30%～40%，甚至更高，也没发现明显的毒性作用。

不过，近几年有关于菜籽病毒性的报道，如：①网箱养鲤试验表明，饲料中菜籽粕的适宜含量为 30%，40% 时就对鲤鱼产生毒性，导致肝脏细胞增大。而另项试验表明，不应该超过 24%。②斑点叉尾鮰饲料中菜籽粕含量 30% 时，对生长及其他特性没有任何影响，46.2% 以上时，由于适口性差，摄食量和生长速度明显降低。③用单一菜籽饼喂养罗非鱼和草鱼，导致瘦背病和高死亡率。④对草鱼幼鱼研究表明，其配合饲料中菜籽粕的适宜含量为 14.49%。

（2）棉籽饼、粕中粗纤维含量较高，会影响其利用。

为了提高菜籽饼、粕的使用效果，避免中毒，一般采用限量使用（用量宜控制在 20% 以下），并加强搭配（与鱼粉、豆饼等配合使用）或添加赖氨酸。

五、糠麸类饲料

这类饲料是碾米业和面粉加工业的主要副产品，与原粮相比，除无氮浸出物含量低外，其他各种营养成分含量均较高。粗蛋白含量一般在11%～18%，粗脂肪含量在3%～15%，无氮浸出物含量占40%～50%。粗纤维含量依皮壳比例而异，一般在10%以上，最高可达30%以上，这样的糠或麸被称为统糠或粗麸，消化率极差。磷多钙少，富含B族维生素，是我国水产养殖业的常用饲料。

（一）米糠　米糠是稻谷碾米后的副产品，因加工方法不同，有清糠、统糠和脱脂米糠等。

1. **清糠**　清糠也称细米糠，是糙大米深加工时所分离出的副产品。平常所说的米糠主要指清糠。主要包括种皮、糊粉层、胚芽以及少量谷壳、碎米。无氮浸出物含量为30%～40%，粗蛋白11%～15%，粗脂肪12%～18%、粗纤维6%～13%；矿物质10%左右，其中磷含量占1.7%以上；维生素B族和维生素E含量较丰富。

细米糠粗脂肪含量较高，且多为不饱和脂肪酸，极易被氧化，故米糠应鲜用。新鲜细米糠的适口性很好，各种水生动物均喜食，是养殖业常用的饲料。

贮存时须加入抗氧化剂或脱脂后贮存。

2. **统糠**　统糠是稻谷碾米时一次性分离出的谷壳、种皮、糊粉层、胚芽及少量碎米的混合物。由于其主要成分为谷壳（约70%），细米糠占30%，所以，统糠在有些地方又称"三七糠"。其营养价值显著低于清糠。粗蛋白含量为6%～7%，粗脂肪3%～6%，无氮浸出物30%左右，粗纤素35%～40%。其消化率极低，一般只作为某种饲料的填充料，在配合饲料中的用量应严格控制。

3. **脱脂米糠**　脱脂米糠是细米糠提油后的产品，常以米糠饼的形式出现。其营养成分含量一般为：粗蛋白15%左右，粗脂肪1%～6%，无氮浸出物45%～50%，粗纤维10%～14%，矿物质约10%左右。脱脂米糠与细米糠相比，脂肪含量少，不易腐败变质。养鱼效果稍比细米糠好。

饲料用米糠、米糠饼和米糠粕的质量标准详见第六章。

（二）麦麸　麦麸包括小麦麸和大麦麸两种。

1. **小麸皮**　通常所说的麦麸是指小麦麸，也称麸皮，是小麦加工面粉后的副产品。由小麦种皮、糊粉层、胚芽和少量面粉所组成，其成分随出粉率不同而呈现一定差异。小麦麸粗蛋白含量13%～18%，粗脂肪4%～7%，粗纤维8%～12%，无氮浸出物约50%左右，矿物质约11%。钙少（0.16%）磷多（1.31%），钙磷比例极不平衡，与谷实类相似，所含的磷多为植酸磷，利用率低。小麦麸中富含B族维生素（B_1 8.9mg/kg，B_2 3.5mg/kg）。小麦麸是水生动物常用的饲料之一。

麸皮质地疏松，粗纤维较多，用量过高会降低黏结性。小麦麸中因含有较多的镁盐而具有轻泻作用。脂肪中不饱和脂肪酸多，易氧化酸败，要注意保存条件。

饲料用小麦麸质量标准详见第六章。

2. **大麦麸**　大麦麸是大麦提取出食用部分后的副产品。包括大麦外壳、种皮、糊粉层等。大麦麸可分为精麸和粗麸。两者混合起来叫混合麸。大麦麸饲料价值和化学成分与小麦麸相似，因精制程度不同而异。

（三）次粉　次粉又称三等粉或黑粉、黄粉，是面粉厂的尘粉（下脚粉）。粗蛋白质含量一般为 10%～14%，略低于麸皮。但粗纤维含量明显低于麸皮，为 3%～7%。无氮浸出物含量也高，因而可消化能比麸皮高得多。其营养价值随尘粉量的多少而不同。因其淀粉含量高，故对配合饲料有一定的黏结作用。

有些地方将麸皮和次粉混合在一起销售，采购时应注意。

六、糟渣类饲料

这类饲料是籽实提取碳水化合物（或因发酵酿酒而转化成醇，或直接被制成淀粉而提出）之后的残渣。其共同特点是水分多，干物质少，一般在 10%～40%。干物质中粗纤维、粗蛋白和粗脂肪的含量均比原料籽实高。

（一）酒糟　酒糟是酿酒工业的副产品，它是以薯类、玉米等作原料，用酒曲发酵，酒蒸馏之后余下的残渣。

酒糟的成分因原料种类、原料细度、蒸煮方法、发酵时间、糖化程度、pH 等加工方法的不同而有差异，一般干酒糟的成分与原料相比，除碳水化合物大量减少外，其他成分为原料成分的 2.5～3 倍，因而是蛋白质、脂肪、维生素及矿物质的良好来源。酒糟含有丰富的未知生长因子，有助于水生动物的生长。酒糟的氨基酸不平衡，蛋氨酸、胱氨酸含量较高，赖氨酸明显低。酒糟中 B 族维生素含量丰富，尤其是维生素 B_{12} 含量较高。

以高粱等为原料的白酒糟，含水分 62%，粗蛋白 9%～10%，营养价值几乎接近劣质麸皮。啤酒糟是用优质大麦和其他谷实酿造啤酒后的副产品。通常含水分 77%，蛋白质 6.8%，无氮浸出物 10.4%。而干啤酒糟含粗蛋约 20%～25%，但粗纤维也多，约含 15%，粗脂肪高达 6%～8%，其中亚麻酸约 3.4%，无氮浸出物约 39%～43%。新鲜的啤酒糟可直接用来喂鱼。作为配合饲料的原料时也是以新鲜者为好，但用量不宜过多，应控制在 15% 以内。

在酿造过程中，常常需加入谷壳等通气物质，加入量因厂而异，从而使酒糟的营养价值大大降低。酒糟类水分含量高，不宜久贮，故需及时制成干品。

（二）粉渣　粉渣是淀粉工业的副产品。主要原料有玉米、蚕豆、绿豆、马铃薯、白薯、木薯等。粉渣的营养价值决定于含水量和原料种类。新鲜粉渣一般含水分多，营养价值不高，如湿玉米淀粉渣含水 75%～95%，蛋白质 2%～4%。压榨后的干玉米粉渣营养丰富，约含有 22% 以上的可消化蛋白质，粗脂肪约 2.3%，无氮浸出物 49.5%，粗纤维 13.2%，粗灰分约 8.4%，钙含量约 0.2%，磷约 0.21%，是良好的配合饲料原料。

其他淀粉渣（如甘薯淀粉渣、马铃薯淀粉渣等）一般水分含量高（90% 左右），体积大，能量和粗蛋白含量低，粗纤维含量高，容易变质，也不容易运输和贮藏。有些养殖者也常用这些湿渣直接喂鱼，但应注意，这些湿粉渣大都显酸性，大量投喂会使养鱼环境水体呈酸性，不利于水生动物生长。

（三）豆腐渣　豆腐渣为豆制品厂的主要副产品。新鲜豆腐渣含水分 80% 以上，蛋白质 2%～5%，粗纤维含量低，是鱼类优良的饲料。但在我国农村用来养鱼的较少，主要因为豆腐渣是我国农村养猪饲料的重要来源之一。

（四）糖渣　糖渣为制糖业的副产品，包括甜菜渣、甘蔗渣等。我国北方制糖原料主要为甜菜，甜菜渣产量很高；南方主要用甘蔗，甘蔗渣较多。新鲜甜菜渣的营养价值与根茎类作物差不多，略有甜味，用来喂鱼效果良好。甘蔗渣因含多量的纤维素，蛋白质含量较低，约占 1.8%，其营养价值不高。可以通过微生物发酵的办法来提高其营养价值。

（五）酱油糟 含有少量盐分，必须与其他饲料混合使用，投喂量占饲料总量的 10% 左右。

七、微生物类饲料

微生物类饲料又称单细胞蛋白饲料。其特点是：

1. **生长繁殖快** 适宜条件下，细菌 0.5～1.0h 可繁殖一代；酵母菌 2～4h 繁殖一代；单细胞藻类 3～6h 繁殖一代。在良好培养条件下，接种 500kg 酵母菌，1d 之内可以得到 2 500kg 酵母菌，增值 5 倍。

2. **营养价值高** 微生物饲料蛋白质含量丰富，一般为 42%～55%，其质量几乎接近动物蛋白质，特别是赖氨酸和亮氨酸丰富，但蛋氨酸和胱氨酸偏低。维生素的含量也很丰富，尤其是 B 族维生素。啤酒酵母含核黄素 38.5mg/kg，硫氨素 94.6mg/kg。磷多钙少。

（一）酵母 由于培养基不同，一般有啤酒酵母、饲料酵母、石油酵母及海洋酵母之分。酵母粗蛋白含量 40%～55%，因含硫氨基酸含量低，生物学价值不太高。酵母蛋白的营养价值介于动物性蛋白和植物性蛋白之间。

1. **啤酒酵母** 由酿造啤酒后沉淀在桶底的酵母菌生物体，经干燥后制成。啤酒酵母属高蛋白质来源，含有丰富的 B 族维生素、氨基酸、矿物质及未知生长因子，啤酒酵母可作为诱食剂，但由于其中混有啤酒花及其他杂物而略带苦味，适口性较差。

2. **饲料酵母** 主要是以碳水化合物（淀粉、糖蜜以及味精、造纸、酒精等高浓度有机废液）为主要原料，经液态通风培养酵母菌，并从其发酵液中分离酵母菌体（不添加其他物质），再经干燥后得到的产品。饲料酵母外观多呈淡褐色，粗蛋白质含量一般为 40%～60%，与鱼粉相比，其蛋氨酸稍低，赖氨酸含量较高，此外，含有丰富的 B 族维生素、酶类和激素。饲料酵母是水生动物的良好饲料，可替代饲料中部分甚至全部鱼粉。

在此注意，（含）酵母饲料与饲料酵母不同。酵母饲料是用玉米蛋白粉、饼粕、糟渣等原料接种酵母进行固体发酵得到的产品，其中的粗蛋白主要是发酵原料的粗蛋白，甚至还含有非蛋白氮，真正的菌体蛋白很少，每克中酵母菌的菌体数在 1 亿个以下。而饲料酵母的蛋白质主要是酵母菌的菌体蛋白，每克中酵母菌的菌体数在 150 亿个以上。

啤酒酵母和饲料酵母均含有丰富的水溶性维生素，故有时将它们作为维生素补充料使用。它们还含有丰富的钾、磷、钙、铁、镁、钠、钴、锰等元素。同时还含有多种酶和激素，因而能促进蛋白质和碳水化合物的吸收和利用。它们在水产饲料上应用较广，但鉴于成本等问题，只能作少量添加。

3. **石油酵母** 是一类以正烷烃、甲醇、乙醇等石油化工产品为基质培养的酵母。石油酵母的生产和使用在国际上尚有争议，因其含有致癌物质 3,4-苯并芘，在有些国家不允许使用。

4. **海洋酵母** 是从海水中分离出的一类酵母。这类酵母对环境适应能力强，生产周期短，产量高，生产成本低，因此是一类具有广阔前景的水生动物饲料。

（二）微藻类 主要是螺旋藻和小球藻，其次是裸腹藻、栅藻和蓝藻等。干燥的藻粉含蛋白质 50％以上，在氨基酸组成上，除含硫氨基酸不足外，其他氨基酸含量均较理想，且富含维生素和促生长物质，是水生动物良好的蛋白质饲料。其不足之处是细胞壁有胶状物，从而影响其消化率。

（三）白地霉 含粗蛋白 52％左右，仅次于优质鱼粉，远比黄豆好。赖氨酸含量7.5％左右（鱼粉为 7％）。不足之处是蛋氨酸含量不足。

八、树叶、草粉类

（一）树叶类 在众多的树叶中，以紫穗槐和刺槐叶的利用价值最高。紫穗槐叶粉含粗蛋白 24％～25％，粗脂肪 5％～6％，粗纤维 12％～13％，无氮浸出物 39％～40％，钙1.7％，磷 0.3％。而刺槐叶粉中含粗蛋白 21％左右，粗脂肪 5％左右，粗纤维 14％左右，无氮浸出物 45％左右，钙 2.4％，磷 0.03％。同时，其叶粉中还含有维生素和其他矿物质元素，尤其是胡萝卜素和核黄素的含量较丰富，分别为黄玉米含量的 50 倍和 7 倍以上，是水生动物很好的蛋白质饲料。

另外，马尾松和黄山松混合叶粉也是水生动物的良好饲料，据分析测定，混合松针粉含粗蛋白 8.96％，粗脂肪 11.1％，粗纤维 27.12％，无氮浸出物 41.59％，钙 0.54％，磷0.08％。胡萝卜素和叶绿素含量特别高，矿物质也很丰富，故饲养效果也很好。

树叶类饲料是良好的植物性饲料，但为了慎重起见，在配合饲料中的添加量不宜过多，一般为 5％～8，最多不超过 10％。

（二）草粉类 草粉是指用青鲜的野生牧草或人工栽培的青饲料风干或晒干粉碎而成。好的草粉颜色青绿，气味芳香，所含营养成分较作物秸秆为高，富含蛋白质、矿物质及胡萝卜素，适口性好，易于消化，是水生动物的良好饲料。

据来源不同，草粉可分野生草粉和栽培草粉两大类。野生草粉因产地不同，其化学组成及营养价值也有所不同。一般用来喂鱼的草粉多为田野杂草粉和沼泽地杂草粉，品种有马唐、狗尾草、虎尾草、狼尾草、碱草、白茅、稗草、蟋蟀草等，还有野生的豆科植物和菊科植物。其营养成分良好，一般粗蛋白含量在 6％～10％，无氮浸出物在 45％左右。

栽培草粉是由人工栽培的牧草及饲料作物于适当时期收割加工而成的。栽培草粉种类也较多，但主要的为豆科和禾本科两大类。豆科草粉含有丰富的粗蛋白，一般干物质粗蛋白含量为 15％～20％，另外含维生素和矿物质也很丰富。常用的有苜蓿粉、苕子粉及草木樨粉等，是水生动物很有价值的饲料。禾本科草粉，无论在蛋白质的含量、品质以及钙和胡萝卜素的含量方面，都低于豆科草粉。通常用作水产饲料的草粉，主要有燕麦、无芒雀卖草、黑麦草、苏丹草和象草等。

第三节　饲料资源的开发与利用

随着养殖业和饲料工业的发展，尤其是养殖业的集约化、工厂化和规模化的进一步发展，对饲料工业的依赖越来越强，饲料的供求矛盾日益突出，但随饲料工业的发展，可利用饲料资源的短缺也越来越明显，因此，饲料资源的开发也就势在必行。

一、饲料资源开发利用的概念与内容

在正常情况下,完全不宜作饲料或不能被动物有效利用的物质,通过特殊处理使其成为饲料或被动物有效利用,或直接增加可利用资源的生产量的过程叫饲料资源的开发利用。

某种物质在正常情况下,完全不宜作饲料或不能被动物有效利用的原因主要有如下几种情况:

(1) 分子结构致密,而动物本身又无分解机制,不能对其消化吸收。

(2) 含有动、植物在进化过程中为自身保护而产生的毒素。

(3) 适口性差。

(4) 营养价值低。

因此,为开发利用饲料资源,就应有针对性地解决相应的问题,在此基础上,结合各种饲料的配合和添加剂的应用,提高其利用价值。

二、饲料资源的类型和利用方式

(一) 饲料资源的类型

1. **再生性饲料资源** 所谓再生性饲料资源,就是通过物质循环能够不断产生的饲料资源。主要指蛋白质、脂肪和碳水化合物三大能量营养素,它们的生产者是植物和微生物。

再生性饲料资源又分为可利用资源和不可利用资源两大类。前者是指通常使用的饲料,动物对其利用性好,是饲料的主体,如小麦、玉米、大豆等,也叫着常规饲料资源。后者多指动物不能直接利用,只有经过加工处理才可利用的饲料,如植物的秸秆类和动物的废弃物(毛发和粪便等)等。

2. **非再生性饲料资源** 它是指在自然界中贮存量有限,可利用部分较低的饲料资源,主要指矿物质类资源。

3. **创生性饲料资源** 它是指人工合成的饲料资源,如氨基酸、维生素等营养性添加剂和一些非营养性添加剂。

(二) 饲料资源的利用方式

1. **传统利用法** 即饲料资源未经科学的加工处理、搭配而直接使用的方法。此法的饲料利用率和经济效益均低。发展中国家,特别是落后地区此法应用较为普遍。

2. **现代利用法** 是指对饲料资源进行科学的加工处理和配合之后再使用的方法。此法饲料资源利用率高,经济效益也好。发达国家、发达地区使用较为普遍。这是饲料资源利用的发展趋势。

(三) 饲料资源的利用现状

目前,再生资源的利用率较低,只有 $5\%\sim10\%$,其中大部分未经有效加工,以传统的方式利用。由于加工、贮存、运输和销售不当,全世界每年损失的粮食占总量的 $20\%\sim30\%$。在我国水产养殖业,配合饲料的普及率不高,配方也不尽合理,饲料利用率低。

三、饲料资源开发利用价值的确定

一种饲料资源有无开发价值及有无可能被开发作为饲料用,应考虑如下几个方面:

（1）饲料资源数量及收集、运输和贮藏的难易程度。

（2）饲料资源有无其他更有价值的用途，是否存在与其他行业竞争原料的问题。开发利用必须物尽其用，以高经济效益、生态效益和社会效益为准则。

（3）饲料资源的化学组成。开发某项饲料资源之前，必须对其营养成分及有害、有毒杂质进行分析，并且掌握如何去除这些杂质的方法，使之转化为无毒害、无残留和营养价值更高的资源。

（4）开发成本。欲使开发利用的饲料资源具有经济价值和经济效益，必须考虑开发成本，这往往是开发一种新饲料资源成败的关键之一。开发成本主要包括加工成本（如药物、设备、水电费、人工费等）和原料成本。为此，在开发前应作详细的研究和可行性论证。要求开发成本相当于或低于营养价值相当的现有饲料价格，否则，开发的饲料新产品将缺乏市场竞争力。

（5）环境污染。开发利用的饲料新资源以及开发过程中所用的药物等都不能对环境造成污染。

（6）饲用价值。新的饲料资源要适口性好，消化利用率高，具有较高的热稳定性和化学稳定性，与其他饲料有较强的配伍能力，对配合饲料成品的物理、化学性能无不良影响。无残留等毒副作用。对养殖动物和人体的健康和遗传无不良影响。

四、饲料资源开发利用的基本方法

就目前来看，饲料资源开发利用的基本方法主要有如下几种：

（1）增加可利用饲料资源的生产量。措施主要是开源节流，如增加动、植物产量，提高饲料利用率，减少浪费等。

（2）利用生物技术育种，培育优质的饲料资源。该技术日益受到重视，效益明显，如已成功培育的双低油菜籽、高赖氨酸玉米和无毒棉籽等。

（3）推广普及配合饲料，避免单一使用养分不平衡的饲料。

（4）提高配方技术含量，从而提高饲料的转换率，降低饲料系数。如理想蛋白模式等。

（5）应用生物活性物质提高养分消化和利用率。如成功应用的生物活性物质——酶制剂、微生物制剂和抗生素等。这是开发利用饲料资源的重要途径。

（6）科学加工饲料，提高饲料利用率。通过改进加工技术，可以提高饲料的适口性和饲料效率，从而提高水生动物的生产性能。如膨化颗粒饲料，大大提高了饲料利用率，从而降低成本。

五、再生性饲料资源举例

目前，使用的再生性饲料主要是禽畜粪便和菌类培养残基，用的较多的有畜粪、禽粪、蚕沙与蘑菇糠等。

禽畜粪便必须经加工处理才能作为饲料使用。常用的处理方法有物理法和发酵法两种。物理法是将鸡粪（或牛粪）单独与一定量的糠麸拌匀后，摊在水泥地上晒干（不断翻动）或用机械烘干，然后粉碎成粉；发酵法是将鸡粪（或牛粪）70%、草料或秸秆粉20%、糠麸10%混合拌好，使水分含量在60%左右，然后装入池（或窖）内踏实，上面盖上塑料薄膜，密封 30～40d，取出晒干，粉碎成粉。其蛋白含量比禽畜采食的食物蛋白含量高 50%左右，富含多种氨基酸、钙、磷等矿物元素和维生素等，实践证明，用作鱼饲料效果很好。

（一）鸡粪再生饲料　由于鸡的肠道短，消化吸收能力低，一般只吸收饲料养分的 30%，其余由粪便排出体外，故鸡粪营养含量丰富。据测定，鸡粪含粗蛋白 13%～35%，粗脂肪 2%～4%，无氮浸出物 13%～52%，粗灰分 13%～33%，粗纤维 11%～15%。在粗蛋白中氨基酸组成较全，特别是赖氨酸、蛋氨酸、胱氨酸含量超过玉米、大麦等。且富含矿物质和 B 族维生素。为了安全起见，必须经加工处理，以减少有害微生物，消灭病原体，防治有机物特别是含氮有机物迅速降解。

（二）猪粪再生饲料　猪粪的营养价值虽然不如鸡粪，但仍含有较高的蛋白质。据测定，含粗蛋白 17%左右，粗脂肪 8%左右，粗纤维 21%左右，灰分 17%左右，无氮浸出物 37%左右。猪粪再生饲料可用于牛、羊、猪、鱼。一般用发酵法处理。发酵后粪便中可利用氨基酸提高 1～2 倍，可代替精饲料 10%～15%。

（三）牛粪再生饲料　牛粪比鸡粪、猪粪再生饲料营养价值低。据测定，粗蛋白含量 12%左右，粗脂肪 0.8%左右，无氮浸出物 35%左右，粗纤维 21%左右。一头 500kg 重的乳牛，每年仅垫草粪便（干物质）即有 880kg，其中粗蛋白质 132kg，可消化总养分 421kg，是不可忽视的饲料资源。

（四）蚕沙　为桑蚕业的副产品，即蚕的粪便。我国南方桑蚕业发达，自古就用蚕的粪便直接喂鱼。随着配合饲料的发展，大多将粪便晒干，按 5%～10%的比例加入配合饲料中喂养水生动物，效果良好。据测定，蚕沙（干物质）含粗蛋白 13%左右，粗脂肪 2%左右，粗纤维 10%左右，无氮浸出物 54%左右，粗灰分 10%左右。

（五）蘑菇糠　将食用菌（蘑菇）采收后剩余的培养基，晾干、粉碎成粉，即成菌糠或蘑菇糠。食用菌在生长过程中，可降解培养基中的粗纤维，作为菌丝体生长繁殖的营养物。收菌后，培养基留下丰富的菌丝体，即菌体蛋白质，从而提高了培养基的营养价值和适口性。据测定，棉籽壳等菌种培养基，种菌前粗纤维高达 53.4%，种菌后下降到 31.6%，而粗蛋白含量由 6.3%提高到 13.2%，达到了麸皮水平（13.4%）或超过了玉米水平（9.7%）。种菌后菌糠中必需氨基酸和维生素等也有所提高。因此，用菌糠代替部分粮食或糠麸是完全可行的。

第四节　饲料添加剂

饲料添加剂是生产配合饲料、青贮饲料等必不可少的部分，虽然用量不多，但对饲料质量起着举足轻重的作用。特别是对配合饲料，添加剂是科技含量最高的部分。随着社会的发展，各种添加剂的生产成本越来越低，人们对其作用的认识也越来越高，添加剂在配合饲料中的地位也就越来越高。

一、概　述

（一）饲料添加剂的定义、分类及作用　饲料添加剂又名饲料添加物或饲料添加料，是指为了满足动物的营养需要或其他特殊需要，向基础饲料中人工添加的少量或微量的物质。饲料添加剂是与基础饲料相对应的一个概念，二者的区别表现在"质"和"量"两个方面。一般来说，基础饲料是指动物、植物（含种子）、微生物的生物体，它们包括各种营养成分，是为动物提供营养物质的主体部分，在配合饲料中的比例大；而饲料添加剂则是通过发酵、提取、合成等人工方法生产出的物质，每一种饲料添加剂是一种化合物（杂质除外），即使含有两种或两种以上成分，但这些成分都属于同一类，它们是饲料的辅助成分，在配合饲料中的比例很少。例如，麦饭石、沸石含有多种矿物质，但毕竟都是矿物质，而不含蛋白质等其他物质，因而属于添加剂。当然基础饲料与添加剂的区别也并非十分严格，例如，大多数中草药也属于生物体，也含有各种营养成分，但因其使用量少，一般把它们列为添加剂。微生物饲料在配合饲料中用量少时，也往往把它划为添加剂。所以二者的区别主要在于"量"上，而这个"量"又没有严重界限。

饲料添加剂的分类方法很不一致，一般根据其作用大致分为两大类，即营养性添加剂和非营养性添加剂。前者是为动物提供营养物质的添加剂，包括氨基酸添加剂、矿物质添加剂和维生素添加剂等；后者虽不能为动物提供营养物质，但具有其他作用，如：保存饲料、防治疾病、促进生长、诱食、水产品着色、粗饲料调制和青饲料调制等。

（二）饲料添加剂的质量标准 饲料添加剂的使用不是随意的，因为它关系到养殖动物以及人类的健康问题，必须经过毒性、药理、残留等严格试验评估，并得到有关机构的批准后方可使用。作为一种饲料添加剂必须同时满足如下几个条件：①具有确实可靠的添加效果；②不影响动物的摄食、消化和吸收；③对动物没有急、慢性毒性；④在动物体内的残留量对人类健康无不良影响；⑤对养殖对象及人类的遗传无不良影响；⑥杂质中的有害物质含量不得超过允许的安全限度；⑦具有较好的热稳定性和化学稳定性；⑧在经济效益上要合算；⑨使用方便，并有一定的耐贮存性；⑩用量少，效率高。

二、营养性添加剂

氨基酸、矿物质、维生素和脂质对水生动物的营养作用在第二章中已经叙述，在此不再重复。实际上，这些物质或它们的先体在基础饲料中都存在，但由于种种原因而不能满足水生动物的生理需要，因此，在生产配合饲料时，应根据实际情况适量添加相应的添加剂。尽管营养性添加剂可以弥补基础原料营养成分的不足，但配合饲料的营养成分应尽量由基础原料来提供，而不应主要靠添加剂。在此应注意，营养素与营养素添加剂不是一码事，前者是指对养殖动物直接起作用的物质，而后者是指含有营养素有效成分的物质，或者说是营养素的衍生物。

（一）氨基酸添加剂 在我国的水产饲料中，植物性饲料占有相当比例，从而导致蛋白质氨基酸的不平衡，使饲料质量下降，影响水生动物体蛋白的合成。为提高其质量，就要加入相应的必需氨基酸。饲料中加入氨基酸还可以提高机体对钙的吸收（如赖氨酸），提高机体的应激能力（如精氨酸），提高机体的免疫能力（如色氨酸），促进摄食（如甘氨酸和丙氨酸），缓和氯造成的生长抑制（如精氨酸）等。

1. 使用氨基酸添加剂的基本知识

（1）氨基酸的构型与利用率。常见的组成蛋白质的氨基酸中，除甘氨酸外，所有氨基酸都有一个手性碳原子，因此，这些氨基酸都有两种不同的空间构型，即 D 型和 L 型。天然存在的氨基酸一般为 L 型，提取法和发酵法生产的氨基酸主要是 L 型，而合成法生产的氨基酸则为 DL 型。水生动物一般只能利用 L 型氨基酸，而不能利用 D 型氨基酸，DL 型氨基酸是 D 型和 L 型的混合物，其效价约为 L 型的 50%，所以，在选择氨基酸添加剂时，一定要注意其构型。

(2) 有的放矢。在饲料中添加氨基酸的主要目的是补充原来氨基酸的不足，改善蛋白质的营养价值。在添加时首先考虑的是第一限制必需氨基酸，其次是第二限制必需氨基酸，否则无添加效果或添加效果微弱。为提高添加效果，必须明确原料中的第一限制必需氨基酸。在一般情况下，最易缺乏的是蛋氨酸和赖氨酸，其次就是苏氨酸、色氨酸等。

(3) 基础饲料中的有效含量。一般情况下，基础饲料中已含有一定数量的氨基酸，需要添加氨基酸的量乃是动物需求量与既有含量之差，但原有的含量必须以其有效含量计量，以便于提高添加氨基酸的效果。例如赖氨酸，它有两个氨基，α 位上的氨基易与羟基形成肽键使之稳定，另一个 ε 位上的氨基常以游离形式露出，非常富有反应活性，易与还原糖（葡萄糖或乳糖）的醛基反应，生成氨基糖复合物，而动物机体内的消化酶不能消化该产物，因此，这样的赖基酸是无效的。用氨基酸高效液相色谱仪（自动分析仪）测定的数值是赖氨酸的总含量，用染色法测定的数值才是有效的。饲料中赖氨酸的有效量约为总量的 80% 左右。

(4) 添加数量。氨基酸添加不足虽然不能充分发挥动物的生产潜力，但添加过多，不仅造成浪费，而且还会导致新的氨基酸不平衡，有时对生长还起阻碍作用。如在莫桑比克罗非鱼配合饲料中添加适量蛋氨酸，有促生长作用，但若添加过多，则对生长有抑制作用。对虹鳟、鲤鱼也有相同的后果。再如大麻哈鱼，在其他几种必需氨基酸比例合适的前提下，逐个变动苏氨酸、组氨酸和赖氨酸的添加量，发现当这三种氨基酸添加量由低到高直至到需要量时，摄食量和生长速度呈线性增加，当添加量超过需要量时，摄食量又呈下降趋势，增重量也略有下降。因此，向饲料中添加氨基酸时要根据基础饲料中氨基酸的原有量灵活掌握。蛋氨酸、赖氨酸是常添加的氨基酸，如果对基础饲料中原含量不明确，以添加 0.1%～0.2% 为宜。

(5) 各种氨基酸之间的关系。蛋白质的营养价值并非仅仅取决于各氨基酸的含量，实际上，必需氨基酸之间的比例以及必需氨基酸与非必需氨基酸之间的比例，对其营养价值也有很大影响。氨基酸之间的关系可归纳为颉颃和节约关系两种。

氨基酸之间的颉颃关系：氨基酸被主动吸收时，结构相似的氨基酸以同一载体转运，一种氨基酸的吸收则抑制了与其结构相似的氨基酸的吸收。如赖氨酸和精氨酸都是碱性氨基酸，由同一种载体转运，若赖氨酸过多，则显著防碍精氨酸的吸收，反之亦然。又如亮氨酸、异亮氨酸和缬氨酸，其化学结构相似，当饲料中某一种氨基酸含量变化时，动物对饲料中另两种氨基酸的需求量也会发生相应变化。不过，目前来看这种颉颃关系对鱼类不明显。

氨基酸之间的节约关系：某些非必需氨基酸在体内可转化为相应的必需氨基酸，从而减少了动物对饲料中相应必需氨基酸的需求量。如胱氨酸可降低动物对饲料中蛋氨酸的需求量，酪氨酸可代替部分苯丙氨酸。其原因是动物对含硫氨基酸有一定需求量，该需求量可由蛋氨酸独自提供，也可由蛋氨酸、胱氨酸共同提供。对鱼类研究表明，含硫氨基酸单独由蛋氨酸提供的效果不如由蛋氨酸和胱氨酸共同提供的效果好，蛋氨酸与胱氨酸的摩尔氨基以 36：64 最佳。对斑点叉尾鮰的研究发现，胱氨酸可节省 60％（摩尔氨基）的蛋氨酸，酪氨酸可节省 50％的苯丙氨酸。

（6）电解质浓度及 pH 对氨基酸吸收的影响。在氨基酸的营养研究中，常用氨基酸混合物饲养动物，实际上用游离氨基酸混合物饲养鱼类时，鱼的生长很差，有的几乎没有生长（鲤鱼），其中一个重要原因就是氨基酸混合物的 pH 和电解质浓度不合适，不利于游离氨基酸的吸收。利用游离氨基酸对鲤鱼苗做试验，结果表明，当饲料 pH 由 4.6 提高到 5.8，Na^+ 相应由 0.13％增加到 1.73％时，鱼的生长速度和饲料效率均得到显著改善，但摄食量并无多大变化。在电解质浓度不变的情况下，只变动 pH（由 4.5 提高到 4.9），发生与上述类似的变化。当 pH 稳定于 5.7～5.9 时，增加 Na^+、K^+ 浓度，使之与饲料中 Cl^- 等摩尔，鲤鱼生长性能得到显著改善。但增加 K^+ 比增加 Na^+ 更为有效。试验还证实，饲料中 Na^+、K^+ 含量过高，会抑制鱼的生长。总之，饲料 pH 和电解质浓度与鱼类对氨基酸的利用有关，至于这是否为主要原因，则有待于进一步探索。

（7）饲料加工与投喂方法对氨基酸利用的影响。在饲料中添加氨基酸，混合均匀是基本的加工要求。混合不均，会导致一部分饲料中氨基酸含量过高，而另一部分含量不足，最终都会导致氨基酸的不平衡，从而影响其添加效果。

添加氨基酸，必须防止其在水中的溶失，游离氨基酸是小分子水溶性物质，较其他养分更易溶失。如何减少饲料中游离氨基酸的溶失，是目前急待解决的问题，倘若采取措施解决了这一问题，则能进一步提高游离氨基酸的利用率。

游离氨基酸的吸收快于天然蛋白质的分解、吸收。试验表明，天然蛋白质在摄食后4h 达到吸收高峰，而游离氨基酸在摄食后 2h 就基本吸收。鉴于这一事实，可以推测，添加于饲料中的游离氨基酸并未能最大限度地发挥其互补作用，因为氨基酸的互补作用随其吸收间隔的延长而下降。为了解决这一矛盾，就要人为地缩短天然蛋白质分解、吸收和游离氨基酸吸收的时间差，充分发挥游离氨基酸的互补作用。解决这一问题的方法是增加每天的投喂次数，利用前后两次投喂的基础饲料中蛋白质的氨基酸和添加氨基酸的交叉互补，使这两部分不同来源的氨基酸在血液中同时达到较高的浓度，这就加速了鱼体蛋白质的合成，促进其生长。上述时间差为 2h 左右，因此，从理论上讲两次投喂时间间隔以 2h 左右为宜。当然要根据当时的水温等条件适当提前或拖延。

为了使基础饲料中蛋白质的氨基酸与添加的氨基酸同时达到吸收高峰，有人设想先把天然饲料蛋白于体外进行酶解，同时添加限制性必需氨基酸，或对所添加的游离氨基酸作保护性处理，减缓其吸收速度，这些设想都是理论性的，是否有效而经济，尚待试验。

氨基酸吸收需要 Na^+ 耗能的主动吸收，但饲料能量供给与氨基酸的吸收客观上也存在着时间差，而这种时间差可能是造成游离氨基酸利用率较差的一个重要原因。

2. 常用氨基酸添加剂介绍

（1）赖氨酸添加剂。常用的赖氨酸添加剂是 L-赖氨酸盐酸盐。

L-赖氨酸盐酸盐为白色或浅褐色结晶性粉末，无味或稍有异味，因具有游离氨基而易发黄变质。该物质性质稳定，但在高湿度下易结块，并稍有着色。赖氨酸是含 2 个氨基 1

个羧基的碱性氨基酸，因而，在商品添加剂中，1 分子赖氨酸带有 1 分子盐酸。在商品上标明的含量 98%，是指 L-赖氨酸和盐酸的总含量，实际上，扣除盐酸后，L-赖氨酸的含量仅有 78%左右，因而在使用这种添加剂时，要以 78%的含量进行计算。

另外，还有一种赖氨酸添加剂是 DL-赖氨酸盐酸盐，其中的 D 型赖氨酸是生产工艺中的半成品，没有经过或没有完全经过转化为 L 型的产品，故价格较便宜。这种商品必须标明 L-赖氨酸的实际含量。因为水生动物只能利用 L-赖氨酸，没有把 D-赖氨酸转化为 L-赖氨酸的酶，D-赖氨酸不能被水生动物利用。

（2）蛋氨酸添加剂。蛋氨酸添加剂有 DL-蛋氨酸、羟基蛋氨酸和羟基蛋氨酸钙，后两者并称为蛋氨酸类似物。

DL-蛋氨酸：蛋氨酸是含有 1 个氨基和 1 个羧基的中性氨基酸，蛋氨酸的 γ 位碳原子上有 1 个甲硫基（—SCH₃），故也叫甲硫氨酸。本品是白色或浅黄色片状或粉末状结晶，有硫化物的特殊气味，味微甜。对热、空气稳定，对强酸不稳定，可脱甲基。商品蛋氨酸含量≥98.5%。

羟基蛋氨酸（MHB）：蛋氨酸中的—NH₂被—OH 取代后的产品。深褐色黏液，含水量约 12%（即纯度 88%），有硫化物的特殊气味，是由单体、二聚体和三聚体组成的平衡混合物，其含量分别为 65%、20%和 3%，主要是因羟基和羧基之间的酯化而聚合，在胰腺中酯酶的作用下，羟基蛋氨酸的多聚体可水解成单体，在体内转化成 L-蛋氨酸。该物质为液态，故在使用时要有添加液体的相应设备。

羟基蛋氨酸钙（MHA，MHA-Ca 或 CaMHA）：它是用液体的羟基蛋氨酸与氢氧化钙或氧化钙反应，经干燥、粉碎和筛分后制成的产品。该品为浅褐色粉末或颗粒，有含硫基团的特殊气味，可溶于水。商品羟基蛋氨酸钙的含量＞97%，其中无机钙盐的含量≤1.5%。有资料报道，鱼类对羟基蛋氨酸的利用率只相当于蛋氨酸的 26%（比畜禽 80%的利用率低得多），羟基蛋氨酸钙则相当于同单位 86%蛋氨酸的功效。

（3）其他氨基酸添加剂。上述两种氨基酸是最常使用的，有时为了进一步提高蛋白质质量，还要添加其他氨基酸，如色氨酸、苏氨酸等。

色氨酸：色氨酸为无色、白色或淡黄色结晶粉末，无臭或略有异味，难溶于水。色氨酸添加剂有 L 型和 DL 型两种，前者有 100%的生物活性，后者的活性仅为前者的 60%～80%。

苏氨酸：常用的是 L-苏氨酸。苏氨酸为无色至黄色结晶，有极弱的特殊气味。

（4）复合氨基酸。利用动物毛、发、蹄、角等废弃物，经酸水解，然后用碱中和，获得复合氨基酸粗制品，再经纯化而得的复合氨基酸浓缩液，用载体吸附即为一定浓度的复合氨基酸产品。根据复合氨基酸产品中各种氨基酸的含量，在配合饲料中适量添加，有助于提高动物生产水平，这在鱼类养殖中已得到证实。

（二）矿物质添加剂

1. 使用矿物质添加剂的基本知识

（1）矿物源的溶解度与利用率。一种元素往往有多种存在形式，如单质、氧化物、盐类等。不同的存在形式，对水生动物的有效性不同，主要是由其溶解性不同造成的。一般规律是矿物质在消化道中的溶解度越大，越容易被吸收，对动物的有效性也越大。对陆生动物来说，其胃可分泌胃酸，使消化道呈酸性，因而可使许多矿物质有较高的溶解性。而对水生动物，消化道中酸性较弱，特别是那些无胃动物（如鲤科鱼类），无胃酸分泌，消化道中酸性更弱，酸度对矿物质的溶解度影响不大，因此，在选择矿物质添加剂时要选择那些水溶性大的矿物质，水生动物对其中矿物元素的利用率才较高。水生动物的矿物质添加剂一般选用易溶于水的盐类。

（2）矿物质添加剂的价格。即使同一种矿物元素的易溶性盐类也有多种，选择时要考虑到其价格因素，如葡萄糖酸盐等有机盐类，水溶性虽好，但价格也较高，故一般在饲料工业中不选用。目前，在水生动物的饲料中常用的矿物质添加剂有两大类，即硫酸盐和磷酸二氢盐。另外，还有卤族元素的盐等。

（3）有效成分含量。选择矿物质添加剂时，除考虑到利用率和价格因素外，还要考虑到矿物质的含量。若活性成分含量高，用少量的添加剂即可达到添加目的，从而降低生产成本。例如硒酸钠和亚硒酸钠，二者相比，后者含硒量高（45.6%），前者含硒量低（41.8%），故常用后者作硒的添加剂，并且该物质的价格也较低。

（4）含水（游离水和结晶水）量。矿物质添加剂中往往含有一定量的游离水，游离水存在的危害是：①在加工过程中易黏附在设备壁上，影响混合，残留量大，且对设备有腐蚀作用；②由于结块导致粒度增大，使混合均匀度降低，影响饲喂效果；③在产品贮藏期间易破坏预混料中其他成分的生物活性。因此，应尽量减少游离水含量，最大不超过2%，否则就要进行干燥处理。

有不少硫酸盐含有5～7个结晶水，结晶水的存在，使之在空气中易吸潮结块，增加了游离水的含量，因此，最好选含一个结晶水的硫酸盐。但也不宜将全部结晶水去掉，据研究，硫酸亚铁干燥过分会产生部分氧化铁，从而降低了其活性。

（5）矿物质的品级。矿物质添加剂以饲料级产品为最好，既保证质量，成本也较低。但有些矿物质尚无饲料级，只能以其他工业产品、工业副产品或试剂级产品来代替。相比之下，以试剂级产品的质量最好（含量高，杂质少），但价格也高，一般试剂级产品的价格是工业品的几倍到几十倍。而化学试剂级又分成化学纯、分析纯和优级纯三个等级，其价格又以30%左右之幅度递增。因此，在选用时，从成本考虑，在质量要求能满足的情况下，应该选用工业品或工业副产品作为矿物质添加剂。

（6）纯度及杂质。矿物质添加剂要求有一定的纯度，目的是为了保证该元素的有效含量。在以有效含量计比较便宜的情况下，存在一些无害杂质也无妨，但对于有害物质则必须严格控制。

（7）基础饲料中的有效含量。基础饲料中一般都含有一定量的矿物质，矿物质的添加量为水生动物需要量与基础饲料原有量之差。基础饲料中矿物质的原有量必须是有效含量，即总量与消化率之积，否则，就不能确定欲添加的数量，这是对水生动物需求量较大的常量元素而言。对于水生动物需求量较少的微量元素来说，在生产实践中，往往把基础饲料中的含量忽略不计（即作为"安全余量"考虑），而直接以水生动物的需求量或适宜供给量作为添加量。其原因是：基础饲料中微量元素的含量常因产地、来源、播种、收获期和加工条件等不同而变化很大，且限于现有的检测手段和条件，还不能对其准确而及时地分析，按此量添加一般不会超过安全限度，不致于引起中毒，且微量元素的成本较低。

（8）控制好添加数量。饲料中矿物质含量不足固然不能满足水生动物的生理需要，但若添加过量，不仅提高了生产成本，而且对动物无益，甚至有害，特别是铜、硒等剧毒矿物质。同时，某种矿物质含量过多还会影响到其他有关矿物质的吸收，如饲料中钙含量过高，会影响到磷、镁、锌、锰、铜等的吸收，锌、铁、钼、硫过多会抑制铜的吸收，锰过多会抑制铁的吸收等。

2. 常用矿物质添加剂介绍

（1）磷酸二氢钙。磷酸二氢钙又名磷酸一钙，常用形式是一水磷酸二氢钙[$Ca(H_2PO_4)_2 \cdot H_2O$]。无色薄片或白色或微带黄色的粉末，易溶解，溶于大量水中时呈酸性，溶于少量水中或热水中时，则分解出无定形的磷酸氢钙。要注意密封保存。

（2）磷酸氢钙。磷酸氢钙又名磷酸二钙，常见形式是二水磷酸氢钙[$CaHPO_4 \cdot 2H_2O$]。白色结晶或粉末，溶于稀盐酸和硝酸。

（3）磷酸钠。磷酸钠又名磷酸三钠，常见形式是十二水磷酸钠（$Na_3PO_4 \cdot 12H_2O$）。无色或白色结晶，在干燥空气中易风化。易溶于水，溶液呈强碱性。注意密封保存。

（4）氯化钠。氯化钠又名食盐（$NaCl$）。白色四方结晶或结晶性粉末，微有潮解性，味咸，溶于水和甘油，其水溶液呈中性，不溶于醇和盐酸。

（5）硫酸镁。硫酸镁的常见形式为七水硫酸镁（$MgSO_4 \cdot 7H_2O$）。无色四角柱状结晶或颗粒状结晶，味咸凉而微苦，在干燥空气中风化，易溶于水。

（6）氯化镁。氯化镁的常见形式是六水氯化镁（$MgCl_2 \cdot 6H_2O$）。无色结晶或白色结晶性粉末，易溶解。

（7）碘化钾。碘化钾为无色或白色结晶或结晶性粉末，无臭，极易溶于水。在潮湿空气中轻度潮解，若长期暴露于空气中或见光，可析出碘而变成黄色，饲料级碘化钾含有10%以下的抗结块剂。

贮存与使用时要注意：碘化钾应装在密封桶内，并且放在空气流通的室内，避免暴露于空气中，以防潮、避光。在使用时要戴上防护手套和呼吸面罩，并且不要与热和湿接触。

（8）碘化钠。碘化钠的常见形式有无水碘化钠（NaI）和二水碘化钠（$NaI \cdot 2H_2O$）。NaI为白色立方结晶或粉末，$NaI \cdot 2H_2O$为无色单斜晶系结晶。二者都有潮解性，味咸苦，在空气中和水溶液中，逐渐析出碘而变黄，溶于水。贮存与使用时要注意避光、密封。

（9）碘酸钾。碘酸钾（KIO_3）为白色结晶或结晶性粉末。溶于水和稀硫酸。碘酸钾为二级无机氧化剂。

（10）硫酸亚铁。硫酸亚铁有三种形式：无水硫酸亚铁（$FeSO_4$）、一水硫酸亚铁（$FeSO_4 \cdot H_2O$）和七水硫酸亚铁（$FeSO_4 \cdot 7H_2O$）。$FeSO_4$为灰白色粉末，无臭，易溶于水，不溶于乙醇，有吸湿性。$FeSO_4 \cdot H_2O$为淡灰色或淡褐色粉末，略具酸味或无味，水溶性中等，有吸湿性。$FeSO_4 \cdot 7H_2O$为绿色至黄色结晶性粉末，微具酸味，易溶于水，亲水性强，不溶于醇，在干燥空气中风化，在潮湿空气中氧化成棕黄色的碱性硫酸铁。$FeSO_4 \cdot 7H_2O$又名绿矾。

亚铁盐的吸湿性强，在空气中很容易吸水结块，同时，Fe^{2+}会氧化为三价铁（Fe^{3+}），降低其生物利用率，Fe^{2+}氧化为Fe^{3+}后，颜色由绿转褐，表示氧化铁（Fe_2O_3）含量增加，因此，贮存时要注意密封、防潮。若Fe_2O_3含量大于0.8%～1.0%，游离硫

酸含量大于 0.2%，则品质不好。硫酸亚铁的利用率较高，是较经济有效的饲料添加剂。

（11）硫酸铜。硫酸铜有三种存在形式：无水硫酸铜（$CuSO_4$）、一水硫酸铜（$CuSO_4 \cdot H_2O$）和五水硫酸铜（$CuSO_4 \cdot 5H_2O$）。硫酸铜为青白色结晶性粉末，硫酸铜结晶（含水）为蓝色，块状或粉末状，无臭，易溶于水，有吸湿性。五水硫酸铜又名蓝矾，为蓝色透明结晶或颗粒或结晶性粉末。在干燥空气中风化，溶于水，溶液呈酸性。

硫酸铜吸湿性强，应注意密闭保存。饲料中铜易使不饱和脂肪酸氧化，对维生素的活性也容易破坏，因此，添加铜源时应加以注意。另外，硫酸铜有毒，动物对其需求量与中毒量相近，使用不慎会导致中毒，应特别注意。

（12）硫酸锌。硫酸锌有两种形式：一水硫酸锌（$ZnSO_4 \cdot H_2O$）和七水硫酸锌（$ZnSO_4 \cdot 7H_2O$）。$ZnSO_4 \cdot H_2O$ 为乳黄色至白色粉末。$ZnSO_4 \cdot 7H_2O$ 为无色有光泽的斜方晶系柱状结晶或白色结晶性粉末，无臭，味涩，在干燥空气中易风化。易溶于水，有吸湿性。

（13）硫酸锰。硫酸锰有两种形式：一水硫酸锰（$MnSO_4 \cdot H_2O$）和五水硫酸锰（$MnSO_4 \cdot 5H_2O$）。硫酸锰为白色或带淡红色粉末，无臭，易溶于水，有中等吸湿性，高温高湿条件下贮存太久易结块。

（14）亚硒酸钠。亚硒酸钠的常见形式有无水亚硒酸钠（$NaSeO_3$）和五水亚硒酸钠（$Na_2SeO_3 \cdot 5H_2O$）。$NaSeO_3$ 为白色结晶或结晶性粉末。有亲水性，易溶于水。在有氧化剂如高锰酸钾、过氧化氢等存在时，容易被有机酸还原。$NaSeO_3 \cdot 5H_2O$ 为白色结晶或结晶性粉末，在干燥空气中易风化，溶于水。

亚硒酸钠为无机剧毒品，在饲料中的用量要严格控制，并要充分磨细后与饲料均匀混合。在使用和存放时，应用合适的呼吸面罩和皮肤保护用品以及适当的通风，避免吸入粉尘和接触皮肤。存放容器要密封，存放在低温干燥的地方。

（15）硒酸钠。硒酸钠的常见形式为无水硒酸钠（Na_2SeO_4）和十水硒酸钠（$Na_2SeO_4 \cdot 10H_2O$）。白色结晶或结晶性粉末，有亲水性，易溶于水。

硒酸钠也是无机剧毒品，因此，在使用和存放时要注意安全，具体措施与亚硒酸钠相同。

（16）硫酸钴。硫酸钴的常见形式是一水硫酸钴（$CoSO_4 \cdot H_2O$）和七水硫酸钴（$CoSO_4 \cdot 7H_2O$）。$CoSO_4 \cdot H_2O$ 为淡红色粉末，无臭。可缓慢溶于水。$CoSO_4 \cdot 7H_2O$ 为棕黄色或浅红色或暗红色、具有光泽的透明结晶，或粉白色的砂状结晶。无臭。易溶于水。硫酸钴是良好的钴源，有亲水性，贮存太久会结块。

在使用时，要使用呼吸保护装置，适度通风，避免吸入粉尘。贮存时应装在密闭容器内，存放于冷而干燥的地方。

（17）微量元素氨基酸螯合物。它是指以微量元素离子为中心原子，通过配位键、共价键或离子键同配体氨基酸或低分子肽螯合而成的复杂螯合物。与无机盐相比，具有更高的稳定性、溶解性和生物学效价，易消化吸收、抗干扰、无刺激及特殊的生理功能。是一类理想的饲料添加剂。

一个中心离子可与多个氨基酸形成多环螯合物，形成环数越多，螯合物稳定性越好，常见的螯合环有五元环和六元环，α-氨基酸螯合物为五元环，β-氨基酸螯合物为六元环。

氨基酸螯合物添加剂的特点是：①防止微量元素形成不溶性物质，便于机体对微量元素的吸收和利用。②促进微量元素离子的吸收，提高其生物学效价，而且可以节约消化吸收这些物质的体能，因而生物效价较高。③形成体内缓冲系统，有利于动物的摄食和消化吸收。④有利于动物提高免疫力，增强抗病能力和抗刺激能力，从而提高生产性能。⑤与维生素、抗生素等无配伍禁忌，对某些营养成分破坏作用小，而且还能提高维生素 A 等的存留率。

研究表明，用微量元素氨基酸螯合物喂养尼罗罗非鱼、奥尼罗非鱼、鲤鱼、中国对虾、中华绒螯蟹及皱纹盘鲍等，机体的生长率、成活率、饲料利用率、矿物质的消化率及在体内的存留量均比用无机矿物盐喂养时明显提高，而饲料系数和生产成本明显降低。

（18）天然矿物质添加剂

①沸石：这是一类含碱金属和碱土金属的含水铝硅酸晶体矿石，具开放性框架结构，内部具有很多通道和空腔，其中充满大量离子（多为钙、钠、钾等）和水分子，这些阳离子与水分子和阴离子框架结合较弱而具有活性，目前沸石有 40 多种，其功能主要是：

A. 营养性：沸石的主要成分是二氧化硅和三氧化二铝，此外，还含有钙、镁、钠、磷、锰、钾、铁、钡、锌、铜、钴、钼、硼、锆等 20 余种元素，这些元素都是水生动物生长所必需的。沸石中的这些矿物元素可以被水生动物利用，并能将水生动物体内或饲料中的有毒重金属置换出来，因此，饲料中添加沸石后可以减少其他矿物质添加剂的添加量。

B. 吸附性：沸石是多孔性物质，而且对氨离子有选择吸收性，因此，对氨离子有很强的吸附能力，还可以吸附硫化氢等有害气体。饲料中添加沸石，可以吸附消化道中的氨离子、有害气体以及霉菌毒素，减轻其危害，提高水生动物的消化吸收率，降低能量消耗，起到防腐、去毒的作用。

另外，沸石还有抗结拱、稀释等作用，因此，在饲料中添加沸石可以降低成本，增加产量和减少污染。

沸石在饲料中的添加量一般为 1%～5%。

②麦饭石：在医药中称为"药石"、"长寿石"。这是一种硅铝酸盐，它含有多种动物生长所需要的微量元素和稀土元素，其主要生理功能是：

A. 营养作用：与沸石相似，其中的营养元素可以被水生动物吸收，将水生动物体内或饲料中的有毒重金属置换出来。

B. 吸附作用：麦饭石与沸石相似，具有多孔性，可以吸附水生动物肠道中的有害气体、有害细菌和重金属。

C. 保健作用：它可增加水生动物体内 DNA 和 RNA 的含量，使蛋白质合成量增加，还可提高机体免疫能力、耐低氧能力、抗疲劳能力和消化吸收能力。

麦饭石在饲料中的添加量一般为 1%～5%。

③膨润土：膨润土是一种以蒙脱石为主要成分的黏土，俗称"白黏土"，原土呈块状，淡黄色或灰白色。膨润土含磷、钾、钙、铁、镁、锰、锌、钒、钼、钴等矿物元素，其中铁、钙、镁、钾含量较高。这些元素也易被动物所吸收。膨润土也具有很强的吸附性，可以去除肠道中的各种毒素，提高饲料转化率，增强肠道消化酶的活性，促进水生动物成

长。因其具有膨胀性，故在饲料中的添加量不要超过3％，一般为1％～3％。另外，它还可以作为饲料黏合剂，添加量一般在2％左右。

④凹凸棒石：这是一种镁铝硅酸盐黏土。呈三维立体全链结构或纤维状晶体结构，是海泡石族的一种。也含有多种矿物元素，如钙、镁、铁、锰、锌、钴、硒等，其中铁、锰、锌含量较高，这些元素也易被水生动物吸收。因此，凹凸棒石具有营养作用、吸附作用，只是吸附强度不如沸石。另外，它还有催化等作用。在饲料中的添加量一般为1％～5％。

⑤稀土：稀土（元素）即元素周期表中第57号到第71号镧系元素，它们是镧、铈、镨、钕、钷、钐、铕、钆、铽、镝、钬、铒、铥、镱和镥。在饲料中添加氯化稀土喂养中国对虾，发现对对虾生长有显著的促进作用，添加量以$30 \sim 100 \mathrm{mg/kg}$为宜，尤以$60 \mathrm{mg/kg}$的添加量为最适宜，其增长及增重效果最为明显。继续增大剂量，增长及增重效果反而逐渐降低。稀土能促进水生动物对磷的吸收，蓄积在水生动物体内的磷增加，而排出体外的磷减少。稀土对成活率的影响与对生长的影响相似，但影响不大。

稀土元素不属于动物的常量营养元素，也不是微量营养元素，其作用可能是一种生理生化上的激活剂。稀土可以增强酶活力，从而促进新陈代谢，提高对虾对饲料中营养物质的消化吸收，促进生长发育。

在使用这些天然矿物质添加剂时，应注意，虽然它们含有多种矿物质，但其含量不能完全满足水生动物的生理要求，故在配制配合饲料时，应根据实际情况相应补充某些矿物质，使各种矿物质达到平衡，满足水生动物对矿物质的生理需求。

（三）维生素添加剂　饲料工业上所用的维生素添加剂是用化学合成法或微生物发酵法生产的，它们的结构和性质与天然饲料中维生素的结构相似，作用也相同，由于在生产过程中，其活性成分经过了物理或化学等方法的处理，其稳定性要比天然维生素好，耐贮存性强，有利于饲料的使用和保存。

1. 使用维生素添加剂的基本知识

（1）维生素添加剂的稳定化处理。因为有些维生素不稳定，所以在生产这些维生素的添加剂时要进行稳定化处理。稳定化处理的方法有两类，即化学法和物理法，有时还要进行双重处理。所谓化学法处理，就是将维生素与其他物质起化学反应，生成相应的酯或盐，如维生素A乙酸酯、抗坏血酸钙等。所谓物理法处理，就是将维生素添加剂与其他物质混合，减少维生素添加剂与外界的接触，常用的是微型胶囊技术，如包被维生素C；也有的用吸附方法。

化学法和物理法相比前者较好，因为利用该技术处理的产品不仅稳定性更好，而且也易于与基础原料相混合。维生素添加剂在进行物理法稳定化处理时常加入一些抗氧化剂，进一步提高其抗氧化能力。有些易被破坏的维生素添加剂，进行化学法处理后，再进行物理法处理，即双重处理，目的是进一步提高其稳定性，如包被的维生素A乙酸酯等。所以，维生素与维生素添加剂是两个概念，前者是指活性成分，后者除活性成分外，还有其他非活性成分。

（2）维生素及其添加剂的计量单位。就目前来看，对于脂溶性维生素及其添加剂用国际单位计量；对于水溶性的维生素及其添加剂则用重量计量。对于维生素K，有脂溶性的

（K_1，K_2），也有水溶性的（K_3），对于前者用国际单位计量，对于后者则用重量计量。

（3）维生素添加剂中有效成分含量的计算。在配制维生素预混料时要求计量精确。对于较为稳定的维生素一般不作化学或物理性处理，可以根据产品上所标的有效含量进行折算计量。而对于经过化学、物理等稳定性处理的维生素添加剂中的有效成分的计量则较为复杂一些，要根据产品上所标的酯或盐的含量以及酯或盐中所含有效成分的含量进行连续计算。对于脂溶性维生素，还要进行国际单位与重量之间的换算。

（4）维生素添加剂的使用剂量。在计算维生素添加剂用量时，除考虑水生动物对维生素的需求量和基础饲料中原有含量等因素外，还要考虑到加工对维生素的破坏作用。水生动物对维生素的需求量受动物种类、规格、生活环境及饲料其他成分的影响。基础饲料中维生素的含量受饲料种类、产地、贮存时间及条件的影响。加工对维生素的破坏作用也会受到加工工艺的影响，为了弥补加工对维生素的破坏作用，应适当超量添加。至于超量多少，应视维生素种类、性能及加工工艺的不同而异，通常为 $2\% \sim 20\%$，一般超量 10% 左右即可。若添加量过多，不仅增加了成本，脂溶性维生素还有负作用。另外，对于抱食性等在水中摄食较慢的水生动物的饲料，还要考虑到水溶性维生素在水中的溶解损失。

2. 维生素添加剂介绍

（1）维生素 A 添加剂。

①稳定化处理：维生素 A 的纯化合物是视黄醇，因其极易被破坏，故制作维生素 A 添加剂时要进行稳定化处理，即酯化和包被。酯化即用维生素 A 与有机酸起化学反应生成酯。包被即用明胶、淀粉等，采用一定的加工工艺将酯化后的维生素 A 包裹起来，制成微型胶囊。也有的采用吸附技术，即用吸附剂将其吸附，然后制成粉状添加剂。在制作工艺中还加入抗氧化剂等，目的都是提高其稳定性。酯化维生素 A 的有机酸，常用的有醋酸、丙酸和棕榈酸。在国内，维生素 A 添加剂多由维生素 A 醋酸酯制成，在国外多用维生素 A 棕榈酸酯。

②商品形式及活性成分计量：维生素 A 添加剂以国际单位（IU）（美国药典单位，USP）表示。因酯化所用有机酸的分子量大小不同，故与一个国际单位的维生素 A 相对应的酯的重量也不一样，即不同存在形式的维生素 A 转化为 1 个国际单位的维生素 A 所需的重量不同，其对应关系是：

$$1IU \text{ 维生素 A} = 1USP \text{ 维生素 A}$$
$$= 0.300 \mu g \text{ 维生素 A 醇}$$
$$= 0.344 \mu g \text{ 维生素 A 醋酸酯}$$
$$= 0.358 \mu g \text{ 维生素 A 丙酸酯}$$
$$= 0.550 \mu g \text{ 维生素 A 棕榈酸酯}$$

③活性成分含量：维生素 A 添加剂的活性成分含量（即规格），常见的是 50 万 IU/g。也有的为 65 万 IU/g 或 20 万 IU/g。在采购和应用维生素 A 添加剂时，必须注意其活性成分含量。

以醋酸酯为原料的每克 50 万国际单位的维生素 A 添加剂，活性成分的重量为：

$$0.344 \mu g \times 500\,000 = 0.172g$$

由此可见，在这种维生素 A 添加剂中，活性成分只有 17.2%，而非活性成分则占 82.8%，活性成分很少。

同理，在维生素 A 醋酸酯制成的 20 万 IU/g 维生素 A 添加剂中，活性成分为 6.9%，非活性成分为 93% 以上。

在设计添加剂预混料配方或配合饲料配方时，维生素 A 是以国际单位计算的，而在配料时，则是以重量计量的，因此，必须根据所用维生素 A 添加剂的活性成分含量进行折算，方可得出应使用的添加剂重量。

例如：某配合饲料要求含维生素 A4 000IU/kg，若使用 50 万 IU/g 的维生素 A 添加剂，问要配制每千克配合饲料需称量这种维生素 A 添加剂多少？

解：对于该种添加剂，50 万 IU 相当于 1 000mg，设 4 000IU 相当于 X mg，则得方程：

$$500\,000IU：1\,000mg = 4\,000IU：X \qquad X = 8$$

即要配制每千克配合饲料应称量该种添加剂 8mg。

又如：某配合饲料要求含维生素 A4 000IU/kg，维生素预混料在配合饲料中的添加量为千分之一，若使用 50 万 IU/g 的维生素 A 添加剂，要配制 50g 袋装的这种维生素预混料，问要称量多少这种维生素 A 添加剂？

解：由上例已知每千克配合饲料中应使用这种维生素 A 添加剂 8mg，50g 袋装维生素预混料，按千分之一添加，即可向 50 000g 配合饲料中添加，设 50 000g 配合饲料应含该种添加剂 X，故得方程：

$$1\,000g：8mg = 50\,000g：X \qquad X = 400mg$$

50 000g 配合饲料中应添加这种维生素 A 添加剂的量，即相当于 50g 袋装维生素预混料中这种维生素 A 添加剂的量。

另解：因配合饲料要求含维生素 A4 000IU/kg，而维生素预混料按千分之一添加，则预混料中应含维生素 A：

$$1\,000 \times 4\,000IU/kg = 4\,000\,000IU/kg = 4\,000IU/g$$

而 4 000IU 相当的重量则为：

$$4\,000IU/500\,000IU/g = 0.008g = 8mg$$

即每克维生素预混料中应有这种维生素 A 添加剂 8mg，50g 袋装维生素预混料中应用这种维生素 A 添加剂的量：

$$8mg \times 50 = 400mg$$

④理化特性：维生素 A 乙酸酯为鲜黄色结晶性粉末，包被后的产品为灰黄色至淡褐色颗粒，易吸湿。维生素 A 棕榈酸酯，为黄色油状或结晶团状，不溶于水。

⑤稳定性：维生素 A 经过酯化和包被处理后，稳定性有了很大提高，但是，它仍是最易受到损坏的维生素之一，因此，在使用和贮存时应特别注意。

光、氧、酸都可促使它们分解。湿度和温度较高时，稀有金属盐可使它们分解速度加快。$FeSO_4 \cdot 7H_2O$ 可使其维生素 A 乙酸酯的活性损失严重。与氯化胆碱接触时，活性受到严重损失。在 pH4 以下环境中和在强碱环境中，很快分解。

包被后的维生素 A 酯在正常贮存情况下，在维生素预混料中，每月损失 0.5%～1%；在矿物质预混料中，每月损失 2%～5%；在配合饲料制粒过程中损失 15%～30%；在配合饲料（粉料或颗粒料）中，如果温度为 23.9～37.8℃，每月损失 5％～10％。

维生素 A 添加剂的贮存，要求容器密闭，避光，防潮，温度在 20℃ 以下且温差变化小，在这种条件下贮存 1 年仍可使用，损失很小。据报道，如在炎热条件下（35℃）贮存 2 个月，活性损失达 10％；贮存 12 个月，活性损失 40％，贮存 24 个月，活性损失 75％。

（2）维生素 D 添加剂。

①商品形式及活性计量：天然存在的维生素 D 有多种异构体，其中具有生物学活性的是维生素 D_2 和维生素 D_3，因维生素 D_3 的活性大于维生素 D_2，故维生素 D_3 被广泛应用。与维生素 A 相似，维生素 D 不稳定，因此生产上使用的维生素 D_3 添加剂，是以胆骨化醇醋酸酯为原料经包被处理后的产品。

维生素 D_3 的活性单位以国际鸡单位（ICU）或国际单位表示，1 国际单位的维生素 D_3 相当于 $0.025\mu g$ 维生素 D_3 的活性。

$$1IU 维生素 D = 1ICU 维生素 D$$
$$= 1USP 维生素 D$$
$$= 0.025\mu g 维生素 D_3。$$

维生素 D_3 添加剂的活性也是以 $0.025\mu g$ 为一个国际单位，即醋酸分子量可略而不计。

②维生素 D_3 的活性成分量：维生素 D_3 添加剂的活性成分含量，多为 50 万 IU/g 和 20 万 IU/g，在这些规格中，维生素 D_3 的含量也非常少，绝大部分为非活性成分。例如，在规格为 50 万 IU/g 的维生素 D_3 添加剂中，维生素 D_3 的实际含量为：

$$500\ 000IU/g \times 0.025\mu g = 12.5mg/g$$

即活性成分含量为 1.25％，98.75％ 为非活性成分。

③理化特性：维生素 D_3 添加剂为米黄色或黄棕色微粒，遇热、见光或吸潮后易分解，使含量下降。在 40℃ 水中成乳化状。

④稳定性：纯的胆骨化醇（维生素 D_3）对光敏感，可被矿物质和氧化剂所破坏，但维生素 D_3 经酯化和包被处理后，稳定性好，在常温（20～25℃）条件下，在维生素预混料中，贮存 1 年，甚至 2 年，也没有什么损失。但是在高温（35℃）条件下，在预混料中贮存 2 年，活性将损失 35％～40％，如添加剂制作工艺较差，贮存期不能过长。

（3）维生素 A/D_3 添加剂。在维生素添加剂中，还有维生素 A 和维生素 D_3 混合在一起的添加剂，它是由维生素 A 醋酸酯原油与维生素 D_3 原油混合，经稳定处理后的产品。二者没有颉颃作用，配伍性好，制作和使用都较方便，该产品的常见规格有（维生素 A50 万 IU＋维生素 $D_3$10 万 IU）/g 和（维生素 A40 万 IU＋维生素 $D_3$8 万 IU）/g。

本品为黄色或棕色微粒，遇见光或吸潮后易分解，含量下降，在 40℃ 水中成乳化状。

（4）维生素 E 添加剂。

①商品形式及活性成分计量：维生素 E 是一组化学结构相似的酚类化合物的总称，其中 α、β、γ、δ 四种生育酚较为重要，而以 α-生育酚分布最广，活性最高，也最具代表性，因此，商品形式皆为 α-生育酚。α-生育酚也有 D-型和 L-型之分。

因维生素 E 不稳定，故常将其酯化、包被或吸附等稳定化处理，制成不同形式的维生素 E 添加剂。维生素 E 添加剂的活性成分也是用国际单位计量，维生素 E 与不同的酸形成的酯中活性成分含量不同，其对应关系为：

$$1IU\ 维生素\ E = 1USP\ 维生素\ E$$
$$= 1mgDL\text{-}\alpha\text{-}生育酚醋酸酯$$
$$= 0.74mgD\text{-}\alpha\text{-}生育酚醋酸酯$$
$$= 0.91mgDL\text{-}\alpha\text{-}生育酚$$
$$= 0.67mgD\text{-}\alpha\text{-}生育酚$$

饲料工业上使用的维生素 E 添加剂多为 DL-α-生育酚醋酸酯。

②理化特性：维生素 E 添加剂有两种形态，即液体和固体，前者即维生素 E 原料，为微绿黄色或黄色的黏稠液体，遇光色渐变深。后者即维生素 E 粉，为类白色或淡黄色粉末，易吸潮。

③稳定性：维生素 E 分子中的羟基极易被氧化失去活性，经酯化后能阻止氧化，但酯化后的生育酚在碱性条件下也易被氧化，所以，维生素 E 与碱性的石粉、碳酸钙、氧化镁等混合后会影响维生素 E 的稳定性。

经酯化后的维生素 E 粉添加剂，在维生素预混料中，贮存 2 年，5℃条件下，仅损失 2%；20～25℃条件下，损失 7%；35℃条件下，损失 13%。即低温利于维生素 E 添加剂的贮存。维生素 E 添加剂在微量元素预混料中，45℃条件下，稳定期为 3 个月。在配合饲料中，稳定期为 6 个月。制颗粒时也相当稳定。

（5）维生素 K 添加剂。

①商品形式及计量单位：天然饲料中的维生素 K 是维生素 K_1，微生物合成的维生素 K 是维生素 K_2，维生素 K_1 和维生素 K_2 均为脂溶性。在饲料添加剂中使用的维生素 K 是人工合成的维生素 K_3，维生素 K_3 是水溶性的。因而，既有脂溶性的维生素 K，也有水溶性的维生素 K。维生素 K_3 的活性成分是甲萘醌，因其易发生化学变化，故制成衍生物使用。维生素 K_3 的商品形式主要有亚硫酸氢钠甲萘醌（MSB）、亚硫酸氢钠甲萘醌复合物（MSBC）和亚硫酸嘧啶甲萘醌（MPB）。维生素 K_3 的活性成分的计量单位以重量来表示，不同的维生素 K_3 形式含有不同量的活性成分，其对应关系为：

$$1mg\ 维生素\ K_3（甲萘醌）= 2mg\ 亚硫酸氢钠甲萘醌（MSB）$$
$$= 4mg\ 亚硫酸氢钠甲萘复合物（MSBC）$$
$$= 2mg\ 亚硫酸嘧啶甲萘醌（MPB）$$

②理化特性：MSB 有三种规格：第一种是用明胶微囊包被而成，含活性成分 50%，这是一种常用规格，为白色或灰黄褐色结晶性粉末；无臭或微有特臭；有吸湿性；遇光易分解。第二种是含活性成分 25% 的规格。第三种是含活性成分 94% 的规格，未加稳定剂，稳定型较差，但价格便宜。MSBC 为黄色结晶粉状；可溶于水；含甲萘醌 25%；加热到 50℃，活性也无损失。MPB 是维生素 K 的新产品，含活性成分 50%，其活性比 MSBC 还稳定；是稳定型最好的一种剂型，但有毒性，故应限量使用。

③稳定性：维生素 K_1 为黄色油状物，维生素 K_2 为淡黄色结晶。对碱、强酸、卤素、还原剂、光和辐射不稳定。甲萘醌衍生物，化学性质比较稳定，耐热性好，但对皮肤和呼吸道有刺激，故操作时要有保护措施。

甲萘醌对矿物质和水敏感，在室温下保存两个月，活性损失 35%。而 MSB 比较稳定，在添加剂预混料中，23.9℃条件下每月损失 6%～20%。微量元素对它影响不大，但在高湿度时则能加速分解。MPB更为稳定。

（6）维生素 B_1 添加剂。

①商品形式及理化特性：维生素 B_1 添加剂常用的有两种：一种是盐酸硫胺素，简称盐酸硫胺；另一种是单硝酸硫胺素，简称硝酸硫胺。

盐酸硫胺为白色结晶或结晶性粉末，具微弱的特臭，味苦，有吸湿性，在干燥空气中迅速吸收约4%的水分。硝酸硫胺为白色或微黄色结晶或结晶性粉末，有微弱的特臭。

②稳定性：盐酸硫胺在干式下很稳定，在酸性溶液中（pH≤3.5）最稳定，在碱性溶液中很快被破坏，在中性或碱性环境中对热敏感，饲料 pH>5.5 时，可使其破坏。铁和锰可加速其分解，氧化剂和还原剂也使其分解。硝酸硫胺稳定性好。

如盐酸硫胺和硝酸硫胺分别与氯化胆碱混在一起，贮存16周，前者活性损失38%，后者仅损失9%，如温度上升到40℃，前者的损失还要增大。

在我国南方的高温、高湿季节或地区，或在预混料中加有氯化胆碱时，维生素 B_1 添加剂应选择硝酸硫胺。

（7）维生素 B_2 添加剂。

①商品形式及理化特性：维生素 B_2 添加剂有两种产品：一种是用发酵法生产的维生素 B_2，因发酵后生成的维生素 B_2 多与发酵基质混合，一起干燥后出售，其浓度较稀。另一种是用化学合成法生产的维生素 B_2，其浓度较高。维生素 B_2 添加剂常用浓度是含核黄素96%，也有用55%或50%的剂型。前者有静电作用，有附着性，如预处理成55%，则流散性好。维生素 B_2 有静电性，纯度愈高，静电愈强，故在生产预混料时，应先将其与静电性低的稀释剂或载体拌合，然后再与其他添加剂混合。

维生素 B_2 为黄色至橙黄色结晶性粉末，微臭，味微苦。

②稳定性：维生素 B_2 在干式时对热和氧稳定，但易被还原剂（如亚硫酸盐、硫酸亚铁、维生素 C 等）和碱破坏。在水式时，经光照射，极易被破坏，稀有金属、碱能使其加速分解。

维生素 B_2 在维生素预混料中稳定性很好，在5℃、20℃和35℃条件下，贮存2年都没有损失。

在配合饲料或添加剂预混料中贮存1年，仅损失1%~2%。但在贮存时要注意防潮，避光，同时避免与还原剂、稀有金属等接触。

（8）泛酸添加剂。

①商品形式及理化特性：泛酸是不稳定的黏性油质，在配合饲料中不便使用，因此，常用泛酸钙（有时也用泛酸钠或泛酸钾）作为泛酸的添加剂。

作为添加剂的泛酸钙有两种，即 D-泛酸钙和 DL-泛酸钙，但二者的生物活性不同，前者的活性为100%，后者的活性则为50%。1mgD-泛酸钙的活性相当于0.92mg泛酸，1mgDL-泛酸钙只相当于0.45mg泛酸。1mg泛酸相当于1.087mgD-泛酸钙，二者两差不大，故在实际应用中，不必考虑 D-泛酸和 D-泛酸钙之间的差数。

在商品添加剂中，多为98%的规格，也有经稀释成66%或50%的规格。

泛酸钙为白色或类白色粉末，无臭，味微苦，有吸湿性，水溶液显中性或弱碱性。

②稳定性：泛酸钙在 pH5~7 范围内稳定，当 pH≥8 时，即不稳定；在酸性环境

（pH<5）中，损失加快。故泛酸钙单独贮存时，稳定性尚好。当有酸性添加剂（如烟酸、抗坏血酸等，pH2.5～4）与其接触时，很易脱氨失活，贮存1个月，就要损失25％，泛酸钙和烟酸是人们熟知的配伍禁忌。泛酸钙也易被氯化胆碱、重金属破坏。同时，泛酸钙吸水性较强，而水分又是其分解的因素之一，因此，贮存时要注意干燥。泛酸钙在维生素预混料中，若温度升高，则破坏严重。试验表明，泛酸钙在维生素预混料中经24个月贮存，在5℃条件下，损失2％；在20～25℃条件下，损失7％；在35℃条件下，损失70％。

（9）胆碱添加剂。

①商品形式及活性成分：用作饲料添加剂的胆碱是其衍生物，即氯化胆碱。氯化胆碱有液体和固体粉粒两种形式，前者有两种规格，常见的是含氯化胆碱70％，也有含氯化胆碱75％的产品，后者含氯化胆碱50％，但实际含量常稍高于50％。

1mg氯化胆碱相当于0.87mg胆碱，1.15mg氯化胆碱相当于1mg胆碱，即在50％氯化胆碱添加剂中，实含胆碱43.5％。

氯化胆碱是添加量最大的添加剂之一，每千克配合饲料中添加量至少300mg，有时高达1000mg，因此，在实际应用时，一般不计氯化胆碱与胆碱之间的差数，也不会出什么问题，而且，氯化胆碱的价格也较为便宜。

②理化特性：70％氯化胆碱水溶液为无色透明的黏性液体，稍具特异臭味。可与甲醇、乙醇任意混合，但几乎不溶于醚、氯仿或苯。吸湿性强，吸收CO_2放出胺臭味。50％氯化胆碱粉剂是把液体氯化胆碱喷洒到吸附剂上而制得的产品，为白色或黄褐色（视赋型剂不同而异）、干燥的流动性粉末或颗粒，也有特异臭味和吸湿性。若吸附剂为干燥后的有机物（如麸皮、米糠、谷粉等），因含水量高和吸湿性强而不耐贮存，很快变成面团状。若以无机物体（如二氧化硅、硅酸盐等）作吸附剂，则成品较好，白色，吸湿性小。

③贮存与使用条件：氯化胆碱的吸湿性很强，并有腐蚀性，因此，液体氯化胆碱须有密封的容器盛装。对粉状氯化胆碱也应尽量防潮。氯化胆碱非常稳定，在未开封的容器中至少可贮存2年以上。

需要特别强调的是，氯化胆碱本身虽很稳定，但对其他添加剂的活性成分破坏性很大。氯化胆碱吸水后液体呈弱酸性，对维生素A、维生素D_3、维生素K_3、泛酸钙等大多数添加剂都有破坏作用，而且它的添加量比受害添加剂的添加量大得多，如预混料中的氯化胆碱的含量在66g/kg以上时，还能破坏微量元素添加剂的活性成分，故它在预混料中的破坏作用很大。因此，对于那些经过贮存一段时间才使用的维生素预混料，一般不加入氯化胆碱，而在使用时再加入预混料中。也可直接加入配合饲料中。

液态氯化胆碱的添加，须有专门设备。固体粉粒状的使用则较方便。

（10）烟酸添加剂。

商品形式及理化特性：烟酸添加剂有两种，即烟酸和烟酰胺。前者为白色或带白色的粉末。后者为白色至微黄色结晶性粉末，无臭或几乎无臭，味苦，在水和乙醇中易溶。商品添加剂的活性成分含量一般为98％～99.5％。

贮存和使用条件：烟酸本身稳定性好，不易被酸、碱、水分、金属离子、热、光、氧化剂及加工贮存等因素破坏。但接触皮肤会使皮肤受伤，发生红疹，因此，使用时应注意。烟酰胺有亲水性，在常温条件下，容易起拱、结块，容易与维生素 C 形成黄色复合物，使两者的活性受到损失。

(11) 维生素 B_6 添加剂。

商品形式及理化特性：维生素 B_6 添加剂是盐酸吡哆醇，为白色至微黄色结晶性粉末，无臭，味酸苦，遇光渐变质。其活性成分含量为 82.3%。

稳定性：在两年的贮存期内，在 25℃ 以下条件下贮存，损失 10%，在 35℃ 条件下贮存，损失 25%。

(12) 生物素添加剂。

①商品形式及理化特性：生物素有 8 种主体异构体，但只有 D-生物素存在于自然界中，并有生物活性。天然存在的生物素以结合和游离两种形式存在，结合存在的生物素不能直接被动物利用。生物素为白色针状结晶或结晶性粉末。

生物素添加剂为 2% 的 D-生物素，标签上标有 H-2，为带白色到浅褐色的细粉，由 D-生物素用稀释剂稀释，或向吸附剂上喷洒制成。也有 1% D-生物素的制品，标鉴上标有 H-1 或 H_1。

②稳定性：对光、热稳定，但紫外线辐射会使其降解。饲料脂肪酸败时，生物素损失大，在含 40%～60% 有机载体的预混料中，生物素耐贮性好。

(13) 叶酸添加剂。

理化特性：叶酸为黄色或橘黄色结晶性粉末，无臭，无味。叶酸本身有黏性，商品性叶酸添加剂是经稀释并克服黏性后的粉末，有的商品添加剂的活性成分含量只有 3% 或 4%。叶酸微溶于水，但叶酸钠盐易溶于水，可作为饲料添加剂使用。

稳定性：叶酸对光和热敏感，高温条件下贮存损失大，如在室温条件下，贮存 3 个月，活性损失 43%。在预混料中，没有矿物质时损失少，若有矿物质，室温下贮存 3 个月，活性损失一半。在饲料制粒时，叶酸也有损失，所以，饲料中叶酸水平应比需要量提高 10%～20%。

(14) 维生素 B_{12} 添加剂。

商品形式及理化特性：维生素 B_{12} 的活性形式有多种，如氰钴胺素、羟钴胺素（水合钴胺）、硝钴胺素、甲钴胺素、氯钴胺素等。作为饲料添加剂的主要是前两者。

维生素 B_{12} 为红色至棕色细微粉末，具有吸湿性。规格有 1%、2%、0.1% 等剂型，其中以 0.1% 含量的制品便于配料。

稳定性：维生素 B_{12} 在弱酸性水溶液中相当稳定，在 pH 为 4.5～5.0 的溶液中，长期保存活性不变，但在 pH 为 3 以下或 8 以上则易分解失活。维生素 B_{12} 易吸湿，可被氧化剂、还原剂、醛类、维生素 C、维生素 B_1、维生素 B_3、二价铁盐等破坏。在维生素 C 存在时，维生素 B_{12} 不耐热，所以，在复合维生素中，维生素 B_{12} 要加以特殊保护。

(15) 维生素 C 添加剂。维生素 C 又叫抗坏血酸，只有 L 型才有活性。维生素 C 本身就可作饲料添加剂，但因其不稳定，所以，一般进行稳定化处理，形成稳定形式作添加剂。

L-抗坏血酸：白色或类白色结晶性粉末，无臭，有酸味，久置色渐变微黄。商品添加剂是经过稀释后的产品，活性成分含量仅 5%。现在一般不再使用。

包被 L-抗坏血酸：用乙基纤维素等包被材料在结晶维生素 C 颗粒的表面包上一层保护性的薄膜而成，白色或浅黄色的微粒粉状。

抗坏血酸盐：主要有两种：一种是 L-抗坏血酸钠，白色或浅黄色粉末。另一种是 L-抗坏血酸钙，为白色至黄白色结晶性粉末。无臭。易溶于水。

抗坏血酸酯：这类物质是维生素 C 与硫酸、磷酸、棕榈酸等反应生成的相应的酯。不同的酯的生物学效价不同，不同动物对同种酯的利用率也不同，鲤鱼可以利用维生素 C 磷酸酯，但不能利用维生素 C 硫酸酯，对虾对维生素 C 磷酸酯和维生素 C 硫酸酯均可利用，但对维生素 C 硫酸酯利用得更好。

维生素 C 极易被氧化，在光照和高温条件下很易被破坏，故须在密封、避光和 20℃ 以下条件内贮存。维生素 C 的酸性很强，对其他维生素会造成威胁，故在制作预混料时，要尽量避免与其他维生素的直接接触。抗坏血酸的盐、酯及包被了的抗坏血酸，则避免了以上缺点。包被维生素 C 的稳定性比结晶维生素 C 好，但不如维生素的酯或盐，不过价格一般也介于它们之间。喂养普通鱼类的硬颗粒饲料中用包被维生素更经济，但在膨化饲料和对虾饲料中则应使用维生素磷酸酯等。对于不同的水生动物，应选择不同的维生素 C 添加剂。

（四）油脂类　油脂类是高能量的营养成分，又是脂溶性维生素的载体，还是必需脂肪酸的来源，为了减少蛋白质作为能量的消耗，在饲料中可以考虑适量加入油脂。在饲料预混料中适量加入油脂，还可以作为液体黏合剂，使添加剂与载体很好地结为一体。

在水生动物饲料中适量添加油脂的作用已被证实，常用的油脂是鱼油、棉籽油、豆油、菜籽油等植物油。鱼油质量好，但价格也高。对植物油来说，以棉籽油为好，菜籽油最次。添加量视基础原料中的原有量而定，一般在 3% 左右。在以饼类和糠麸类为主要原料的配合饲料中脂肪含量一般在 5% 以上，已基本满足水生动物的生理需要，毋需再添加，否则，会影响水生动物的生长和肉质。

三、非营养性添加剂

非营养性添加剂是与营养性添加剂相对应的一个概念，它们虽然不能为水生动物提供营养物质，但是在保护饲料、促进摄食、提高水产品质量等方面起着重要作用。

（一）饲料保护剂　饲料在贮存期间发生多种变化，导致饲料质量下降，其中主要是氧化和发霉，为防止这些现象发生，在饲料中要加入适量抗氧化剂和防霉剂。

1. 抗氧化剂　饲料的化学成分很复杂，其中不饱和脂肪酸和维生素很易被空气中的氧气氧化。一旦被氧化，一方面使饲料营养价值降低，另一方面，氧化产物使饲料产生异味，使水生动物摄食量降低，同时对水生动物产生毒害作用。为防止这种现象发生，要加入抗氧化剂。所谓抗氧化剂，就是能够阻止或延迟饲料氧化，提高饲料稳定性和延长贮存期的物质。

（1）使用抗氧化剂的基本知识。

抗氧化剂的类别：根据溶解性可分为水溶性抗氧化剂（如抗坏血酸及其盐类、异抗坏血酸及其盐类等）和脂溶性抗氧化剂（如丁基羟基苯甲醚、二丁基羟基甲苯等）。根据存在方式，可分为天然存在的抗氧化剂（如抗坏血酸类、生育酚类等）和人工合成的抗氧化剂（如二丁基羟基甲苯、丁基羟基茴香醚和乙氧基喹啉等）。

抗氧化剂的作用机理：抗氧化剂的作用机理有如下几种情况：①有些抗氧化剂本身极易被氧化，自身被氧化后，消耗氧气，从而保护了饲料；②有些抗氧化剂可以放出氢离子，将油脂在自动氧化过程中所产生的过氧化物破坏分解，使其不能形成醛、酮、酸等产物；③有些抗氧化剂可能与所产生的过氧化物（游离基）相结合，使油脂在自动氧化过程中的连锁反应中断，从而阻止了氧化过程的进行；④有的抗氧化剂能阻止或减弱氧化酶的活动，是抑制氧化过程的催化剂。

抗氧化剂的使用剂量：抗氧化剂中天然抗氧化剂，如维生素C、维生素E、卵磷脂等的使用量没有严格的要求。但人工合成的抗氧化剂使用量则有一定的限制，其用量一般为0.01%～0.02%。如果是多种人工合成的抗氧化剂并用，则总用量不变。如果脂肪含量超过6%或维生素E严重缺乏，抗氧化剂用量应适当增加。

添加抗氧化剂的时间：抗氧化剂只能阻碍氧化作用，延缓饲料开始氧化的时间，但是不能改变已经氧化的后果。因此，应在饲料未受氧化作用或刚开始氧化时就加入抗氧化剂，才能发挥其抗氧化作用。

氧含量的控制：氧气的存在可加速氧化反应的进行，因此，在使用抗氧化剂的同时，应采取充氮或真空密封等措施，减少与氧气接触，以便更好地发挥抗氧化剂的作用。

尽量减少重金属离子的浓度：铜、铁等重金属离子是促进氧化的催化剂，尤其是铜，是一种很强的助氧化剂，因此，必须尽量避免这些离子的混入。添加抗氧化剂时可同时使用能螯合这些离子的增效剂，如柠檬酸、磷酸、抗坏血酸等酸性物质。

（2）常用抗氧化剂介绍。

①乙氧基喹啉：又称乙氧喹，外观为黄色至带黄褐色的黏滞性液体，具有特殊臭味。不溶于水，易溶于盐酸、丙酮、苯、氯仿、乙醚和植物油中。在自然光照射下易氧化，遇空气和氧色泽变深，呈暗褐色，黏度也增加。故本品应保存在避光、密闭容器中，但溶液颜色暗化后不影响使用效果。含量一般在97.5%以上。

乙氧基喹啉的商品名称为山道喹、珊多喹、衣索金。常用的商品制剂有两种：一种为乙氧喹含量为10%～70%的粉状物，其物理性质稳定，不滑润，不流动，在饲料中分布均匀；另一种为液体状态，其中一种以甘油作溶剂，另一种以水作溶剂，用前需再加水稀释后使用专门设备喷洒。

②二丁基羟基甲苯：外观呈白色带微黄块状或结晶粉末，无臭，无味。不溶于水和甘油，易溶于甲醇、乙醇、乙醚等有机溶剂和豆油、棉籽油、猪油等油脂中。本品的稳定性优于其他抗氧化剂，对热稳定，与金属离子作用不会着色。但仍宜存放于避光、密封容器中。二羟基甲苯的商品名成为即丁羟甲苯，市售产品的含量为95%～98%。

③丁基羟基茴香醚：本品又名丁羟甲醚、丁基化羟基苯甲醚。外观呈白色或微黄色蜡样结晶粉末，带有特异性的酚类臭味及微量的刺激性气味。不溶于水，不同程度地溶于丙二酸、丙酮、乙醇、动物脂肪中。对热稳定。但仍应存放在避光密闭的容器中。

2. 防霉剂 饲料在贮存期间往往被霉菌污染，一旦污染，霉菌生长繁殖就要消耗饲料中的营养物质，使其营养价值降低，同时霉菌代谢产生的毒素还会降低饲料适口性，甚至使水生动物中毒。因此，做好防霉工作是养殖生产和饲料工业发展的重要任务之一。防霉的措施较多，如培养抗性品种、选择适当的种植和收获技术、严格控制饲料的水分、改善贮藏条件等。向饲料中添加防霉剂是一种行之有效的方法。防霉剂是一类抑制霉菌繁殖、防止饲料发霉变质的化合物。添加防霉剂的目的是抑制霉菌的代谢和生长，延长饲料的保藏期。其作用机制是，破坏霉菌的细胞壁，使细胞内的酶蛋白变性失活，不能参与催化作用，从而抑制霉菌的代谢活动。

（1）影响防霉效果的因素。

溶解度：常用的防霉剂均具有一定的溶解性，这样有利于向饲料中添加，充分发挥其抑霉作用。

饲料环境的酸碱度：在不同的 pH 条件下，防霉剂所能发挥的抑菌能力不同。有机酸类防霉剂在饲料环境偏酸时抑菌能力强，饲料环境偏碱时则不发挥作用，即 pH 愈低，防霉剂的效果愈好。

水分含量：水是一切生命活动所必需的，没有水，所有生命活动将停止，因此，只要降低饲料中的含水量，就相当于增强了防霉效果。

温度高低：当温度低于18℃或超过一定温度（40～50℃）以上时，一般霉菌就不再繁殖，在防霉剂本身未失活的前提下，这也等于增强了防霉剂的效果。

污染程度：饲料被霉菌污染的程度越轻，防霉剂的效果就越好。因此，在使用防霉剂时应注意良好的卫生条件，尽量避免霉菌污染。在保证质量的基础上，减少了防霉剂的用量。

分布情况：防霉剂在饲料中只有分布均匀，才能达到抑制微生物的效果。所以，对于易溶于水的防霉剂，可将其溶于水，再喷雾到饲料中，充分混合均匀；对于难溶于水的防霉剂，可先用乙醇等溶剂配成溶液，然后再喷雾到饲料中，充分混合均匀。

多种防霉剂并用：每种防霉剂都有其各自的作用范围，在某些情况下，两种或两种以上的防霉剂并用，往往可起到协同作用，从而比单独使用一种更为有效。但防霉剂的并用必须符合使用标准，要经反复试验找出最有效的配合比例。

防霉剂的保藏：防霉剂的物理保藏方法，如低温（冷藏）、干燥（降低环境水分）、控制环境卫生、良好包装（密封）等以及防霉剂与饲料相混在一起保藏的物理方法，如加热、冷冻、辐射或干燥等，也会影响到防霉效果。

（2）常用防霉剂介绍。

①丙酸及其盐类：丙酸是一种有腐蚀性的有机酸，有弥漫特异气味，是酸性防腐剂。外观为无色透明的液体，含丙酸99%以上。极易溶于水，有时用吸附剂吸附制成含丙酸50%或60%的粉末。

丙酸盐包括丙酸钠、丙酸钙、丙酸钾和丙酸铵等。常用于作防霉剂的是前两者。丙酸钠外观为白色结晶或颗粒状粉末，无臭味或稍有特异丙酸气味，易溶于水，具吸湿性。丙酸钙外观为白色的晶体颗粒或粉末，无臭或稍具特异臭味，易溶于水。

丙酸盐杀霉性较丙酸低，故使用剂量较之大。丙酸用量一般为0.05%～0.4%，丙酸盐用量一般为0.065%～0.5%。用量随饲料含水量、pH而增减。丙酸臭味强烈，酸度又高（pH2～2.5），故对人的皮肤具有强烈刺激性和腐蚀性，使用时应注意。

此类防霉剂毒性低，抑菌范围广，丙酸还可为动物提供能量，其盐类可为动物提供矿物质，因此，此类防霉剂是常用的防霉剂。使用方法有：A. 直接喷洒在饲料表面。B. 和载体预先混合后，再掺入饲料中。C. 与其他防霉剂混合使用，扩大抗菌谱。

②苯甲酸和苯甲酸钠：苯甲酸又名安息香酸，为白色叶状或针状晶体，质轻，无臭味或稍带气味。是一种稳定的化合物，但有吸湿性，在酸性条件下易随水蒸汽挥发。微溶于水，易溶于乙醇，溶液呈无色透明状。

苯甲酸钠外观呈白色颗粒或无定形结晶性粉末，无臭或微带气味，味微甜后涩，有收敛性。易溶于水，溶于乙醇。在空气中稳定。杀菌性较苯甲酸弱。

苯甲酸溶解度低，使用不便，故在饲料中主要使用苯甲酸钠。苯甲酸钠是一种酸性防腐剂，在 pH 为 5.5 以上时，对很多霉菌无杀灭作用，其最适 pH 范围为 2.5～4.0。该类防霉剂使用量不得超过 0.1%。

③山梨酸及其盐类：山梨酸又叫清凉茶酸，为无色或白色针状结晶或结晶性粉末。无臭或稍有刺激性臭味，无腐蚀性，具有较强的吸水性，微溶于水，易溶于有机溶剂。对光、热稳定，但在空气中长期存放易氧化变色。

山梨酸盐类包括山梨酸钠、山梨酸钾、山梨酸钙等。山梨酸钾常用作防霉剂。山梨酸钾为无色或白色鳞片状结晶或结晶性粉末，无臭或稍具臭味。在空气中不稳定，能被氧化着色。有吸湿性，极易溶于水。

山梨酸的用量一般为 0.05%～0.15%，山梨酸钾一般用 0.05%～0.3%，最适 pH 为 5～6 以下。

在配合饲料中加入抗氧化剂和防霉剂固然在一定程度上可以起到抗氧化和防霉效果，但是，主要精力应放在原料的选择与贮存上。选择优质的原料和适当的贮存方法是保护饲料最根本的措施，加入保护剂只是一种辅助措施。实际上，抗氧化剂和防霉剂发挥作用要求一定的条件，并且其效果也有一定的限度，因此，饲料中即使加入保护剂，也应尽量加快其周转速度，缩短贮存期。一般要求配合饲料的贮存期不超过 3 个月。对于那些加工后马上投喂的饲料，可以不添加饲料保护剂。

（二）诱食剂 诱食剂又称诱食物质、引诱剂或促摄物质。其作用是刺激水生动物的感觉（味觉、嗅觉和视觉）器官，诱引并促进水生动物的摄食。

1. 诱食剂的特点

（1）协同作用。即使一种物质也可以产生诱食效果，但欲使效果理想，最好使两种或两种以上的物质相配合，使其发挥协同作用。如两种以上的氨基酸、氨基酸和核苷酸、氨基酸和甜菜碱、氨基酸和色素或荧光物质等。

（2）专一性。不同种类的水生动物对不同种类的诱食剂的反应不同，不同的水生动物对同一诱食剂的刺激可表现出完全不同甚至相反的反应。如丁香水煮液对鲤鱼有排斥作用，而对鲫鱼有引诱作用。田螺水煮液对鲤有强烈的引诱作用，但对鲫却有强烈的排斥作用。

（3）所有 D-氨基酸均无诱食活性，有些还会产生阻碍摄食的作用。有些 L-氨基酸对某些水生动物也会产生阻碍摄食的作用，如 L-丙氨酸对鲤有引诱作用，而对鲫有排斥作用。

（4）诱食效果受诱食成分在水中的溶解度、扩散速度、浓度分布等因素影响很大。

2. 诱食剂的种类

（1）甜菜碱。甜菜碱是常用的诱食剂，此内容详见本节之"四、其他添加剂"。

（2）动植物提取物。研究表明，水蚯蚓、牛肝、蚕蛹干、带鱼内脏和鱼干等的水提取液对南方鲶仔鱼有良好的效果。枝角类浸出物、摇蚊幼虫浸出物、蚕蛹水煮液、田螺水煮液、蚕蛹乙醚提取物对鲤鱼有诱食作用。丁香水煮液、蚕蛹水煮液、蚯蚓水煮液、蚕蛹乙醚提取物对鲫鱼有诱食作用。海蚯蚓对真鲷有诱食作用。沙蚕提取物沙、蚕提取物＋尿苷酸对中华绒螯蟹有诱食作用。蚯蚓对中国对虾有诱食作用。

大蒜、洋葱中因含有硫的挥发性低分子有机物而具有特殊气味，其强烈的蒜香对多数鱼类的嗅觉有刺激作用，能引诱其摄食。一些天然植物香料及中草药也有强烈的诱食作用，如丁香、黄柏、八角、陈皮、阿魏及广陵香等，对多数淡水鱼类都有诱食作用。新鲜水果（如葡萄、樱桃、甜瓜、柿子等）的提取液对鱼类也有一定的诱食作用。

动植物提取物的不同加工方法也会影响其诱食效果，如蚕蛹，无论是水煮液还是乙醚提取液对鲤和鲫均有诱食作用，但对蚯蚓，其水煮液对鲫鱼有明显的引诱作用，而乙醚提取物对鲫鱼则无作用。动植物提取物化学成分复杂，起诱食作用的成分尚没有完全搞清楚。

（3）含硫有机物。含硫有机物主要是 DMPT（二甲基-丙酸噻唑，又名硫代甜菜碱）、大蒜素等。DMPT 是一种新型有效的水生动物诱食剂，具有海洋气味，存在于海藻和较高等的植物中。对真鲷、牙鲆、鲤鱼、鲫鱼、金鱼、长臂虾等具有明显的诱食效果，并能改变养殖品种的肉质，使淡水品种呈现海产风味，从而提高其经济价值。大蒜素不仅可以促进摄食，而且还可以使真鲷、牙鲆、虹鳟肉质细腻紧密，鲜美香浓，同时对细菌性疾病也有防治效果。另外，溴化羧甲基二甲基硫（CMDMS）对鲤鱼的诱食也有一定的作用。

（4）氨基酸、脂肪和糖类。多数氨基酸对水生动物的味觉和嗅觉都具有极强的刺激作用。如苯丙氨酸、组氨酸、亮氨酸等具有独特的甜味；缬氨酸、异亮氨酸等带侧链的氨基酸具有巧克力的香味。脯氨基酸已被公认为是引诱水生动物最有效的化合物之一。鳗鱼饲料中添加丙氨酸、脯氨酸、甘氨酸、组氨酸的混合物后，能有效地促进其摄食和消化吸收。酪氨酸、苯丙氨酸、赖氨酸、组氨酸对虹鳟有诱食作用。

亚油酸、亚麻酸、鱼油等能促进团头鲂的摄食。脂肪能促进草鱼的摄食。

蔗糖能促进中华鳖的摄食。

（5）其他种类。其他被证实对水生动物有诱食作用的物质有核苷酸、尿苷-5-单磷酸盐、羊油、甲酸、香味素、类似维生素 B_2 的荧光物质、盐酸三甲胺（TMAH）、柠檬酸等。苷氨酸三甲丙脂是天然的生物碱化合物，在饲料中添加 $0.5\%\sim1.5\%$ 便对所有淡水鱼和甲壳动物的嗅觉和味觉均有较强的刺激作用。盐酸三甲胺（TMAH）对罗氏沼虾有诱食作用。

现将几种主要饲养对象的诱食剂及在饲料中的添加量列于表 3-1 中。在每 10g 真鲷饲料中加入 45mg 甘氨酸、59.5mgL-丙氨酸和 51.5mgL-缬氨酸，以及适量的类似维生素 B_2 的荧光物质，能有效地促进真鲷的摄食。

表 3-1　主要养殖对象的诱食剂

饲养对象	促摄物质名称	用　　量
齐氏罗非鱼[①]	谷氨酸 丙氨酸	0.01～0.1mol 0.01mol
日本鳗鲡[②]	L-丙氨酸 甘氨酸 L-组氨酸 L-脯氨酸 尿苷-5-单磷酸盐	每100g饲料中285mg 每100g饲料中508mg 每100g饲料中39mg 每100g饲料中217mg 每100g饲料中63mg
日本鳗鲡[①]	酵母脱核酸浸出物 酵母	不足饲料的1% 为饲料的10%
真鲷[②]	甘氨酸 L-丙氨酸 L-缬氨酸 类似维生素B₂的萤光物质	每10g饲料中45mg 每10g饲料中59.5mg 每10g饲料中51.5mg 每10g饲料中微量
日本对虾	蛤子提取物（活性物质为牛磺酸和甘氨酸）	活性物质的添加量为饲料的1.5%
中华绒螯蟹[②]	复合氨基酸 甜菜碱 风味素（主要诱食因子）	0.6% 0.15% 0.5%

注：①为不同物质分别试验的结果。②为多种物质协同作用的试验结果。

在一般饲料中加入诱食剂可以提高摄食量，特别是当饲料中植物性饲料含量高时，更应加入诱食剂以改变其适口性。在捕捞水产品时，饲料中适量加入诱食剂，则可大大提高捕获率。

研究证实，通常作为诱食剂的物质同时具有多种其他作用，如营养作用、防治疾病、提高消化酶活性、提高消化吸收率、改善肉质、降低血糖和血脂等。

（三）水产品着色剂　人工养殖的水生动物，其体色往往不如在天然水域中生活时的色彩鲜艳，因而影响了其商品价值。若在饲料中添加着色剂则可解决这一问题。例如使鲑鱼与鳟鱼的体表与卵增色，使锦鲤、金鱼等观赏鱼和真鲷、甲壳类的体表更为鲜艳美观，则可提高其商品价值。

水生动物的体色主要是由类胡萝卜素在体内积累的多少所致，一般来说，动物自身不能合成类胡萝卜素，只能从食物中来获得，在体内积累起来，使体表、肌肉、卵呈现颜色，因此，应根据情况在配合饲料中适量添加类胡萝卜素。

类胡萝卜素是一类化合物的总称，可分为胡萝卜素、叶黄素、玉米黄素和虾青素等。它们存在于动物、植物及微生物体内。胡萝卜素主要有α、β、γ三种，都是红、黄色。叶黄素种类很多。甲壳类所含的是虾黄素。甲壳类的虾黄素通常与蛋白质相结合，呈灰绿色。加热后，虾黄素与蛋白质的结合键被打断，游离的虾黄素被氧化成虾红素，故而变红色。

常用的着色剂主要有叶黄素和胡萝卜醇。其添加量视饲料中原有含量和着色程度的要求而定，一般为10～20g/t。

类胡萝卜素的色素源，植物性原料有辣椒、金盏花粉、苜蓿粉、黄玉米面筋粉、裸藻、绿藻、蓝藻等；动物性原料有糠虾、磷虾、鳌虾、蟹粉等。表3-2列出了几种类胡萝卜素源中类胡萝卜素含量，几种物质的类胡萝卜素中所含色素的比例差别列于表 3-3 中。

表 3-2　天然类胡萝卜素的来源及含量（mg/kg）

来　源	类胡萝卜素含量	来　源	类胡萝卜素含量
小 球 藻	4 000	苜 蓿 粉	100～550
海 绵 藻	2 200	玉 米	8～50
甲壳纲动物	80	玉米面筋粉	100～300
辣 椒 粉	275～1 650	金盏花粉	4275
禾本科牧草	200～760	三 叶 草	500

表 3-3　几种用于着色的饲料含叶黄素和玉米黄素的量（占总氧化类胡萝卜素%）

色素种类	苜蓿粉	玉 米	玉米面筋粉	金盏花粉	藻 粉
叶 黄 素	46	54	53	88	78
玉米黄素	4	23	29	4	

裸藻酮利用范围相当广，鲑、鳟、鲷、金鱼、虾、鲤等皆可使用。在饲料中添加 0.001%～0.004% 裸藻酮，可以改善虹鳟的皮、肉及卵色；真鲷和虹鳟不能改变色素的组成，但能将上述色素直接沉积在体内。裸藻酮除具有着色效果外，还可促进卵成熟，提高受精率及孵化率。

裸藻酮在对虾体内可转变成虾青素，在饲料中添加 0.02%，喂养 4 周即可见效，是优良的着色剂。金鱼、红鲤和锦鲤能将叶黄素和玉米黄素转变成虾青素。以叶黄素喂鱼，橙色加强，以玉米黄素喂鱼，则红色增强。因此，为改善金鱼、红鲤的体色，以在饲料中加入玉米黄素为佳。

虾青素为红色系列着色剂。在饲料中添加虾青素饲喂对虾，经过 8 周，对虾体内的虾青素即达到最高值，在 4 周后就能看到色彩的改善，因此，改善体色历时 1 个月即可。将红法夫酵母添加到饲料中，鲑鱼和鲟鱼食用了经破碎细胞壁的红法夫酵母后，虾青素积累在皮肤和肌肉中呈红色，这种鱼营养价值高，色泽鲜艳，味道好，经济价值高。红鲑鱼的虾青素含量通常为 5～20mg/kg（鲜重），而虾青素在饲料中的含量为 40～150mg/kg。

目前，在配合饲料生产上着色剂的添加量见表 3-4。

表 3-4　着色剂与着色对象

着色对象	体色主要成分	添加量（%）	色素源	着色部位
真鲷	虾青素、胡萝卜二醇	虾青素 0.2～1.0	糠虾、南极磷虾	体色变红
鱼	胡萝卜二醇	虾青素 0.2 以上	南极磷虾	体色鲜艳，出现黄色带
虹鳟	虾青素	虾青素 0.3～0.5	糠虾、磷虾	体表、肌肉、卵变红
香鱼	玉米黄素	玉米黄素 0.2～0.4	螺旋藻、小球藻	体表变黄
罗非鱼	玉米黄素	玉米黄素 0.5	螺旋藻、小球藻、虾类	体色鲜艳
对虾	虾青素	β-胡萝卜素、虾青素	螺旋藻、虾类	体色变红

虾青素还有促进抗体产生、增强机体免疫能力、抗脂肪氧化、消除自由基等方面的作用，这方面的能力均强于 β-胡萝卜素。虾青素对鱼类的繁殖也起着重要作用，可作为激素促进机体生长和成熟，提高生殖力，提高鱼卵受精率，减少胚胎的死亡率。

（四）生长促进剂　生长促进剂的主要作用是刺激水生动物生长，提高饲料利用率以及改进机体健康。

1. **抗生素**　原名抗菌素，因其作用远超出单纯的抗菌范围，所以现在一般称为抗生素。这类物质促生长的机理是抑制和杀灭动物肠道中的病原微生物，促进有益微生物的生长，维持动物消化道中微生物菌群的平衡，同时促进各种营养物质的吸收。这类物质主要有黄霉素、维吉尼霉素等。实验证明它们对鲤鱼、鳗鱼、中华鳖等水生动物具有显著的促生长作用。

2. **激素**　主要有生长激素、甲状腺素、促蛋白合成素等。这类物质目前应用尚不普遍。

3. **酶制剂**　饲料中添加酶制剂的目的是促进饲料中营养成分的分解和吸收，提高其利用率。目前，用作饲料添加剂的酶主要是消化酶类，它们来源于生物细胞或微生物的代谢产物。常用的饲料酶制剂有蛋白酶、淀粉酶、脂肪酶、植酸酶、NSP 酶（非淀粉多糖酶）等。前三种酶的功能是分解相应的营养素，水生动物本身可以分泌这些酶，但数量和活性有限，为进一步提高消化率，在饲料中适量另外添加。植酸酶是用于分解植酸的酶，使植酸释放出磷元素，提高机体对磷元素的利用率。NSP 酶的功能是分解粗纤维（详见粗饲料调制剂）。除单一酶制剂外，为更大地提高饲料营养价值和水生动物消化能力，充分利用酶的协同作用，发挥其综合效应，还配制了复合酶制剂。选用饲料酶制剂应注意下列问题：

（1）应根据水生动物种类、规格及其消化生理特点使用。消化酶主要用于小规格、消化道短、消化酶活性不高的种群。同时还要考虑到饲料类型等因素。

（2）单纯酶制剂保存期不应超过 6 个月，做成预混料或饲料则不应超过 3 个月。

（3）酶制剂最方便的使用方法是将其加入预混料中，然后再与饲料混合制粒。为提高其效果，可用酶制剂预先处理饲料原料，或在制粒后将酶制剂喷涂在颗粒上。

（4）添加量不宜过多，否则会有副作用，影响机体的生长。

4. **喹乙醇**　属于喹啉类药物，又名倍育诺、快育灵、奥拉金、喹酰胺醇。是一种化学合成的抗菌促生长剂，对水生动物具有促进生长、防治疾病、提高饲料效率等作用，且价格便宜，因此，在过去一直是水产养殖最主要的促生长剂之一。有的生产者用量过大，每千克饲料高达几百甚至上千毫克，结果导致中毒，表现为鱼体浮肿、腹水和应激能力和适应能力降低，捕捞、运输时发生全体出血而死亡。

现已查明，水产动物对喹乙醇的吸收和分布都很快，但其消除却很慢，长期使用引起蓄积性中毒，同时对人体也会产生不良影响，因此我国饲料标准规定，在水生动物饲料中不准添加喹乙醇。

（五）青贮饲料调制剂　世界上凡是养殖业发达的国家，青贮技术都有很大的发展。现代青贮技术中最重要的方法之一是采用了青贮饲料调制剂，使用青贮饲料调制剂的主要目的是为了保证乳酸菌在发酵中占有优势，并可防止青贮料的霉烂，提高营养价值。青贮饲料调制剂主要分为三类。

1. **保护剂**　起抑制饲料中有害微生物的活动，防止饲料腐败和霉变，减少其中营养成分的消耗和流失的作用。如防腐剂——甲醛、亚硫酸与焦亚硫酸钠等；有机酸——甲酸、乙酸等；无机酸——硫酸、盐酸、磷酸等。

2. 促进剂　起促进乳酸发酵的作用，达到保鲜贮存的目的，如接种菌体等。

3. 含氮等营养性物质　提高饲料的营养价值，改善饲料风味，如尿素、糖蜜、磷酸一铵、尿素—糖蜜、氨水、食盐等物质。

（六）粗饲料调制剂　粗饲料的种类和数量很多，其特点是体积大，粗纤维含量高，而易被消化的无氮浸出物含量低，水生动物对其消化率低。通过加工调制，则可改变其理化特性，提高其营养价值和消化率，扩大饲料来源。粗饲料的加工调制方法主要有三类：物理处理法、化学处理法和生物处理法。

1. 物理处理法　就是将粗饲料切断或粉碎，对于提高消化率的作用很小，主要是为化学处理法和生物学处理法做准备。

2. 化学处理法　常用的粗饲料调制剂主要有氢氧化钠、氢氧化钾、氨水、石灰、尿素和NSP酶等。NSP（非淀粉多糖）是植物组织中除淀粉以外的所有多糖的总称，主要有β-葡聚糖、阿拉伯木（戊）聚糖、纤维素、果胶、苷露糖等。NSP酶即分解这些物质的酶，主要是β-葡聚糖酶、阿拉伯木（戊）聚糖酶和纤维素酶等。饲料中添加NSP酶，可以摧毁植物细胞壁结构，降低食糜黏稠度，减少消化道疾病，提高内源性消化酶活性。

3. 生物学处理法　常用的粗饲料调制剂主要是微生物制剂，靠微生物产生酶，酶再分解粗纤维。

（七）黏合剂　黏合剂是在饲料中起黏合作用的物质，在水产饲料中起着非常重要的作用，特别是甲壳类饲料，因其摄食特性为抱食，边游边食，要求饲料在水中保持长时间不溃散。

1. 水产饲料黏合剂的作用

（1）黏合剂将各种营养成分黏合在一起，保障水生动物能从配合饲料中获得全面营养。

（2）减少饲料的崩解及营养成分的散失，减少饲料浪费及水质污染。

2. 作为水产黏合剂应具备的条件　黏合剂应具有价格低，用量少，来源广，无毒性，加工简便，不影响水生动物的摄食、消化和吸收，黏合效果好，水稳定性强等特点。

3. 水产饲料黏合剂的类别　水产饲料黏合剂大致可分为天然黏合剂和人工黏合剂两大类。前者主要有淀粉、小麦粉、玉米粉、小麦面筋粉、褐藻胶、骨胶、皮胶等；后者主要有羧甲基纤维素、聚丙烯酸钠等。

4. 影响水产饲料黏合剂黏合效果的因素

（1）黏合剂本身的性质。不同种类的水产饲料黏合剂的化学组成不同，其对饲料的黏合效果自然不同。

（2）饲料种类与黏合剂用量。饲料中含脂质多的鱼卵、鱼肝等超过20%，则黏合效果不好；同一种黏合剂用量多，则黏合性效果好。

（3）饲料原料的细度。饲料原料细度越高，与黏合剂接触面越大，因而易于被黏合。

在使用虾（蟹）粉及质量不高的鱼粉等为饲料原料时，最好对原料进行微粉碎或二次粉碎，使其粒度达到0.172mm（100目）以上。

（4）加工温度。以糖类、动物胶类等作黏合剂时，生产的颗粒饲料应在 80℃以上的温度下干燥，黏合效果才好；如果晒干，则黏合效果差。

（5）制粒工艺条件。生产颗粒饲料前，原料中的加水量、与黏合剂混合的均匀度、造粒时的温度、所用设备、造粒时原料间紧密的程度、饲料颗粒表面的光滑程度（表面越光滑在水中越不易失散）、成粒后的干燥方法（经 60℃烘干的可以长时间不散，而晒干者经 20～30min 即散失）等均会影响黏合效果。

（八）抗结块剂　抗结块剂，也叫流动剂。它是提高饲料质量、产量和耐存性的辅助剂。对流动缓慢、易黏不散和对温度敏感的物料，它可提高其在加工过程中的流动性和贮存的稳定性。一般都在添加剂预混料的制作工艺上使用，不在配合饲料中使用。

配合饲料中有多种组分，它们有着不同的理化特性。例如，有的是固态物质；有的是液体状态；有的对特异条件特别敏感（维生素添加剂和微量元素盐）；有的具有黏着性；有的表面湿度过高；有的表面凹凸不平；有的黏合力相差很大等。使用抗结块剂可以调整这些性状，使他们容易流动、散开，表现流动性强。

抗结块剂有天然的和合成的两类。硅酸化合物和硬脂酸盐，对动物无害，可单独使用，也可混合在一起使用。它们的作用机制不同，但都应是微小颗粒，有特定结构，有抗挤压、化学稳定性好的特性。常用的抗结块剂有：硬脂酸钙、硬脂酸钾、硬脂酸钠、滑石、硅藻土、脱水硅酸和硅酸钙等。

抗结块剂的使用量为预混料的 0.5%～2%，因抗结块剂种类和使用目的不同而异。有的国家规定，最大用量不能超过 2%。

四、其他添加剂

这类添加剂是近几年才开发的添加剂，它有多方面的作用，很难将它们划为营养性或非营养性添加剂，因此将其单独列出。

（一）甜菜碱　甜菜碱存在于动物体内，在有些植物体内也有。商品形式主要是从甜菜加工副产品中提取的甘氨酸三甲胺内脂。分子式 $C_6H_{11}O_2N \cdot H_2O$。是一种白色结晶状的生物碱。甜菜碱的生物学功能主要有如下几个方面：

（1）作为诱食剂。

（2）提高消化酶活性。

（3）促进脂肪代谢，防治脂肪肝。

（4）对渗透压的激变起到缓冲作用。

（5）提高生长速度和成活率，降低饲料系数。

（6）提高机体应激能力。

目前，在饲料中的添加量大多在 1% 左右。

（二）磷脂　磷脂是油料在制油过程中油脂的伴随物，在大豆油中含量较高。磷脂吸水性较强，在油脂中易使油脂酸败变质，因此，毛油必须精炼除去其中的磷脂，以便于油脂贮存。磷脂为油厂的副产品，已被广泛应用于食品、医药、化工和养殖业。

1. 种类与结构　磷脂广泛存在于动植物体内，它由 1 分子甘油与 2 个脂肪酸、1 个磷酸和 1 个氨基醇残基所组成。磷脂主要包括卵磷脂和脑磷脂，其他还有肌醇磷脂、丝氨酸磷脂、糖脂、固醇脂和磷脂酸等。卵磷脂由甘油、脂肪酸、磷酸和胆碱组成；脑磷脂由甘油、脂肪酸、磷酸和胆胺组成。

大豆磷脂是常用的磷脂之一，卵磷脂含量约为30％，脑磷脂含量约为70％。

2. 生物学功能

（1）营养作用。

（2）促进脂肪代谢。

（3）调节免疫功能。

（4）具有抗氧化作用。

（5）减少蛋氨酸的消耗。

（6）提高生长率和成活率，降低畸形率和饲料系数。

（7）改善体脂结构。

（8）具有诱食作用，能改善饲料适口性。

（9）作为饲料乳化剂。

3. 磷脂添加剂的形式　饲料级商品磷脂有油膏状和粉状两种形式。油膏状磷脂基本上就是油脚，脂肪含量很高，比较黏稠，使用时不易混合。粉状磷脂一种是用玉米芯粉等稀释剂将油膏状磷脂稀释而成的产品，使用比较方便，但磷脂的有效成分和能量水平降低了；另一种粉状磷脂是用丙酮萃取精制的产品，颜色很浅，磷脂含量高，脂肪含量只有3％～4％。

4. 在饲料中的添加量　添加磷脂要注意如下几点：

（1）年龄越小，需要提供的磷脂越多。

（2）饲料中脂肪的含量越高，对磷脂的需求也越多。

（3）对于那些体内无法合成磷脂的动物（如甲壳类），饲料中必须添加磷脂。

磷脂在饲料中的添加量，目前普遍认为，一般水产饲料中卵磷脂的添加量为1％～3％。

（三）中草药添加剂　中草药在我国资源丰富，加工简单，效果显著，在机体内无残留，无毒副作用，不会使病原体产生抗药性，对环境也不会产生污染，因此日益为人们所重视，其生物学功能主要有如下几个方面：

1. 作为诱食剂　促进水生动物摄食，提高摄食量。如陈皮、大蒜、多香果、洋葱、香芹、小豆蔻、白胡椒等。

2. 作为促生长剂　参与新陈代谢，提高机体生理机能和饲料消化率，提高生长速度和饲料效率，降低饲料系数。如当归、川芎等。

3. 改善肉质，提高水产品经济价值　有些中草药可使水产品的肉质更细嫩，味道更鲜美。如杜仲叶、大蒜等。

4. 作为疾病防治剂，提高机体成活率　许多中草药具有抗细菌、病毒、真菌、原虫和螺旋体等作用。如板蓝根、黄芩、贯众、金银花等对革兰氏阳、阴性病菌都有抑制和杀灭作用，提高动物细胞的吞噬能力，促进抗体形成，并能够预防病毒、真菌、原虫和螺旋体感染。

5. 具有营养作用　中草药化学成分复杂，一般含有生物碱、甙类、有机酸、挥发油、蛋白质、糖类、脂肪、维生素、矿物质等营养成分，对动物起到一定的营养作用。

6. 增强机体免疫力 其中的生物碱、甙类、有机酸、挥发油、多糖等有增强免疫力的作用。现已确定黄芪、刺五加、党参、当归、穿心莲、大蒜、石膏等有增强免疫作用。

7. 抗刺激作用 一些中草药能够增强动物对物理、化学、生物各种有害刺激的防御能力，使紊乱的机能恢复正常。如柴胡、石膏、黄芩等有抗热刺激的作用。黄芩能增强抗低氧、抗疲劳抗刺激作用。有些中草药（如刺五加等）能使机体在恶劣环境中的生理功能得到调节，并使之朝有利的方向发展和增强适应能力。

8. 对饲料有抗氧化和防霉变作用

（四）大蒜 大蒜是水产上最常用的中草药添加剂，也是人们研究最为彻底的中草药添加剂，为了使用方便，人们还生产了大蒜素，在此一并介绍。

1. 大蒜 是一种常用的中草药，同时又是一种常用的调味剂，具有多方面的功能。

大蒜主含精油，其中含无气味的蒜氨酸，蒜氨酸溶于水并对热稳定，大蒜在粉碎时，在蒜酶的作用下生成蒜辣素。蒜辣素为二烯丙基二硫单氧化物，是有效的抗菌成分，但其性质极不稳定。在大蒜精油中还有一种成分为二烯丙基化三硫醚，命名为大蒜新素，目前已可人工合成，合成产品名为大蒜素。大蒜素对热和光都较稳定，也是较好的抗菌成分。此外，大蒜中还含有甲基烯丙基三硫化物和一些酶与肽的化合物。

（1）大蒜的生物学功能。

①促生长作用。

②诱食作用。

③降脂作用。

④保肝作用。

⑤抗肿瘤作用。

⑥防止寄生性疾病。

（2）大蒜的使用。

直接投喂：一般将新鲜大蒜直接与水生动物喜食的饲料混在一起，粉碎后直接投喂，正常用量为水产动物体重的 $1\%\sim2\%$，用于防止细菌性疾病。该法经济、实用、方便。

加工后使用：将大蒜浸泡去皮、打浆、脱水、烘干、粉碎制成大蒜粉，用量为饲料 0.5%。

2. 大蒜素 饲料工业中使用的大蒜素，一般指以人工合成的大蒜油为原料经一定的载体吸附制成的预混料。大蒜素预混料的常用规格 15% 和 25% 两种。混料人工合成的大蒜油的主要成分是三硫化二丙烯（$50\%\sim80\%$）、二硫化二丙烯（$20\%\sim50\%$）、少量的单硫化二丙烯和四硫化二丙烯。四硫化二丙烯的含量很少，而且化学性质不稳定，容易分解。这 4 种主要成分的总含量在 92% 以上，其余不到 8% 的分别为低沸点的丙酮与乙醇、丙基烯丙基硫醚、二丙基硫醚等杂质。

（1）理化性质。白色流动性的细小粉末，其理化性质主要取决于大蒜油的理化性能。大蒜油的各主要成分都属硫醚类化合物，与对应的醚相比，化学性能稳定得多，在非强酸性环境中可耐高温 $120℃$ 以上而不分解。但如长期暴露于紫外线下可诱发分解。在强氧化环境中可被氧化为亚砜甚至砜。因此，大蒜油应存放于阴凉处并避免与强酸或氧化性物料存放在一起。

（2）饲用价值。

①诱食作用。

②杀菌作用。

③促生长作用。

④提高水产品质量。

⑤防霉作用。

（3）添加量。添加量因使用目的不同而异，以 25％的大蒜素预混料计算，在饲料中的用量为：用于诱食时，80～150mg/kg；用于促生长时，100～200mg/kg；替代抗生素时，250～350mg/kg。

（五）微生态制剂　微生态制剂又称微生态调制剂、活菌制剂、益生素、益生菌、促生素、生菌素、促菌素、活菌素等。是一类根据微生态学原理，为调整微生态失调、保持微生态平衡、提高宿主健康水平和生长速度为目的，经过筛选而培养的活菌群及其代谢产物。

1. 生物学功能

（1）提供营养素。

（2）提高生长率和饲料利用率。

（3）补充有益菌群，保持或恢复消化道菌群平衡。

（4）提高机体免疫力。

（5）改善水产品的质量和应激能力。

（6）防止有害物质的产生。

（7）提高水生动物的成活率。

（8）提高水生动物（杂交鲤）的越冬能力，降低冷休克死亡率。

2. 微生态制剂的分类及常用菌种　根据菌株的组成可分为单一菌株和复合菌株。但生产上常用的为复合菌株。目前，最常用的菌株是乳酸杆菌属、粪链球菌属、芽孢杆菌属和酵母杆菌属等。前两者为正常存在的微生物，后两者仅零星存在于肠道中。芽孢杆菌具有较高的蛋白酶、脂肪酶和淀粉酶的活性，可明显提高动物生长速度和饲料利用率。芽孢杆菌在饲料加工过程及酸性环境中具有较高的稳定性。我国批准使用的菌种除上述四种外，还有黑曲菌和米曲菌。

3. 微生态制剂产品　鲜活菌种经过冷冻、干燥及独特的保护剂处理形成被膜，使菌群成休眠状态，稳定性强，纯度高，能够抵抗一定的温度和压力（经生产鱼饲料证明，微生态制剂产品可耐 85℃制粒温度，0.3～0.4 个大气压，经 10min 菌群存活率在 90％以上），在室温下能保持 15 个月以上，生命力强，耐胃酸，耐胆盐，进入肠道，在肠道中定植、生长、繁殖。十几分钟即可繁殖一代，成为肠内优势菌群，保持肠内微生态平衡。

4. 适宜添加量　在饲料中的添加量一般为 0.1％～0.2％，幼体时应多一些。

（六）低聚糖　低聚糖又称寡聚糖、寡糖或少糖类，是指由 2～10 个单糖通过糖苷键连接起来形成直链或支链的一类糖，在自然界中的种类达 1 000 多种。他们具有低热、稳定、安全无毒等良好的理化性能，大部分不能被动物本身的消化酶所消化，但达到肠道后可作为有益微生物的底物，但却不能为病原微生物所利用，从而促进有益微生物的繁殖而抑制病原微生物的繁殖。目前，在动物上应用的主要有甘露寡糖（MOS）和果寡糖（FOS）。低聚糖的作用：

(1) 促进有益菌的增殖。

(2) 直接吸附病原菌。

(3) 激活免疫系统。

（七）肉碱　肉碱有三种光学异构体，即左旋、右旋和消旋，后两者在大剂量时对人和动物有害。是合成物质，不存在于生物系统中。只有 L-肉碱在动物体内有生物活性，以天然成分存在于微生物、植物和动物组织中。

L-肉碱又称肉毒碱，化学名为 L-β-羟基 γ-三甲胺丁酸（或胺 γ 三甲胺 β 羟丁酸），是一种水溶性氨基酸，性能稳定，能耐 200℃ 以上高温。是 B 族维生素类似物，曾被称为维生素 B_T。肉碱性质类似胆碱，常以盐酸盐的形式存在。成年动物能在肝脏、肾脏、脑、心等器官中利用 1 分子赖氨酸和 3 分子蛋氨酸，并在烟酸、尼克酸、抗坏血酸、二价铁离子及相关酶的作用下合成 1 分子 L-肉碱。但对幼体动物来说，自身合成量不能满足需求，必须由外源添加。

作为饲料添加剂的 L-肉碱一般为工业产品，其生产方法主要有提取法、酶转化法和微生物发酵法。

1. 基础饲料中的含量　L-肉碱广泛存在于自然界，是动物、植物和微生物的基本成分。在植物性饲料干物质中的含量较低，大约为 10mg/kg 左右，在动物性饲料中的含量大多在 100mg/kg 左右以上，高者达 1 000mg/kg。哺乳动物骨骼肌、心肌和附睾中含有大量 L-肉碱，体内 L-肉碱的 90% 以上存在于骨骼肌中。而植物性和动物性脂肪中均不含 L-肉碱。

2. 生物学功能　主要是参与长链脂肪酸的转运和 β-氧化作用，携带长链脂肪酸通过线粒体膜。长链脂肪酸只有与 L-肉碱酯化后才能进入线粒体内进行 β-氧化，只有 L-肉碱浓度足够时，长链脂肪酸的酯化与 β-氧化才能顺利进行，否则将严重破坏细胞的能量代谢。另外，还有利于排出体内过量酰基，防止机体因酰基积累而造成的代谢毒性；促进乙酰乙酸的氧化和调节生酮作用；在机体中能够刺激中链脂肪酸的氧化；参与亮氨酸、异亮氨酸和缬氨酸代谢的运输，促进支链氨基酸的正常代谢。因此，在饲料中添加 L-肉碱对水生动物的作用是：

(1) 提高水生动物的生长速度和成活率，降低饲料系数，提高饲料效率。

(2) 提高水生动物蛋白质含量，降低体脂率，改善肉质。

(3) 提高鱼类的繁殖率。

3. 在饲料中的添加量　几种鱼类饲料中肉碱的建议添加量分别为：鲤鱼、鳊鱼和罗非鱼 100～400mg/kg，鲑鱼和鳟鱼 300～1 000mg/kg，鲇鱼 300mg/kg。

（八）糖萜素　糖萜素是由糖（≥30%）、配糖体（≥30%）和有机酸组成的天然生物活性物质，是一种棕黄色、微细状结晶，不溶于乙醚、氯仿、丙酮，可溶于水、二硫化碳和乙酸乙酯，易溶于含水甲醇、含水乙醇。糖萜素的有效成分性能稳定，使用安全，与其他添加剂无配伍禁忌，无残留、无污染。

1. 生物学功能

（1）增强机体免疫力。

（2）促进生长，提高成活率和饲料转化率。

（3）抗刺激，抗氧化。

（4）改善水产品质量。

（5）对细菌性疾病有一定的防治效果。

2. 糖萜素在饲料中的添加量 一般为 $200\sim500mg/kg$。

（九）酵母细胞壁 酵母细胞壁是生产啤酒酵母过程中由可溶物质中提取的一种特殊副产品，产品为淡黄色粉末。主要成分为 β-葡聚糖、甘露寡糖、糖蛋白和几丁质。其生物学功能是：

（1）激发、增强机体的免疫功能。

（2）增强机体的抗刺激能力。

（3）维持消化道中活菌的平衡。对疾病有一定的预防作用。

（4）提高生长率和成活率。

（十）肽添加剂 传统的蛋白质营养理论认为：蛋白质必须水解为游离氨基酸之后才能被吸收利用，即蛋白质营养就是氨基酸营养。可近年来研究发现，给动物饲喂按理想蛋白质模式配制的氨基酸混合物或低蛋白氨基酸平衡饲料，动物并不能获得最佳生长性能和饲料利用率，这就表明，动物对某些完整蛋白质或肽有着特殊的需要，因而人们开始了对小肽的营养研究。

1. 在饲料中添加小肽的作用：

（1）强化氨基酸的吸收，提高蛋白质的利用率和合成率。

（2）增强水生动物的免疫力，提高其成活率。

（3）提高水生动物的饲料转化率，促进水生动物的生长。

（4）促进矿物元素的吸收和利用，减少畸形率。

（5）促进水生动物的摄食。

2. 小肽制品 目前，市场上出现的小肽制品主要有如下几种：

（1）快大块。

（2）肠膜蛋白粉（DPS）。

（3）喂大快。

第五节 抗营养因子和饲料毒素

抗营养因子是指饲料中所含的对营养素的消化、吸收、代谢产生不良影响的物质。普遍存在于植物界，常用的植物性饲料都含有抗营养因子，动物性饲料中也含有一定的数量。抗营养因子一般是在动、植物生长过程中自身产生的。它们的存在会影响到饲料的营养价值的体现。同一种饲料可以含有多种抗营养因子，同一种抗营养因子也可能存在于多种饲料中。

毒素是对动物产生毒害作用，不利于其生长、发育和繁殖甚至导致死亡的物质。毒素大多是在饲料生产（包括动、植物生长）、贮存和使用过程中被污染而进入饲料中的，有些则是动、植物自身产生的。毒素和抗营养因子没有严格的区别。

这些物质的害处在过去一直没有引起人们足够的重视，不仅导致饲料的利用率低，生产成本高，而且影响了水产品的产量和质量，进而通过食物链影响到人体的健康。随着社会的发展，人们的节约意识和食品卫生意识日益增强，对食品卫生情况的监测越来越精细，不符合食品卫生标准的水产品逐渐被市场所摒弃，特别是在国际市场上更是寸步难行，因此，提高饲料的卫生质量便成为人们日益关注的问题。

一、饲料中固有的抗营养因子和毒素

（一）蛋白酶抑制因子　蛋白酶抑制因子能抑制胰蛋白酶、胃蛋白酶、糜蛋白酶等多种蛋白酶的活性，它主要存在于豆类及其饼粕、某些谷物，以及块根、块茎中。其中最重要的是抗胰蛋白酶（胰蛋白酶抑制因子）。

抗胰蛋白酶是一种结晶球蛋白，它可以和胰蛋白酶形成不可逆的复合物，降低了胰蛋白酶的活性，导致蛋白质的消化率和利用率降低。同时由于胰蛋白酶大量补偿性分泌，会造成体内含硫氨基酸的内源性消耗，使动物生长受阻。此外，也会引起胰腺的增生和肥大，导致消化吸收功能紊乱。抗胰蛋白酶可以抑制虹鳟、斑点叉尾鮰、罗非鱼等的生长。不同种类的水生动物对该物质的敏感程度不同，如鲑鱼比斑点叉尾鮰和鲤鱼敏感。虽然在许多饲料中已鉴定出胰蛋白酶抑制因子，但其活性和含量是不同的。该物质对水生动物的影响程度与饲料中的蛋白质含量有关，如将斑点叉尾鮰饲料的粗蛋白由 25％提高到 35％，似乎可以提高其对豆饼粉中抗胰蛋白酶的耐受性。

（二）植物凝集素　植物凝集素又名红细胞凝集素或植物外源凝集素或植物血凝素。它主要存在于豆类籽实及其饼粕中，某些谷实类和块根、块茎类饲料中也有。它是一种能凝集红细胞的植物蛋白质，大多能结合糖体形成糖蛋白，在动物体内能使各种动物红细胞与淋巴细胞凝集，或与肠壁表面绒毛上的特定糖基结合，使绒毛产生病变或异常，影响肠黏膜细胞代谢，干扰营养素的消化吸收过程，从而影响机体生长。并造成肠腔中大肠杆菌增多以及体液免疫功能障碍。对于有胃鱼类，植物凝集素可以在胃内被胃蛋白酶破坏失活，一般不会产生严重危害。而对于无胃的鲤科鱼类，则可能造成危害。

（三）植酸与草酸等　植酸又称六磷酸肌醇或肌醇六磷酸或六磷酸肌醇酯或植酸磷。它主要存在于禾谷籽粒外层中，故在糠麸中植酸含量尤其高；豆类、棉菜籽、芝麻、篦麻及其饼粕中也含有植酸。植物性饲料中总磷的 50％～70％以植酸形式存在，而水生动物消化道内缺乏植酸酶，故对植物性饲料中磷的利用率极低。植酸是较强的螯合剂，在消化过程中，还可以与蛋白质及多种金属离子如钙、铁、镁、碘、钼、锌与铜等螯合成相应的不溶性复合物，从而降低蛋白质及上述矿物质的利用率，导致鱼类生长和饲料利用率降低。以豆饼为主要原料的饲料比以鱼粉为主要原料的饲料需要添加更多的矿物质，部分原因是因为植酸降低了矿物质的利用率。在饲料中加入 0.5％的植酸，可使虹鳟生长速度和饲料效率降低 10％。在含有 50％豆饼粉的斑点叉尾鮰饲料中，锌的添加量应增加到正常生长需要量的 5 倍。

草酸又名乙二酸，广泛存在于植物界。一般多以可溶性的钾盐、钠盐和不溶性的草酸钙结晶存在于植物细胞中。草酸盐被动物摄入后，在消化道中能与二价、三价金属离子如钙、锌、镁、铜和铁等形成不溶性的草酸盐沉淀而随粪便排出，从而使这些矿物质元素的利用率降低。草酸盐还对黏膜具有较强的刺激作用，如大量摄入草酸盐时可刺激胃肠道黏膜，从而引起胃肠功能紊乱，甚至导致胃肠炎。

（四）棉酚 棉酚是棉花籽实中的一种黄色色素，可分为游离棉酚和结合棉酚两类。游离棉酚具有毒性，而结合棉酚（与蛋白质结合）在消化道中大部分不被吸收而排出体外，仅很少部分被分解为游离棉酚，故毒性很低。生棉仁中游离棉酚含量约为 0.4%～1.3%，对有些种类的棉花，可以达到 2.4% 左右。在加工过程中，大部分游离棉酚变成了结合棉酚，棉饼中的棉酚含量约为 0.03%～0.05%，棉粕中的含量约为 0.1%～0.4%。

鱼类饲料中游离棉酚含量达到一定水平时，可使鱼生长延缓，内脏器官组织发生病理变化，也会导致癌症。各种鱼类对游离棉酚的耐受性各不相同，研究表明，饲料中游离棉酚含量在 1 000mg/kg 或更高时，对虹鳟的生长起副作用，但在 250mg/kg 时危害很小。另有报道，虹鳟饲料中游离棉酚含量低于 290mg/kg 时，虽然尚未影响生长，但达 95mg/kg 时，就已引起内脏组织病变，症状是肝脏坏死，并有蜡样沉积，肾脏的肾小球基膜组织增生等。试验表明，鲑科鱼类饲料中游离棉酚含量应控制在 100mg/kg 以下，否则产生不良后果。

斑点叉尾鮰饲料中棉籽饼用量为 10%～20%，未见不良影响。斑点叉尾鮰幼鱼饲料中游离棉酚含量达到 900mg/kg 时，幼鱼生长缓慢，其部分原因可能是因为游离棉酚与赖氨酸结合成不能被消化的结合棉酚而造成赖氨酸的缺乏所致。因此，在鱼类饲料中用棉籽饼代替豆饼时，应注意适当补充赖氨酸。

饲料中游离棉酚含量高达 1 800mg/kg，并未引起蓝色罗非鱼生长的明显下降。用含 0.1% 乙酸棉酚的饲料喂养尼罗罗非鱼 4 个月，没有出现厌食、食后呕吐等现象，并按时出现婚姻色、发情、交配、产卵、含卵、育苗，鱼体生长和饲料系数均不受影响。光学显微镜观察，精原细胞、初级和次级精母细胞、精细胞、间质细胞等呈正常状态，肌肉中棉酚含量 10.3mg/kg，远低于食用油的允许量（200mg/kg），因此认为，棉籽饼（粉）内的棉酚含量（0.03%～0.05%）不会对该鱼产生毒性，棉籽饼（粉）不经过任何去毒工艺用作罗非鱼的饲料是完全可行的。用同样含量乙酸棉酚的饲料对金鱼试验，也得到与罗非鱼相似的结果。

水生动物吸收的游离棉酚主要存在于肝脏和肾脏中，在肌肉中的含量还达不到危害人体的程度。中国对虾摄取的游离棉酚，积存于头胸部的量大于腹部的量，原因可能是因为棉酚是脂溶性的，而头胸部脂肪含量大于腹部。当配合饲料中棉籽饼含量 30%～50% 时，头胸部和腹部的棉酚含量均在食品卫生法的规定范围内。

我国饲料标准规定，温水杂食性鱼类和虾类饲料中游离棉酚含量不得超过 300mg/kg，冷水性鱼类和海水鱼类饲料中游离棉酚含量不得超过 150mg/kg。

（五）环丙烯脂肪酸（CFAs） 环丙烯脂肪酸又称环脂肪酸，是含有环丙烯类化合物的总称，主要指具有这种特殊结构的脂肪酸。它们也是饲料中的主要抗酶，主要来源于棉籽及其饼粕。这类抗酶在榨油过程中很难被消除。饲料中含有这种抗酶，可改变动物肝脏中多种酶的活性，其中包括抑制脂肪酸去饱和酶的活性，影响体脂肪的组成。饲料中CFAs 可造成虹鳟肝脏损伤，糖原沉积增加，饱和脂肪酸在肝脏中积累。当 CFAs 和黄曲酶毒素一起喂养虹鳟和红大马哈鱼时，有很强的致癌作用。

（六）**糖苷** 糖苷主要是硫葡萄糖苷，因其非糖成分中含有硫而得名。硫葡萄糖苷又称硫苷（芥子甙），主要存在于油料作物如油菜、甘蓝、芜菁、芥菜和其他十字花科植物的种子及其饼粕中。硫苷本身无毒，但它在植物自身所含芥子酶或动物消化道微生物的芥子酶作用下，可水解为异硫氰酸酯、恶唑烷硫酮、硫氰酸酯和腈等四类，前3种物质主要对动物甲状腺有毒害作用，可抑制甲状腺滤泡细胞浓集碘的能力，破坏甲状腺素的合成，导致甲状腺肿大，影响甲状腺的正常生理活动，使机体生长缓慢，其中恶唑烷硫酮是导致甲状腺肿大的主要物质，故称之为致甲状腺肿物、甲状腺肿因子或甲状腺肿素等。而腈主要损害肝脏和肾脏。用菜籽饼粕饲喂虹鳟，可引起甲状腺肿大，血浆甲状腺素水平降低。

我国饲料标准规定，水生动物饲料中异硫氰酸酯和恶唑烷硫酮的含量均不得超过500mg/kg。

皂角苷是豆科饲料中的一类糖苷，含量较低，可抑制消化酶和代谢酶，具有溶血作用。

（七）**多酚类化合物** 多酚类化合物主要存在于谷实类籽粒、豆类籽粒、棉菜籽及其饼粕和某些块根、块茎类饲料中。酚类化合物主要包括单宁和酚酸。

单宁分为缩合单宁和可水解单宁。缩合单宁为抗营养因子，可与蛋白质、碳水化合物和其他多聚体生成不溶性的复合物，也可与金属离子结合形成沉淀，从而阻碍营养物质的消化吸收。水解单宁为毒素，主要存在于栎属植物。

酚酸包括对羟基苯甲酸、香草酸、咖啡酸、芥子酸等，酚基和蛋白质结合生成沉淀，也可和钙、铁、锌等离子形成不溶性化合物而降低矿物质利用率。菜籽饼粕所含芥子酸是含有22碳原子的单不饱和脂肪酸，对动物有毒性，可引起脂肪代谢异常，并蓄积于心脏。使心肌受损，生长受阻。如银大麻哈鱼饲料中芥子酸含量达3%～6%时，就可引起死亡，病变主要出现在心、肾、皮肤和鳃等部位。

（八）**生物碱** 吡咯双烷类生物碱结构复杂，种类繁多，具有多种毒性，特别是具有显著的神经毒性和细胞毒性，如蓖麻碱、马钱子碱、秋水仙碱等。生物碱在动物肝脏中经代谢生成有毒的吡咯，对鱼类产生毒性。虹鳟饲料中生物碱含量达到2mg/kg时，就可引起肝脏受损，包括坏死、巨红细胞症、纤维组织损伤和肝门动脉阻塞等症状。生物碱达100mg/kg时，可造成生长严重受阻，并导致死亡。即使将饲料中生物碱消除半年后，对肝脏的损伤和导致死亡的现象仍明显存在。

（九）**生氰糖苷** 高粱苗、玉米叶、番瓜藤等含有生氰糖苷，生氰糖苷进入水产动物消化道内经水解酶和盐酸的作用，能生成氢氰酸。被机体吸收后，与细胞色素氧化酶中的三价铁结合，抑制其活性，阻断了氧化过程中的电子传递，使组织细胞不能利用氧，导致水产动物缺氧中毒或死亡。

（十）**硫胺素酶** 硫胺素酶即破坏硫胺素的酶，它存在于水生动物的鲜活组织中，用这些鲜活组织喂养水生动物时，会导致硫胺素缺乏症。大部分淡水鱼都含有这种酶，而海水鱼类则不多。给斑点叉尾鮰投喂含有未煮熟的斑点叉尾鮰加工废弃物（头、皮、内脏等）的饲料同投喂含煮熟的饲料相比，鱼生长缓慢，饲料转化率低。

硫胺素只有和硫胺素酶结合一段时间后才可被分解破坏，在含有鲜鱼肉成分饲料中的

维生素 B_1 经过 7d 几乎完全被破坏，在室温条件下贮放 12h，还有 65％的维生素 B_1 存在，因此将鲜鱼肉和含硫胺素的饲料分别投喂或短时期的混合，将不会引起硫胺素的缺乏。

沉性饲料和浮性饲料中有硫胺素酶存在，但引起的问题较小，因为这种酶很容易在高温制粒过程中被破坏。

二、饲料的污染物质

（一）**霉菌毒素**　在适度条件下，许多真菌能在饲料中大量繁殖，产生相应的毒素，对水生动物产生不良后果。因为这些毒素在饲料加工过程中不能被破坏，故在贮存和选择饲料时应特别注意。目前在饲料中发现的毒素主要有：黄曲霉毒素（AF）、黄曲霉毒素 B_1（AFB_1）、葡萄穗霉毒素（SAT）、单端孢霉毒素、赭曲霉毒素等。它们除使动物中毒和致死外，更重要的是使机体免疫机能下降，生长受阻。

1. **黄曲霉毒素**　这是霉菌毒素中最重要的毒素，它主要由黄曲霉和寄生曲霉产生，最易被污染的是花生、玉米、大豆、棉籽及其饼粕，小米和高粱次之。实际上，几乎所有的谷物和油料籽实都可能被该毒素污染。鱼类对该毒素中毒的一般症状是生长缓慢，贫血，血液凝固性下降，对外伤敏感，肝脏和其他器官受伤，免疫力下降，死亡率升高。

对黄曲霉毒素的敏感程度因水生动物的种类而异。虹鳟是对黄曲霉毒素最敏感的动物之一，银大马哈鱼对黄曲霉毒素的敏感程度与虹鳟相似。而溪红点鲑则不太敏感。虹鳟口服 10d 黄曲霉毒素的半致死量（LD_{50}）是 0.5mg/kg 体重，而斑点叉尾鮰的 LD_{50} 为 15mg/kg，饲喂鲤鱼含 2mg/kg 黄曲霉毒素 B_1 的饲料不会产生任何副作用。

虹鳟对该毒素的中度中毒症状是肝受损，鳃苍白，红细胞数量减少。饲料中的黄曲霉毒素是造成虹鳟肝肿瘤的主要原因，饲料中 0.5ng/g 的 AFB_1 就会诱发虹鳟产生肝癌。对斑点叉尾鮰喂养含 10mg/kg AFB_1 的饲料 10 周，鱼的肝和肾损伤，生长率和红细胞比容下降，但没有任何死亡。斑点叉尾鮰每千克体重口服或腹腔注射 12mg AFB_1，可引起呕吐，对 AFB_1 进行脱毒可明显减轻反胃症状。当 AFB_1 腹腔注射时，LD_{50} 是 11.5mg/kg，病鱼的鳃、肝和其他器官苍白，血红蛋白浓度只有对照组的 10％，肠黏膜脱落，造血组织、肝细胞、胰腺细胞和胃腺细胞坏死。

黄曲霉毒素的致癌作用会受到其他饲料因素的影响，如饲料中的环丙烯脂肪酸、棉酚及杀虫剂等均可致癌。饲料蛋白水平的提高也可加重黄曲霉毒素的致癌作用。蛋白质的不同种类对黄曲霉毒素的致癌作用也有影响。

对对虾研究发现，黄曲霉毒素可导致游泳缓慢，摄食量减少，虾体瘦弱，外观色褐微绿，弹跳力差，死亡率高。

我国饲料标准规定，水生动物饲料中黄曲霉毒素 B_1 的含量不得超过 0.01mg/kg。

2. **单端孢霉毒素**　这类毒素主要有 T-2、DAS、SAT、呕吐素等。T-2 对虹鳟的致死量为 6mg/kg 体重，用含 T-2 毒素 15mg/kg 的饲料喂养虹鳟时发现，鱼的摄食量、增重量、红细胞比容和血红蛋白量均降低。虹鳟对呕吐素十分敏感，当饲料中呕吐素的浓度从 1mg/kg 增加到 13mg/kg 时，鱼的摄食量下降，当浓度达到 20mg/kg 时，鱼拒绝摄食。

（二）**藻类毒素及其他海产毒素**　水域中生活有产毒藻类，它们的大量繁殖会导致水生动物的大量死亡，一方面有些鱼类直接摄食这些藻类导致中毒，另一方面，有些软体动物摄食这些藻类，将其毒素富集于自身体内，鱼类摄食他们之后而导致中毒。因此，饲料中不能含有这些藻类和软体动物。

（三）**氧化脂肪**（酸败油脂）　不饱和脂肪酸自动氧化产生一些化学物质，如自由基、过氧化物、氢过氧化物、醛和酮，这些物质对水生动物产生毒性，也可和饲料中的其他养分如蛋白质、维生素或其他脂类发生反应，而降低其营养价值，同时含有氧化油的饲料具有异味，降低其适口性。氧化脂肪的主要影响在于过氧化分解的物质能和维生素 E 发生反应。对虹鳟、斑点叉尾鮰、鲤鱼和黄条鰤研究显示，饲喂氧化脂肪所引起的病理变化与缺乏维生素 E 的症状相似。

鲤鱼摄食氧化油之后，导致瘦背病，症状是：发育不良，身体消瘦，背脊呈刀刃状，两侧低凹，肥满度较小，肌肉营养不良，饲料脂肪吸收率降低，肝脏细胞萎缩和蜡样沉积显著，死亡率升高等。给黄盖鲽投喂同样的饲料，可引起生长迟缓，肝脏肥大及脂类贮备减少。斑点叉尾鮰摄入氧化油之后，发育停滞，食物转化率低，死亡率增高，渗出性素质，肌肉营养不良、褪色，脂肪肝，贫血，肌纤维、肾和胰发生组织学改变。虹鳟则出现贫血，肝脏脂肪、肾脏变性，生长受阻，肝脏中维生素 E 含量已减少，死亡率高等。

由上述情况来看，症状因鱼的种类而异，这可能与鱼的生理状态有关，也有可能与氧化油的含量、氧化程度、鱼体及饲料中维生素 E 的含量有关。

酸败油脂的害处与油脂的酸价有关，酸价越高对对虾产生的不利影响越严重。如成活率、增重率、消化率。酸价较高时，对虾外观瘦弱，弹跳力差。

大量研究表明，氧化油的毒性可以通过添加维生素 E 而得到改善，实际上，在饲料中添加合成的或天然的抗氧化剂都可以防止或降低氧化脂肪的副作用。

我国饲料标准要求，水生动物育苗饲料中油脂酸价（KOH）的含量不超过 2mg/kg；育成饲料不超过 6mg/kg；鳗鱼育成饲料不超过 3mg/kg。

（四）**重金属**　金属元素既可以是营养成分，又可以是毒素。金属元素的潜在毒性不仅取决于它在饲料中的浓度，而且也与它在水中的浓度、水的硬度和 pH 有关，同时与饲料和水中其他矿物元素的浓度有关。因为水生生动物不仅可以从饲料中吸收金属离子，还可以从水中吸收，而且各矿物质之间存在着复杂的关系。如虹鳟饲料中钙含量的增加会减少铅和锌的毒性。饲料中其他的一些成分如植酸可以降低金属元素的毒性，因为植酸可以和某些金属元素形成不可消化的有机复合物。饲料中添加金属螯合剂如乙二胺四乙酸（EDTA）、氨基三醋酸（NTA）和二亚乙基三胺五乙酸（DTPA），可以降低重金属镉、铜、锌、铅和铝的毒性。

重金属对动物机体的损害，一般是与蛋白质结合形成不溶性盐而使蛋白质变性。动物因饲料重金属中毒主要有两种可能，一是基础原料中重金属含量过高，再者是添加剂混合不均。

重金属对动物毒性的强弱，与重金属硫化物的溶解度有关。重金属硫化物的溶解性顺序为：汞＞铜＞铅＞镉＞钴＞镍＞锌＞铁＞锰＞钙＞镁。其中汞、镉是剧毒的。不同的重金属对同一种动物的危害程度不同，不同种动物或同种动物的不同发育阶段，对同一种重金属的敏感程度也不同。

1. **汞**　汞对鱼的毒性与它的化学结构有关，尽管口服一定量的无机汞（$HgCl_2$）增加了组织中的总汞浓度，但是虹鳟不能将无机汞转化为毒性更强的甲汞。给虹鳟喂养不同浓度的氯化甲汞，发现饲料中汞水平达到 24mg/kg 时没有引起死亡，但当浓度超过 16mg/kg 时，鳃上皮增生，血细胞比容降低。

饲料形式、汞的浓度和鱼的大小影响鱼体肌肉组织中汞的积累量，汞的生物积累量与鱼的大小之间有直接的正相关关系。硒与汞在海水鱼、海洋哺乳动物体内至少以 1∶1 的比例积累。硒可以降低甲基汞的毒性。硒的高含量似乎可以减缓汞在鱼类、蜊蛄和湖泊沉积生物群中的生物累积率。

我国饲料标准要求，水生动物饲料中汞的含量不超过 0.5mg/kg。

2. **镉** 水中的镉对多种鱼类有毒性，通过胃肠道（用胃插管法）吸收的镉达到 5mg/kg 体重时就会引起肝脏损伤和死亡。各种海草和软体动物能把海水中低含量的镉浓缩到很高的程度，如以组织的干重含量来计算，其浓度高大 2 万～100 万倍。在龙虾的消化器管中，每千克湿重的含镉量可高达 200～400mg。

用含镉量不同的饲料对鲫鱼进行喂养，发现 15d 时 Hb（血红蛋白）、RBC（红细胞计数）MCH（红细胞平均血红蛋白量）变化不大，30d 时，高剂量镉使 Hb 显著下降，RBC 和 MCH 略有下降，即导致缺铁性贫血，其机理是镉在肠道中阻碍铁的吸收，且摄入大量镉后，尿铁明显增加，此外，镉还能抑制血红蛋白的合成。含镉饲料喂养鲫鱼 15d 时，可引起头肾系数和肾系数显著增加，脾系数变化不明显，肉眼观察高镉饲料组（648mg/kg）的头肾和肾略微肿胀和发黑，镜检发现胞浆内出现大量微小颗粒，胞核无明显变化。30d 时，脾系数、头肾系数和肾系数显著增加，其中肾系数增加最为明显。肉眼观察脾和头肾略微肿胀，肾则肿胀明显，648mg/kg 组的肾则肿胀明显，边缘变钝，发黑无光泽，镜检发现，肾细胞的体积较 15d 时进一步增大，胞浆基质内水分增多，微小颗粒减少，并出现大小不一的水泡，胞核也肿大，呈现典型的水样变形症状。

镉能在肝、肾细胞内与含巯基的蛋白结合，形成对金属有贮存、传递和解毒作用的镉金属硫蛋白（Cd-MT），Cd-MT 主要存在于肾小管细胞内。当 MT 有足够贮量时，可通过与镉结合而保护肾小管细胞不受损害。鲫在摄食高剂量镉时，肾明显病变，这是因为 Cd-MT 被镉所饱和，失去解毒作用，在镉从 Cd-MT 转移到高分子蛋白质中时，鱼体出现病变。而镉对肾的毒性，主要是损害近曲小管的上皮细胞，使其细胞溶酶体增多，线粒体肿胀变形。

我国饲料标准要求，虾类饲料中镉含量不超过 3mg/kg，其他水生动物饲料中的含量不超过 0.5mg/kg。

3. **硒** 硒能降低饲料中甲基汞的毒性，但它本身也是有毒的，在某些案例中，食物含硒量 0.1% 就可能引起中毒。虹鳟以每克干饲料中 13μg 的剂量摄饵时，可发生慢性硒中毒。动物产生慢性中毒所需要的饲料硒水平范围为 0.2%～2.0%。

4. **砷** 水产饲料中的砷主要来自海洋鱼粉，产自北大西洋的大量商品鱼体组织中砷含量达 1.8～40mg/kg，但是大多数的砷以有机复合物的形式存在，而不是有剧毒的亚砷酸盐。

我国饲料标准要求，水生动物饲料中砷的含量不超过 3mg/kg。

5. **铜** 水中以硫酸铜形式存在的铜的含量达到 0.8～1.0mg/kg 时就对多数鱼类产生

毒性，银大马哈鱼对饲料（干）中铜的忍受量为 0.1%，此时只出现生长停滞和色素沉积，因而认为鱼类对饲料中铜的忍受性似乎要比对水中铜高得多。低含量的饲料银（0.5mg/kg，干）能使龙虾幼体在饲料铜高达 16mg/kg（干）时避免生长减退和死亡。

（五）聚氯联苯（多氯联苯） 聚氯联苯类（PCB）是工业上广泛用作增塑剂、热转换剂、绝缘液和液压流体的一类有机化合物。PCB 不易为生物降解，主要积存于脂肪组织中，几乎分布于全球的水生生物体内。鱼油和鱼粉是鱼饲料受污染的主要来源。在饲喂银大马哈鱼每千克体重 14.5mg 剂量的 PCB，260d 后鱼全部死亡。鱼遭受 PCB 中毒的亚致死反应表现为肝脏增大及其超微结构变化，抑制肝脏芳香烃水解酶和肝脏其他微粒体酶的活性，降低甲状腺的活性及血浆类固醇的含量。PCBs 被鱼摄食后可以在体内长期贮存，虽然低剂量时似乎对某些种类没有产生毒性，但在体内的积累量会不断增加。

我国饲料标准要求，水生动物饲料中聚氯联苯的含量不超过 0.3mg/kg。

（六）农药 在农业生产过程中，人们经常使用农药，这些农药会污染农副产品，同时也污染了水域，水生动、植物则将其富集于体内，这些动、植物产品被做成饲料时，其中的农药则对养殖动物产生毒性，而且发生生物积存，进而危及人类的健康。农药对水生动物的毒性程度取决于农药的种类、水生动物的种类和规格等。几种鱼类对 DDT 的敏感程度由强到弱的次序是虹鳟、褐鳟（河鳟）、虹鳉、大翻车鱼（铜吻磷鳃太阳鱼）和斑点叉尾鮰。DDT 能抑制各种鱼类鳃和肾 Na^+-K^+-ATP 酶的活性，并引起肝癌、神经紊乱和致死等毒性。甲壳类对大多数农药特别敏感。

这类物质对水生动物幼体的毒性最大，可引起性腺发育不良或不育症、体弱、呆滞、神经失常、食欲不振，甚至死亡。

我国饲料标准规定，水生动物饲料中"六六六"的含量不得超过 0.3mg/kg。DDT 的含量不得超过 0.2mg/kg。

（七）石油化工产品 这类产品来自于石油化学工业，饲料原料被它们污染后，具有异味，影响其饲料价值，被养殖动物摄食后，转移到养殖动物体内，不仅影响其食用价值，也不利于人体健康。这类物质的种类很多，在动物体内的种类和含量也在增加。船用 C 级燃油和石油分散剂可降低虹鳟血清葡萄糖含量，并损伤鳃丝和鳃瓣。饲料中的氯化链烷烃包含物能使大西洋大麻哈幼鱼的死亡率增高。

三、抗营养因子的消除

（一）物理处理法

1. **用水浸泡** 利用某些抗营养因子溶于水的性质，将饲料用水浸泡，可将其中的抗营养因子除去。如将高粱用水浸泡再煮沸，可除去 70% 的单宁。

油菜籽榨油过程中经热处理，可使芥子酶钝化，该酶能使硫苷分解为有毒的产物，但热处理不能破坏硫苷，因此，饲喂经热处理的菜籽饼时仍可抑制鱼的生长。但通过水的浸泡可降低菜籽饼粕中硫苷的含量，从而提高虹鳟的生长。

2. **蒸汽处理** 常压加热的温度低，一般在 100℃ 以下。常压蒸汽处理 30min 左右，大豆中的抗胰蛋白酶可降低 90% 左右，而不破坏赖氨酸的活性。高压蒸汽处理时，加热时间随温度、压力、pH 及原料性质而不同。全脂大豆在 120℃ 蒸汽加热 7.5min，抗胰蛋白酶从 2.06％降低到 0.33％。

3. 炒烤处理 190℃时 10～60s 即可使大豆中的植物凝集素彻底破坏。120℃，15min 干热豇豆，抗胰蛋白酶、植物凝集素、总单宁含量降低，聚合单宁和植酸的含量基本没有变化。

4. 煮沸处理 大豆浆是培养鱼苗常用的饲料，熟豆浆的喂养效果明显好于生豆浆，原因就是加热破坏了其中的抗胰蛋白酶。

5. 微波处理 通过微波（波长 1～2nm）辐射，原料中的极性分子（水分子）震荡，使电磁能转化为热能，抗营养因子灭活，其效果与原料中的水分含量和处理时间有关，加热 15min，抗胰蛋白酶的活性降低 90％。

6. 膨化处理 原理是原料受到的压力瞬间下降而使其膨化，导致抗营养因子灭活。豆类中的抗胰蛋白酶的活性随着膨化温度的升高而逐渐下降。植物凝集素对热很敏感，在温度 120℃时，所有植物凝集素全部失活。膨化涉及到许多参数，如孔径大小、物料的性质和粒径以及含水量等，因此，在不同试验条件下的结果有所不同。如电加热至 120℃，大约有 93％的抗胰蛋白酶失活。而单杆螺旋在 120℃以下膨化商品大豆，全部凝集素和 70％以上抗胰蛋白酶失活。干膨化处理可使大豆中的抗胰蛋白酶的活性下降 80％，脲酶和脂肪氧化酶的活性降至较低水平。若进行膨化处理，则可提高其利用率。

加热是消除饲料中抗营养因子的有效办法。豆类饲料经蒸煮或焙炒后，抗胰蛋白酶和植物凝集素可被破坏。热处理也会降低生鱼中的硫胺素酶的含量。植酸受热可被分解，在利用含植酸高的原料时，经过热处理，以达到消除危害的目的。如虹鳟对加热、加压处理的大豆粉蛋白质消化率可达 80％，而对未处理的消化率只达 40％。加热温度须适宜，温度太低，不足以破坏抗营养因子，温度过高（200℃以上）又会使蛋白质利用率（尤其是赖氨酸利用率）下降。

（二）化学处理法 化学处理法即在饲料中加入化学物质，使其在一定条件下起化学反应，从而使抗营养因子失活或降低活性。

1. 尿素处理法 5％的尿素加水 20％处理 30d，可以将生大豆饼中的抗胰蛋白酶和脲酶的活性大大降低。利用尿素去除生大豆饼中抗胰蛋白酶的机理是：NH_3 和 OH 可使抗胰蛋白酶的二硫键断裂，生成的巯基与其他的基团重新结合失去活性而钝化。

2. 有机溶剂处理法 对于已污染黄曲霉毒素的饲料，可用有机溶剂如氯仿、甲醇等进行提取。

3. 无机盐处理法 硫葡萄糖苷的水解酶可用硫酸铜灭活。其他金属如铁、镍、锌的盐等也能将其除去。如用 1％硫酸亚铁处理菜籽粕，可显著减轻甲状腺肿，提高生长和饲料效率。碳酸钠也可以除去菜籽饼的毒性。铁盐（特别是硫酸亚铁）和游离棉酚结合，能有效地降低其毒性，硫酸亚铁的铁离子和游离棉酚结合的重量比为 1∶1。高锰酸钾可以去除黄曲霉毒素。

4. 碱处理法 菜籽饼的毒性可用氢氧化钙、氨等化学方法去除。氢氧化钠可以去除黄曲霉毒素。

5. 甲基供体处理法 在饲料中适量加入蛋氨酸或胆碱作为甲基供体，可促进单宁甲基化作用，使其代谢排出。

6. **酶制剂处理法**　酶制剂可以灭活和钝化饲料中的抗营养因子。酶制剂有单一酶制剂和复合酶制剂之分。植酸酶是应用最广泛的单一酶制剂。植酸酶能水解植酸和植酸盐，释放出磷等有用元素，并使植酸的抗营养作用消失。复合酶制剂可同时降解多种抗营养因子，能最大限度地提高饲料的营养价值。由 β-葡聚糖酶和果胶酶、阿拉伯木聚糖酶、甘露聚糖酶、纤维素酶组成的 NSP 酶就能对多种饲料起作用。例如对大麦（燕麦）-豆粕型饲料，添加以 β-葡聚糖酶和果胶酶为主，辅以纤维素酶和 α-半乳糖苷酶的复合酶，可以提高饲料营养素的利用率。

将粉碎的谷物籽实或糠麸用热水浸泡，通过饲料中的内源植酸酶对植酸的酶解作用，使植酸对金属离子的螯合作用得以解除，同时使植酸生成磷酸，便于被动物吸收。

浙江农业大学饲料研究所研制出的菜籽饼解毒剂（6107 添加剂），使用效果很好，按1‰添加，充分拌匀即可。另外，国外还有亚硫酸钠处理法、半胱氨酸处理法以及 H_2O_2 ＋ $CuSO_4$ 处理法等。因费用较高，国内用得较少。

化学方法钝化抗营养因子是一种有效的方法，但要注意化学试剂的残留，以防对动物产生副作用。

（三）生物处理法

1. **微生物发酵法**　利用微生物发酵解毒是理想的方法，只要选择了合适的菌种，适当的条件下，不但能起到解毒作用，还可提高饲料蛋白质含量，目前，用于棉籽饼、菜籽饼发酵法去毒的菌株已筛选出来一些，应用效果很好。

2. **植物育种法**　上述方法各有特点，由于其加工成本较高，有的易使蛋白质变性，也会造成一定程度的环境污染，因此难以在生产上推广普及。总结国内外成功的经验，普遍认为，利用遗传学方法选育和推广低毒性农作物则是最经济最有效的方法。

为了降低油菜及其饼粕的毒性，现已培养出低硫苷、低芥酸的双低油菜品种。传统油菜籽中硫苷含量高达 3%～8%，而双低油菜籽中硫苷的含量低于 0.02%。鱼类利用双低菜籽饼后，由于芥子酸含量低，经解剖发现无任何与芥子酸相关的脏器病变。

通过选育还培养出了无腺体的棉花，无腺体的棉籽饼粕可以代替传统的棉籽饼粕。但目前尚没有形成大规模生产。

（四）稀释法

水生动物对抗营养因子存在一定的耐受力和适应力，饲料中抗营养因子的含量不一定要等于零，只要在一定的范围内不产生抗营养作用即可。因此，可以将抗营养因子含量高的饲料与含量低的饲料合理搭配，即可降低配合饲料中的抗营养因子的含量。这也是设计配合饲料要考虑的一个重要方面。

复 习 思 考 题

1. 什么叫饲料？

2. 什么叫饲料分类？为什么要进行饲料分类？

3. 国际饲料分类法对饲料是怎样分类的？我国饲料分类体系是怎样的？

4. 动物性饲料、禾本科籽实饲料、豆科籽实饲料、饼粕类饲料、糠麸类饲料等的营养成分组成特点各是怎样的？它们各存在哪些抗营养因子或毒素？

5. 酵母饲料和饲料酵母是否为同物异名？其区别是什么？

6. 什么叫饲料资源开发利用？其意义是什么？

7. 饲料资源开发利用价值如何确定？

8. 饲料资源开发利用的基本方法有哪些？

9. 什么叫饲料添加剂？有哪些种类？作用各是什么？它与基础饲料的区别表现在哪些方面？最根本的区别是什么？

10. 使用氨基酸添加剂、矿物质添加剂、维生素添加剂的注意点各是什么？

11. 营养素和营养素添加剂是不是一码事？为什么？

12. 常添加的氨基酸（矿物质、维生素）有哪几种？其添加剂各是什么？

13. 微量元素氨基酸螯合物的优点是什么？

14. 天然矿物质添加剂有哪些？其作用各是什么？添加天然矿物质添加剂之后，是否就可以不添加其他矿物质添加剂？

15. 常用的抗氧化剂、防霉剂有哪些？在饲料中的添加量各是多少？

16. 诱食剂的作用是什么？有什么特点？由哪几类物质构成？

17. 水产品着色剂的作用是什么？着色机理是怎样的？色素源有哪些？

18. 促生长剂有哪些种类？作用机理是怎样的？注意点是什么？

19. 青饲料（粗饲料）调制剂的作用是什么？有哪几类？

20. 黏合剂的作用什么？有哪些种类？影响黏合效果的因素有哪些？

21. 抗结块剂的作用是什么？常用种类有哪些？在饲料中的添加量一般为多少？

22. 甜菜碱、磷脂的生物学功能各是什么？在饲料中的添加量各是多少？

23. 中草药的生物学功能有哪几个方面？大蒜、大蒜素的生物学功能有哪几个方面？

24. 微生态制剂、低聚糖、肉碱、糖萜素、酵母细胞壁、小肽的生物学功能各有哪几个方面？

25. 什么是抗营养因子？它的危害主要表现在哪些方面？消除方法有哪些？

26. 什么是毒素？其来源有哪几个方面？危害主要表现在哪些方面？如何避免它们进入饲料？

27. 抗胰蛋白酶、植物凝集素、植酸、多酚类化合物、环丙烯脂肪酸、氧化脂肪、糖苷、生物碱、硫胺素酶等的害处各是什么？

28. 某配合饲料要求含维生素 A3 000IU/kg，维生素预混料按 2∶1 000 添加到配合饲料中，维生素 A 添加剂的规格为 50 万 IU/g，欲配制这种维生素预混料 100g，问需这种维生素 A 添加剂多少克？

实验实训 饲料常见种类的识别

一、目   的

通过该实验（实习）使学生凭肉眼识别多种常见饲料，同时对饲料市场有一个感性认识，以便在以后的工作中能得心应手。

二、内   容

1. 在实验室观察饲料样品。
2. 组织学生到饲料批发市场参观。

三、材料与用具

常见饲料样品及简要介绍、交通车。

四、操作方法

（一）在实验室分组观察各饲料样品 饲料样品的种类多少由各学校根据实际情况而定，但必须都是正常的、优质的。

1. 蛋白质饲料 鱼粉、蚕蛹、大豆及其饼（粕）、花生及其饼（粕）、棉籽及其饼（粕）、菜籽及其饼（粕）、蚕豆、豌豆等。

2. 能量饲料 玉米、小麦、大麦、高粱、麦麸、米糠饼（粕）、甘薯、马铃薯、次粉、酒糟、豆腐渣等。

3. 饲料添加剂 氨基酸、矿物质、维生素、抗氧化剂、防霉剂、着色剂、诱食剂、中草药、酶制剂等。

（二）组织学生到饲料批发市场参观 参观的安排由各学校根据实际情况而定。参观的目的是：

（1）进一步加深学生对原有饲料种类的认识，同时认识一些新饲料，并对各种品质的饲料进行比较。

（2）了解市场运作，掌握各饲料的市场价格，为以后饲料配方设计提供价格数据。

第4章 生物饵料培养

一、饵料和生物饵料

1. 饵料和饲料　凡饲养动物（如畜、禽等）的食物，称为饲料（food），而鱼、虾、贝等水产动物的食物，则称为饵料（food or food for fisheries）。但我国对饵料的称呼并不完全统一，水产动物的人工饵料（主要指配合饵料）也称为饲料。

2. 饵料生物和生物饵料　饵料生物（food organisms）是指在海洋、江河、湖泊等水域中生活的各种可供水产动物食用的水生动、植物。生物饵料（living food）则是指经过筛选的优质饵料生物，进行人工培养后投喂给养殖对象食用的活的饵料，它们和养殖对象共同生活在一起，在水中正常生长、繁殖，是活的生物。

二、生物饵料的优点

生物饵料作为养殖水产动物（主要是幼体阶段）的饵料，在以下几方面有其特有的优点：

1. 具有改善水质的作用　生物饵料是活的生物，在水中能正常生活，一般不会影响水质。如单细胞藻类在水中进行光合作用，放出氧气；光合细菌和单细胞藻类都能降解水中的富营养化物质，有改善水质的作用。

2. 营养价值高　生物饵料的营养丰富，适合水产动物的营养需要。并且可以通过筛选，获得符合某种养殖对象的某个发育阶段营养需要的、饵料效果好的生物饵料种。某些种类如螺旋藻等，在营养上具有特异优点，不但营养价值高，而且有促进生长和防病作用。进一步应用现代的科学技术改变培养条件（包括理化条件和营养条件），定向控制和强化培养提高生物饵料体内某些营养物质的数量，使之适合养殖对象的营养需要，国内外正在研究中。

3. 大小适口，方便摄食，易消化　大多数贝类和其他水产动物幼虫开始摄食时，只能摄取几微米到十几微米大小的饵料。这可以通过选择大小合适的生物饵料种进行培养来满足要求，而如此微小的饵料颗粒，以目前的技术水平还难以用人工饵料代替。在方便摄食方面，可以选择运动能力和分布水层都适合培育幼虫摄食的生物饵料种培养，便于幼虫摄食。水产动物的幼虫培养阶段，都喜欢吃生物饵料，而且容易被消化吸收。

三、培养的优良生物饵料种应具备的条件

培养的生物饵料种必须经过筛选。作为人工培养的优良生物饵料种应具备下列条件。

（1）不同的动物及同种动物的不同发育阶段对饵料大小的要求不同，生物饵料的个体大小应适合于养殖动物的摄食。

（2）生物饵料在水中的运动速度与在水层中的分布情况，应便于养殖动物的摄食。

（3）生物饵料的营养价值高，容易被消化吸收，养殖动物的生长、发育迅速。

（4）生物饵料及其产物无毒或毒性小，养殖动物的成活率高。

（5）生物饵料的生命周期短，生长繁殖迅速，最好是具有"暴发式增殖"能力的种类。

（6）生物饵料对环境的适应力强，易于大量培养，培养达到的密度大，产量高。

四、培养的主要类群

人工培养的生物饵料分植物性和动物性两大类。

1. 植物性生物饵料　培养的主要类群有光合细菌、单细胞藻类、水生维管束植物和陆生维管束植物。

2. 动物性生物饵料　目前，在生产上应用广泛的主要类群是轮虫、卤虫、双壳贝类的卵和幼虫。其次为枝角类、桡足类、糠虾、田螺、水蚯蚓、蝇蛆等。

五、生物饵料在水产动物养殖生产中的应用情况

饵料对水产动物养殖的重要性是不言而喻的。原始的（粗放的）水产动物养殖主要依靠天然饵料生物。随着水产养殖业的发展，开展了生物饵料的人工培养和人工饵料的开发研究。生物饵料培养是解决水产动物养殖（特别是种苗培养阶段）饵料的一个重要方面。

近二十多年来，海水鱼、虾、蟹、贝、海参以及淡水的罗氏沼虾等一些名特优种类进行了工厂化育苗，生物饵料是用专用池单种培养的，培养种是经过筛选的优良种类。生物饵料培养是工厂化育苗生产中的一个重要环节，在种苗场都建有与育苗设备相配套的生物饵料培养系统，有从事饵料培养生产的专职技术人员和工人。

贝类育苗主要培养的生物饵料是单细胞藻类，常用金藻类和绿藻类，同时培养2～3

种饵料，混合投喂，鲍鱼育苗则需要培养附着硅藻，此外还培养光合细菌，兼有饵料和净化水质双重作用。甲壳类育苗主要培养的饵料是单细胞藻类（常用硅藻类）、轮虫、卤虫的无节幼体等，此外也应用光合细菌净化水质。鱼类育苗主要应用双壳贝类的卵和幼虫、轮虫、卤虫的无节幼体、桡足类、枝角度等。

完全使用生物饵料进行鱼类、虾、蟹、贝类育苗，效果最理想。目前，贝类育苗是完全使用生物饵料，鱼类育苗也几乎是完全依靠生物饵料，而在对虾育苗也可在生物饵料供应不足时，使用人工饵料补充。近十几年来，微粒饵料发展很快，市售对虾育苗使用的人工饵料种类繁多。人工饵料在种苗培育中应用的最大优点是可以贮存，能保证供应。但以目前人工饵料的水平，在育苗效果方面与生物饵料比较还有较大的差距。我国在多数的对虾育苗场采取以生物饵料为主，人工饵料为辅的策略，在生物饵料供应不足时，使用人工饵料补充，人工饵料起了应急、缓冲作用。

生物饵料除在种苗培育中应用外，也在养成期中应用。例如，卤虫的成虫是鱼、虾养成期的优质饵料；光合细菌是鱼、虾池塘的水质净化剂；螺旋藻是人工配合饵料的理想添加剂。

第二节　光合细菌的培养

光合细菌（photo synthetic bacteria，简称 PSB）是地球上最早出现具有原始光能合成体系的原核生物，是一大类在厌氧条件下进行不放氧光合作用的细菌的总称。广泛分布于地球生物圈的各处，无论是江、河、湖、海，还是水田、旱地，都有光合细菌存在。

光合细菌在不同的自然环境中，具有多种异养功能（固氮、脱氮、固碳、硫化物氧化等），与自然界中的氮、磷、硫循环有着密切的关系，在自然环境的自净过程中，担任着重要角色。

小林正泰、小林达治等人利用光合细菌生理和生态特点，于 20 世纪 60 年代末和 70 年代初，分别进行了利用光合细菌处理豆制品厂、印染厂和食品工业废水的试验，并以此为基础建立了若干个以光合细菌为主体的废水处理系统，取得了良好的效果。

经进一步的研究，人们又发现了光合细菌菌体对家禽、家畜及鱼、虾、蟹、贝类幼体具有明显的促进生长和提高成活率的作用，从而为光合细菌菌体的综合利用开拓了新的领域。

光合细菌菌体富含营养物质，其蛋白质的含量超过大豆（表 4-1），B 族维生素种类和含量在总体上也超过了酵母，尤其是酵母中特别缺少的维生素 B_{12}、叶酸和生物素的含量相当丰富（表 4-2）。

值得注意的是，作为生物体内的一种重要生理活性物质的辅酶 Q，在光合细菌中的含量远远超过其他生物，比如球形红假单细胞（*Rhodopseudomonas sphaeroides*）的辅酶 Q 含量分别达到酵母、菠菜和玉米芽的 13、92 和 82 倍。

光合细菌内含有丰富的生理活性物质，而这些物质又与动物的新陈代谢有密切关系，因此认为，这是光合细菌具有促进动物生长和提高成活率的作用。

表 4-1　光合细菌菌体组成（％）

（自小林正泰，1978）

项目　　种类	粗蛋白质	粗脂肪	可溶性糖类	粗纤维	灰　分
紫色非硫细菌	65.45	7.18	20.31	2.78	4.28
小球菌	53.76	6.31	19.28	10.33	1.52
米	7.48	0.94	90.60	0.35	0.72
大豆	39.99	19.33	30.93	7.11	5.68

表 4-2　光合细菌 B 族维生素组成（$\mu g/g$）

（自小林正泰，1978）

项目　　维生素名称	紫色非硫细菌	圆酵母	啤酒酵母
B_1	12	2～20	50～360
B_2	50	30～60	36～42
B_6	5	40～50	25～100
B_{12}	21	—	—
烟 酸	125	200～500	310～1 000
泛 酸	30	30～200	100
叶 酸	60	—	3
生物素	65	—	—

自 20 世纪 70 年代以来，特别是近十年来，光合细菌在水产养殖上应用非常广泛，主要表现在以下几方面：

第一，改善养殖池塘水质。

在鱼虾养殖中，引用光合细菌，不仅水质得到了改善，而且鱼虾产量也得到了提高。实验证明，在水质恶化的养鱼池中，按 $5～10\ \mu l/L$ 的浓度加入市售光合细菌原液，约在 3h 左右，水质即可恢复正常。另一项养鳗试验表明：加入光合细菌的试验塘比对照塘的溶氧量增加 20％（试验结束时测定），化学耗氧量大幅度下降（试验前为 9.3mg/L，试验结束时为 5.59 mg/L）。这是由于光合细菌本身具有在黑暗、弱光、厌氧状态下分解利用低分子有机物，进行反硝化作用，使氨氮（NH_3-N）、亚硝态氮（NO_2-N）、硝态氮（NO_3-N）减少，降低 H_2S 浓度，降低化学耗氧，从而净化水质及使底质活化，并促进有益藻类的正常繁殖，而且可以去除养殖鱼虾类的泥臭味。

山东省荣城市于 1988 年在 200hm² 养虾池使用光合细菌，每公顷产量提高 300kg 左右。大连水产学院的养虾试验表明，使用光合细菌提高单产 23.1％（伊玉华等，1990）。

近年来我国养虾业遭受巨大挫折，原因是多方面的，但虾塘老化、积污严重、底质恶化是造成虾病的主要原因之一。所以应很好地利用光合细菌，以改善老虾塘的底质及水环境，使虾塘的小生态环境处于良性循环状态，以提高养殖产量。

第二，作为仔鱼、贝类幼体、对虾幼体的饵料。

从光合细菌的组成成分来看，它的营养极为丰富，而且氨基酸组成很接近含蛋氨酸的动物蛋白，其消化率和酪蛋白相近似。维生素含量也十分丰富，特别是维生素 B_{12} 和维生素 H，具有很高的饵料价值。此外，菌体的脂质成分中，除菌绿素、类胡萝卜素外，每 1g 纯菌滴中还约含 10mg 辅酶 Q 生理活性物质。光合细菌营养极为丰富，对动物没有毒性，因此，它是幼体的良好饵料。山东省用光合细菌配合单细胞藻投喂海湾扇贝幼体，其效果明显优于只投喂单细胞藻。光合细菌浓度 20μl／L 时，其成活率比对照组高 4.7％，变态率比对照组高 16.2％。在水温 23℃ 条件下，投入光合细菌的试验组比对照组提前 3d 附着，缩短了育苗时间，可降低育苗成本，提高经济效益。

青岛海洋大学以中国对虾作试验表明，在蚤状幼体期应用光合细菌可提高虾苗成活率 21％（陈世阳等，1988）。

泥鳅在自然条件下，从孵化后到捕食轮虫，成活率仅有 1％，应用光合细菌后可获得 60％ 的成活率，而且幼鱼生长整齐。光合细菌作为仔鱼开口饵料的价值在于：在仔鱼前期，当鱼苗处于混合营养阶段，消化系统各器官尚未完全分化时，光合细菌即可通过鳃呼吸进入鱼苗体内，使仔鱼在卵黄囊尚未被完全吸收的同时即开始从外界环境摄取饵料，以弥补内源性营养的不足，从而大大提高仔鱼的成活率；在仔鱼后期，当仔鱼摄食器官趋于完善时，将光合细菌与其他饵料混合使用，可大量提供蛋白质、维生素、脂质及生理活性物质，从而促进鱼苗的生长。

第三，作为动物性生物饵料的饵料。

由于光合细菌个体小，一般为 0.4～10μm，营养较丰富，而且适于海水和淡水，因而它是浮游动物的理想活饵料。日本小林正泰（1981）试验表明，酵母、小球藻、光合细菌对水蚤、轮虫的增殖，效果最好的是光合细菌，其次是小球藻，最差的是酵母。而且用光合细菌培养的水蚤、轮虫，蛋白质含量分别比自然环境中的提高 19.2％ 和 11.6％，各氨基酸含量也有明显提高。在实际应用菌藻混合液来培养卤虫、轮虫和枝角类的过程中，最突出的优点是能大量节省藻类，同时使用也十分简便。

第四，作为鱼虾饵料添加剂。

将光合细菌用作家畜的饵料添加剂，已有十几年的实践。作为鱼虾饵料添加剂，只是近几年的事。光合细菌菌体中维生素含量和脂质中的菌绿素、胡萝卜素及辅酶 Q 的含量较高，因此，在鱼虾饵料中用量甚微，就足以发挥明显的作用。主要表现在能提高饵料效率和脂质含量，提高产卵率，改善卵黄颜色，孵出的仔鱼健康，抗病力强，成活率高。日本在真鲷、鲕鱼的养殖中，采用 1t 软颗粒饵料加 1L 光合细菌原液，鱼食用这种饵料时摄食旺盛，个体生长较整齐。在对虾养殖中，每日以 0.5％ 用量的光合细菌均匀喷洒于配合饵料上投喂，对虾产量比对照组平均每公顷增产 21.7％～34.7％，平均尾增重 0.5～1.2g，回捕率提高 4％～5％。另外，也可将菌液经离心分离、洗净烘干后，以每 100kg 饵料添加干菌体 2.4～4.8g，搅拌造粒，投喂对虾，也取得较好的效果。

第五，在防治鱼病、虾病中的作用。

日本小林正泰（1981）对用病原菌攻击的鲤鱼烂鳃病，3d 内对照组全部死亡；而加入光合细菌的试验组，只出现症状，半个月后全部痊愈。据报道，光合细菌不但对鲤鱼烂鳃病，而且对鲤鱼打印病，金鱼、鳗鱼水霉病、红鳍病，黑鲷鱼擦伤病，均有一定疗效。光合细菌防治鱼病的原因，主要是由于光合细菌能起净化水质的作用，减少鱼类感染的机会。另外，光合细菌营养价值高，具有促进动物生长的活性物质，鱼类生长正常，增强了免疫力，减少病害侵入。光合细菌应用于对虾养殖中，在防治虾病方面起着重要作用，可控制真菌生长，限制细菌繁殖，起到防病治病的作用。

对于光合细菌防治鱼病、虾病的机理还有待进一步研究探讨。

综上所述，光合细菌作为一种有益的微生物已开始在水产养殖领域中发挥作用。随着科学技术的发展，人们对其作用的认识必将进一步深化。但就目前的情况来看，在光合细菌的应用上还存在着下列问题，应引起重视。

第一，菌种的特异性问题。据了解，目前国内外应用于水产养殖的光合细菌菌种不尽相同，但其应用范围和应用对象却基本相同。这样，由于各菌种存在着差异，自然也反映出应用效果的不同。

第二，培养方法和生产工艺。既有全封闭的，也有半封闭的，甚至采用单细胞藻类的培养方法来培养光合细菌，这样势必在菌液质量上出现问题，从而影响实际应用效果。

第三，光合细菌的使用范围和使用方法问题。光合细菌作为一种活性微生物，只有在使用环境和使用对象符合其生理、生态特征时，才能发挥其作用。否则，很难获得预期效果。

第四，其他问题。在应用于幼体培育和作为饲料添加剂时，还有一个添加量和添加方式的问题。

自20世纪70年代开始，光合细菌在水产养殖上开始应用，迄今为止，光合细菌的生产和应用均已进入商品化阶段，越来越多的养殖者已将光合细菌的使用作为提高养殖技术的手段。此外，已有人开始对光合细菌在作为饲料添加剂刺激动物体内免疫系统，提高养殖动物抵抗外来疾病的作用进行研究。同时，随着人们对健康食品需求的增加，对光合细菌红色色素的综合利用也已引起人们的关注。

一、光合细菌的生物学

光合细菌是一群没有形成芽孢能力的革兰氏阴性菌，具有固氮能力，它们最本质的共同特点是能在厌氧和光照条件下进行不产氧的光合作用。

根据伯杰（Bergey）手册第八版（1974）和1976年Truper，把新发现的绿色丝状光合细菌归属独立的新科——绿色丝状菌科，加入上述分类系统中，而把光合细菌都归属于红螺菌目（Rhodospirillales），以下分红螺菌科（Rhodospirillaceae）、着色菌科（Chromatiaceae）、绿杆菌科（Chlorobacteriaceae）和绿色丝状菌科（Chloroflexaceae）等4科，23属，80余种。

光合细菌是生存于水环境中最复杂的菌群之一，其细胞形态、分裂方式、运动情况、代谢能力等富于多样性，它们在分类上所依据的形态构造与生理、生化等生物学特征，都有其独特之处（表4-3）。

表 4-3 光合细菌的分类学特征

（自矢木修身，1977）

科	培养物颜色	细菌叶绿素	光合作用器官	光合反应的供氢体	硫粒子的蓄积	主要碳源	运动性
红螺菌科	红、粉红、紫、橙黄、茶褐	a 或 b	载色体	有机物	没有	有机物	＋
着色菌科	红、粉红、紫、茶	a 或 b	载色体	H_2S	细胞内	CO_2	＋，－
绿杆菌科	绿	a 和 c d 或 e	绿色包囊	H_2S	细胞外	CO_2	－
绿色丝状菌科	绿、橙黄	a 和 c	绿色包囊	有机物 H_2S	细胞外	有机物 CO_2	＋

（一）**培养物颜色**　光合细菌因具有光合色素，包括细菌叶绿素和类胡萝卜素等而呈现一定颜色。一般说来，红螺菌科和着色菌科的菌呈红、粉红、橙黄、紫或茶褐色，绿杆菌科和绿色丝状菌科的菌呈绿色。但也有例外，如红螺菌科中的绿色红假单胞菌（*Rhodopseudomonas viridis*）呈绿色。

红螺菌科和着色菌科的菌体之所以呈现由黄色到紫色的各种鲜艳的颜色，是由于菌体内类胡萝卜素含量较高掩盖了细菌叶绿素的色素的缘故。类胡萝卜素含量少的菌体或者缺乏类胡萝卜素的变异株，便显示出细菌叶绿素的蓝绿色。换言之，不同的光合细菌体内含有的细菌叶绿素和类胡萝卜素的种类和数量不同，因而呈现不同的颜色。每种光合细菌的颜色在固定的培养条件下是带特征性的。就每个菌种来讲，各有自己的颜色，但由于培养条件不同，其颜色可以发生变化。如球形红假单胞菌（*Rhodopseudomonas sphaeroides*）和荚膜红假单胞菌（*R. capsulatus*）的厌气液体培养物呈茶褐色，半好气培养物呈红色。这是由于氧的存在对光合细菌色素的合成有十分明显的抑制作用。

（二）**细菌叶绿素**（简称菌绿素）　光合细菌通过光合磷酸化作用，将光能转变成化学能，这个过程需要光合色素，特别是菌绿素作媒介，当菌绿素（Bchl）吸收光量子时，就被激发而失去电子，

$$即：Bchl \xrightarrow{\text{光}} Bchl^+ + e^-$$

释放的电子经光合作用单元，将其能量转移给特殊的反应中心——菌绿素。电子流则通过一个氧化还原电位低的中间物为电子受体，在电子传递链中经过一系列中间物，最后使 $Bchl^+$ 回复至基态。当电子由细胞色素 b 传递给细胞色素 c 时，发生了 ATP 的合成作用，这就是把太阳能转变为细胞化学能的环式光合磷酸化的大致过程。

到目前为止，已分离到带有不同侧链基的菌绿素共有 5 种，它们都是含镁的 β 卟啉衍生物，分别称为菌绿素 a、b、c、d、e。各种菌绿素均具有一定的吸收波长（表 4-4）。因此，测定光合细菌的吸收光谱，可以分析出菌体所含的 Bchl 的种类。已知红螺菌科和着色菌科的细菌含有 Bchla、或 b（大多数含有 Bchl a，少数含有 Bchl b）；绿杆菌科的细菌

除了含有 Bchl a 外，还含有 Bchl c、d、e 中的一种；绿色丝状菌科的细菌，则含有 Bchl a 和 c。

表 4-4　各种菌绿素的吸收波长

（把菌体分散在 60％蔗糖溶液中测定）

Bchl	吸收波长（nm）
a	805 805～890
b	835～850，1 020～1 040
c	745～760
d	725～745
e	715～725

（三）类胡萝卜素　类胡萝卜素是光合生物的辅助色素，它们吸收 400～500nm 光谱区域的光，这是一类由 40 个碳原子组成的不饱和烃类化合物，根据化学结构不同，可分为 30 多种。它的主要功能，一方面具有光合作用活性，是将能量传递给菌绿素的天然色素。另一方面它们有保护功能，可防止菌绿素免遭光氧化损失，即起光氧化的保护剂作用。此外，类胡萝卜素的组成成分和多少，影响吸收光谱波长，对菌体所呈现的颜色起决定作用。

（四）光合作用器官　光合细菌的细胞内存在着载色体（chromatophores）或绿色包囊（chlorobiumvesicles），光合色素是它们的基本组成成分。它们是光合细菌吸收光能并转变成化学能——进行光合磷酸化作用的所在部位。

载色体是由细胞膜陷入细胞质内而形成，并与细胞膜相连。它存在于红螺菌科和着色菌科的细菌体内，因菌种不同而有小胞状、薄片状或管状等形状。

绿色包囊分散附着于细胞膜下面，是被一层膜包裹的小胞状体，它是独立存在于细胞内的细胞器，这一点与载色体不同。它是在绿杆菌科和绿色丝状菌科的细菌中才见到的光合作用器官。

（五）光合反应的供氢体和能量获得的形式

1. 光合反应的供氢体　在利用光能进行光合反应时，因为用于还原 CO_2 的供氢体不同，其反应式可归纳为以下三类：

（1）以硫化氢为还原二氧化碳的供氢体：

$$CO_2 + 2H_2S \xrightarrow{\text{光}} (CH_2O) + H_2O + 2S$$

（2）以硫代硫酸盐为还原二氧化碳的供氢体：

$$2CO_2 + Na_2S_2O_3 + 3H_2O \xrightarrow{\text{光}} 2(CH_2O) + H_2SO_4 + Na_2SO_4$$

（3）以有机物为供氢体：

$$CO_2 + H_2A \xrightarrow{\text{光}} (CH_2O) + 2A$$

光合细菌供氢体的差别，是分类上的重要特征。红螺菌科的细菌尽管在硫化氢浓度很低的情况下也能利用硫化氢，但总的来说它们是以有机物作为供氢体的。绿杆菌科和着色菌科的细菌只能利用硫化氢及其他硫化物作为供氢体。绿色丝状菌科的细菌则对有机物和硫化物都能很好地利用为供氢体。

2. 光合细菌的获能形式

（1）通过光合作用获得能量。只要供氢体和碳源合适，所有光合细菌都能在光照、厌气条件下，通过光合磷酸化过程获得能量。

（2）通过脱氮或发酵获得能量。这是在厌气、黑暗条件下进行的，由有机酸产生能量，或是在反硝化过程中从有机物放出能量。

（3）通过呼吸作用获得能量。这是在有氧、黑暗条件下进行的，从有机物的氧化磷酸化中获得能量。

不同类型的光合细菌其获得能量的形式有很大差异（表4-5），其中仅有红螺菌科的细菌兼有上述三种类型，即它们既能在厌气、光照条件下由光合磷酸化过程获得能量，又能在有氧、黑暗条件下由氧化磷酸化取得能量，甚至还有部分种类能在厌气、黑暗条件下，以脱氮或发酵的方式获得能量。

表 4-5　在各种培养条件下光合细菌的生长及其获能形式

项　目 ＼ 培养条件	厌气、光照		厌气、黑暗	有氧、光照或黑暗	
	H_2S+CO_2	有机物	有机物	H_2S+CO_2	有机物
红螺菌科	－	＋	（＋）		＋
着色菌科	＋	＋	－	（＋）	－
绿杆菌科	＋	＋	－	－	－
绿色丝状菌科	＋	＋	－	－	＋
获能形式	光合作用	光合作用	脱氮或发酵	呼吸作用	呼吸作用
光合色素	有	有	有	没有	没有

注：＋表示生长；－表示不生长。

表4-5中表示的是一般情况，也有例外，特别是括号内的例子，只在少数菌种中看到。

（六）碳源　绿杆菌科和着色菌科的细菌以 H_2S 作为光合反应的供氢体，以二氧化碳作为主要碳源。红螺菌科的细菌以各种有机物作为供氢体，同时以这些有机物作为碳源利用。例如，在下式中可见，丁酸钠既是供氢体，又被利用作为碳源。

$$C_4H_7O_2-Na+2H_2O+2CO_2 \xrightarrow{\text{光}} 5（CH_2O）+NaHCO_3$$

在利用低级脂肪酸时，放出 CO_2 和 H_2，如下式所示：

$$C_4H_6O_5+H_2O \xrightarrow{\text{光}} 2（CH_2O）+2H_2+2CO_2$$

如果在既没有低级脂肪酸，也没有二氧化碳的培养基中，只要给予酵母膏、蛋白胨、糖等有机物，则不管在厌气还是不厌气的条件下，有光照或无光照的条件，红螺菌科的细菌均能与异养细菌一样地得到生长。绿色丝状菌科的细菌对二氧化碳和有机物都能很好地利用。

根据光合细菌对碳源利用上的不同，可以分别把它们列入不同的营养类型。如绿杆菌科和着色菌科为光能自养型；红螺菌科为光能异养型；绿色丝状菌科为兼性营养型。

红螺菌科的细菌对有机物的利用范围，因种而异，各具特征（表4-6），这是鉴定该科细菌中各个种的辅助指标。

表 4-6　红螺菌科中几种菌种对碳源和电子供体的利用比较

(小林达治，1977 增补)

基质	沼泽红假单胞菌 R. palustris.	荚膜红假单胞菌 R. capsulatus	球形红假单胞菌 R. sphaeroides	胶质红假单胞菌 R. gelatinosa	深红红螺菌 Rhodos pirillum rubrum
醋　酸	+	+	+	+	+
丁　酸	+	+	+	+	+
苹果酸	+	+	+	+	+
乳　酸	+	+	+	+	+
琥珀酸	+	+	+	+	+
丙酮酸	+	++	+	+	+
丁烯酸	+	++	+	+	+
酪　酸	+	++	+	+	+
酵母膏	+	+	+	+	+
丙　酸	+				
乙　酸	++	－	+		
硫代硫酸钠	+				
戊二酸	++	－+	+	+－	+－
色氨酸	+		+－	+－	+－
丙氨酸	+				
天门冬酰酸			－+		
天门冬氨酸		+		+	+
谷氨酸		+			
甘　油	－	－	+		
蛋白胨		+－	++		
肉　汁	－	+	－	+	
马铃薯培养基	－	－	－	+－	
酒石酸			－		
甘露糖醇			+		
山梨糖醇			+		
葡萄糖	－	+	+	+	+－
果　糖	－	+	+	+	
甘露糖	－	+			

注：上述基质（多用其盐类）使用浓度，除丙酸钠为 0.15% 外，其余均为 0.2%。＋：生长；＋＋：生长良好；＋－：有的菌株生长；－＋：几乎不能生长；－：不能生长。

（七）氮源　因固氮酶的存在而具有固氮能力，是光合细菌这一类群的重要特征之一。这种酶同时也具有氢化酶的活性，因此，在无氮的培养基上培养光合细菌，就有 H_2 产生。

光合细菌对氮源的利用较广，一般均可利用铵盐、氨基氮，甚至氮气，少数种类还能利用硝酸盐和尿素。

（八）生长因子　红螺菌科的细菌常需要某种 B 族维生素为生长因子。Van Niel (1962) 报道，球形红假单胞菌（*Rhodopseudomonas sphaeroides*）需要硫胺素（B_1）及尼克酸（B_5），胶质红假单胞菌（*R. gelatonosa*）需要生物素（B_7），沼泽红假单胞菌（*R. palustris*）需要对氨基苯甲酸，荚膜红假单胞菌（*R. capsulatus*）需要硫胺素（B_1），深红红螺菌（*Rhodospirillum rubrum*）需要维生素 B$_{12}$等。在培养过程中，为了满足这些需要，通常加入 0.2%的酵母膏或 0.01%～0.02%的复合维生素 B 即可。

着色菌科和绿杆菌科的细菌不需要生长因子，但也有例外，奥氏着色菌（*Chromatiumokenii*）等需要维生素 B$_{12}$，不然就不生长。

（九）细胞形态与大小　光合细菌的菌体形态极其多样，有球形、卵形、杆形、弧形、螺旋形、环形、半环形、丝形以及进一步成为链形、锯齿形、格子形、网篮形等。不同的菌种具有多种多样的形态，即使同一种类，也会由于培养条件和生长阶段等不同而使细胞形态发生变化。尽管如此，许多菌种在细胞形态上仍然是各具特征的。如球形红假单胞菌为球形；红微菌属（*Rhodomicrobium*）的细菌其细胞丝相连；绿突菌属（*Prosthecochloris*）的细胞为具突起的球菌。

细胞的大小因种类不同而变化很大，如胶质红假单胞菌在 0.4～0.5μm×1～2μm，奥氏着色菌的细胞则大得多，一般在 4.5～6.0μm×8～10μm。一般来说，红螺菌科细胞的大小为 0.6～0.7μm×1～10μm，着色菌科细胞大小为 1～3μm×2～15μm，绿杆菌科细胞大小为 0.7～1μm×1～2μm，绿色丝状菌科细胞可长达 300μm。

（十）分裂方式　光合细菌的绝大多数菌种都是以二分裂进行繁殖的，仅少数例外。

一种例外是出芽分裂方式，子细胞与母细胞之间有柄相连。见于沼泽红假单胞菌等菌种。当进行出芽繁殖时，母细胞于鞭毛的相对极处产生细的管子，管子末端膨大形成芽体，子细胞与母细胞同样大小，两者又发生不同步的分裂，结果形成玫瑰花簇的细胞丛。

另一种例外情况是进行极性伸长分裂，见于着色菌科的泥网流杆菌属（*Pelodictyon*）。

（十一）运动形式　红螺菌科和绿色丝状菌科的细菌具运动能力；绿杆菌科的细菌无运动能力；着色菌科的细菌有些具有运动能力，也有一些不具运动能力。那些具有运动能力的细菌往往由于温度、光照度、酸碱度等培养条件的变化而失去运动能力。

大多数细菌的运动都是由鞭毛运动而产生的，其中多数为极生鞭毛，也有少数为周生鞭毛。

除了由鞭毛产生的运动类型外，还有一些细菌是滑走运动和痉挛式的运动类型。

（十二）光合细菌的生态学特点　在自然界，光合细菌几乎发现于所有光能可供利用的地方，在水环境中最为丰富。

光合细菌为厌气菌，在水中生长于较深水层或淤泥表层，它们主要利用远红外和红外光谱区的光，菌绿素对光的最大吸收区在远红外光区。

光合细菌能把水域中残余的有机物经异养菌分解后产生的有机酸、硫化氢和氨等作为合成菌体的基础物质。既参加了对水质的净化，菌体本身又可作为其他动物的饵料，从而构成了水环境中物质循环和食物链的重要环节。

二、光合细菌的菌种分离和菌种保藏技术

开展光合细菌的培养和应用研究，首先要有菌种。菌种是从自然界混杂的微生物群中分离出来的。分离是获得光合细菌纯种、新种和优良菌株必要的和最基本的

手段。

纯培养，是仅包括一个微生物种生长在培养基中的培养。分离纯种是纯培养的前提。纯培养是研究光合细菌的生态和生理的必需手段，研究光合细菌在水产养殖方面的应用，也必须以纯培养的研究为起点，工作才有可能卓有成效地深入开展。

（一）菌种的分离方法　由于目前应用于有机废水净化和水产养殖业上的光合细菌，主要是红螺菌科即通称为紫色非硫细菌中的一些种类，包括红螺菌属（*Rhodospirillum*）、红假单胞菌属（*Rhodopseudomonas*）和红微菌属（*Rhodomicrobium*）在内的三个属，它们的共同特征是具鞭毛，总是运动的；从来不产生气泡；细胞内从来不积累硫磺。表 4-7 是这三个属几个特征的比较。以下着重介绍红螺菌科细菌的分离方法。

表 4-7　红螺菌科三个属的比较
（自 R. Y. 斯塔尼尔等，1983）

属　名	细胞形状	鞭毛着生位置	细胞分裂方式	突　起
红螺菌属	螺旋形	端生	二分分裂	—
红假单胞菌属	柱形或卵形	端生	二分分裂或芽生	—
红微菌属	卵形	周生	芽生	+

1. **采样**　光合细菌所需的生长条件，除了光照、温度以外，主要是水、有机质（包括灰分在内）和一定程度的厌气环境。红螺菌科细菌能以有机物作为光合作用的供氢体兼碳源，故在自然界中被有机物污染的地方，它们广泛存在。

因此，可以从河底、湖底、海底的泥土以及水田、沟渠、污水塘等经常含有有机残渣的污水进入地方的泥土，还有豆制品厂、淀粉厂、食品工业等废水排水沟处，往往有呈橙黄色、粉红色的块状沉积物的泥土，都可以采取分离光合细菌的样品。样品采回后，用恰当的方法进行富集培养和分离，就有可能得到光合细菌的纯培养物。

2. **富集培养**　光合细菌分离成功的关键，在于选择适宜的富集和分离的培养基，提供符合光合细菌生长需要的厌氧环境和适宜的温度与光照条件。

富集培养用的培养基均采用液体培养基。用于红螺菌科细菌分离的比较简单的为 Van Niel（1944）提出的培养基，后来又对其进行了改进，使其更适合红螺菌科细菌的生长（参看培养基部分）。

进行富集培养时，只要将采回的样品（土壤或水）装入玻璃圆筒或大型试管或具塞磨口玻璃瓶中，再倒入配制好的培养液，充分搅拌。为造成厌气环境，在玻璃圆筒或大型试管中加入液体石蜡以隔断空气，如为具塞磨口玻璃瓶，只要把培养液加满到瓶口，盖上瓶塞，让多余的培养液溢出，使瓶内无气泡，为更好地保持厌气条件，

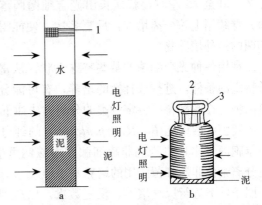

图 4-1　光合细菌的富集培养法
a. 玻璃圆筒富集培养法　b. 具塞磨口玻璃瓶富集培养法
1. 液体石蜡　2. 橡皮圈　3. 塑料布
（自小林达治，1977）

瓶盖外再用塑料薄膜裹住，并用橡皮圈扎牢，以减少水分蒸发（图 4-1）。然后把培养容器置于 25～35℃的温度和 5 000～10 000lx 的光照条件下进行富集培养，大约经 2～8 周的培养，在玻璃瓶壁上出现光合细菌菌落，或整个培养液长成红色。如果是培养海水的光合细菌，因其生长缓慢而需要更长的富集培养时间。

如果富集培养初步获得成功，就用吸管插入菌液中或光合细菌大量生长的泥层里，吸取菌液转接到具塞磨口玻璃瓶中，再加入培养液继续进行光照、厌气培养。经反复多次，光合细菌压倒其他杂菌而占绝对优势，培养液呈深红色时可以确认富集培养成功。

为了避免在培养液中藻类和绿杆菌科细菌的繁殖，可采用滤光片，使波长为 800nm 或更长波长的光透过，可更有效地达到富集紫色非硫细菌的目的。

3. **分离方法**　一旦富集成功，就可紧接着分离培养。由于紫色非硫细菌的生长速度较快，所以大约在 1 周左右移植比较合适。若是海水生长的紫色非硫细菌生长速度慢，需要培养3 周以上才能移植。移植时先配制固体培养基，灭菌后制成平板。将富集成功的菌液适当稀释，在平板上作推布或划线，然后在厌气、光照条件下培养（图 4-2），即在干燥器底部放焦性没食子酸（苯三酚）和碳酸钠溶液，利用碱性焦性没食子酸来除去容器中的氧。1g 焦性没食子酸，在一个大气压下，具有吸收 100ml 空气中的氧气能力，据此可以推算出不同大小的干燥器中吸氧剂的加入量。干燥器顶部连接抽气装置，最好把干燥器内的空气减压到约 1/3。减压不宜过度，否则倒放的培养皿中的琼脂会落下来，就是正放的培养皿中的琼脂，也会因过分减压而裂开。

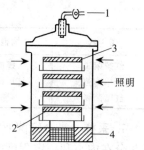

图 4-2　培养光合细菌
的厌气缸

1. 气体交换　2. 菌落　3. 琼脂
4. 碱性苯三酚溶液
（自小林达治，1977）

将画线或涂布了紫色非硫细菌稀释液的平板置于上述厌气培养缸中，在 25～35℃的温度和 2 000～3 000lx 光照条件下培养 2～3d 至 7d 左右，就能长出光合细菌菌落。仔细挑取单菌落，继续用上法分离培养，反复多次，便能得到紫色非硫光合细菌的纯种培养物。

利用各种光合细菌的某些特殊性状，从富集培养开始就给予特定的条件，进行选择性的培养，有可能分离得到预期的特定菌种。红螺菌科的特定种类的分离方法如下：

荚膜红假单胞菌（*R.capsulatus*）的纯分离：已知荚膜红假单胞菌有比其他紫色非硫细菌在丙酸钠里生长得好的特性，在分离紫色非硫细菌所用的培养基中加入 0.15％的丙酸钠，在光照条件下进行厌气培养，反复数次，以达到富集的目的。在此过程中，不能把丙酸钠作为基质利用的球形红假单胞菌、胶质红假单胞菌、深红红螺菌等的生长被抑制，但荚膜红假单胞菌在数量上还是比较少，而是沼泽红假单胞菌占优势。接着，把碳源基质改成葡萄糖，以 0.1％～0.3％的量加入培养基中，

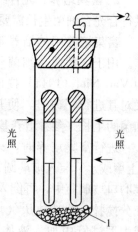

图 4-3　保存光合细菌
的厌氧瓶

1. 碱性苯三酚　2. 减压
（自小林达治，1977）

经过反复培养几次，连续培养，由于沼泽红假单胞菌不能生长，故培养物就大致变成仅由荚膜红假单胞菌占绝对优势。这时，如用上述加葡萄糖的培养基在厌气、光照条件下，用稀释液作平板分离培养，可以得到十分理想的单菌落。但同时，夹杂其中的厌气异养细菌的生长可能也受到促进，所以有必要再一次以丙酸钠作为基质，进行分离培养。然后，再用其他异养细菌用的培养基来检验1～2次，如确认没有污染杂菌，便可认为分离得到了荚膜红假单胞菌的纯菌株。

同样，也可以采用不同碳源来优选富集、分离而获得其他系列纯菌株。

（二）**菌种保藏技术** 将分离菌株的纯培养物，穿刺接种于盛有培养基的试管中，置于厌气缸中，在光照条件下培养，待长好后取出，在试管中加入无菌的液体石蜡，以隔断空气，便可保存较长时间。也可将保存用的菌株试管放入大型试管中，其底部加吸氧剂（焦性没食子酸＋碳酸钠），大试管用塞子塞紧并减压抽气（图4-3）。总之，只要将穿刺培养好的菌种管保持在厌气状态下，大约一年移植一次，那么具有强活力的菌株的保存是可能的。

三、光合细菌的培养

（一）**培养的主要种类** 目前，在水产养殖上应用的光合细菌，主要是光能异养型红螺菌科，特别是其中的红假单胞菌属的种类。这类光合细菌在不同的环境条件下，能以不同的代谢方式，有效地降低污水中的生物化学需氧量（BOD），从不同的代谢途径中获能，迅速增殖。在应用上，对净化水质、防治疾病和促进动物生长等方面效果明显。

（二）**培养方式** 大量培养光合细菌，主要有两种培养方式，一种是全封闭式的厌气光照培养方式，另一种是开放式的微气光照培养方式。

1. **全闭式厌气光照培养** 这种培养方式是采用无色透明的玻璃容器或塑料薄膜袋，经消毒后，装入消毒好的培养液，接入20%～50%的菌种母液，使整个容器均被液体充满，加盖（或扎紧袋口），造成厌气的培养环境，置于有阳光的地方或用人工光源进行培养，定时进行人工搅动，在适宜的温度条件下，一般经过5～10d的培养，即可达到指数生产期高峰，此时可收获或作为菌种母液接种扩大培养。

2. **开放式微气光照培养** 此种培养方式，一般采用100～200L容量的塑料桶或500L容量的卤虫孵化桶为培养容器，以底部成锥形并有排放开关的卤虫孵化桶较理想。在桶底部装一气石，培养时微充气，使桶内光合细菌呈上下缓缓翻动。在桶的正上方距桶面30cm左右装一有罩的白炽灯泡，使液面照度达到2 000lx左右。培养前先把容器消毒，加入消毒好的培养液，接入20%～50%的菌种母液，照明，微气培养。在适宜的温度条件下，一般经7～10d的培养，细菌密度达到高峰，即可采收或进一步扩大培养。

上述两种培养方式比较，以厌气培养方式比较理想，微气培养方式虽然设备比较简单，易于大量生产，但杂菌污染程度大，培养达到的菌体密度低。

（三）**培养设备** 首先要具备能从事微生物学工作的基本设备，具有能进行实验室培养及进一步为生产性培养提供母菌液的能力，这是完成光合细菌培养的物质基础。进行光合细菌研究和菌种的培养、保藏所要求的设备条件高，而一般性生产的设备可大大简化。

1. **常规仪器设备**

（1）灭菌器：包括烘箱、高压蒸汽灭菌锅、蒸汽锅或普通蒸锅。

（2）灭菌箱、无菌室和超净工作台。

（3）具光照设备的恒温培养箱。

（4）玻璃器皿：包括试管、培养皿、移液管、各种容量锥形瓶（具塞磨口或无两种）、分液漏斗、注射器、载玻片、盖玻片、酒精灯等。

（5）其他设备：家用冰箱和冷藏冰柜、显微镜、接种环、电动离心机、真空泵、氮气钢瓶，分析天平、管式连续高速离心机、真空冷冻干燥机、液氮罐。

2. 光合细菌培养条件和测试仪器　主要包括摇床和振荡器、空压机、磁力搅拌器和转子、分光光度计、酸度计、电光源设施及其支架、大容量扭力天平、四路双向控温仪（MTD型）、K－1型生物实验用多项可控电源箱。

（四）培养基　对培养光能自养型的细菌，一般用几种无机盐为基础培养基，并于其中加入适量的碳酸氢盐作为二氧化碳的来源，用磷酸调整 pH 至 7.0～8.0，然后再加入 0.05％～0.1％的 $Na_2S \cdot 9H_2O$ 作为电子供体和供氢体，在光照厌气条件下于 20～30℃温度下培养。

对光能异养型的红螺菌则需在无机盐基础培养基（NH_4Cl 0.1％；KH_2PO_4 0.05％；$MgSO_4 \cdot 7H_2O$ 0.02％）中再加入 0.2％酵母膏、0.25％乙酸钠、0.02％丙酸钠和 5％ $NaHCO_3$，调整其 pH 至 7.0～8.0，根据需要用淡水或海水配制而成。

现列举几种有代表性的光合细菌培养基配方：

1. 富集用基础培养基（小林达治，1977）

（1）红螺菌科用配方

NH_4Cl	1.0g	NaCl	0.5～2.0g
$NaHCO_3$[1]	1.0g	T. M. 贮液[3]	10ml
K_2HPO_4	0.2g	生长素辅助因子贮液[4]	1ml
CH_3COONa[2]	1～5g	蒸馏水[5]	1 000ml
$MgSO_4 \cdot 7H_2O$	0.2g	pH	7.0

（2）着色菌科用配方

NH_4Cl	1.0g	$MgCl_2$	0.2g
$NaHCO_3$	1.0g	T. M. 贮液[3]	10ml
K_2HPO_4	0.5g	蒸馏水[5]	1 000ml
Na_2S	1.0g	pH	8.0～8.5

（3）绿杆菌科用配方

NH_4Cl	1.0g	$MgCl_2$	0.2g
$NaHCO_3$	1.0g	T. M. 贮液[3]	10ml
K_2HPO_4	0.5g	蒸馏水[5]	1 000ml
$Na_2S \cdot 9H_2O$	1.0g	pH	7.3

说明：

①事先制备 5％$NaHCO_3$水溶液，经过滤除菌，取 20ml 与另外经高压灭菌的培养基混合。

②根据作为培养基质使用的不同低级脂肪酸种类对红螺菌科进行分类（见生长因子内容）。

③微量金属元素（T. M.）贮液。$FeCl_3 \cdot 6H_2O$ 5mg，$CuSO_4 \cdot 5H_2O$ 0.05mg，H_3BO_3 1mg，$MnCl \cdot 4H_2O$ 0.05mg，$ZnSO_4 \cdot 7H_2O$ 1mg，$Co(NO_3)_2 \cdot 6H_2O$ 0.5mg，蒸馏水1 000ml。

④生长辅助因子。维生素 B_1、烟酸、P—胺基苯甲酸、生长素等根据需要由数毫克到数十毫克。如用酵母浸膏则加 0.1g 可促进生长，此外，加入 0.1%～0.3% 的蛋白胨也可促进生长。

⑤如果培养的是海水种类，则改为海水。

⑥事先制备 10% 的 Na_2S 水溶液，过滤除菌，取 10ml 与其他经高压灭菌的培养基混合。在培养红硫菌属（*Chromatium*）时，在上述成分中再加入 0.2% 马来酸钠盐等有机酸可促进生长。

2. Sawad 培养基（1975）　用于单菌落分离和荚膜红假单胞菌的培养。

CH_3COONa（或丙酸钠）	1.0g	$CaCl_2 \cdot 2H_2O$	0.05g
酵母膏（或谷氨酸0.1g）	1.0g	$NaHCO_3$	0.3g
NH_4Cl	1.0g	KH_2PO_4	1.0g
$MgSO_4 \cdot 7H_2O$	0.4g	T. M. 贮液①	1ml
NaCl	0.1g	生长素贮液②	10ml
		蒸馏水	1 000ml

3. 酵母膏、蛋白胨培养基　一般富集、分离和培养使用。

酵母膏	3g	$MgSO_4 \cdot 7H_2O$	0.5g
蛋白胨	3g	蒸馏水	1 000ml
$CaCl_2$	0.3g	pH	6.8

4. RCVBN 培养基（1975）　富集、分离和菌种保藏用。

DL 苹果酸	4g	$MgSO_4 \cdot 7H_2O$	120mg
$(NH_4)_2SO_4$	1g	$CaCl_2 \cdot 2H_2O$	75mg
K_2HPO_4 和 KH_2PO_4 缓冲液	10mmol	Na_2EDTA	20mg
尼克酸	1mg	维生素 B_1	1mg
生物素	15μg	蒸馏水	1 000ml
T. M. 贮液③	1ml	pH	6.8

5. 矢木修身培养基（1977）

CH_3COONa	3g	$(NH_4)_2SO_4$	0.3g
CH_3CH_2COONa	0.3g	$CaCl_2 \cdot 6H_2O$	0.05g
KH_2PO_4	0.5g	NaCl	0.1g
K_2HPO_4	0.3g	酵母膏	0.05g
$MgSO_4 \cdot 7H_2O$	0.2g	蒸馏水	1 000ml

6. Van Niel 培养基（1944）　用于富集培养。

$(NH_4)_2SO_4$	1g	K_2HPO_4	0.5g
$MgSO_4 \cdot 7H_2O$	0.2g	蛋白胨	2g
$NaHCO_3$	5g	海水	1 000ml

2～5 培养基说明：

①微量金属元素（T. M.）贮液。EDTA 2.5g，$ZnSO_4 \cdot 7H_2O$ 10.95g，$MnSO_4 \cdot H_2O$ 1.54g，$CuSO_4 \cdot 5H_2O$ 0.39g，$CoCl_2 \cdot 6H_2O$ 0.2g，$FeSO_4 \cdot 7H_2O$ 7.0g，蒸馏水 1 000ml。

②生长素贮液。生长素 1mg，烟酸（尼克酸）100μg，对氨基苯甲酸 10mg，维生素 B_1 100mg，蒸馏水 1 000ml。当培养基中已有酵母膏，就不必加入生长素贮液。

③微量金属元素（T. M.）贮液。H_3BO_3 0.7g，$MnSO_4 \cdot H_2O$ 398mg，$Na_2MoO_4 \cdot 2H_2O$ 188mg，$ZnSO_4 \cdot 7H_2O$ 60mg，$Cu(NO_3)_2 \cdot 3H_2O$ 10mg，蒸馏水 250ml。

（五）培养方法　光合细菌的培养，按次序分容器、工具的消毒，培养基的配制，接种，培养管理四步进行。

1. 容器、工具的消毒　参考第三节单胞藻培养部分相关内容。

2. 培养基的配制

（1）培养基配方。培养光合细菌首先应选择一个能基本满足培养种的生理生态特性和营养要求、经过培养实践证明、效果比较理想的培养基配方。

（2）配制培养基的用水。如果培养的光合细菌是淡水种，菌种培养可用蒸馏水，生产性培养可用自来水（或井水）配制。如果培养的光合细菌是海水种，则用天然海水（或人工海水）配制。用天然海水配制培养基，可免加镁盐和钙盐，因为海水中镁、钙元素的含量已能满足需要。此外，在海水中加入磷元素时，不能用磷酸氢二钾，应用磷酸二氢钾，不然会产生大量沉淀。

（3）配制。按培养基配方称量所列物质，逐一溶解，混合，配成培养基。也可把部分组分配成母液，使用较方便。

（4）灭菌和消毒。菌种培养用的培养基应连同培养容器用高压蒸汽灭菌锅灭菌。小型生产性培养可把配好的培养液用普通铝锅煮沸消毒。大型生产性培养则先把水用次氯酸钠处理、消毒，然后加入配方所列组分，溶解，混合。

3. 接种　培养基配制好后，应即进行接种。光合细菌生产性培养的接种量比较高，一般为 20%～50%，即菌种母液量和新配培养液量之比为 1∶4（20%）→1∶1（50%），不应低于 20%（1∶4），尤其微氧培养接种量应高些，否则，光合细菌在培养液中很难占绝对优势，影响培养的最终产量的质量。

4. 培养管理　光合细菌的培养过程中，管理工作包括日常管理操作的测试、生长情况的观察检查和出现问题的分析处理等三个方面。

（1）日常管理和测试

①搅拌或充气。光合细菌培养过程中必须搅拌或充气，其作用是帮助沉淀的光合细菌上浮获得光照，保持菌细胞的良好生长。

小型厌氧培养常用人工摇动培养容器的办法使菌细胞上浮，可在接种前在培养容器中加入少量玻璃珠，摇动时易于搅起菌细胞。每天至少摇动 3 次，定时进行。大型厌气培养则用机械搅拌器搅拌或使用小水泵使水缓慢循环运转，保持菌体悬浮。

微气培养是通过充气帮助菌体上浮的，因为培养液中溶解氧含量增加，光合细菌繁殖受到抑制，产量下降，所以必须严格控制充气量。一般采用定时断续充气，充气量控制在 $1\sim1.5l/L\cdot h$ 之间，溶解氧含量保持在 $1\mu l/L$ 以下。

②调节光照度。培养光合细菌需要连续进行照明。在日常的管理工作中，应根据要求经常调整光照度。

白天可利用太阳光源培养，晚间则需人工光源照明，或完全利用人工光源培养。人工光源一般使用碘钨灯或白炽灯泡。不同的培养方式所需求的光照强度有所不同。一般培养光照强度控制在 2 000～5 000lx。而实验设备好，能有效控制环境条件的厌气培养，生长繁殖快，菌细胞的密度高，光照强度应提高到 5 000～10 000lx。调节光强度可通过调整培养容器与光源的距离或使用可控电源箱调节。

③调节温度。在光合细菌培养中，能有效地控制在最适宜的温度条件下，当然是最理想的。而光合细菌对温度的适应范围很广，一般在 23～39℃ 的范围内均能正常生长繁殖，所以也可不必控制温度，进行常温培养。但在日常管理工作中也应注意温度问题，并作适当的调节。如果温度偏低，可以把培养容器放在箱子里，利用白炽灯泡散发的热提高箱内温度，并根据需要，调整箱子的密封程度达到调节温度的目的。如果温度过高，可开窗通风或用电风扇降温。

④酸碱度的测定和调整。光合细菌的大量繁殖，会导致菌液 pH 上升，pH 上升也意味着光合细菌生长正处在旺盛阶段，即指数生长期。当 pH 超过最适范围甚至生长的适应范围时，测定的光密度值不再增加，即说明生产已到顶点，随后即下降。为了延长光合细菌的指数生长期，提高培养基的利用率和单位水体的产量，测定和调整 pH 是一项重要措施。一般采用加酸的办法降低菌液的酸碱度，醋酸、乳酸和盐酸均可使用，而最常用的是醋酸。

⑤测定光密度（OD）值。光密度值和细胞干重之间是近似线性关系，这种相关关系常用来测定培养物的浓度。首先根据测定的数据画出相关的标准曲线图，然后从测定菌液的 OD 值，即可根据标准曲线大致估算出菌细胞的浓度。光密度值常用分光光度计测定。

在日常管理工作中，通过测定菌液的光密度，可以了解光合细菌的生长繁殖情况。

（2）生长情况的观察检查。在培养中，可以通过观察菌液的颜色及其变化来了解光合细菌生长繁殖的大致情况，菌液的颜色是否正常，接种后颜色是否由浅迅速变深，均反映光合细菌生长是否正常以及繁殖速度的快慢。接种后，OD 值迅速加大，表示生长正常，繁殖迅速。如果 OD 值不增加以及菌液颜色不正常、菌体附壁等现象出现，说明培养效果不良。同时还可以通过显微检查了解情况。

（3）问题的分析和处理。通过日常管理、检测、观察和检查，了解掌握光合细菌的生长情况，就可结合当时环境条件的变化进行分析，找出影响光合细菌正常生长的原因，采取相应的对策。

影响光合细菌生长的原因很多，从内因看菌种本身是否优良，即接种的菌种的质量问题；从外因看，不外乎是光照、温度、营养、敌害、厌氧程度等方面。现以单体锥瓶培养举例分析如下：

例1

出现问题：测定 pH 无大变化，OD 值不上升，生长受阻。

检查结果：水温 42℃，其余条件正常。

分析原因：温度超出生长适应范围。

例2

出现问题：测定 OD 值升高较慢，光合细菌生长繁殖不快。

检查结果：磁力搅拌棒偏于边缘，不起搅拌作用，其余条件正常。

分析原因：菌液无搅拌，影响光合细菌生长。

例3

出现问题：测定 pH 和 OD 值均不上升，发生附壁现象。

检查结果：环境条件正常，培养措施得当。

分析原因：培养基配制出现差错，对光合细菌不适合，菌种老化。

例4

出现问题：菌液 pH 下降呈酸性，OD 值下降，光合细菌死亡。

检查结果：环境条件正常，培养措施得当。

分析原因：配制培养基时未调整好 pH，或在调整酸碱度时加入过量的酸。

要正确分析原因，当然也不是很容易的事，但只要我们有实事求是的科学精神，对于具体事物作具体分析，认识水平是能够逐步提高的。

第三节　植物性生物饵料的培养

一、培养的重要种类及其生物学

（一）亚心形扁藻［*Platymonas subcordiformis*（Wille）Hazen］

1. **分类地位**　亚心形扁藻属绿藻门（Chlorophyta），绿藻纲（Chlorophyceae），团藻目（Volvocales），衣藻科（Clamydomonadaceae），扁藻属（*Platymonas*）。在我国作为饵料培养的扁藻种类还有青岛大扁藻（*Platymonas helgolandica* kylin var. *tsingtaoensis*）等。

2. **形态特征**　藻体一般扁压。细胞正面观广卵形，前端较宽阔，中间有一浅的凹陷。鞭毛 4 条、由洼处生出。细胞内有一大型、杯状、绿色的色素体，靠近后端有一呈向上开口的杯状蛋白核，有一红色眼点比较稳定地位于蛋白核附近，细胞中心略前色素体外的原生质里有一个细胞核，无伸缩泡。细胞外具有一层比较薄的纤维质细胞壁。细胞长 11～16μm，宽 7～9μm，厚 3.5～5μm。运动靠鞭毛，在水中游动迅速、活泼。

3. **繁殖方式**　无性生殖，细胞纵分裂形成 2 个（少数情况下 4 个）子细胞。环境不良时形成休眠饱子。

4. 生态条件

（1）盐度。亚心形扁藻对盐度的适应范围很广，在盐度为 8～80 的水中均能生长繁殖。最适盐度范围在 30～40 之间。

（2）温度。亚心形扁藻对温度的适应范围也很广，在 7～30℃ 范围内能生长繁殖，最适范围大约在 20～28℃ 之间。对低温适应性强，在我国南方冬天能正常培养生产。对高温的适应力则比较差，温度上升到 31℃ 以上生长繁殖就会受到较大的抑制，藻色变黄，因此，在南方夏天培养比较困难。

（3）光照度。亚心形扁藻在光照强度为 1 000～20 000lx 范围内都能生长繁殖，而最适光照度约在 5 000～10 000lx 之间。

（4）酸碱度。一般在 pH6～9 范围内均能生长繁殖，最适范围约在 pH7.5～8.5 之间。

（二）盐藻（*Dunalieeea* sp.）　盐藻又称杜氏藻，嗜盐，在一般生物难以生存的高盐水中培养，生长良好。盐藻细胞内能贮存大量经济价值较高的甘油和 β-胡萝卜素等有机化合物，β-胡萝卜素的含量可达干品的 8%，可望大量培养提取 β-胡萝卜素，因而受到重视。

1. 分类地位　盐藻在分类上属绿藻门，绿藻纲，团藻目，盐藻科（Polyblephariaceae），盐藻属（*Dunaliella*）。

2. 形态特征　盐藻没有细胞壁，细胞外只有一层弹性膜，所以体形变化很大，有梨形、椭圆形、长颈形和纺锤形等。体内有一个杯状的色素体，在色素体内靠近基部有一大的蛋白核。细胞上部有一个橘红色的眼点。有一个细胞核，位于中央原生质中。前端生出两条等长的鞭毛，鞭毛比细胞长约 1/3。细胞长 16～24μm，宽 10～13μm。

3. 繁殖方式　无性繁殖，在游动中直接纵分裂为两个游动的子细胞。在环境不良时行有性生殖，为同配生殖，由具有两条长鞭毛的孢子结合，合子具有厚壁，发育前形成 2～8个游动细胞。

4. 生态条件

（1）盐度。盐藻在高盐度海水中生长特别良好，于实验室内培养在饱和的食盐溶液中繁茂葱绿。最适盐度范围为 60～70，也可培养在正常盐度的海水中。

（2）温度。盐藻可在 4～40℃ 温度下存活，在 4℃ 的低温下仍以可运动的营养细胞形式存在。最适温度范围为 25～35℃。

（3）光照度。盐藻对强光的适应性强。

（4）酸碱度。适应范围为 pH6～9，最适范围 pH7.0～8.5。

（三）小球藻（*Chlorella* spp.）　淡水产小球藻为工厂化培养的主要种类。日本培养海产小球藻（*Chlorella saccharophila*）为轮虫的饵料。

1. 分类地位　小球藻在分类上属绿藻门，绿藻纲，绿球藻目（Chlorococcales），卵孢藻科（Oocystaceae），小球藻属（*Chlorella*）。

2. 形态特征　小球藻细胞球形或广椭圆形。细胞内具有杯状或呈边缘生板状的色素体。蛋白核小球藻的杯状色素体中含有一个球形的蛋白核。细胞中央有一个细胞核。细胞大小依种类有所不同，蛋白核小球藻细胞直径 $3\sim5\mu m$，在人工培养的情况下，由于环境条件的差异，细胞可缩小或变大。

3. **繁殖方式**　以似亲孢子的方式行无性生殖。首先在细胞内部进行原生质分裂，把原生质分裂为 2、4、8、…个孢子，然后这些孢子破母细胞而出，每个孢子长成一个新个体。这种形态上与母细胞非常相似的孢子称为似亲孢子。以似亲孢子繁殖是小球藻属中种类的惟一生殖类型。

4. **生态条件**　小球藻的生态条件依种类而不同。一般的小球藻在 $10\sim36℃$ 温度范围内都能比较迅速繁殖，最适宜温度在 25℃ 左右。在适温条件生长的最适光照强度在 10 000lx左右。适宜的酸碱度为 pH6～8。小球藻在含有机质（特别是氮肥）多的水中生长很繁茂。

（四）三角褐指藻（*Phaeodactylum tricornutum* Bohlin）

三角褐指藻是我国较广泛应用的一种单胞藻饵料，但因不适应在 25℃ 以上的高温环境下生长，使培养和应用受到较大的限制，特别是在南方只能在 11 月至翌年 3 月份培养。

1. **分类地位**　三角褐指藻在分类上属硅藻门（Bacillariophyta），羽纹纲（Pennatae），褐指藻目（Phaeodactylales），褐指藻科（Phaeodactylaceae），褐指藻属（*Phaeodactyum*）。

2. **形态特征**　三角褐指藻

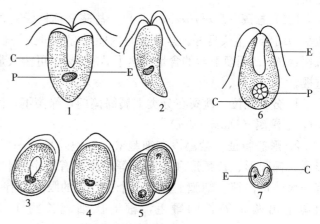

图 4-4　亚心形扁藻、盐藻和小球藻
1～5. 亚心形扁藻（1. 腹面观　2. 侧面观
3～5. 休眠孢子）6. 盐藻　7. 蛋白核小球藻
E. 眼点　C. 色素体　P. 蛋白核

有卵形、梭形和三出放射形三种不同的形态。这三种形态在不同的环境条件下可以转变。如在正常的液体培养条件下，常见的是三出放射形细胞和少量的梭形细胞，这两种形态都没有硅质的细胞壁。三出放射形细胞有三个"臂"，臂长为 $6\sim8\mu m$，细胞长度为 $10\sim18\mu m$（两臂间垂直距离）。细胞中心部分有一个细胞核，有黄褐色的色素体 1～3 片。梭形细胞长 $20\mu m$ 左右，有两个钝而略弯曲的臂。卵形细胞长 $8\mu m$，宽 $3\mu m$，有一个和桥弯藻科（Cymbellaceae）种类相似的硅质面，缺少另一个壳面，也没有壳环带，和具有双壳面和壳环带的一般硅藻不同。在平板培养基上培养可出现卵形细胞。

3. **繁殖方式**　三角褐指藻的繁殖，一般是通过平行分裂成为两个形态相同的细胞。因细胞无硅质壳，故在裂殖时也与一般硅藻不一样，藻体不会缩小。

4. **生态条件**

（1）盐度。三角褐指藻对盐度的适应范围很广，在盐度 9～92 的范围内都能生活，最适盐度为 25～32。

（2）温度。适温范围为 5～25℃，最适温度为 10～20℃。即使在 0℃ 条件下仍稍有繁殖，超过 25℃停止生长，最终大量死亡。

（3）光照度。适应光照强度范围为1 000～8 000lx，最适范围为3 000～5 000lx，在小型培养时切忌直射阳光照射。

（4）酸碱度。适应范围很广，在 pH7～10 的环境下均能生长繁殖，最适范围为pH7.5～8.5。

（五）小新月菱形藻 ［*Nitzschia closterium f. minutissima* （W. Smith） Allen & Nelsen］　小新月菱形藻俗称"小硅藻"，是我国较早培养和应用的单胞藻饵料。因不适应在 28℃以上的高温环境下生长，使培养和应用受到较大的限制。在南方冬天及初春培养生长良好。

1. **分类地位**　小新月菱形藻在分类上属硅藻门，羽纹纲，双菱形目（Surirellales），菱形藻科（Nitzschiaceae），菱形藻属（*Nitzschia*）。淡水产的菱形藻属种类泉生菱形藻（*Nitzschia fonticola* Grun.）和椿状菱形藻（*Nitzschia Palca* Smith）是我国淡水培养的优良种类。

2. **形态特征**　小新月菱形藻的细胞中央部分膨大，呈纺锤形，两端渐尖、毕直或朝同一方向弯曲似月牙形。细胞长 12～23μm，宽 2～3μm。细胞中央有一细胞核。色素体黄褐色，两片，位于细胞中央细胞核的两侧。

3. **繁殖方式**　小新月菱形藻细胞行纵分裂繁殖。

4. **生态条件**

（1）盐度。适应范围较广，盐度在 18～61.5 之间都能生活，最适盐度范围为25～32。

（2）温度。生长繁殖的适温范围为 5～28℃，最适温度范围15～20℃。当水温超过28℃，藻细胞停止生长，最终大量死亡。

（3）光照度。最适光照强度范围3 000～8 000lx，小型培养的切忌直射阳光照射。

（4）酸碱度。适应范围为 pH7～10，最适范围是 pH7.5～8.5。

（六）牟氏角毛藻（*Chaetoceros muelleri* Lemmermann）　牟氏角毛藻为耐高温种类，适合夏季培养。此外，还有钙质角毛藻也是耐高温种类，生态条件与牟氏角毛藻相似，在我国南方培养作为斑节对虾及其他对虾蚤状幼体饵料。

1. **分类地位**　牟氏角毛藻在分类上属硅藻门，中心纲（Centricae），盒形藻目（Biddulphiales），角毛藻科（Chaetoceraceae），角毛藻属（*Chaetoceros*）。

2. **形态特征**　牟氏角毛藻细胞小型，细胞壁薄。大多数单个细胞，也有 2～3 个细胞相连组成群体的。壳面椭圆形至圆形，中央略凸起或少数平坦。壳环面呈长方形至四角形。环面观一般细胞大小是 3.45～4.6μm×4.6～9.2μm，壳环带不明显。角毛细而长，末端尖，自细胞壁四角生出，几乎与纵轴平行，一般长20.7～34.5μm，壳面观，两端的角毛以细胞体为中心，略呈 S形。色素一个，呈片状，黄褐色。

在培养过程中，细胞常变形，变形的细胞拉长或弯曲，或膨大为圆、椭圆形及其他不同于正常状态的形状，角毛缩短或一个壳面的角毛完全消失。变形后的藻体都比正常的大。

3. **繁殖方式**　一般为无性的二分裂繁殖。环境不良时形成休眠孢子，一个母细胞形成一个休眠孢子。也能形成增大孢子。

4. 生态条件

（1）盐度。牟氏角毛藻为沿岸性半咸水种类，可在盐度很低的水中生长，在较高盐度的海水中也能生长繁殖。适应盐度范围为 2.56～35，最适盐度范围约 22～26。

（2）温度。在 5～30℃之间，生长率随温度上升而增加，超过 30℃ 则开始下降，达45℃时藻细胞死亡。最适温度为 30℃。

（3）光照度。在 500～25 000lx 的光照强度范围内均能生长繁殖，最适光照强度范围为 10 000～15 000lx。

（4）酸碱度。适应酸碱度范围为 pH6.4～9.5，最适范围为 pH8.0～8.9。

（七）中肋骨条藻（*Skeletonema costatum* Greville）　中肋骨条藻为斑节对虾及其他对虾幼体的优良饵料，我国台湾省培养和应用较广泛。近年在我国南方各省也有不少对虾育苗场开始培养中肋骨条藻。

1. 分类地位　中肋骨条藻在分类上属硅藻门，中心纲，圆筛藻目（Coscinodiscales），骨条藻科（Skeletonemoidese），骨条藻属（Skeletonema）。

2. 形态特征　中肋骨条藻细胞为透镜形或圆柱形，直径 6～7μm。壳面圆而鼓起，周缘着生一圈细长的刺，与邻细胞的对应刺相连接组成长链。刺的多少差别很大，少的 8条，多的 30 条。细胞间隙长短不一，往往长于细胞本身的长度。色素体数目 1～10 个，但通常为 2 个，位于壳面各向一面弯曲。数目少的色素体大，两个以上的色素体则为小颗粒状。细胞核在细胞中央，有增大孢子，圆形，直径为母细胞的 2～3 倍。

3. 繁殖方式　一般为无性的二分裂繁殖。增大孢子，圆形，经卵配偶形成，造精器和生卵器于同一群体上生成。增大孢子的形成与温度、盐度和光照度有关，增大孢子在温度 20℃ 时生成多。生卵器在 1 000lx 以上的光照强度生成多，而造精器即使在 100～500lx的条件下也常能形成。在盐度 20～35 的条件下生成多，盐度低时生成少。增大孢子分裂形成链状群体比原来母体粗，颜色也深，藻群衰退也较慢，饲养对虾幼体效果也较佳。

4. 生态条件

（1）盐度。在盐度为 7～50 的范围内均可生存，最适盐度为 15～30。

（2）温度。在 10～34℃ 的温度范围内均可生存，最适温度范围为 20～30℃，其中最佳温度为 25℃。

（3）光照度。光照强度在 500～10 000lx 的范围内均可生存。在 25℃ 时，饱和光照强度为 5 000lx。在 30℃ 时，10 000lx 的光照强度产生抑制作用。

（4）酸碱度。最适酸碱度范围为 pH7.5～8.5。

（八）湛江等鞭藻（*Isochrysis zhanjiangensis* Hu & Lui sp. nov.）　湛江等鞭藻是双壳类软体动物和海参类幼虫的优质饵料，在我国沿海广泛培养。在双壳贝类人工育苗中用湛江等鞭藻和亚心形扁藻混合或交替投喂，效果甚理想。

1. 分类地位　金藻门（Chrysophyta），普林藻纲（Prymnesiophyceae），等鞭藻目（Isochrysidales），等鞭藻料（Isochrysidaceae），等鞭藻属（*Isochrysis*）。

2. 形态特征　湛江等鞭藻运动细胞多为卵形或球形，大小为 6～7μm×5～6μm。细胞表面具几层体鳞片，在细胞前端表面有一些小鳞片。两条等长的尾鞭型鞭毛从细胞前端

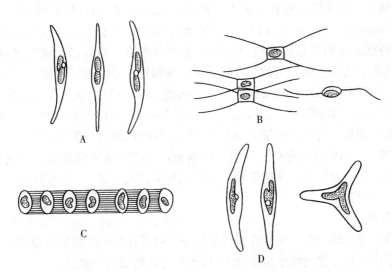

图 4-5　牟氏角毛藻，三角褐指藻、小新月菱形藻和中肋骨条藻

A. 小新月菱形藻　B. 牟氏角毛藻　C. 中肋骨条藻　D. 三角褐指藻

生出，鞭毛平滑，无鞭毛附着物和鞭毛膨胀体。两条鞭毛中间具一呈退化态的附鞭。两片周边色素体呈金黄色，每片色素体内侧含有一个无淀粉鞘而仅一层膜包围的蛋白核。核位于细胞后端两片色素体之间。一个到几个白糖素颗粒于细胞中部或前端。

3. **繁殖方式**　行二分裂无性繁殖。未见内生胞子形成。遇不良环境形成胶群体。

4. **生态条件**

(1) 盐度。湛江等鞭藻对盐度的适应范围广，在密度为 1.005～1.040 的环境中均能正常生长繁殖。最适宜的密度在 1.015～1.025 （盐度 22.7～35.8）之间。在最适宜密度范围之外，对 1.025 以上的高密度的适应性比 1.015 以下的低密度更强些。

(2) 温度。生长繁殖的适应温度范围为 9～35℃，最适温度范围为 25～32℃，温度达到 37℃时死亡。

(3) 光照度。在 1 000～31 000lx 的光照强度范围内均能正常生长繁殖，最适光照强度范围在 5 000～11 000lx 之间。

(4) 酸碱度。湛江等鞭藻对酸碱度的适应范围为 pH6.0～9.0，最适范围为 pH7.5～8.5。正常生长的极限值，高值为 pH9.5，低值为 pH5.5。

(九) 钝顶螺旋藻（*Spirulina platensis* Geitler）　螺旋藻由于营养上具有特异优点，容易消化和采收方便而深受重视，许多国家相继进行开发利用的研究，20 世纪 70 年代进入工厂化生产，产品作为保健营养食品、饵料和饲料添加剂。我国在 70 年代末期引进藻种，进行了培养、海水驯化、选种和应用等多方面的研究。水产养殖业可应用螺旋藻干品（或鲜品）饲养对虾幼体和亲贝，以及作为鱼、虾饲料的添加剂，效果显著。

培养种类除钝顶螺旋藻外，还有极大螺旋藻（*Spirulina maxima*）和盐泽螺旋藻（*Spirulina subsalsa*）。吴伯堂等通过海水驯化使钝顶螺旋藻在海水中正常生长，并通过筛选获得钝顶螺旋藻的优良品系 SCS。我国螺旋螺生产发展很快，现已初具规模。

1. 分类地位　钝顶螺旋藻在分类上属蓝藻门（Cyanophyta），蓝藻纲（Cyanophyceae），藻殖段目（Hormogonales），颤藻科（Oscillatoriaceae），螺旋藻属（*Spirulina*）。

2. 形态特征　蓝藻类细胞无色素体，色素分布在原生质外部，称色素区，蓝绿色。原生质内部无色，为中央区，类似于其他藻类的细胞核，但无核仁和核膜，称原核植物。丝状种类由细胞列的部分细胞从母植物体断裂而成"藻殖段"。钝顶螺旋藻的植物体为丝状体，藻丝螺旋体，无横隔壁。蓝绿色。藻丝宽 $4\sim5\mu m$，长 $400\sim600\mu m$。藻丝的顶端细胞钝圆，无异型胞。有时藻丝细胞内有伪空胞，有时也形成"藻殖段"。

3. 繁殖方式　螺旋藻细胞行二分裂无性繁殖，繁殖结果使藻丝长度迅速增加。钝顶螺旋藻主要靠藻丝断裂增加丝状体数量，有时也形成"藻殖段"，藻殖段细胞分裂成新的螺旋状体。无有性繁殖。

4. 生态条件

（1）盐度。钝顶螺旋藻原生活在碱性水体中，可以在淡水中培养，也可以通过逐步驯化适应在海水中生长，直到海水盐度达 35 也不产生藻体凝聚现象。

（2）温度。适应温度为 $20\sim42℃$，最适范围为 $30\sim37℃$。

（3）光照度。最适光照强度范围为 $30\,000\sim35\,000lx$。

（4）酸碱度。适应的酸碱度范围是 pH6.5～11，最适范围是 pH8.6～9.5。

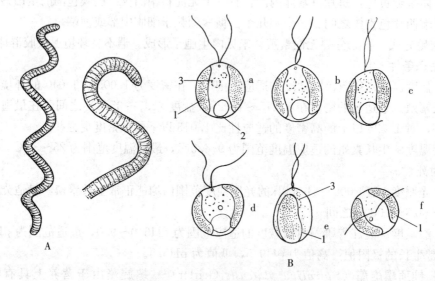

图 4-6　钝顶螺旋藻和湛江等鞭藻

A. 钝顶螺旋藻（仿杨娜，1986）　B. 湛江等鞭藻

a、b、c、d. 腹面观　e. 侧面观　f. 顶面观

1. 色素体　2. 细胞核　3. 白糖素（金藻昆布糖）

（引自胡鸿钧、刘惠荣，未发表材料）

二、培养方式和培养设备

（一）培养方式　单细胞藻类的培养方式有多种类型。按照培养基的形态分固体培养和液体培养；按照培养的纯度，分纯培养和单种培养；按照藻液的运动情况，分静止培养

和循环流动水培养；按照气体交换情况，分通气培养和不通气培养；按照采收方式，分一次培养、连续培养和半连续培养；按照藻液与外界的接触程度分封闭式培养和开放式培养；按照培养的规模和目的，分小型培养、中继培养和大量培养等。

现将主要的一些培养方式简介如下：

1. 纯培养和单种培养　纯培养即无菌培养，是指排除了包括细菌在内的一切生物的条件下进行的培养。纯培养要求有无菌室、超净工作台等设备条件，容器、工具、培养液等彻底灭菌，操作严格，培养成功率高，是进行科学研究不可缺少的技术。

在生产性培养中是不排除细菌存在的，为了区别于纯培养而称为单种培养。

2. 开放式培养和封闭式培养　开放式培养是把藻类培养在敞开的广口玻璃瓶、水族箱、玻璃钢水槽、水泥池中，设备比较简单，为目前培养单胞藻的主要形式。开放式培养由于光照充足和通风，藻细胞繁殖迅速，但因藻液与空气接触面大，容易受敌害生物污染。

封闭式培养是把藻类培养在封闭的小口玻璃、透明圆柱形管、透明塑料薄膜袋中，容器除通气管、培养液加入管和藻液抽出管外，其余不与外界接触，因而减少了敌害生物污染的机会，培养成功率较高。

近年，我国应用塑料薄膜袋进行封闭式培养，效果很好。具有方法简单、成本低、培养的藻细胞密度大，不易被污染，生产周期短等优点。

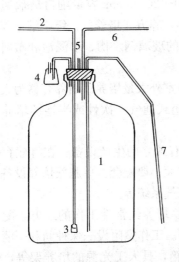

图4-7　封闭式培养瓶装置示意图

1. 培养容器　2. 气体输入管　3. 气泡石
4. 废气排出口　5. 藻种输入管
6. 培养液输入管　7. 藻液收获管
（仿 R. Ukeles. 1976）

3. 一次性培养、半连续培养和连续培养　一次性培养是单胞藻培养最常用的方法。在各种容器中，配制培养液，把少量的藻种接种进去，在适宜的环境条件下培养，经过一段时间（一般5～7d）藻细胞生长繁殖达到较高的密度，一次全部收获。

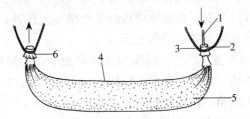

图4-8　封闭式薄膜袋培养装置示意图

1. 进气管　2. 封口的聚乙烯薄膜片
3. 绑紧在管子上的吊绳　4. 聚乙烯薄膜袋
5. 藻液　6. 空气排出用的纱布包扎口
（引自陈椒芬，1991）

半连续培养是在一次性培养的基础上，当培养的藻细胞达到或接近收获的密度时，每天收获藻液的一部分并补充等量的培养液，继续培养。半连续培养也是单胞藻饵料生产性大量培养常用的方法，每天的收获量根据育苗的需要确定。

连续培养一般在室内，人工光源，自动控温，封闭式，通气培养。其原理是工作人员确定收获藻液藻细胞的密度为某一数值，由光电仪器自动监测，当培养容器中藻细胞密度超过规定数值，藻液自动流出，新培养液同时流入，自动化仪器不断地调整流出率，保持藻液细胞密度相对稳定。连续培养能使藻细胞生长繁殖的环境条件稳定，藻细胞始终处于指数生长期，生长迅速，产量高。

4. 藻种培养、中继培养和生产性培养　藻种培养的目的是为了培养和供应藻种，为室内小型培养。培养容器为容量$1\,000\sim3\,000\,cm^3$的三角烧瓶，用两层卫生纸巾或纱布包扎瓶口，以封闭式不通气一次性培养方式培养。

中继培养的目的是把藻种扩大培养，供应生产性大量培养的藻种，为室内（或室外）中型培养。根据需要可分为一级中继培养和二级中继培养。一级中继培养的容器为$10\,000\,cm^3$容量的大口玻璃瓶（南方各省多用）。$10\,000\sim20\,000\,cm^3$容量细口玻璃瓶和塑料薄膜袋，以封闭式（或开放式）不通气或通气一次性培养方式培养。二级中继培养的培养容器为$0.2\sim0.4\,m^3$容量的水族箱，$0.5\sim1.0\,m^3$容量的玻璃钢水槽、水泥池和塑料薄膜袋。以开放式（或封闭式）通气一次性培养方式培养。

生产性培养的目的是供给育苗中的单胞藻饵料，为室外大量培养。培养容器为大型玻璃钢水槽、大型水泥池和塑料薄膜袋。以开放式或封闭式通气一次性或半连续培养方式培养。

（二）培养设备　单胞藻饵料的培养自成系统，须有独立的生产设备。在筹建育苗场时应统筹安排，使布局合理，饵料生产规模与育苗水体大小要配套。单胞藻培养设备包括工作室、培养室、培养容器、培养池、水处理系统、充气系统等。

1. 工作室　工作室是饵料培养工作人员进行单胞藻培养经常性工作的地方，配备有显微镜及其他常用的仪器、工具、试剂、药品、肥料等。工作室附设一保种间和一清洗消毒间。保种间面积$4\sim6\,m^2$，装配有空调恒温设备或冰箱，具人工光源的培养架等，供藻种保存及培养使用。清洗消毒间面积$10\sim15\,m^2$，内有清洗水池、消毒池、恒温烘箱、高压蒸器灭菌锅、载物架、炉灶等，可以进行海水、培养基、容器和工具消毒。

工作人员在工作室除进行经常性培养工作外，还可以进行藻种的分离、培养和保藏，以及开展小型培养试验等工作。

2. 培养室　培养室的作用是培养和供应大量培养的藻种，称中继培养。室内主要设备为培养架（木或钢筋水泥结构，$2\sim3$层）、培养容器（最常用的广口玻璃缸、细口玻璃瓶、小水族箱、白色塑料桶等）和工具。

培养室要求光线充足。主要的采光面应该向南或向北。房子四周应通风、宽畅，避免背风闷热。

3. 培养容器　在生产中常用的培养容器有下列几种：

（1）三角烧瓶。常用的容器有100、300、500、$1\,000$、$3\,000\,cm^3$等几种，主要在藻种的分离、保藏和藻种培养等小型培养时使用。

（2）广口玻璃缸。一种一般商店通常使用装载糖果、食品的广口玻璃缸，称糖果缸，因价钱便宜，购买方便，在南方被普遍用于中继培养单胞藻的容器。容量以$8\,000\sim10\,000\,cm^3$较适宜，玻璃质量以无色透明、无气泡的为好。

（3）玻璃细口瓶。容量$10\,000\sim20\,000\,cm^3$，中继培养时使用。

（4）玻璃水族箱。容量大小不一，架子有木制的、铁制的，在中继培养时使用。

（5）透明塑料袋。一般用透明农用薄膜制成，大小不等，在中继培养及大量培养中使用。

4. 培养池 培养池是大量培养生产设备。培养池多为砖、石、水泥结构。但也有使用玻璃钢槽的，玻璃钢槽一般圆形，槽深约 80cm，一般容量为 2～8m³，最大 12m³，可以移动。

在北方，培养池主要建在室内。比较小型，容量从 0.5～8m³ 不等，较有代表性的规格是长 3.5m，宽 1.2m，深 0.8m，实际水容量为 3m³。池内多贴白色瓷片。池子排列成两排，中间和两旁有工作走道。房子除靠大面积玻璃窗采光外，屋顶为半透光的玻璃纤维瓦结构，光线充足。

在南方，培养池多数建在室外。比较大型，容量从 5～10m³ 到 40～60m³ 不等。池深 1m。池上有空架式棚顶和活动的半透光的彩条布篷，可调节光照度。室外培养池受风雨影响较大。

5. 水处理系统 通常一个育苗场只设一套供水系统，统一使用，同时提供饵料培养和育苗用水。单胞藻饵料培养用水的要求比较严格，须经过过滤或化学方法处理，除去或杀死水中的敌害生物。因此，必须配备水过滤装置和海水消毒池。

（1）水过滤装置。海水自海区抽上来，首先在沉淀池沉淀 24h 后，经砂过滤装置作第一次过滤，把大型的生物和非生物杂质除去，再经陶瓷过滤罐过滤，除去微小的生物。

第一次过滤。在南方各省多用砂滤池，其大小、规格各育苗场很不一致，其中以长、宽为 1m 或 1.5m，高 1.5～2m，4～6 个砂滤池平行排列组成一套的设计较为理想。砂滤池底有出水管，内为 10～12cm 高度的蓄水空间，其上为一块 5cm 厚的木质或水泥筛板（由小块筛板合并而成），筛板上密布大小为 2cm 的筛孔。筛板上铺一层孔径为 1～2mm 的胶丝网布，上铺大小为 2.5～3.5cm 的碎石，碎石层厚 5～8cm。碎石上铺一层孔径为 1mm 的胶丝网布，上铺大小为 3～4mm 的粗砂，粗砂层厚 8～10cm。粗砂层上铺 2～3 层孔径小于 100μm 的筛绢网布，上铺大小为 0.1mm 的细砂，细砂层厚 60～80cm。砂滤池是靠水自身的重力作用通过砂滤层的，过滤速度较慢，必须经常更换被生物和非生物碎块填塞的表层细砂。北方各省则多用砂滤罐，砂滤罐由铜板焊接或钢筋混凝土筑成。由罐内筛板向上依次铺设卵石（大小 5cm 左右）、石子（大小 2～3cm）、小石子（大小 0.5～1cm）、砂粒（大小 3～4mm）、粗砂（大小 1～2mm）、细砂（大小 0.5mm）、细面砂（大小 0.25mm）。细砂层和细面砂层的厚度为 20～30cm。其余各层的厚度为 5cm。砂滤罐属封闭形系统，海水在较大的压力下过滤，效率较高。每平方米的过滤面积每小时流量约 20m³。还可以用反冲法清洗沙层而无需经常更换细砂。

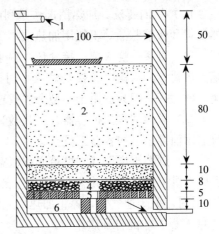

图 4-9　砂滤池剖面图（单位：cm）

1. 进水管　2. 细砂　3. 粗砂

4. 碎石　5. 筛板　6. 贮水空间

砂滤池装置因细砂间的空隙较大，一般 $15\mu m$ 以下的微小生物无法隔除，只能除去较大型的生物和非生物碎块，还不符合单胞藻培养用水的要求，必须用陶瓷过滤罐进行第二次过滤。陶瓷过滤罐是用硅藻土烧制而成的空心陶制滤棒，能滤除原生动物和细菌，其工作压力为 $98\sim196kPa$，因此，需要有 10m 以上的高位水槽向过滤罐供水，或者用水泵加压过滤。过滤罐使用一段时间水流不太畅通时，要拆开清洗，把过滤棒拆下，换上备用的过滤棒。把换下来的过滤棒放在水中，用细水沙纸把黏附在棒上的浮泥、杂质擦洗掉，用水冲净，晒干，供下次更换使用。使用陶瓷过滤罐应注意防止滤棒破裂、安装不严、拆洗时棒及罐内部冲洗消毒不彻底造成的污染。在正常情况下，经陶瓷过滤罐进行第二次过滤的海水，符合单胞藻培养用水的要求。

（2）海水消毒池。单胞藻大量培养的用水，也常用次氯酸钠处理，杀死水中的微生物。这种化学药物消毒海水的方法需要有两个专用海水消毒池，交替消毒和供水。海水消毒池深 $1\sim1.2m$，其容量大小以能满足 1d 的培养用水略有剩余为度。海水消毒也需要安装充气设备。

6. **充气系统**　单胞藻大量培养以及用次氯酸钠消毒海水都必须充气。一般育苗场都设有充气系统，统一使用。为了预防敌害生物通过空气污染，单胞藻培养使用的充气系统，必须配备空气过滤器。

三、培养方法

单胞藻的培养过程可分为：容器、工具的消毒；培养液的配制；接种和培养管理四个步骤。

（一）容器、工具的消毒　为了防止敌害生物的污染，培养用容器、工具在培养前必须消毒。消毒和灭菌的意义是有区别的，灭菌是指杀死一切微生物，包括营养体和芽孢。消毒则只杀死营养体，不杀死芽孢。单胞藻的纯培养，容器、工具、培养基等都必须严格灭菌。但生产性的单种培养，只须达到消毒的目的即可。容器、工具常用的消毒方法有：

1. **加热消毒法**　加热消毒法是利用高温杀死微生物的方法。不耐高温的容器和工具，如塑料和橡胶制品等不能用加热法消毒。

（1）直接灼烧灭菌。接种环、镊子等金属工具、试管口、瓶口等可以直接在酒精灯火焰上短暂灼烧灭菌。直接灼烧灭菌可以直接把微生物烧死，灭菌彻底。简单、方便、快速、效果好，但只适用于小型金属或玻璃工具。

（2）煮沸消毒。把容器、工具放入锅中，加水煮沸消毒，一般煮沸 $5\sim10min$。该法只适用消毒小型的容器工具。

（3）烘箱干燥消毒。烘箱亦称恒温干燥箱。将玻璃容器、金属工具等水洗清洁，待干后放入烘箱内，关闭烘箱门，打开箱顶上的通气孔，接通电源，加热。当温度上升到 120℃时，关闭通气孔，停止加热。此时切不可打开烘箱门，必须等烘箱内温度逐渐下降到 60℃ 以下才能打开烘箱门。

2. **化学药品消毒法**　在生产性大量培养中，大型容器、工具、玻璃钢水槽和水泥池，一般常用化学药剂消毒。

（1）酒精（C_2H_5OH）。酒精即乙醇，能使生物蛋白质脱水变性凝固，故有杀菌作用。

浓度为 70％的酒精常用于小、中型容器的消毒。方法是用纱布蘸酒精在容器、工具的表面涂抹，10min 后，用消毒水冲洗两次。使用酒精消毒，简单方便，效果好。酒精是一种较理想的常用消毒药品。

（2）高锰酸钾（$KMnO_4$）。高锰酸钾又称灰锰氧，为紫色针状结晶。可溶于水，是一种强氧化剂，可使蛋白质变性，杀菌能力很强。消毒时按 300mg/kg 配成高锰酸钾溶液，把洗刷清洁的容器、工具放在溶液中浸泡 5min，取出，用消毒水冲洗 2～3 次。玻璃钢水槽和水泥池消毒，可用高锰酸钾溶液由池壁顶部淋洒池壁几遍，并泼洒池底，10min 后再用消毒水冲洗干净。注意浸泡高锰酸钾的时间不能过长，如果超过 1h，容器、工具上有棕褐色沉淀物，很难洗去。

（3）石炭酸［酚（C_6H_6OH）］。石炭酸主要破坏生物细胞膜，并使蛋白质变性。消毒时按 3％～5％的比例配成溶液，把洗刷清洁的容器、工具放入盐酸溶液中浸泡半小时，后用消毒水冲洗 2～3 次。

（4）盐酸（HCl）。取工业用盐酸 1 份加淡水 9 份配成 10％的盐酸溶液，把洗刷清洁的容器、工具放入盐酸溶液中浸泡 5min，再用消毒水冲洗 2 次。水泥池的消毒与使用高锰酸钾消毒方法相同。

（二）培养液的配制　单胞藻的培养液（液体培养基）是在消毒海水（或淡水）中加入各种营养物质配成。

1. **海水的消毒**　天然海水或淡水中生活着各种微生物，配制培养液的海水或淡水以及冲洗用化学药品消毒后的容器、工具、培养池的海水（或淡水），都必须消毒，杀死其中的微生物。目前，我国在单胞藻培养生产中应用的水消毒处理方法有下列几种。

（1）加热消毒法。把经沉淀的或经沉淀后再经过砂过滤的海水，在烧瓶或铝锅中加温消毒，一般加温到 90℃左右维持 5min 或达到沸腾即停止加温。海水中含有一些对单胞藻生长有促进作用的有机物质，这些物质在高温下容易受到破坏。所以加热消毒海水，在达到消毒目的的前提下，也应考虑尽可能使那些对藻细胞生长有利的物质保存下来。

海水加热消毒后，冷却，在加入肥料前须充分搅拌，使海水中因加温而减少的溶解气体的量恢复到正常的水平。

加热消毒海水的方法多在藻种培养中应用。

（2）过滤除菌法。把经沉淀的海水，经砂过滤装置（砂滤池或砂滤罐）过滤，把大型的生物和非生物杂质除去，再经陶瓷过滤罐过滤，除去微小生物。

（3）次氯酸钠消毒法。海水经沉淀及砂过滤装置过滤后流入海水消毒池，使用次氯酸钠消毒。次氯酸钠（NaClO）在水中释放氯气和初生氧，有强杀菌作用。用次氯酸钠消毒海水的方法是，在每立方米海水中加入含有效氯为 8％的次氯酸钠 $250cm^3$，充气 10min，使次氯酸钠均匀分布水中，停气，经 6～8h 消毒后，按每立方米水体加入硫代硫酸钠（$Na_2S_2O_3$）25g，强充气 4～6h，用硫酸—碘化钾—淀粉试液测定无余氯存在即可使用。

用次氯酸钠消毒海水（或淡水）是比较彻底的方法。

2. **配制培养液**　藻类的生长繁殖需要吸收各种营养元素，单细胞藻类的培养液必须具备这些营养元素，而且在营养成分和数量上都应该符合培养藻类的需要。

各种藻类对营养的需要有很多共同点，所以一些培养液配方，能应用于多种藻类的培养。然而，藻类的不同种类，对营养的要求是有差别的，各有其特殊性，不同种类的培养液配方，当然也应该不同。只有较好地符合培养种类需要的配方，才可能获得较理想的效果。一个培养液配方的提出，首先必须了解这种藻类对营养的要求，要达到这一点，进行一系列的试验是必要的。还必须在使用中验证配方的效果，并在实践中不断总结经验，加以改进，使配方达到更理想的水平。

（1）培养液成分。单胞藻培养液成分包括七大类。

①大量元素：大量元素包括氮（N）、磷（P）、铁（Fe）、钾（K）、镁（Mg）、硫（S）、钙（Ca）、硅（Si）。它们在培养液中的来源分别是：硝酸钾（KNO_3）、硝酸钠（$NaNO_3$），磷酸二氢钾（KH_2PO_4）、磷酸二氢钠（NaH_2PO_4）、三氯化铁（$FeCl_3$）、柠檬酸铁铵〔$Fe（NH_4）_3（C_6H_5O_7）$〕、氯化钾（KCl）、硝酸钾（KNO_3）、硫酸镁（$MgCl_2$）、氯化镁（$MgCl_2$），氯化钙（$CaCl_2$）、硝酸钙〔$Ca（NO_3）_2$〕、硅酸钠（Na_2SiO_3）、硅酸钾（K_2SiO_3）等。

②微量元素：包括硼（B）、锰（Mn）、锌（Zn）、铜（Cu）、钼（Mo）、钴（Co）、钛（Ti）、钨（W）、铬（Cr）、镍（Ni）、钒（V）、镉（Cd）、锶（Sr）。藻类对微量元素的需要量和中毒量（致毒量）的差距一般很狭小，略微超过需要量即可引起中毒。微量元素也容易形成胶体复合物和发生沉淀，使藻类细胞不能利用。由于以上两种原因，致使在培养液中保持适量的微量元素是很困难的。络合剂的应用是解决以上问题的办法之一。

③辅助生长有机物质：辅助生长有机物质能促进藻类细胞的生长繁殖，还能增强藻类细胞对环境的适应能力，因此受到重视，加入培养液中的辅助生长有机物质种类也愈来愈多。常用的有维生素 B_{12}、维生素 B_1、维生素 B_2、维生素 B_6、生物素、柠檬酸、叶酸、肌醇、葡萄糖、肝抽出物、贝肉汤、鱼粉、咸鱼汁等。

④土壤抽出液：土壤抽出液含单细胞藻类需要的微量元素和辅助生长有机物质，培养液中加入适量的土壤抽出液，一般能获得良好效果。

⑤络合剂：无机态铁和微量金属元素容易形成胶体复合物和发生沉淀，不能为藻类利用。为了防止这些元素溶胶化和沉淀的发生，保持其对藻类的可利用态，以维持在培养液中的适量存在，哈特纳（Hutner，1950）首先应用了称为络合剂的化合物。最常用的络合剂为乙二胺四乙酸（EDTA），此外，还有亚硝基 R 盐、三价氮基三醋酸（NTA）等。

络合剂，本质上相当于环状有机化合物这一类，非常稳定，应用一定数量的络合剂，可以防止铁和微量元素的沉淀和溶胶化，并能根据质量作用定律释放出足量的离子供藻类细胞利用，能够大大地减少对藻类供应适量铁和微量元素的困难，并能使元素的量达到比藻类所能忍受的较高的浓度。

⑥植物生长调节剂：植物生长调节剂又称植物生长激素，有促进藻类细胞生长繁殖的作用。常见的植物生长调节剂有：增产灵、乙烯利、α-奈乙酸钠。

⑦缓冲剂：在培养液中加入缓冲剂，可加强缓冲作用。常用的缓冲剂有三羟甲基氨基甲烷和二甘氨酸。

以上介绍的培养液成分有 7 类，其中最重要而且是必不可少的是大量元素，其次是微量元素和辅助生长有机物质，其他成分只在某些培养液配方中使用其中的一类或两类。

（2）培养液配方。一般单胞藻饵料培养和以生产有机物质为目的生产性培养都使用天然淡、海水配制培养液。天然淡、海水是水生生物长期适应于其中生活的优良环境，已存在着植物必须吸收的各种营养物质，所以在配制培养液时只需要增加某些在培养中可能引起缺乏的营养元素即可。尤其是大量生产中，往往只加入最主要的几种营养元素，也不必要求采用纯度较高的化学试剂，可使用工业纯和农肥。在此，重点介绍在国内较常用的培养液配方。

①海洋三号扁藻培养液（海洋研究所，1960）：

$NaNO_3$	0.1g	$2NaC_6H_5O_7 \cdot 11H_2O$	0.02g
K_2HPO_4	0.01g	海水	1 000ml
$Fe_2(SO_4)_3$（1%溶液）	10滴		

②亚心形扁藻培养液（湛江水产学院）：

$NaNO_3$	0.05g	维生素 B_{12}	200ng
KH_2PO_4	0.005g	人尿	2ml
$FeC_6H_5O_7$（1%溶液）	0.2ml	海水	1 000ml
维生素 B_1	200mg		

③亚心形扁藻培养液（厦门水产学院）：

$(NN_4)_2SO_4$	200mg	海泥抽出液	20ml
过磷酸钙[$Ca(H_2PO_4)_2 \cdot 2H_2O +$	30mg	海水	1 000ml
$2(CaSO_4 \cdot H_2O)$]			
$FeC_6H_5O_7$（1%溶液）	0.5mg		

过磷酸钙溶液的配制：取含有效磷为16%的普通二级过磷酸钙配成3%的母液，过滤，使用时每1 000ml海水加入1ml。培养过程中以追肥形式分两次加入0.2%人尿效果更好。

④盐藻培养液：赫特纳（Hutner）培养液（1950年）

NaCl	0.25～4g	K_2HPO_4	20mg
$MgSO_4 \cdot 7H_2O$	0.25g	醋酸钾	0.2g
$Ca(NO_3)_2 \cdot 4H_2O$	15mg	甘氨酸	0.25g
EDTA	0.05g	Zn	3.0mg
Fe	0.6mg	Cu	0.5mg
Mn	1.0mg	纯水	100ml
Mo	1.0mg	pH	7.5

⑤中肋骨条藻培养液（厦门大学）：

KNO_3	0.4g	K_2SiO_3	0.02g
$Na_2HPO_4 \cdot 12H_2O$	0.04g	$FeSO_4 \cdot 7H_2O$	0.014g
土壤抽出液	15ml	海水	1 000ml
"920"植物生长激素	4～5IU		

⑥硅藻培养液（湛江水产学院）：

$NaNO_3$	0.05g	维生素 B_1	200μg
K_2HPO_4	0.005g	维生素 B_{12}	200ng
$FeC_6H_5O_7$（1‰溶液）	0.2ml	人尿	1.5ml
Na_2SiO_3	0.02g	海水	1 000ml

培养三角褐指藻、小新月菱形藻、钙质角毛藻、牟氏角毛藻使用。

⑦湛水 107～18 培养液（湛江水产学院）：

$NaNO_3$	50mg	维生素 B_{12}	200ng
K_2HPO_4	5mg	人尿	1.5ml
$FeC_6H_5O_7$（1‰溶液）	0.2ml	$NaHCO_3$	0.5g
维生素 B_1	200μg	海水	1 000ml

培养湛江等鞭藻、亚心形扁藻、钙质角毛藻使用。

⑧淡水单胞藻培养液：朱氏 10 号培养液（朱树屏，1942）

$Ca（NO_3）_2$	0.04g	Na_2SiO_4	0.025g
K_2HPO_4	0.01～0.05g	$FeCl_3$	0.000 8g
$MgSO_4 \cdot 7H_2O$	0.025g	淡水	1 000ml
Na_2CO_3	0.02g		

培养浮游藻类使用。

⑨水生 4 号培养液（黎尚豪等，1959）：

$(NH_4)_2SO_4$	0.2g	KCl	0.025g
过磷酸钙[$Ca(H_2PO_4)_2 \cdot H_2O$]		$FeCl_3$(1‰溶液)	0.15ml
＋2（$CaSO_4 \cdot H_2O$）]	0.03g	土壤抽出液	0.5ml
$MgSO_4 \cdot 7H_2O$	0.08g	淡水	1 000ml
$NaHCO_3$	0.10g		

培养斜生栅藻和蛋白核小球藻使用。

⑩水生硅 1 号培养液（水生生物研究所，1975）：

NH_4NO_3	120mg	Na_2SiO_3	100mg
$MgSO_4 \cdot 7H_2O$	70mg	$CaCl_2$	20mg
K_2HPO_4	40mg	NaCl	10mg
KH_2PO_4	80mg	$FeC_6H_5O_7$	5mg
$MnSO_4$	2mg	淡水	1 000ml
土壤抽出液	4ml	pH	7.0

培养淡水硅藻使用。

⑪M－Ss1 培养液（引自何连金，1988）：

$NaHCO_3$	4g	$FeCl_3$（0.1‰溶液）	0.2ml
NH_2CONH_2	0.25g	海水	1 000ml
KH_2PO_4	0.05g		

室内小水体培养螺旋藻使用

$NaHCO_3$	2～4g	$FeCl_3$（0.1‰溶液）	0.2ml
NH_2CONH_2	0.214g	海水	1 000ml
KH_2PO_4	0.042g		

室外大面积培养螺旋藻使用

（三）**接种** 培养液配好后应立即进行接种培养。接种就是把选为藻种的藻液接入新配好的培养液中。接种过程虽很简单，但应注意藻种的质量、接种藻液的数量和接种的时间三个问题。

1. **藻种的质量** 藻种的质量对培养结果影响很大，一般要求选取无敌害生物污染、生活力强、生长旺盛的藻种培养。外观藻液的颜色正常，无大量沉淀和无明显附壁现象。

2. **藻种的数量** 藻种藻液的藻细胞数量应达到收获的浓度或接近收获的浓度，此外，掌握好接种的藻液量与培养液量的比例，使接种的藻细胞在新培养液中达到较大的数量。接种的藻细胞数量多些，使一开始培养藻类就在培养液中占优势，利用藻细胞分泌的较大量胞外物对其他污染进来的生物起抑制作用。另一方面又缩短了培养周期，这是培养成功的重要经验之一。在环境条件不很合适、藻细胞生长不良、敌害生物出现频繁的季节，接种量大尤其必要。在三角烧瓶和细口玻璃瓶培养的藻种，接种的藻液容量和新配培养液量的比例为 1：2～3，一般一瓶藻种可接成 3～4 瓶。中继培养和生产性大量培养由于培养容器容量大，藻种供应有时不足，接种量可根据具体情况灵活掌握，但最少不宜低于 1：50。一般以 1：10～20 较适宜。培养池容量大，藻种量不够，也可以采取分次加培养液的方法，第一次培养水量为总容量的 3/5 左右，培养几天后，藻细胞已繁殖到较大的密度，再加培养液 2/5，继续培养。

3. **接种的时间** 一般来说，接种时间最好是在上午 8～10 时，不宜在晚上。因为不少藻类晚上藻细胞下沉，而白天藻细胞有趋光上浮的习性，尤其是具有运动能力的种类更明显。上午 8～10 时一般是藻细胞上浮明显的时候，此时接种可以吸取上浮的运动力强的藻细胞做藻种，弃去底部沉淀的藻细胞（这些藻细胞往往是活力较弱的），起着择优的作用。

（四）**培养管理** 单胞藻培养管理工作主要包括以下几方面：

1. **搅拌和充气** 在单胞藻培养过程中，必须搅拌或充气。其作用有：①通过搅拌或充气增加水和空气的接触面，使空气中的二氧化碳溶解到培养液中，补充由于藻细胞光合作用对二氧化碳的消耗。②帮助沉淀的藻细胞上浮而获得光照。③防止水表面产生菌膜。

小型封闭式藻种培养用摇动培养瓶方法；大口玻璃瓶开放式中继培养用棒形工具搅拌方法；塑料薄膜袋封闭式培养、玻璃钢水槽和水泥池开放式培养用充气方法。摇动和搅拌每天至少 3 次，定时进行，每次半分钟。充气一般是通入空气，可 24h 充气或间歇充气。

2. **调节光照** 光照度适合与否，对藻类的生长关系极大。目前，我国除少数在室内藻种培养利用人工光源外，大多数是利用太阳光源培养。极端易变是太阳光源的特点，所以在培养过程中，必须根据天气情况，不断调节光照度，力求尽可能适合于培养藻类的要求。一般室内培养可尽量利用近窗口的散射光，防止直射强光照射，光照过强时可用竹帘或布帘遮光调节。室外培养池一般应有棚式顶架，用活动白帆布篷（或彩条布篷）调节光照度。阴雨天光照度不足，可短期利用人工光源补充。

3. **调节温度** 每一种藻类都有其适应范围和最适温度范围，如果在控温条件下培养，当然理想。但目前绝大多数单胞藻饵料培养还不具备控温条件，只能顺从自然温度的变化，在不同季节选择能适应或能基本适应当地温度变化条件的培养种。在此基础上，在培养工作中夏天应注意通风降温，冬天北方室内应采取水暖、气暖等方法提高室温，还应该防止昼夜温差过大。

4. **注意酸碱度的变化**　由于藻类细胞大量繁殖，二氧化碳被吸收利用，导致藻液 pH 上升。还有其他营养元素的吸收，也会引起 pH 上升或下降。培养藻类对酸碱度都有一定的适应，超出适应范围，pH 过高或过低都会对藻细胞的生长繁殖产生不利的影响。因此，在培养过程中，测定藻液 pH 的变化，掌握其变化规律，采取措施，防止超出适应范围是值得重视的。如果 pH 过高或过低，可用 1mol/L 的盐酸或氢氧化钠调节。

5. **防虫和防雨**　傍晚，室外开放式培养的容器须加纱窗布盖，防止蚊子进入产卵或其他昆虫侵入，早上把盖打开。大型培养池无法加盖，可在每天早上把浮在水面的黑米粒状的蚊子卵块以及其他侵入的昆虫用小网捞掉。下雨时应防止雨水流入培养池。刮大风时应尽可能避免大量泥尘和杂物吹入培养池。

6. **对培养藻类生长情况的观察和检查**　藻类生长情况的好坏，是培养成败的标准。因此，加强对藻类生长情况的观察和检查十分重要。藻类的生长情况，可以通过藻液呈现的颜色、藻细胞的运动或悬浮情况、是否有沉淀和附壁现象、菌膜及敌害生物污染迹象的有无等观察而了解大概情况。

除了日常观察了解大概情况外，还必须配合显微镜检查。镜检的目的有两个：第一，从藻细胞的形态、运动或悬浮情况等，了解藻细胞的生长是否正常。第二，检查有无敌害生物的污染。

第四节　动物性生物饵料的培养

一、轮虫的培养技术

轮虫（rotifer）是一群微小的多细胞动物，种类繁多，广泛分布于淡水、半咸水和海水水域中，是淡水浮游动物的主要组成部分，是鱼类、甲壳类重要的天然饵料生物，历来受到人们的重视。人们对轮虫的生物学、人工培养和应用进行过许多的研究，其中以半咸水种类——褶皱臂尾轮虫的研究最为深入，现在，已在世界范围广泛培养和应用。

轮虫具有生活力强、繁殖迅速、营养丰富、大小适宜和容易培养等特点，是理想的动物性生物饵料。

1965 年，Hirata 和 Mori 发现面包酵母是轮虫的适合饵料，至 20 世纪 70 年代，在轮虫的大量培养中广泛使用面包酵母为饵料。然而，随着酵母饵料的应用，发现轮虫缺乏鱼类必需的高度不饱和脂肪酸（$\omega 3HUFA$）而造成培育仔鱼的死亡，因而又研究采用了强化营养的方法。

1991 年，中国科学院海洋研究所和青岛海洋大学的科研人员，利用化学诱变剂和激光技术成功地筛选出一种体长为 $185\mu m$ 的小轮虫品系。该品系生长速度快，易培养，抗逆性强。为小型优质鱼类理想的开口饵料。接着又选育出耐低温品系 AC－36－37，在 15℃条件下的增殖率比对照品系在 25℃条件下的增殖率高（张学成等，1993）。

　　至今，褶皱臂尾轮虫已成为一种极为重要的生物饵料，在世界范围内广泛培养，至少在 60 种海洋有鳍鱼类和 18 种甲壳动物幼体的培育中应用（Hirata，1989）。

　　轮虫培养的方法为：原种引入或休眠卵的孵华、种的驯化和扩大培养（一般采用一次性培养）、半连续培养和大面积土池培养。

　　（一）轮虫种的分离　培养轮虫首先需要有种轮虫，种轮虫可以由有关单位供应，也可以自己分离。

　　褶皱臂尾轮虫生活在半咸水和海水中。春天，当水温升高达 15℃ 以上，在海边高潮区的小水洼、小水塘等小型静水体中，尤其水质较肥、浮游藻类繁生的水中，常生活着褶皱臂尾轮虫。可用孔径为 $120\mu m$ 左右的浮游生物网捞取，最好是在清晨日出之前，轮虫向水表层游动时捕捞，效果更佳。把捞取的样本，先用孔径 $300\mu m$ 的尼龙网滤掉小鱼、杂物，再集中于容器中放置数小时。利用轮虫对于缺氧或恶劣环境抵抗力强的特性，待桡足类及其他浮游动物等死亡沉于水底时，再用纱布或滤纸平放水面使浮在水上层的轮虫黏附其上，取出纱布把轮虫冲洗入另备容器中，即可得到较纯的轮虫。按此方法再经 2～3 次分离之后，可得到纯种轮虫。也可把采集的水样在解剖镜下检查，如发现褶皱臂尾轮虫，即用微吸管吸出。为了避免混杂其他动物，可先把吸出的水置一清洁的凹玻片中过滤，经观察准确后再吸入试管或小三角烧瓶中培养。轮虫个体较大，很容易用吸管分离。在分离过程中应测定轮虫原生活环境的盐度，培养轮虫用水的盐度应该与原生活环境的盐度相近，因为褶皱臂尾轮虫对盐度的突然变化耐力较低。待分离培养成功后如需要改变培养盐分，必须经过逐渐驯化过程。

　　（二）休眠卵的孵化　轮虫种可以长期培养保存，也可以休眠卵的形式长期保藏。如果是后者，则在培养前首先必须把休眠卵孵化。

　　1. 休眠卵孵化的环境条件　光照对在黑暗条件下保存的休眠卵，是结束休眠的必需条件。

　　休眠卵能在 1.5～35 的盐度范围内孵化，但以 15～20 的盐度最适宜（王堉，1980）。

　　在 5～35℃ 的温度范围内，休眠卵都能孵化，但孵化时间则随温度的不同而有明显差异。最适宜的孵化温度为 20～25℃。

　　在孵化容器中，加入少量扁藻或小球藻藻液，使水略呈很淡的藻色，有利于孵化。

　　2. 休眠卵的孵化方法　为了避免敌害生物的危害，需清除小型甲壳动物。休眠卵孵化及培育仔虫的海水，需要用孔径 0.054mm（300 目）的密筛绢过滤，并加入淡水调节盐度至最适范围。

　　可用各种玻璃培养缸、小水族箱为孵化容器，容器在使用前应清洗、消毒，再用过滤海水冲洗干净。然后加入孵化用海水，再加入少量藻液。

　　把少量轮虫休眠卵放入海水中孵化。休眠卵混杂有大量的藻渣，用量太多易引起水质变坏。孵化容器放置在靠近窗口或有人工照明的位置。孵化期间每天需搅拌 1～2 次。

　　如果条件适宜，一般在 3～7d 的时间内即可孵化。因为在孵化缸存在着大量死藻渣，水质不好，孵化后的仔虫应吸移到备用的培养容器中培养。

　　（三）一次性培养技术　在轮虫培养池中，先培养单胞藻饵料，待浓度较大后，接种轮虫进去，补投酵母饵料，培养，经 4～7d，繁殖达到一定的密度，一次全部采收。采收后再清池重新培养。若干个轮虫池按计划培养，轮流采收。

1. **培养容器、培养池**　各种玻璃培养缸、水族箱、玻璃钢水槽、水泥池，都可以用来培养轮虫。室内培养以及进行各种培养试验可用玻璃容器。生产性培养一般使用玻璃钢水槽或水泥池，容积在 $10m^3$ 以下，水深 80cm 左右。

2. **培养用水**　培养轮虫用水需经砂滤器过滤或密筛绢网［0.054mm（300 目）或标准 25 号筛绢］过滤，以除去小型甲壳动物等敌害生物，最好能加入淡水调节盐度至 15～20。如果需要在轮虫池先培养单胞藻，则必须再用次氯酸钠（有效氯 $20g/m^3$）处理后使用。

3. **培养单胞藻饵料**　室内小型培养，多用单胞藻直接投喂轮虫。生产性培养，一般先在轮虫培养池培养单胞藻，待其生长繁殖达到一定的浓度（如每毫升中有小球藻或微绿球藻为 1 000 万～3 000 万个细胞，亚心形扁藻为 20 万～30 万个细胞后，再进行轮虫接种。

4. **接种**　根据轮虫种的多少合理安排接种量。单纯以单胞藻为饵料培养，接种轮虫密度为 0.1～0.5 个/ml 时，经 7～10d 培养，可达到收获的密度。而用面包酵母为饵料培养轮虫，接种量必须大。在 25℃的条件下，轮虫的接种量以 14～70 个/ml 适宜（张道南等，1983）。

5. **投饵**　室内小型培养轮虫，多用单胞藻为饵料。一般每天投饵两次，主要靠观察水色调整，投饵后水应呈现出淡的藻色，一次投喂量不宜过多。饵料被吃光时，水变清，呈淡褐色（轮虫的本色），应及时补投饵料。

生产性培养轮虫，多以单胞藻和面包酵母混合投喂，或以酵母为主。典型的一次性培养，是先在轮虫池培养藻类饵料，达到一定浓度后接种轮虫进池，池中轮虫除消耗池中藻类饵料外，每天投喂面包酵母两次，日投饵量为每 100 万个轮虫投 1～1.2g。根据轮虫的摄食情况适当调整。

以酵母饵料为主，甚至全部投喂酵母饵料培养轮虫，由于营养上存在缺陷，应进行强化营养培养。

6. **搅拌或充气**　小型培养，在每次投饵后需轻轻搅拌，一方面使饵料分布均匀，另一方面也可增加水中的含氧量。生产性培养，水容量较大，必须充气。单纯投喂单胞藻饵料，由于藻细胞在光合作用过程中放出大量氧气，充气量可小些，或间歇充气，甚至可完全不充气。而酵母饵料则是耗氧的，用酵母饵料培养轮虫必须连续充气。

7. **生长情况的观察和检查**　轮虫生长情况的好坏和繁殖速度的快慢是培养效果的反映，所以在培养中需经常观察和检查轮虫的生长情况。每天上午，用一个小烧杯取池水对光观察，注意轮虫的活动状况以及变化。如果轮虫游泳活泼，分布均匀，密度加大，则为情况良好，如果活动力弱，多沉于底层，或集成团块状浮于水面上，密度不增加甚至减少，则表明情况异常。

除肉眼观察外，应吸取少量水样于小培养皿中，在解剖镜或显微镜下检查。生长良好的轮虫，身体肥大，胃肠饱满，游动活泼，多数成体带非混交卵，少的 1～2 个，多的 3～4 个，不形成休眠卵。如果轮虫多数不带非混交卵或带休眠卵，雄体出现，轮虫死壳多，沉底，活动力弱等，都是不良现象。通过镜检还可以了解轮虫胃含物多寡，及时调整投饵量。

8. 收获 一般经过 3～7d 的培养，轮虫密度达到 100～200 个/ml（粗养）或 400～600 个/ml（精养），即可收获。一次性培养是一次全部收获的。收获时，可用孔径小于 100μm 的筛绢制成约 40L 容量的网箱，网箱高 40cm。外有一方木框支撑，网箱捆紧在木框架内，张开。把网箱连同木框架放在一高为 20cm 的大塑料盆内，用虹吸法把池水用管吸出，流入网箱内过滤。待网箱内轮虫密度大时，用塑料勺舀取作为饵料投喂，或作为种轮虫继续培养。

（四）半连续培养技术 半连续培养是目前培养轮虫常用的方式，以下介绍一种典型的用水泥池为容器的半连续培养方式。

1. 培养池 分轮虫培养池和单胞藻饵料培养池两种，均为室外水泥池，两种池的容量大约以 1∶2 的比例配套使用（轮虫池为 1，单胞藻池为 2）。轮虫培养池的容量为 30 或 40m³，池深 1.4m（有效水深 1.2m）。单胞藻培养池的容量为 100～200m³。

2. 培养单胞藻饵料 对轮虫培养池和单胞藻饵料培养池清洗、消毒、灌水、施肥，培养单胞藻饵料。

3. 接种 当藻类饵料达到较大浓度时，以每毫升水体接入种轮虫 30～50 个的数量，把轮虫种接入轮虫培养池。

4. 培养 接种轮虫后，充气培养。轮虫除摄食池内单胞藻饵料外，还投喂面包酵母，每天投喂量为每 100 万个轮虫投喂酵母 1～1.2g，分上、下午两次或多次投喂，先把酵母在桶中加水搅拌均匀后再拨入池中，如果是用活性干酵母投喂，需用电动搅磨机把团粒状的酵母干加水搅打成分离的单个酵母细胞（在水中成悬浮状态）再投喂。

5. 采收 培养 4～5d 后，轮虫的密度超过 100 个/ml 时，根据轮虫的繁殖率，每天采收水容量的 1/5～1/3。采收方法同一次性培养。采收后立即从单胞藻饵料池抽取藻液入轮虫培养池补回采收的水量，并继续投喂酵母，充气培养，又每天继续采收一部分。

由于轮虫培养池中的残饵、轮虫粪便等物质会随着培养天数的增加而增多，会使水质逐渐恶化，每次培养时间一般能维持 15～25d，最多达 30d，最后全部采收，清池，开始新一轮的培养。

（五）大面积土池培养技术

1. 培养池 培养池的选址，要求排灌方便，在盐度较高的海区最好有淡水源，在必要时可调节海水盐度。培养池的大小和数量，主要依育苗生产的需要决定。一般年产 2 亿尾中国对虾虾苗的育苗场，配 4～5 个面积为 600～1 300m² 的轮虫培养池。如育苗数量大，也可以用面积为 6 000～10 000m² 的养虾池培养轮虫。

池的底质以不渗漏的泥质或泥沙质为好，要求池底平整，围堤坚固。池的有效水深为 1～1.2m。可采用动力水泵提水，也可以在闸门安装孔径 0.061mm（250 目）或 0.054mm（300 目）密筛绢的过滤网，涨潮时海水经过滤后进入池内，纳水时注意控制水量，让海水小量缓慢流入，避免过滤网损坏。

2. 清池 清池的方法有两种。一为干水清池，把池水排干，在烈日下暴晒 3～5d，即可达到清池的目的。如果认为有必要，可再用清池药液，部分或全部泼洒池底和池壁。另一为带水清池，即培养池连池水一道消毒，按水体量加入药物杀死敌害生物，在没有池水浸泡到的池壁，则用清池药液泼洒消毒。

清池的药物常用的有：

（1）漂白粉。漂白粉的有效氯含量为 25％～35％，清池的漂白粉用量为 60g/m³，使用时先加少量水调成糊状，再加水稀释泼洒。漂白粉清池可杀死鱼类、甲壳类动物、藻类和细菌。清池后药效维持 3～5d，即可消失。

（2）氨水。农用氨水含氨量为 15％～17％。清池的氨水用量为 250g/m³，使用时稀释后泼洒。氨水清池可杀死鱼类、甲壳动物，并有肥水作用。清池后 2～3d 药效消失。

（3）五氯酚钠。清池的五氯酚钠用量为 2～4g/m³，用水溶解后均匀泼洒。可杀死鱼类、甲壳动物、螺类和水草。药效消失时间为数小时。

3. **灌水** 清池药效消失后即可灌水入池。灌入池中的海水，必须通过孔径 0.061mm（250 目）或 0.054mm（300 目）的密筛绢网过滤，以清除敌害生物。一次进水不宜过多，第一次进水约 20～30cm，随后再逐步增加。

4. **施肥培养单胞藻饵料** 灌水后即施肥培养单胞藻饵料。采用有机肥和无机肥混合使用的方法，可使轮虫培养池在相当长的时间内维持肥效，以供应藻类大量繁殖的营养需要。有机肥的种类很多，但以发酵鸡粪的效果较为理想。近年，随着工厂化养鸡业的发展，一些单位将鸡粪筛选、高温干燥后制成以鸡粪为主的鱼用饲料，如能使用这种鸡粪，效果更佳。一般每 667m² 池施发酵鸡粪 100～150kg 为基肥。如果是鸡粪发酵饲料，施肥量可减少 1/3。施肥时，先将 1/2 的鸡粪均匀撒于池内，其余 1/2 堆在池塘四周，依靠雨水使肥分缓慢地流入池中或作日后追肥用。施好基肥后每 667m² 再施 2kg 尿素和 0.5kg 过磷酸钙。

在清池过程中，除杀死轮虫的敌害生物外，轮虫的饵料——单细胞藻类也被杀死。施肥培养单细胞藻类饵料需要有藻种，有条件的可以接种人工培养的优良藻种（如海水小球藻、扁藻等）入池培养。但由于土池的面积大，需要藻种的数量很大，一般难以解决。因此，在土池培养轮虫，多利用在纳入天然海水时同时带进来的各种混杂的藻类作为培养种。所以，就是带水清池的培养池也需要纳入（或水泵提水）部分海区的新鲜海水，以解决培养的藻种问题。

施肥培养单胞藻饵料，一般经 4～7d 藻类即可繁殖起来。当藻类数量太大，池水透明度低于 20cm 时，可隔天加水 5～10cm。当池水水位升到 50cm 时，即可接入轮虫种。在培养过程中，根据藻类生长情况，每隔 5～7d，以同样的量追施化肥一次。

5. **接种** 轮虫的接种量，一般以 0.5～1 个/ml 较为适宜。可以把经不断扩大培养的种轮虫或把轮虫繁殖已达高峰的培养池的轮虫，连池水带轮虫抽入池中接种。

6. **维持藻类饵料的数量在适宜的范围** 土池培养轮虫，一般是不投饵的，轮虫主要摄食施肥培养的藻类饵料，由于培养的藻类饵料的增殖有一定限度，轮虫的密度不能过高，否则培养的藻类饵料一下子被吃光，因缺乏饵料而导致轮虫的大量死亡。为了平衡两者的关系，一般控制轮虫 5～20 个/ml，每天将超出部分轮虫收获，另一方面通过施追肥，维持藻类的增殖，以补充轮虫的消耗，使藻类饵料的增殖量和轮虫的消耗量基本保持平衡，培养才能正常进行。

7. **采收** 轮虫的采收方法，可用孔径 0.077mm（200 目）筛绢做成拖网，沿池边拖曳采收。也可在池面上设一浮筏，其上安装一个用孔径 0.077mm（200 目）筛绢制成的网箱，用一小型水泵，把池水抽入网箱过滤。

也可利用褶皱臂尾轮虫趋光的特点，利用光诱，使轮虫大量聚集在光强处，轮虫集中的地方呈褐红色，可用水桶直接舀取。

二、卤虫的培养技术

卤虫，也叫丰年虫、盐水丰年虫、盐虫子，是一种广温、广盐、广分布的小型低等甲壳动物。分类上属节肢动物门、甲壳纲、鳃足亚纲、盐水丰年虫科。成虫身体细长，分节明显，分头、胸、腹三部分。平常所见雌虫体长 $1.0\sim1.5cm$，个别可达 $2.0cm$，雄虫一般不超过 $0.7cm$，卤虫在一般盐水中，体表呈灰白色；但生活在高盐水体中，体色变红，个体变小；在盐度较小、藻类繁殖较旺的水域中，体色呈藻类颜色，常为黄绿色。

卤虫为蜕皮生长（一生脱皮 $12\sim15$ 次），发育有变态，以卵孵出的无节幼体至成虫期，个体差别很大。初孵出的无节幼体，在 $1\sim2d$ 内具有多量的卵黄，含有丰富的蛋白质、脂肪和矿物质（干重含蛋白质约 60%，脂肪约 20%），是鱼、虾、蟹幼体的良好饵料。特别是卤虫的休眠卵能长时间保存，需要时可随时孵化，在 24h 内获得幼体，既简单又方便，也容易保证供应。目前，世界各国的水产种苗场在进行鱼、虾、蟹的育苗生产中已普遍使用卤虫无节幼体为活饵料。卤虫的成体营养也很丰富，是鱼、虾、成体的好饵料。

卤虫适应性强、分布广，但也受气候、地理环境的制约。我国河北、山东、辽宁及内蒙古卤虫资源最为丰富，南方主要是成体分布，休眠孵的数量很少。

卤虫属杂食性，以细菌、酵母、单胞藻、小型原生动物和腐败的有机碎屑为食，是典型的对饵料颗粒不加选择的滤食性动物。饵料颗粒大小以 $50\mu m$ 以下为宜。不同地区的卤虫对环境因子有不同的适应范围，可根据当地实际情况，在卤虫卵孵化和成体培养过程中，对盐度、温度、pH 等主要环境因子加以调整、控制，从而提高效率，满足生产。不同品系、不同地区、不同饵料喂养的卤虫，在某些必需脂肪酸含量上存在差异，在对水生动物进行投喂时，可用强化培养方法解决。

卤虫无节幼体或去壳卵具有高营养，所以卤虫的培养技术不仅仅是成体的培养技术，还包括卤虫休眠卵的制备、孵化和化学去壳等技术。

（一）休眠卵的采收、处理和贮存

1. **采收** 秋冬来临，水温下降；暴雨后水淡，盐度下降；以及其他水环境条件的剧烈变化，均能促使卤虫产生休眠卵。当水中有大量休眠卵出现时，应及时采收。虫卵沿着池边水的表层飘浮呈带状，可在下风头用带柄的小抄网捞取，风浪把虫卵打上池岸，堆积岸边，则可用小铲收集，采收的虫卵装入袋中，采收回来后，应在当天内进行处理，切忌将潮湿的虫卵堆积在一起，以防因温度过高伤害卵内胚胎。

2. **处理** 采收回来的卤虫休眠卵，其中有部分是卵壳破裂、胚胎已死亡的坏卵，还混有羽毛、草杆、卤虫成体、泥、沙、有机碎屑等杂质。因此，必须进行优选处理，清除坏卵和杂质。常用的优选方法是比较分离法。

首先用粗网目胶丝网布滤去草杆、羽毛、沙砾、昆虫等较大型的杂质，后把卵放入配有饱和盐水的桶形容器中，充气，洗去卵表面污垢，停气，使密度大的杂质沉落在容器底部，卵则飘浮在表层，再用孔径为 $150\sim200\mu m$ 的筛绢把卵捞出，放在海水中冲洗后转放入盛有淡水的桶形容器中，密度小的坏卵和一些微小杂质则浮于水面，质量好的卵则沉于水底，把沉底的好卵放出，滤去水分，风干。风干后的休眠卵可进一步加工贮存。

3. **贮存**　贮存方法有：①风干后放低温或冷库贮存，经冰冻或低温贮存的休眠卵，可提高孵化率。②制成真空或充氮的密封罐，罐装贮存。③把休眠卵在饱和盐水中脱水，再用饱和盐水保存。

（二）卤虫休眠卵的选择

1. **产地和品质**　目前，卤虫卵产品有许多牌号，来自中国、美国、加拿大、巴西、阿根廷、墨西哥、秘鲁、印度、伊朗、以色列、澳大利亚、法国、意大利、独联体等 20 多个国家的不同的地理品系。不同产地、不同品系的卤虫卵品质不同。不同产地的卤虫无节幼体，对于各种饲养动物并不都是合适的。总的来说，法国的拉瓦尔、巴西的马考、意大利的马格里培、美国加利福尼亚州旧金山湾、澳大利亚的沙克湾和中国天津等地出产的卤虫卵品质较优。

2. **质量鉴别标准**　卤虫休眠卵的质量，除不同的地理品系存在着差别外，休眠卵的采收、处理、贮存方法和贮存时间的长短都对卵的质量产生影响。评价卤虫卵的质量，一般采用在盐度 35、温度 25℃ 的标准条件下，以海水进行孵化，比较以下几个方面的标准指数。

孵化效率（HE）：每克卵孵出的无节幼体个数。

孵化率（H%）：从卤虫卵总数中孵出的无节幼体个数，以百分比表示。

孵化时间 T_0：孵出第一个无节幼体所需的孵化时间。

孵化时间 T_{90}：孵化出 90% 无节幼体所需的孵化时间。

个体重量：1 个 1 龄无节幼体的干重和能量。

孵化产量：从 1g 卤虫卵产生的无节幼体总生物量和能量。

从水产养殖者的观点出发，应该选用孵化效率和孵化率都高的卤虫卵。考虑到营养价值，则应选择可产生较重的无节幼体和孵化产量较高的卤虫卵。

（三）休眠卵的孵化

1. **孵化容器**　一般的容器都可以用来孵化卤虫休眠卵，但由于容器底部平坦，有死角，卵很容易堆集在一起，影响孵化效果。

近年来，多使用一种专为卤虫卵孵化的特制的卤虫卵孵化桶，该桶为玻璃钢结构，略呈圆锥形，底部成漏斗状。底部中央开口，向桶外伸出一管，上有排水开关。桶身黑色、不透明，漏斗状底部则为白色、半透明，便于把无节幼体与坏卵、卵壳分离。孵化桶的容量一般为 300L 或 500L。孵化时桶底中央装一气石，充气，使卵在桶内上下翻滚，始终保持悬浮状态，效果甚佳。

2. **孵化的环境条件**

（1）温度。卤虫休眠卵在 $7\sim30℃$ 的温度范围内均能孵化，随着温度的升高，孵化速度加快。孵化的最适温度范围为 $25\sim30℃$。水温低于 7℃ 或高于 45℃，休眠卵的代谢完全停止。

（2）盐度。不同地理品系的卤虫休眠卵，孵化时对盐度的要求不同。一般来说，可孵化的盐度范围为 5～140（我国塘沽产的卤虫卵孵化适宜盐度的上限为 100），最适盐度范围为 28～30。盐度大于 30 时，随着盐度的升高，孵化速度减慢，孵化率降低，而且幼体活力较差。在生产上，一般利用天然海水孵化卤虫休眠卵，如果能把盐度调节至 28～30 更好。

（3）酸碱度。卤虫休眠卵孵化时适宜的 pH 为 8～9。Sato 指出，卤虫无节幼体前期，孵化是由一种酶引起的。这种酶的最大活性的 pH 为 8～9。

（4）溶解氧。Nimura（1968）用美国加利福尼亚卤虫卵试验，认为溶解氧含量低于 $0.6～0.8g/m^3$，卵完全不能孵化，正在孵化中的卵也停止孵化。为了达到理想的孵化效果，溶解氧含量最好能维持在近饱和状态。另一方面，防止卵沉在底部堆积成团，产生局部缺氧，也是十分重要的。

（5）光照。P. Sorgeloos（1973）证明，在黑暗中大约只有一半多的卵能孵出幼体，其余的卵在光照条件下仍可孵化。光的作用是触发休眠卵重新开始发育。为了取得理想的孵化效果，在孵化过程中给以光照是必要的。考虑到卤虫各个品系之间的差别，连续进行约 1 000lx 的光照可以获得最佳效果。

3. 孵化方法

（1）消毒。卤虫卵壳表面上，通常附着有细菌、纤毛虫以及其他有害生物，这些有害生物在孵化海水中恢复生长、繁殖，并在投饵时随无节幼体进入育苗池，造成感染。因此，卤虫卵在孵化前应进行消毒，把黏附在卵壳上的生物杀死。

首先把卤虫卵放入孔径 0.13mm（120 目）筛绢袋内，用海水冲洗几次后，放在海水中浸泡 15min，让干卵吸水散开，然后用化学药物消毒。常用的处理方法有如下两种：

①用浓度为 $200g/m^3$ 的福尔马林溶液浸泡 30min，再用海水冲洗至无气味即可。

②用浓度为 $300g/m^3$ 的高锰酸钾溶液浸泡 30min，再用海水冲洗至漏出海水无颜色为止。

（2）孵化。卤虫卵孵化可以按下列步骤进行：

①把孵化容器、气管、散气石清洗消毒，尔后把经沉淀或再经砂过滤的海水灌入孵化容器至额定水位。

②把经过优选和消毒的卤虫卵，以合理的孵化密度，按孵化容器的水容量，投入适量的卤虫卵于孵化容器内孵化。如果用平底容器孵化，不充气，每升水可放卵 0.1g 左右，充气则可增加至 0.2～0.5g，最高不宜超过 1g。用特制的卤虫孵化桶孵化，充气，每升水可放卵 2～3g，甚至放卵多至 10g，孵化率仍相当高。

③在孵化的前阶段，充气量应大些，以能把卵冲起在水层中成翻滚状态为准。当开始孵出无节幼体后，充气量宜小些，以免造成无节幼体损伤。

④在适宜的环境条件下，一般经过 24～30h 可孵出无节幼体。初孵出的一龄无节幼体，品质最优且含能量最高，如果及时采收，就可得到优质并含有最高热量的饵料。在 25℃下，孵化后 24h 内进行第二次蜕皮时，无节幼体的单个干重和热量值分别下降 20％ 和 27％，这就是为什么在完成孵化过程后，要尽可能早地把无节幼体采取、投喂的道理。因此，如何掌握采收时间是十分重要的。在 25～28℃的水温条件下，在 36～48h 内，卤

虫卵初孵出无节幼体达 60％以上，尚未完全脱离卵壳呈吊挂灯笼状的垂囊期在 20％以下，是达到孵化高峰的标志，应准备采收。对于那些孵化同步性差的卤虫品系，可分两次收获无节幼体，在达到最高孵化率前先采收一次。

（四）无节幼体与卵壳、坏卵的分离　休眠卵孵化后，无节幼体与卵壳、不孵化的坏卵混在一起，无论是投喂或培养，都必须把无节幼体分离出来。因为卵壳被鱼类等养殖对象吞食以后，会产生非常有害的影响，有时引起肠梗塞，甚至死亡。卵壳和坏卵还会污染水质，危害养殖对象。

一般把无节幼体和卵壳、坏卵分离的方法是利用光诱及重力作用。

最简单的方法是通过光诱使幼体集中，然后利用虹吸管将幼体吸出来。由于这种方法不需要什么特殊的设备，在实验室小型培养试验中经常采用。其缺点是花费时间长，分离效率低。

近年，在鱼虾种苗场孵化卤虫多使用特制的卤虫孵化桶，该孵化桶也是理想的分离器，使用十分方便。当卤虫卵孵化完成后，首先把气石连管取出，停止充气，用黑布把桶口盖密。在静止状态下，坏卵沉于底部，卵壳浮于表层，无节幼体由于趋光而向底部半透明的漏斗状部位集中。停气 15min 后开始分离无节幼体，分离前先用一段橡皮管连接桶下的排水管，打开桶底的排水开关，最先流出的是未孵化的坏卵，让它漏掉后，用网孔为 150μm 的筛绢袋收集无节幼体，把袋口绑紧在排水的橡皮管上，袋子放在浅盆中收集，当水位下降到桶底漏斗部上线时即停止，卵壳仍留在桶内没有流出。

分离完成后，还必须用清洁海水把无节幼体冲洗几次，以除去一些有害的有机物质，然后投喂。

（五）休眠卵的化学去壳　卤虫休眠卵外面一层咖啡色硬壳的主要成分是脂蛋白和正铁血红素，这些物质可以被一定浓度的次氯酸盐溶液氧化除去，即化学去壳。使卵仅留下一层透明的膜，这层膜可以被动物消化吸收。处理后的休眠卵称"去壳卵"，其活力不受影响，能正常孵化，并且幼体孵化出来后不需进行分离。有些品系的卤虫卵去壳后，可以提高其孵化率。去壳卵也可以不经孵化直接投喂，省去了孵化过程。去壳卵的个体比无节幼体小，而其能量则比无节幼体高。去壳卵在水产养殖的应用是卤虫应用研究的一大进展。但去壳卵容易下沉和黏结，因此，作为饵料直接投喂时，不易被养殖对象摄取。利用充气、搅拌可以收到一定效果，但仍有一部分沉在底部。

1. 去壳溶液的配制　去壳药物大多数用次氯酸钠，也可用液态次氯酸钙（$CaCl_2O$）和粉状次氯酸钙（漂白粉）。次氯酸盐的每克有效氯可氧化 2～2.5g 卵的壳，去壳溶液的总体积每克卵为 13ml。卤虫卵的去壳过程是一种氧化反应，氧化效率取决于 HClO 离解成 ClO^- 的程度，而这一离解程度又与 pH 有关，pH 稳定在 10 以上，HClO 离解成 ClO^- 的比例最大，因而氧化效果也最好。因此，需要在去壳溶液中加入适量的氢氧化钠，以达到稳定 pH 的目的。在用次氯酸钠做去壳原料时，每克卵可加入 40％氢氧化钠溶液 0.3ml（或每克卵加入 0.13g 氢氧化钠）。在用次氯酸钙作去壳原料时，每克卵可加入碳酸钠 1g（或每克卵加入 0.3g 氧化钙代替）。

计算方法举例：用浓度为 10％的次氯酸钠溶液作去壳原料，配制生产 10g 卵的去壳溶液，其计算程序是：

（1）10g 卵所需去壳溶液的总体积（氢氧化钠溶液＋海水）为：

$$\frac{13ml}{1g（卵）}\times 10g（卵）=130ml$$

（2）按 1g 有效氯可氧化 2g 卵壳计算，10g 卵所需有效氯的克数为：

$$\frac{10}{2}=5（g）$$

（3）含 5g 有效氯所需 10%次氯酸钠溶液的毫升数（x），为：

$$100：10=x：5 \qquad x=\frac{100\times 5}{10}=50（ml）$$

（4）所需海水量为 130ml－50ml＝80ml。

（5）所需氢氧化钠的量为：

$$\frac{0.13g}{1g（卵）}\times 10g（卵）=1.3g$$

这样，80ml 海水加 1.3g 氢氧化钠，再加 10%的次氯酸钠溶液 50ml，就配成了 10g 卵所需的去壳溶液。

在使用次氯酸盐时，要特别注意有效氯的含量。

2. 去壳过程

（1）卵的水处理。称取一定量的卵，放入盛有海水或自来水的容器中（容器底部最好呈漏斗形），充分搅拌，使卵保持悬浮状态。1h 后，把卵放在孔径为 $150\sim 200\mu m$ 的筛网上冲洗并滤出。

（2）卵的去壳。把捞出的卵，放入已配好的去壳溶液中，并搅拌。卵的颜色开始由咖啡色变为白色，最后变成橘红色。此过程约需 $6\sim 15min$ 完成（超过 15min 会影响卵的孵化率）。在去壳过程中为了防止溶液的温度上升至 40℃，影响卵的孵化率，必要时可采用自来水或冰块冷却降温。

（3）卵去壳后的清洗和去氯。去壳完成后，溶液有大量余氯存在，在卵的表面也吸附少量余氯，需要除去。其方法是将去壳的卵放在筛网上，用自来水或海水冲洗，直至无氯味为止。然后，把经过冲洗的卵放入盛有海水或自来水的容器中（每克卵用水 $5\sim 10ml$），加入 1%～2%的硫代硫酸钠或 1%～2%的亚硫酸钠去氯。也可用 0.1mol/L 的盐酸溶液去氯，并测定无余氯存在即可。

3. 去壳卵的贮存 贮存的方法有以下 2 种：

（1）把去壳卵放在低于－4℃的冰箱内保存。

（2）把去壳卵放入饱和盐水中，充气 2h，把卵捞出，再放入新配饱和盐水中，再通气 2h，再把卵捞出，转放入盛有新配饱和盐水的容器中，置避光处的室温下贮存备用。

（六）卤虫的室外大量培养技术 卤虫室外大量培养，可用水泥池或土池，而更普遍的是把盐田的原有盐池加以适当改造，通过挖环沟，加高堤埂，使水深为 $40\sim 50cm$，作为培养池。通过施用有机肥（鸡粪等）或化肥，在池内繁殖天然饵料，也可投喂米糠、乳清等农副产品下脚料作为补充饵料。

室外大量培养卤虫，最重要的是保持水的盐度在 70 以上，最好达到 90～110，因为在这样的高盐度水中，一般的水生动物不能生存，大大减少了敌害的侵袭，保持卤虫正常的生长、繁殖，这是成功的关键。所以室外大量培养卤虫，多采用与制盐业（盐场）结合的方式进行。现把泰国室外大量培养卤虫有代表性的方式介绍如下：

1. **卤虫—盐—鱼、虾综合养殖**　卤虫池、盐池和鱼、虾完全分开，但都位于同一作业区域。每单元养殖系统如图 4-10 所示。使用风车提水。1～5 号池是蒸发池，6 号是结晶池。根据卤虫池的盐度需要，交替使用 3～5 号池中的卤水。将卤虫池的池底整平，挖出环沟，修好堤埂，进行消毒除害，暴晒 1 周。然后把鱼、虾池中含有大量浮游植物、盐度为 30～50 的绿水和 3～5 号池中的卤水泵入卤虫培养池，调整盐度为 90～110，保持水深为 30～60cm。在整个养殖期间，偶尔添加蒸发池的卤水来调节盐度，泵取鱼、虾池中富含饵料的绿水投喂卤虫，卤虫池中的卤水有时也抽回蒸发池。根据实际情况决定是否增施有机肥（鸡粪）或化肥。

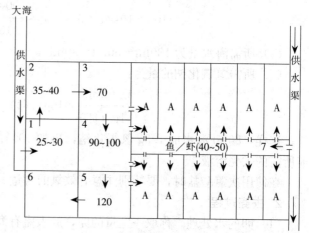

图 4-10　卤虫—盐—鱼、虾综合养殖系统示意图

1～5. 蒸发池　6. 结晶池　7. 鱼、虾养殖池　A. 卤虫培养池

（引自马志珍，1992）

2. **卤虫—盐综合养殖**　这套养殖系统的设置如图 4-11 所示。卤虫池平整、消毒和暴晒后，泵入盐度为 90～110 的蒸发池水。在接种卤虫无节幼体前，先施粪肥 1 250kg/hm²，待水色变绿后，再接无节幼体。以后每周施肥一次。静止培养或每隔几天用泵将水循环一次。

卤虫室外大量培养已进入实用阶段，可收获休眠卵，也可收获成体。经济效益甚佳。

三、枝角类的培养

枝角类（cladocera）隶属于节肢动物门、甲壳纲、鳃足亚纲的枝角目，广泛分布于淡水、海水和内陆咸水水域，是淡水浮游动物的重要组成部分，虽然种类数量不如轮虫类，但是生物量远远要大于轮虫类。作为培养研究的枝角类主要有：淡水的大型溞、蚤状溞、模糊裸腹溞、多刺裸腹

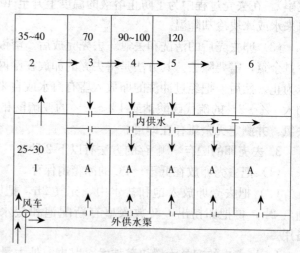

图 4-11　卤虫—盐综合养殖系统示意图

1～5. 蒸发池　6. 结晶池　A. 卤虫培养池

（引自马志珍，1992）

溞、近亲裸腹溞、直额裸腹溞、网纹溞、内陆咸水产的蒙古裸腹溞和海产的鸟啄尖头溞等（代田昭彦，1989；刘卓等，1990；何志辉等，1988）。我国渔民在生产实践中很早就懂得在鱼池中培养枝角类作为稚、幼鱼的饵料。枝角类的培养有很大的经济价值，在市面上已有"鱼虫干"和冬卵出售，用于鱼苗生产、禽畜生产和香鱼育苗，有的枝角类可生产溞酱、溞味素，均是人类的食品。大量培养枝角类作为鱼类育苗的活饵料（如供应香鱼、鲈鱼育苗饵料和鱼苗暂养的饵料）是开发研究的课题。

（一）生物学特征 枝角类身体短小，体长一般为 $0.2\sim5.0mm$，身体左右侧扁，外观略呈长圆形，分节不明显。头部裸露，有 5 对附肢；躯干部包被于薄而透明的壳瓣内，躯肢 $4\sim6$ 对。

春夏两季连续多次行孤雄生殖，产出大量个体，秋末行有性生殖，产出大量休眠卵以越冬。食性属杂食性，通常以悬浮水中的细菌、单胞藻、原生动物和微小有机颗粒等为主要食物。对饵料的大小、种类、数量和质量往往有严格选择。

（二）枝角类的培养

1. 培养容器 实验室的小型培养，用指状管、试管、烧杯、玻璃缸、瓷盆等容器培养。生产性大量培养，需要从小型的玻璃容器培养，再扩大到 $10\sim20L$ 的玻璃培养缸或水族箱中，然后扩大到玻璃水槽或水泥池中培养。宋大祥（1962）曾用 $4.5m\times1.5m\times0.25m$ 的水泥池培养大型溞，又曾用 $5m\times2m\times0.35m$ 的土池培养大型溞。

2. 清池 土池培养前必须先清池，方法与轮虫培养相同。在此从略。

3. 培养用水 枝角类的培养用水，必须经过过滤，除去大型敌害生物，淡水种类也可用曝气 24h 无余氯存在的自来水培养，内陆咸水种类，可在淡水中加入食盐或海水的办法调节盐度。

4. 施肥培养生物饵料 目前，人工培养的枝角类主要是滤食性种类，以细菌和单胞藻为饵料。培养前，首先施肥，待细菌、单胞藻等生物饵料大量繁殖后，再接种枝角类。

现列举几个典型的施肥培养枝角类的方法：

（1）培养方法Ⅰ（Bond，1934）。把 1/4 个面包的面包酵母，用 $50\sim100ml$ 水化开，加入到 $60\sim70L$ 的水中，接入枝角类，每 $5\sim7d$ 添加面包一次。现在，市售有鲜酵母和干活酵母产品，用水溶或用搅磨机打散后直接投喂。

（2）培养方法Ⅱ（松平，1943）。取三叶草叶一把，研碎，把草汁和纤维一起加入 10L 水中，接入栅藻，$2\sim3d$ 后接种枝角类。此法实际是叶汁培养法，不仅三叶草可以用，其他鲜嫩、多汁的植物叶也可以用。在实验室培养时，把 1g 重的三叶草磨碎，加入 100ml 水中为原液，将 20ml 原液加入 1L 水中，然后在其中接种枝角类。此后，每 3d 添加三叶草原液一次。在培养中需调节 pH 为 7.0。

（3）培养方法Ⅲ（宋大祥，1962）。在每个容积为 $3.5m^3$ 的八口土池中，施肥培养生物饵料，各池的施肥情况如表 4-8。施基肥后的第三天，各池接种大型溞溞种 150g，经 14d 培养，各池抽样 5L 水体作产量统计，其中以 7、8 两号池产量最高。表中的每立方水体净产量是总产量减去引种量的湿重量。

施肥培养生物饵料，是枝角类培养中的关键工序。基肥和第一次追肥，两次施用的马

表 4-8　土地培养大型溞的施肥量与产量

(宋大祥，1962)

池号	基肥（9月7日施入）(kg)	第一次追肥（9月20日）(kg)	第二次追肥（9月22日）(kg)	每立方米水体净产量（g）
1	马粪　10	硫酸铵　300g	麦秆　15	89
2	马粪　15	硫酸铵　300g	麦秆　15	493
3	马粪　20	硫酸铵　300g	麦秆　15	473
4	马粪　25	硫酸铵　300g	麦秆　15	307
5	马粪　10	马粪　10	麦秆　15	343
6	马粪　15	马粪　15	麦秆　15	759
7	马粪　20	马粪　20	麦秆　15	1 731
8	马粪　25	马粪　25	麦秆　15	1 509

粪肥总量，在水泥池不能少于 $4.5kg/m^3$，土池不能少于 $11.5kg/m^3$。但是，各地的气候条件、土质、水质情况不一样，要根据具体情况，适时、适量施肥。

应该指出，施肥繁殖生物饵料的种群中，不是所有种类都能被枝角类利用，有些种类不能被利用，有些甚至是有害的。

5. 接种　在烧杯中培养海产尖头溞，接种量为 0.4 个/ml，用等鞭藻作饵料，饵料密度为（8～10）×10^4 个细胞/ml 时，在恒温水槽中培养，每4～7d换水一次，当尖头溞增加到 2 个/ml 时，扩大到更大的烧杯培养，4 周后，个体数量迅速增加，在 29～37d 后达 20 倍，33～47d 后达 50 倍，38～53d 后增加到 100 倍，44～63d 后增加到 200 倍（刘卓等，1990）。这个实验说明了枝角类的基数越大，增加数量的倍数也越多。因此，枝角类培养时引种数量越多，在相对时间内增加的数量也越多。

6. 充气　枝角类培养过程中，微量充气或不充气，但当种群密度大时，必须充气。

7. 密度控制　培养枝角类的种群密度不宜太大，否则会产生拥挤现象，生殖率降低，死亡率增高。因为种群密度太大时，饵料的获得量减少，排泄物增多，水质恶化。这样，种群生殖就缓慢下来，甚至完全停止。枝角类只有在适宜的种群密度时，生长量和生殖量才能达到最高限。适宜的种群密度需要适宜的温度和饵料条件相配合，如多刺裸腹溞的种群在 28℃时最大，低于或高于这个温度，种群密度减小。近亲裸腹溞的种群密度随着饵料密度而改变，当栅藻达到 36×10^4 个细胞/ml 时，密度最大。

控制枝角类的种群密度，一方面必须提供适宜的培养生态条件，另一方面对种群密度进行调整，如种群密度过小时，可增加接种量或浓缩培养水体；如种群密度过大时，可扩大培养水体或采用换水的办法稀释水体中的有害物质。海产尖头溞适宜的种群密度为 2个/ml，近亲裸腹溞的最高培养密度是 8 560 个/L（代田昭彦，1989）。

8. 水质　培养枝角类水体的水质指标，包括化学指标和生物指标。化学指标有溶解氧量、生物耗氧量、铵氮量、酸碱度等，生物指标是以血红素在枝角类体内的含量作为指标。

有机物耗氧量和铵氮量往往被作为水质不良的指标，然而，枝角类摄食细菌和有机碎屑，宋大祥（1962）把有机物耗氧量作为水体肥瘦的指标，认为有机物耗氧量在 38.35～55.43mg/L 范围，最适宜于大型溞的大量培养。大型溞喜欢碱性水体，在 pH8.7～9.9

最为适宜，在 pH6 时亦不阻碍其生长繁殖。在低的 pH 的水环境中，枝角类往往会产生有性生殖（郑重等，1987）。枝角类的血红素含量因种类和同一种类的不同发育期而异，此外，水中含氧量会引起血红素含量的变化。含氧量低，血红素含量升高，溞体变为红色。含氧量高，血红素含量降低，溞体透明无色。因此，可以根据溞体的深红、粉红、无色等情况，判断水体的溶解氧含量的变化情况。

9. **收获** 采收枝角类，可用手抄网或椎形网在水中反复拖捞，也可用虹吸管把培养水槽中的水吸出，在槽外用筛绢网箱（置于大水盆中）浓缩采收。采收的枝角类，以鲜活饵料形式投喂，或加工后以商品形式出售。

培养枝角类，以半连续培养方式培养较为理想，培养达到适宜的密度后，每天或间隔 2～3d 收获一部分（即间收法），继续培养。罔彬（1981）认为，在大型水槽中培养多刺裸腹溞，接种密度为 0.2～0.3 个/ml，用面包酵母为饵料，10d 后可以增殖至 10 倍以上，每天可以采收现存量的 20%～30%，而且可以连续采收 20～30d。宋大祥（1962）用马粪、猪粪、麦秆等作为肥料培养大型溞，经 14d 培养，每立方米水体收获 1.774kg 的产量，即 0.126kg/m³·d。

四、颤蚓的培养

颤蚓隶属于环节动物门（Annelida），寡毛纲（Oligochaeta），近孔寡毛目（Plesiapora），颤蚓科（Tubificidae），培养种类有戈氏水丝蚓、霍甫水丝蚓和苏氏尾鳃蚓等。国内外都曾培养这些淡水环节动物作鲟鱼幼鱼的饵料，取得良好效果。更重要的在鳗鲡养殖业中作为白仔养殖阶段的生物饵料，然后过渡到配合饵料的饲养。此外，金鱼养殖也用其当饵料。

（一）生物学特征 以苏氏尾鳃蚓为例。虫体较粗，成体直径约 1.2～2.2mm，体长 50mm，易蜷缩，有的活体伸延时长度达 100mm 以上。体紫红色，体节 185 或更多。苏氏尾鳃蚓多分布在有机碎屑较丰富且有一定的流水的松软泥土中，在泥土表层常有一层由碎屑和细泥构成的黑色有机物沉淀，身体埋入 3～5cm 泥层中，尾鳃伸出泥土面上，以伸展的鳃丝为平面作上下摇动，其频率 100～106 次/min（水温 29℃时），受惊时尾鳃立刻缩入泥中。颤蚓为雌雄同体，异体受精，受精卵在茧内发育成为小蚯蚓。刚出茧的幼蚓淡红色、细丝状、透明，长约 5.6～6.15mm。

（二）室内培养 从室内置于带土培养皿水浴养的颤蚓中挑出刚出卵茧的幼蚓移入带土培养皿水浴培养，培养皿的泥土经细筛绢（JCQ19）筛选，每个培养皿中移入 1～2 条幼蚓，用吸管吸玉米粉浆喂之。生长检查时用解剖针轻轻地挑出幼蚓于带水载玻片上进行测量、观察。水浴培养槽（或盆）可用虹吸法经常换新水。

苏氏尾鳃蚓经 25d 室内带土水浴培养全长可达 14～15mm，为孵出时体长的 2.48 倍，增长 8.66mm，平均日增长约 0.347mm；45d 培养全长达 28～30mm，平均净增长 20.34mm，平均日增长约 0.452mm；经 60d 培养全长达约 40mm，平均净增长 11mm，这时虫体已较粗大，白色环带十分明显，标志已达成熟个体，生长速度显著下降。至 70d 时，有成蚓两条以上的培养皿中能排出卵茧，且能顺利地孵出幼蚓。据室内培养观察，苏氏尾鳃蚓性成熟的最小长度约 36mm，幼蚓从孵化出茧至死亡的整个寿命为 80～180d，死亡前的最大长度 50～55mm。

（三）大量培养

1. **筑池置土**　池的底平面尺寸可以有 0.5、1.0、2.0m²，池墙高 11cm。池子的质地为三合土或砖砌成的，置土厚 8cm，泥土以园田土为好，并经聚乙烯窗纱所做的过滤筛洗过，土层不宜严实，可加水搅成泥浆。

2. **蚓种**　采天然繁殖的苏氏尾鳃蚓，经置入水盆中的聚乙烯窗纱网中淘洗，然后按 250g/m² 重的蚓种接入量，接种入培养池。

3. **投饵**　投喂经过发酵的麦麸和玉米粉混合饲料（比例为 1:1）。一般每 3～4d 投喂一次，每次按每平方米 250g 的投饵量，并视季节和颤蚓摄食情况调整，颤蚓吃得多就多投一点，否则就少投一点。

4. **管理**

（1）流水。培养过程中保持一定的流水环境，以便供应所需要的氧气，这在夏季高温季节尤其重要，否则培养床容易发臭腐烂。

（2）遮光。遮光培养可以防止青苔的繁殖。在对比实验中发现，遮光培养比不遮光培养的产量增加 80.6%。

（3）搅拌。定期搅拌培养床的泥土，可以减少青苔的繁殖，又能增加产量。对比实验中发现搅拌泥土比不搅拌的产量高约 27%。

（4）其他。每天上下午各测定气温、水温一次，观察颤蚓的活动和摄食情况，发现个别死蚓，要挑出池外弃去，如发现死亡数量较多，有必要更换培养床，即把颤蚓收起经水中聚乙烯窗纱网淘洗后重新接种入新的培养床进行培养。

5. **收获与产量**　采收的方式是把泥土铲入聚乙烯窗纱筛子中用水冲洗，淘取出颤蚓和其周围的碎屑放入密闭容器皿使其缺氧，迫使颤蚓密集表层，再取出称重，供投喂鱼类幼鱼食用，或出售。

颤蚓的产量与培养床的土温有关，土温高产量也高。因此，夏季的产量最高，秋季次之，冬春的产量较低。再是颤蚓的产量与采收次数有关，适时连续不断地采收比一次性采收的产量高。

经周年试验发现，在 150m² 的培养床一年共采收得 375.8kg，平均每平方米年产量 2.505kg（谢大敬等，1981）。

五、田螺的培养

（一）田螺的生物学特性　田螺属软体动物，多生长于亚热带及温带。其肉洁白清甜，风味独特，营养丰富。

1. **形态特征**　单壳、壳销高，呈卷旋的圆锥形，螺层表面多凸，略呈圆形。厣角质、很薄，顶偏一侧具栉鳃。具壳表面平滑，一般不具螺旋棱。缝合线较深。

2. **生活习性**　喜栖息于腐殖质较多的软泥底水域中。生活适温 10～40℃，最适 20～28℃，超过 40℃会引起死亡，低于 10℃ 则进入冬眠状态，一般情况下，冬季挖穴越冬，次年春天当水温回升到 10℃ 以上时开始出穴活动，高温季节钻入泥中避暑。对水体中的溶氧变化非常敏感，正常生活要求每升水溶氧在 4mg 以上，当每升水溶氧下降到 3.5mg

时，食欲就会减退；每升水溶氧下降到 1.5mg 时，则会引起死亡。田螺活动范围较大，可随水流迁居或逃跑。

3. **食性**　杂食性贝类。摄食器官为齿舌，一般是舐食物，同时栉鳃过滤食物。在自然界，天然饵料主要是浮游植物、青苔之类。在人工培养条件下，可以食用人工配合饲料、青菜、米糠及鱼类、畜禽内脏等。

4. **繁殖习性**　雌雄异体。雌体大于雄体。异体交配，精、卵在输卵管顶端受精。雌体的子宫很大，生殖季节常含有许多不同发育阶段的仔螺。田螺的发育过程要经过几次变态。受精卵经过囊胚期、原肠期后进入担轮幼虫阶段，随后变态为面盘幼虫，最后发育为仔螺。其从受精至仔螺阶段均在母体内进行发育，故又称其为卵胎生动物。一般 1 年即可性成熟，寿命 3～6 年不等，因生活条件等情况而异。

（二）田螺人工培养　池塘条件，最好在室外土池进行，面积一般不超过 300m²，软泥底，且腐殖质较多者为好。水深 40～50cm，以微流水状态最佳。

1. **亲螺放养**　越冬后，3～4 月份放养亲螺前 1～2 周，先用堆肥施于池床，培养微生物、硅藻及青苔等天然饵料，供田螺放养后及时摄食，促进生长。堆肥以鸡粪与切细的稻草按 3∶1 的比例制成，每 50m² 投放 40～50kg。

选择螺壳有光泽、体重在 16～18g 的中华圆田螺做亲螺为佳。亲螺投放密度为 10～20 个/m²。雌雄性比 1∶1。雌雄鉴别方法是：雌螺左右两触角向前方直伸；雄螺右触角向左弯曲。

2. **仔螺的收集**　投放亲螺 10d 后，每 3～5d 检查池床一次，发现有产出的仔螺及时捡出，放于水桶或水盆内，并及时移养于养成池内。留下亲螺继续繁殖。

3. **幼螺的放养**　刚孵化的幼螺抵抗力差，宜放小池专养，长大后（约 2 周），可开始投入培养池或自然水域养殖。培养池放养密度为 100～150 个/m²，自然水域放养密度10～20 个/m² 即可。

4. **投喂饲料**　田螺的食性杂，可视天然饵料的情况适当投喂青菜、豆饼、米糠、蚯蚓、昆虫、动物内脏、下脚料等，要求饵料新鲜。天然饵料充足时，可以少投或不投。仔螺产出后 2 周即可投喂。田螺主要靠舌舐食，故投饲时，应先将固体饲料泡软、剁碎，再用米糠或豆粕充分搅拌均匀后分散投喂。每天投喂一次，投喂时间一般在上午 8～9 时为宜。日投喂量大致为螺体重的 1%～3%，并随着体重的增加，视其食量大小而适当调整。

5. **日常管理**　视天气变化调节好水质、水温，控制好水位，保证水中有足够的含氧量。当水中溶氧量在 3.5mg/L 时，摄食量明显减少；降至 1.5mg/L 时就会引起死亡。夏季摄食旺盛，气温高，除了提前在水中种植水生植物，以遮荫避暑外，还要采用半流水式养殖，降低水温，增加氧气。在投饵饲养中，如发现田螺厣片收缩后肉溢出时，说明田螺缺钙，此时应在饲料中加虾皮糠、贝壳粉等；若厣片收入壳内，则为饵料不足，应及时增加投饵量。要加强螺池的巡视，经常检查堤围、池底的进出水口的栅闸、闸网，发现裂缝、漏洞，及时修补、堵塞。同时要采取措施预防鸟、猫、鼠类天敌伤害田螺。注意养殖中不要混养青鱼、鲈鱼等杂食性和肉食性鱼类，避免田螺被吞食。

六、蝇蛆的培养

蝇蛆是家蝇的幼虫，它的利用及人工养殖最初是从一些发达国家开始的。目前，人工养蛆在中国也并不陌生，在世界范围内更是形成了一整套完整的工艺流程，从养蝇、育蛆到分离、干燥等，都有专门的技术设备及手段。

（一）生物学特征

1. 世代周期 家蝇一生经过卵、幼虫（即蝇蛆）、蛹和成蝇四个虫态。在室温 22～32℃，相对湿度 60%～80%的条件下，蛹经过 3d 发育，由软变硬，由米黄、浅棕、深棕变成黑色，最后羽化为成蝇，从蛹前端破壳而出。3d 后性成熟，雌雄交配产卵。卵经 0.5～1d 时间即孵化成蝇蛆。一般经 5～7d 后，蛆变成蛹，完成一个世代交替过程。一般情况下，苍蝇的世代周期为 28d 左右。

2. 生活习性

成蝇：刚羽化的成蝇不会飞，只会爬行，1h 以后开始具备飞翔能力，并吃食、饮水。成蝇喜光，白天活泼好动，夜间则栖息不动，它对糖、醋、氨水等味具极强趋向性。

蝇蛆：生长发育受养分、温度等影响很大，在 22～32℃ 范围内，温度越高，营养越好，其生长发育也越快。蛆越大，变成的蛹也越大。低于 8℃ 或高于 43℃ 逐渐死亡。另外，蝇蛆怕光（与成蝇相反），利用这一特性，可采取相应的采收措施。

3. 繁殖习性 蝇的繁殖力很强，1 只雌蝇每次产卵 100～200 粒，在 20 余天内可产卵 6 次，1 对苍蝇 1 年可繁殖 10～12 代，可以产 1.2 亿个子孙。6～8 日龄的苍蝇产卵量最多，一般到 15～20 日龄基本失去产卵能力。

（二）饲料配制

1. 种蝇饲料 为促进种蝇的发育，提高产卵的数量和质量，最好用高动物蛋白饲料喂养，较好的饲料配制方法有如下几种：

（1）奶粉加红糖调成稀液状，最好再加点捣烂的熟鸡蛋。

（2）鲜蛆浆加红糖调成稠糊状。

（3）动物内脏或腐烂肉。

（4）小杂鱼捣烂调稀。

以上饲料均以稀为好，以防种蝇在上面产卵。

2. 蝇蛆饲料 也有人把它称为蝇蛆培养基。这类饲料的调制方法有：

（1）麦麸、大麦粉、玉米渣等碳水化合物含量较高的饲料，用水拌和，抓在手中刚滴水为宜。

（2）野杂鱼、虾、腐肉和其他动物内脏，拌水静置后，表面刚见水为宜。

（3）新鲜鸡、猪等非草食性动物的粪便，如猪粪为 1/3＋鸡粪 2/3，或猪粪 2/3＋鸡粪 1/3，经发酵腐熟后使用。

蝇蛆饲料的关键是水分，含水量 70%为佳。配料最好是动、植物饲料混合使用，以便保持水分，增加蛋白质含量。

（三）人工繁殖

1. 种蝇房及有关设备 种蝇要在种蝇房内培养，种蝇房的门窗要安装玻璃、纱窗和黑布，以便调温、透风、防种蝇外逃和野蝇入室。室内应备有风扇，以便更好地调节空气，房内最好备有调温设备，使房内温度、湿度保持在适宜范围，另外，室内应安装日光灯，保证有良好的光照环境。

室内设有多层饲养架，以便于饲养笼重叠放置，提高生产规模。饲养笼长度一般不超过 2m，宽、高一般为 0.4～0.5m。笼底用粗布做成，四周及顶部用纱布做成。普通细纱布、维尼龙或密眼聚乙烯渔网布均可，但细砂布黏附成蝇排泄物后容易变质，降低使用寿命，而聚乙烯渔网布成本较低且耐用。笼的正面开两直径约 20cm 的圆口并接长度为 30cm 的黑布袖（用橡皮筋扎口），以便放蛹，更换饲料、饮水和取卵（平时放于笼外）。每只蝇笼内放饲料盘、饮水盘、羽化缸，饮水盘中应放入小片纱布或海绵，以防种蝇落水而溺死；产卵缸内装入含水量约 70％ 的麦麸或混合饲料（饲料高度不超缸高的 2/3），并滴入几滴万分之一到万分之三的碳酸氨水，以引诱雌蝇产卵。这些盘、缸用普遍土碟或罐头筒、盒均可，但面积不宜太小，否则会影响蝇的饮食和产卵。

2. 蝇蛹入笼　选择个体较大、身体完整而饱满、颜色正常的蝇蛹入笼羽化产卵。做法是：将蝇蛹用清水洗净，消毒（用 0.1％ 的高锰酸钾或漂白液浸泡 2min），晾干，装入羽化缸，然后连卵带缸一同放入种蝇笼，扎紧黑布袖，待其羽化。每笼放一个羽化缸，每个羽化缸放卵数量依蝇笼面积而定，一般每平方米蝇笼放蛹 5 万～8 万粒。

3. 饲养管理　成蝇的饲养管理主要有以下几方面：

（1）控制温、湿度。在蛹羽化、蝇产卵期间，将温度控制在 22～30℃，相对湿度 60％～80％，以便于虫的生长发育。

（2）投喂。待蛹羽化（即幼蝇脱壳而出）5％ 左右时，即应开始投喂饲料和水，在上述配方中，以奶粉红糖液为最佳，投喂数量为每天每只蝇喂糖、奶粉各 0.5mg，用清水调和，使之含水 90％ 以上。室温在 20～23℃ 时，可一次投喂，超过此温度范围可分两次投喂，饲料厚度 4～5mm 为宜。饮水盘中的水要求清洁卫生，每 1～2d 更换一次。

（3）保持光照及适时通风透气。因蝇喜光，故应保持光照，利于交配产卵。另外，保持适当通风透气，利于生活。

（4）及时收卵。当发现种蝇开始交尾后 1～2d 内及时向蝇笼中放入产卵缸。每天收卵 1～2 次，每次收卵后将产卵缸中的卵和引诱剂一并倒入蝇蛆培养基中孵化。

4. 更新种蝇　每批种蝇饲养 15～20d 后即行淘汰，更换另一批种蝇。方法是将蝇笼中的饲料及饮水移出，约 3d 种蝇即被饿死，或者用热水或蒸汽将其杀死，但以聚乙烯和维尼龙制成的蝇笼不宜用热水或蒸汽杀蝇。淘汰种蝇后的笼罩和笼架必须用阳光暴晒或高锰酸钾或稀碱水溶液浸泡消毒，然后用清水洗净，晾干，换上一批新的种蝇，为了达到生产种蝇，应分批淘汰，及时补充。

（四）蝇蛆养殖　室内蛹的环境基本上处于封闭状态，这样便于对温度和湿度进行人为控制，利用这一条件，往往进行集约化养殖。且一年四季均可生产、产量大、效益高，根据养殖设备的不同，可将室内养殖分为盘养和池养两种形式，其养殖方法相同。

1. 育蛆室与设备　育蛆室与种蝇室相似，设备依养殖形式而异。

盘养：需要饲养架和育蛆盘，育蛆盘长、宽与种蝇笼相似，但高度一般不超过 10cm，育蛆盘可用铁皮或木板制成，也可用竹片编制，但都不能漏下培养基。育蛆盘放于育蛆架上，盘内放培养基 30～50kg/m²，厚度 3～5cm（高温时，培养基要少，不超过 3cm）。

池养：用砖砌成面积为 1.5～3.5 m²、深 0.5～1m 的饲养池，池中放培养基，数量与育蛆盘中相似。盘或池内壁都要做光滑处理。

2. **蝇卵入盘**（池） 育蛆盘（池）中放卵的数量与盘（池）中培养基的数量有关，如按上述数量放培养基，那么卵的放养数量一般是 20 万～40 万粒/m²，每粒卵的重量大约为 0.1mg，即每平方米放卵 20～40g。向培养基中放卵时，要使卵分布均匀。

3. **育蛆管理** 主要包括以下几方面内容：

（1）控制温、湿度。育蛆室环境相对封闭，可以利用这一条件将环境温度调至最佳状态，以利于蛆的生长发育，要求室内温度在 25℃左右，培养基湿度 65%～70%。

（2）及时翻动培养基。随着蛆的生长及培养基的发酵，培养基底部的温度会逐渐升高，最高可达 40℃以上，此时会引起蛆的死亡。因此，应经常翻动培养基，一方面使底部温度不致于太高，另一方面也便于蝇蛆获得营养物质。

（3）保持黑暗，适时通风透气。

（4）适时分离，择优留种。蛆在培养基中经 4～5d 的培养，即发育成带黄色的老熟幼虫，爬到培养基表层化蛹，此时，不宜再翻动培养基，待老熟幼虫基本化蛹时即淘蛹晾干，进行种蝇培育阶段，这种蝇龄期就很整齐，交配、产卵也较同步。

4. **收获与利用**

（1）蝇蛆的收获。从向培养基中放卵开始，4～5d 后收蛆。方法是利用蝇蛆的怕光特点，用强光照射育蛆盘（池），蛆即会往下钻，逐层扒去培养基，则促使其全部钻入底层，最后将底层培养基全部取出，倒入孔径 1.21mm（16 目）的筛子振荡分离，分离出的蝇蛆洗净后可直接用于饲喂动物，也可在 200～250℃条件下，烘烤 15～20min，烘干加工成蛆粉贮存备用。

（2）蝇蛆的利用。据国内外对蝇蛆营养成分的分析，其含粗蛋白质 59%～65%，脂肪 2.6%～12%，无论鲜蛆或蛆粉，粗蛋白含量都和鲜鱼、鱼粉及肉骨粉相近或略高。蝇蛆的营养成分较为全面，含有动物所需的各种氨基酸，且每一种氨基酸含量都高于鱼粉，蛋氨酸含量是鱼粉的 2.7 倍，赖氨酸含量是鱼粉的 2.6 倍。同时，蝇蛆体内除钾、钠、钙、镁等常量元素外，还含有多种生命活动所需要的微量元素，如铁、锌、锰等。加工成的蝇蛆粉可以与其他饲料一起加工成配合饲料。

第5章　饲料配方的设计与配合饲料的加工

随着水产养殖业的迅速发展，配合饲料的需求量越来越大，了解和掌握饲料配制的基础知识和饲料配方的设计与加工技术；已成为从事饲料加工及养殖业人员必须具备的常识。本章主要介绍配合饲料的有关知识，介绍水产动物饲料配方的设计原则和方法，以及配合饲料的加工技术。

第一节　配合饲料概述

一、配合饲料及有关的概念

1. **配合饲料**　配合饲料是根据动物的营养需求和饲养动物的生产实践经验及生产要求，有选择地将多种饲料原料（含饲料半成品）按照一定的比例进行一系列的科学加工而成的混合物。饲料配方就是指加工某一饲料产品时，选用的原料种类及其相互间搭配的比例总称。配合饲料因营养全面、消化利用率高、促长防病、可扩大水产动物的饲料来源、适应高密度集约化养殖方式等特点，得以广泛的推广应用。配合饲料不是简单地将多种饲料原料进行混合，而是以水生动物营养研究、饲料分析与评价为基础，结合不同养殖方式、不同的水体环境条件及养殖目的和养殖生产中积累的经验等，用科学合理的配方计算方法设计各种原料间的比例，然后以科学的生产工艺流程配制加工而成的一种工业化的商品饲料。是随着养殖生产的发展而不断变革完善的。

2. **预混合饲料**　又称预混料。是营养性添加剂和非营养性添加剂按一定比例与载体相混合而成的产品。预混料不能直接喂养动物，它要与蛋白质饲料和能量饲料按一定比例混合加工成配合饲料之后，方可投喂，即预混料是配合饲料的组成成分。其中添加剂在配合饲料中的比例一般占 5% 左右。根据组成成分不同，预混料又分为单一预混料和复合预混料。

3. **浓缩饲料**   又叫蛋白质补充饲料。由预混饲料按一定比例与蛋白质饲料混合而成。与预混料相似，也不能直接投喂动物，要与能量饲料按一定比例混合加工成配合饲料之后方可投喂。浓缩饲料也是配合饲料的组成成分，在水生动物的配合饲料中的比例一般为 45%～75%。

4. **混合饲料**   所谓混合饲料，就是简单地将几种饲料混在一起所组成的饲料。这是一类与配合饲料相似而又不同的饲料，相似之处是由多种单一饲料组成；不同之处是没有经过严格的科学配方设计，其营养成分不能满足养殖动物的生理需要。但是，一般来说，其营养价值及经济效益比单一饲料要高。

以上介绍了有关配合饲料的概念，就配合饲料的组成可表示如下：

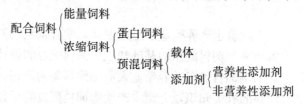

二、配合饲料的发展

配合饲料的生产已有几十年的历史。自 1912 年发现维生素，以及后来对矿物质、氨基酸、抗生素和特种饲料添加物研究以来，各国对动物营养的研究发展极为迅速。随着人们对肉、奶、蛋、鱼等畜禽产品和水产品需要量的增加，以及畜禽和鱼类饲养工厂化，根据动物营养需求来生产配合饲料的工业得到了迅速的发展。

早在 20 世纪 20 年代，国外就开始配合饲料的研究和生产。最初主要用于饲养家禽，以后发展到饲养家畜，20 世纪 50 年代才应用于养鱼。近年来，鱼虾用配合饲料发展较快，美国、日本、德国等基本上都应用配合颗粒饲料养鱼。

我国饲料工业起步于 20 世纪 70 年代中后期，首先是畜禽饲料业的发展，80 年代初水产饲料工业启动，经过短短十多年的艰苦创业，饲料工业发展很快，产量呈直线上升，从 1976 年年产量 60 万 t，迅速增加到 1994 年的 4 523 万 t，跃居世界第二位（仅次于美国），产值位居我国国民经济 41 个主要行业中的第 20 位，成为国民经济的基础产业之一，产量中猪饲料占 41%，蛋禽 27%，肉禽 24%，水产饲料占 5%，其他占 3%。1998 年饲料产量达 5 500 万 t，其中渔用饲料约 300 万 t。渔用饲料工业的发展，对我国水产养殖业的高产、稳产起了重要作用。目前，我国饲料生产设备已基本国产化。通过消化吸收国外先进技术，饲料质量已有很大的提高。我国配合饲料已应用于鲤鱼、草鱼、团头鲂、罗非鱼、虹鳟、鳗鱼和对虾等水产动物，而且饲料的质量已接近或达到国际平均水平，饲料系数已达到 2.0 以下；鳖、罗氏沼虾、河蟹、鲍等名优种类的饲料生产发展也很快。有些品种如鳗、鲤、对虾等从育苗到养成的饲料已进入系列化。同时，渔用饲料正逐步向规模化发展。但由于我国水产动物营养研究起步晚，人力和物力的投入也相对较少，在鱼虾类营养生理和营养参数等应用基础研究方面与国外先进水平的差距仍然较大。

三、配合饲料的优越性

水生动物配合饲料产生之后，迅速被推广到世界各地，并吸引众多研究人员对其进行更深入的研究，水生动物配合饲料之所以引起人们的重视，是因为其具有如下优越性：

1. **配合饲料营养全面、平衡，能保证养殖对象在最佳的营养条件下生长**　配合饲料是以水生动物营养学为基础，根据其在不同情况下的营养需求，有目的地选取不同的饲料原料进行配合，经科学方法加工而成的，饲料中的营养成分可以充分发挥互补作用，以达到营养组成更全面、更加符合养殖动物的生理需求，可充分发挥养殖对象的生长潜力，获得最佳生产效益。

2. **扩大了饲料来源**　在传统的水产养殖生产上，用作精饲料的主要是农作物的子实及少部分副产品，有许多农副产品，如根、茎、叶、壳、粮油加工副产品和多种工业下脚料等，因其适口性差而不能被水生生物所摄食，但是，若将这些物质进行加工处理，与其他精饲料一起加工成配合饲料，则能够很好地被水生生物所摄食、消化和吸收，为其提供多种营养素，从而扩大了饲料来源。

3. **减少水质污染，增加水生动物放养密度**　配合饲料经过制粒过程，将各种原料黏和在一起，从而减少了饲料中营养素在水中的溶失及对水质的污染，降低了池水的有机耗氧量，提高了水生动物的放养密度。

4. **减少疾病**　使用配合饲料可以减少水生动物的发病率，这是因为：①配合饲料营养全面，可以提高水生动物的抗病力；②配合饲料在制粒过程中，经高温作用可除去毒素，杀灭病原体及其卵、孢子等；③在配合饲料加工过程中，可以掺入药物；④在投喂配合饲料时，水体不施肥或少施肥，减少了病原体的来源；⑤在设计和加工时注意了原料的选择及质量控制。

5. **提高饲料的利用率**　水生动物对配合饲料的利用率高，这是因为：①配合饲料在制粒过程中，由于高温作用，使饲料熟化，从而提高了蛋白质和淀粉的消化率；②在饲料中加入消化酶，进一步提高了消化率；③制粒过程将各原料黏合在一起，减少在水中的散失；④高温过程可以破坏某些原料中的抗代谢物质；⑤根据水生动物的摄食方式、生态分布及口径大小生产出相应的配合饲料。

6. **促进水生动物摄食**　在配合饲料中可以加入一定量的诱食剂，提高水生动物摄食量。

7. **提高水产品质量**　使用配合饲料可以提高水产品质量，这是因为：①配合饲料营养全面，各种营养素可以充分满足水生动物的生理需要，因而水生动物摄食后，身体的组成较好；②配合饲料在加工之前注意了原料的质量，并且在制粒过程中由于高温作用，去除了某些毒素，从而减少了有毒物质在水生动物体内的积累；③在配合饲料中加入一定量的着色剂，可使一些水生动物的体色更鲜艳。

8. **促进水生动物的生长**　配合饲料可促进水生动物的生长，原因是：①水生动物摄食量增加；②水生动物对饲料的消化率升高；③配合饲料中加入一定量的激素等，可促进水生动物的新陈代谢。

9. **利于饲料的贮存和运输**　节约劳力，提高劳动生产率，降低劳动强度，有利于实行水产养殖的规模化生产。同时也带动了水产养殖有关工业的大力发展。

10. 经济效益高　由以上情况可以看出，使用配合饲料一方面降低了生产成本，另一方面提高了水产品的质量和产量，因而从两方面提高了养殖生产的经济效益。

四、配合饲料的类型

（一）水生动物的配合饲料一般根据其物理状态可分为以下几种类型

1. 粉状饲料　将各种饲料原料粉碎到一定粒度，按配方比例充分混合后进行包装。使用时将粉状饲料加适量的水和油充分搅拌，形成具有强黏结性和弹性的团块状饲料，在水中不易溶解，适于鳗鱼摄食。

2. 颗粒饲料　颗粒饲料呈短棒状，颗粒直径根据所喂鱼、虾的大小而定，一般范围为：鱼饲料 2～8mm，虾饲料 0.5～2.5mm，长度为直径的 1～2 倍，依加工方法和成品的物理性状，又分为软颗粒饲料、硬颗粒饲料和膨化（或发泡）颗粒饲料三种类型。

（1）软颗粒饲料。含水率在 25％～30％，颗粒密度为 1g/cm³ 左右，软颗粒饲料质地松软，水中稳定性较差。一般采用螺杆式软颗粒饲料机生产。在常温下成型，营养成分无破坏。一般适合养殖场自产、自用。我国的主要养殖鱼类，如青鱼、草鱼、鲢鱼、鲤鱼、鲫鱼、团头鲂、罗非鱼等都喜欢摄食这种软颗粒饲料。

（2）硬颗粒饲料。硬颗粒饲料含水率在 12％以下，颗粒密度为 1.3 g/cm³ 左右。硬颗粒饲料的加工从原料粉碎、混合、成型制粒都是连续机械化生产。在成型前蒸汽调质，制粒温度可达 80℃以上。机械化程度高，生产能力大，适宜大规模生产。硬颗粒饲料的颗粒结构细密，在水中稳定性好，营养成分不易溶失，属沉性饲料。实践证明，许多养殖鱼类，包括鲤科鱼类、鲑鳟鱼类、鲶鱼、罗非鱼、鲻鱼等都适宜投喂硬颗粒饲料。应指出，由于虾类的摄食为小口小口地噬食，对虾饲料从投入水中到被摄食完毕的时间较长。因此，要特别注意对虾饲料在水中的稳定性。

（3）膨化饲料。膨化饲料含水率 6％左右，配方要求淀粉含量在 30％以上，脂肪含量在 6％以下。原料经充分混合后通蒸汽加水，送入机器主体部分，由于螺杆压力和机械摩擦使温度不断上升，直到 120～180℃。当饲料从模孔中挤压出来后由于压力骤然降低，体积膨胀，形成结构疏松、结构牢固的发泡颗粒。颗粒密度低于 1g/cm³，属于浮性饲料。日本生产的膨化饲料主要用于饲养观赏鱼类（如锦鲤）。我国应用膨化饲料饲养草鱼、团头鲂以及牛蛙等水产动物效果良好。

3. 微粒饲料　微粒饲料（microprticulated diet），也称微型饲料，是 20 世纪 80 年代中期以来被开发的一种新型配合饲料，供饲养甲壳类（如对虾）幼体、贝类幼体和鱼类仔稚鱼用。也可供滤食性鱼养成用。在种苗生产上，尤其是对虾，海水养殖鱼类以及名、特、优养殖对象的苗种培育，均需依赖硅藻、绿藻、轮虫、枝角类、桡足类等浮游生物。培养这些生物饵料需要大规模的设备和劳力，而且受自然条件限制，很难保证苗种培育的需要。所以许多水产养殖工作者都重视微粒饲料的研制和开发工作。

微粒饲料应符合下列条件：

①原料经微粉碎，粉碎粒度能通过孔径 0.172mm（100 目）筛以上。

②高蛋白、低糖，脂肪含量在 10％～13％，能充分满足幼苗的营养需要。

③投喂后，在水中饲料的营养素不易溶失。

④在消化管内，营养素易被消化吸收。

⑤微粒饲料颗粒的大小应与仔、稚鱼（虾）的口径相适应，一般颗粒的大小在 10～300μm。

⑥具有一定的漂浮性。用于制备微粒饲料的原料有：鱼粉、鸡蛋黄、蛤子肉浓缩物、大豆蛋白、脱脂乳粉、葡萄糖、氨基酸混合物、无机盐混合剂、维生素混合剂等。微粒饲料按制备方法和性状的不同可分为三种类型：微胶囊饲料（micro-encapsulated diet，MED），微黏饲料（micro-bound diet，MBD），微膜饲料（micro-coated diet，MCD）（如图 5-1）。

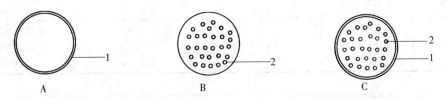

图 5-1　微粒饲料

A. 微胶饲料　B. 微黏饲料　C. 微膜饲料　1. 被膜　2. 黏合剂

（仿李爱杰，《水产动物营养与饲料学》）

微胶囊饲料（MED）：是一种液状、胶状、糊状或固体状等不含黏合剂的饲料原料用被膜包裹而成的饲料。所用的被膜种类不同，所得的颗粒性状也不同。这种饲料在水中的稳定性主要靠被膜来维持。

微黏饲料（MBD）：是一种用黏合剂将饲料原料黏合而成的饲料。这种饲料在水中稳定性主要靠黏合剂来维持。

微膜饲料（MCD）：是一种用被膜将微黏饲料包裹起来的饲料，可提高饲料在水中的稳定性。

（二）根据饲喂对象的种类不同可划分为以下几类

1. **鱼类配合饲料**　包括鲤鱼、草鱼、罗非鱼、鲂鱼、鲫鱼、鲶鱼、大口胭脂鱼、淡水鳗鱼、真鲷、牙鲆等专用配合饲料。

2. **甲鱼饲料**　包括甲鱼开口饲料、幼甲鱼饲料、甲鱼育成饲料、亲甲鱼产前饲料、亲甲鱼产后饲料。

3. **河蟹饲料**　河蟹开口饲料、幼蟹饲料及河蟹育成饲料。

4. **虾类配合饲料**　包括虾类开口饲料及虾类育成饲料。

5. **其他特种水产饲料**　包括牛蛙饲料、青蛙饲料、水貂饲料等。

另外，还可根据养殖对象的规格不同，将其划分为苗种配合饲料和成鱼配合饲料等。

五、配合饲料的规格

配合饲料的颗粒大小，必须与养殖对象的口径相适应，以利于摄食。配合饲料粒径的大小与养殖鱼类的关系见表 5-1。

表 5-1　主要淡水养殖鱼类的配合饲料与养鱼规格

（王道尊，1992）

饲料种类		鱼种规格（cm）	饲料颗粒直径（mm）	饲料颗粒性状
青鱼	鱼苗培育用	2 以下	0.05～0.5	微粒饲料
		2～3.5	0.8～1.2	破碎多角形状
团头鲂	鱼苗培育用	2 以下	0.05～0.5	微粒饲料
		2～3	0.5～1	破碎多角形状
	鱼种培育用	3～10	1.2～2	破碎多角形状
		—	2.5～3.5	颗粒状
鲤鱼	成鱼养殖用	—	3.5～5	颗粒状
草鱼	鱼种培育用	4～7.5	1.5～2	破碎多角形状
		8～20	2.5～3.5	颗粒状
虹鳟	成鱼养殖用	3～4.2	0.8	破碎多角形状
	鱼苗培育用	5.0～7.0	2	破碎多角形状
	成鱼养殖用	—	2.5～3.5	颗粒状

第二节　饲料配方的设计原则与要求

饲料配方设计是配制配合饲料的核心，是技术性很强的工作。只有设计出科学的饲料配方，才能生产出符合水生动物营养需要、成本低廉的优质配合饲料。

一、饲料配方设计的依据和原则

饲料配方设计的依据：一是根据养殖对象的营养需求及饲料营养标准；二是根据饲料营养成分及营养价值；三是根据现有的饲料原料状况及其价格成本等。依次来确定各种饲料的合理配比。一个对生产实用的饲料配方，需要经过精心设计和在饲养实践中不断改进和完善而得来。设计科学的饲料配方，必须遵循的原则有四条：一是科学性，二是经济性，三是实用性，四是安全性。

1. **科学性**　饲料配方设计首先要考虑的是养殖对象的营养需要，按其食性及不同发育阶段的营养要求拟订出营养标准，再根据饲料原料营养价值，将多种动植物饲料进行科学配比，充分发挥各种营养物质的效能，起到取长补短（即互补）的作用，从而提高饲料的消化率和营养物质的利用率。对已有的饲料配方，设计者也能根据新的知识进行修正，科学性是配方的基本原则。

2. **经济性**　经济性即考虑经济效益与社会效益。在追求高质量的同时，往往会付出成本上的代价，配方必须在这两方面之间进行权衡。因此，在设计配方时，组成配方的原料一定要因地制宜，就地取材，尽量选用营养丰富、价格低廉的饲料原料来配制。这样，可以减少运输、贮藏环节，节省人力、物力，降低成本。

3. **实用性**　实用性即生产上的可行性原则。设计的饲料配方不能脱离生产实践。按配方生产的配合饲料，必须是养殖对象适口、喜食，并在水中稳定性能好，吃后生长快，饲料效率高的饲料。要做好这一点，必须先对饲料原料资源（包括品种、数量、供应季节、饲用价值）和市场情况（包括使用配合饲料的各种养殖场和个体饲养专业户以及饲养对象的经济类型、生产水平、饲养方式等）做一番调查。按生产单位和养殖方式等要求，进行系列配方设计，生产出质优价廉的各种配合饲料。并做好售后服务，只有这样，才能有广阔的销售市场。

4. 卫生安全性 在设计配方时，应考虑饲料的卫生安全要求。在考虑饲料营养指标时必须注意饲料其他质量问题。如有严重变质发霉的饲料，不宜做配合饲料的原料。含泥沙多、含有毒有害成分的饲料原料不得超过国家规定的范围，一定要符合卫生安全指标的要求。

二、饲料配方设计流程

饲料配方设计不是一蹴而就的工作，而是需要在理论研究、成分分析、饲养试验及市场论证等诸多方面，不断地分析总结，对饲料配方进行修改完善的一项艰巨工程。饲料配方设计流程可以大体归纳如下：

1. **了解及研究养殖对象** 从饲料配方设计的角度看，明确养殖对象的营养需求，合理制订出养殖对象的饲养标准至关重要。养殖对象的营养标准，是通过对养殖对象营养生理的实验和研究，得出的不同种类、不同生长阶段以及在不同环境条件下对多种营养物质的不同需要量，是多次实验和研究结果的一个平均值。而饲养标准是指在营养标准的基础上，结合生产实践经验和饲养目的等，合理制订的供给单位体重的养殖对象，每日所需的能量和各种营养物质的数量。饲养标准是设计配方的主要依据。

同时还需要了解养殖对象的食性、摄食器官、摄食方式及养殖方式等内容，为原料的选用及饲料加工的粉碎细度、加热温度、成品形状及密度等加工参数的确定提供参考。

2. **了解分析所选原料** 首先要了解或分析所选用饲料原料的营养成分组成及有毒、有害物质的种类和含量。要对原料的营养成分含量及营养价值做出正确的分析评估，以便进行合理搭配，发挥原料间的互补性，从而提高动物对饲料的利用率。某种原料的组成成分不是恒定不变的，会随着产地、品种、收获季节、加工及贮存方式的不同而异，应注意饲料原料的规格、等级及品质特性，如饼粕类中的菜籽饼，压榨法制得的与浸提法生产的相比，压榨而成的粗蛋白含量低，粗脂肪、粗纤维含量较高。另外，还需要对原料的利用特性、资源供给状况、价格因素等进行调查和了解，以增大所设计配方的可行性。

3. **用科学的计算方法求解配方** 配方求解的过程，未知数多，限制条件多，目标也多。因此，需要选用科学的数学方法进行运算求解。目前，生产中均需借助计算机和特定的配方设计软件来完成配方的求解计算过程。利用手工计算和借助简单的计算器等工具进行配方计算时，其考虑的限制条件少，所达到的目标必然不多，计算出来的配方的经济性、满足动物营养需求的程度等则较差。

4. **根据配方组成，确定科学合理的加工处理方法与加工工艺流程** 一个好的配方，需要经过合理的加工生产来实现其良好的养殖效果。例如根据养殖对象的消化生理特点，确定原料的粉碎细度；根据养殖对象的口径大小和摄食习性，确定加工产品的粒径和密度等；根据饲料原料营养物质的特性，确定加工中的压力大小、温度高低等加工参数，从而正确选用恰当的加工设备和加工工艺流程。

5. **进行饲养试验** 饲养试验是低成本和低风险地对配方实践检验的方法。饲养后的生长速度、饲料系数、动物产品的品质、饲料成本及经济效益等指标，是检验配方是否科学合理、经济实用的重要标准。分析饲养结果，若有不满意之处，分析查找其原因，对以上1、2、3、4步骤中的某些数据、方法和措施进行修改完善，至满意为止。

6. **及时改进和完善配方**　进行规模生产后，及时收集产品使用中反馈信息和市场需求等，对配方做出合理的调整。利用某一配方生产的产品，在大面积使用中的结果，可能与饲养试验中所得的结果有差异，加之原料品质亦会随时有变化，人们对产品的要求会随生产发展、生活水平提高而越来越高，及时改进和完善配方是必需和必要的。

三、配合饲料原料的选择及配制时的注意事项

（一）**原料的选择**　对原料的选择要因地制宜，就地取材，开展综合利用。要充分利用来源广、数量大或通过加工处理能提高其营养价值的各种农副产品和天然饲料等。

在选择商品饲料时，要考虑它们的营养成分、数量、来源及价格等特点，特别是蛋白质的含量和氨基酸组成，努力做到使用合理，在营养组成上起到取长补短的作用。在选择农副产品时，要尽量选用含粗纤维少、营养组成好的多叶风干物质。

除上述宏观掌握之外，还应考虑以下具体几点：

1. **了解原料的特性**　各种饲料原料均具有其特性，特别需要注意的是，把握住每种原料对哪些养殖品种可以使用，对哪些养殖品种不可以使用，最大用量是多少等。例如，蚕蛹粉和田菁粉必须要限量，一般为15%～10%，如果含量增高，长期持续使用，将会使养殖对象的肉质含有异味；另外，菜籽饼对河蟹配合饲料不宜使用。

2. **选择价廉物美的原料**　为了降低产品价格，要事先对原料进行评价，原料价格随季节、供需状况而有所变动，但品质亦是左右价格的主要因素，切不可只注意价格而忽视其品质。通过评价，或凭经验挑选价廉物美的原料，然后再进行设计。

3. **适当控制所用原料的种数**　可以用做配合饲料的原料非常多。一般来说，使用的原料种类越多，越能互相弥补饲料营养上的缺欠，价格上的应变能力也越强。但使用原料的种类太多，加工成本就会提高。在大型饲料生产厂里，根据大生产要求，应适当减少使用原料的种类，设计时要注意到这一点。

4. **检查原料的质量**　原料的规格、等级除国家规定的标准之外，还有不少饲料生产单位有自己的规定标准。在各种要求中，除营养成分之外，还有异物的存在量、变质程度等方面的卫生安全规定。在设计时，应该参照这些规定和标准。

即使原料的营养成分、规格、等级确定了，原料的质量也还不是绝对可靠的。例如，原料是否霉变，鱼粉的油脂是否氧化等，都直接影响原料的质量，因此，必须进行现场检验，严格把住质量关。

5. **了解并利用原料的物性**　原料有各种各样的物性，例如容易粉碎的，难于粉碎的；尘土多的、少的；容易混合的、难于混合的；适口性好的、差的；异味大的、小的等，设计时要充分了解并利用这些物性。例如，使用适量的玉米可使饲料外观好，使用少量的油脂和液体原料可抑制生产中的尘埃。还有专为保持配合饲料的物性和适口性而使用的原料，如香料、糖蜜、味精等。这些原料的使用方法，要根据配合饲料的种类而定。

6. **选择饲料添加剂**　要符合有关饲料卫生安全的法规，其中抗生素类要根据配合饲

料的种类按规定选用，维生素、矿物质和氨基酸等营养性的添加剂，没有什么特殊的限制，只要符合专业用的规格要求即可。这些营养性的添加剂，有因原料中含量不足而补足的，也有不计基础原料中的含量而按需要量添加的。氨基酸类大多按前一种情况处理。维生素、矿物质类大多按后一种情况处理。选用饲料添加剂，除价格外，要注意它们的生物效价、稳定性以及在同一配合饲料中的相互影响。

除工业化生产的饲料添加剂之外，一些天然物产和工农业副产品，如膨润土、沸石、松针粉、骨粉、蛋壳等，均可作为添加剂的代用品。

7. 不影响水生动物肉的品质　不使用易造成水生动物肉色泽、风味不正的饲料原料和添加剂，更不能使用已被有害物质污染的饲料原料。

除考虑上述有关事项外，亦需考虑其对水生动物的适口性、贮存性和制粒等因素的影响。

（二）配合饲料配制时应注意的事项

1. 注意动、植物等多种原料配合　各种饲料都各有其特性，营养价值也极不相同。就蛋白质含量而言，动物性原料比植物性原料高，植物性原料中油饼类比糠麸类高，糠麸类又比谷类高。同样，其他营养素，如矿物质和维生素等，各种饲料原料含量也不尽相同，如钙、磷和维生素 B 族，糠麸类就比油饼类高。

豆饼在油饼类中蛋白质含量最高，但它含钙和维生素 B 族较少，而糠麸类蛋白质含量虽不高，但含有丰富的钙、磷和维生素 B 族，如果将它们合理地搭配起来，制成配合饲料，将会大大地提高豆饼的蛋白质利用率。

棉籽饼、芝麻饼等蛋白质含量也很丰富，虽不及豆饼高，但它们含有豆饼所缺少的蛋氨酸。如果将它们与豆饼、米糠、麸皮等其他饲料混合制成颗粒饲料，那么结果比豆饼、糠麸混合的效果还要好。这是因为原料的多样化，营养成分比较齐全，满足了水生动物生理上的需要。又如有些养分（如矿物质饲料）单独使用时没有什么作用，而与几种养分（如蛋白质饲料等）共同使用时，则将发挥很大的作用。有人在含蛋白质的饲料里加入了1%的矿物质喂鲤科鱼类时，饲料系数可减少30%。

2. 注意蛋白质必需氨基酸的平衡　在设计配方时，除了要考虑到蛋白质及其他营养素的含量之外，还要考虑组成饲料蛋白质的必需氨基酸的种类和比例（即氨基酸的平衡）。即使植物性饲料中最有价值的豆饼，也不可能满足形成动物体蛋白所必需的全部氨基酸。因此，在以豆饼为主的配合饲料里，有必要加上适量的麸皮、米糠及其他饼类和谷类饲料等。如条件许可，最好能加些动物性饲料，如鱼粉、蚕蛹以及动物的废弃物等。这是因为动物体所必需的氨基酸在动物性饲料中的含量和种类较植物性饲料丰富完全。特别是饲养小规格动物及肉食性动物，显得更为重要。

3. 注意养殖品种及不同生长阶段的营养需要　不同养殖品种或同一品种的不同生长阶段的营养要求不同，因此，在生产配合饲料时应有系列配方。用来养虾和肉食性水生动物的饲料，动物性蛋白质饲料比例要多些，蛋白质水平要高（40%以上）；用来饲养草食性鱼类的饲料，植物性饲料可多些，蛋白质水平可低些（25%～30%）；用来喂养鲤鱼等杂食性水生动物的饲料，动物性饲料和植物性饲料应以 1：3 为宜，蛋白质水平要达到30%～38%。用来饲喂同种水生动物时，其幼体与成体营养指标也不同，一般苗种要求蛋白质水平高，成体要求蛋白质水平低。

4. 注意不同水域环境和不同养殖方式条件下的营养需求 一般说来，池塘养殖，特别是混养时，饲料蛋白质及其他营养成分要求低些；池塘单养、混养、网箱养殖及工厂化流水养殖，其饲料蛋白质不但要高，而且质量要好，必需氨基酸种类齐全，比例适宜，即氨基酸要求平衡，矿物元素及多种维生素均要求达到满足，否则将会影响生产能力。

第三节　配合饲料配方设计方法

配合饲料配方的设计方法大致分为传统手工计算法和电子计算机计算法两类。前者满足的指标少，计算量大，但在一般的生产单位常用，该法又有方块法、方程法、推算法、计算机计算配方法等。后者是利用现代化的计算工具——计算机计算的，能够满足多项指标，并且计算量也少，是配方设计发展趋势。

无论哪种设计方法，在设计之前都应首先掌握必要的资料：一是饲料配方要满足的营养指标；二是各原料的理化特性、原料及市场价格；三是添加剂预混料的使用量。下面重点介绍以下几种设计方法。

一、试差法

此法容易掌握，一般生产单位可以用来设计饲料配方，大致可分为以下五个步骤：

（1）确定饲养标准。根据养殖对象和其营养标准，确定所配制的饲料应该给予的能量和各种营养物质的数量。

（2）根据当地饲料源状况以及自己的经验，初步拟定出饲料原料的试配配合率。

（3）从饲料营养成分和营养价值表查出所选定原料的营养成分的含量。

（4）按试配配合率计算出所选定的各种原料中各项营养成分的含量，并逐项相加，算出每千克配合饲料中各项营养成分的含量。然后与所确定的饲料标准相比较，再调整到与饲料标准基本相符的水平，再检查价格。

（5）根据饲养标准添加适量的添加剂，如维生素、无机盐等。

二、方块法

方块法又叫正方形法，是直观易懂、简单易行的一种手工计算方法。在考虑营养指标少的情况下，可采用此法。该法是把多种原料分成2～3组，每种原料在同一组中的比例也是预定的，然后再求得每一组原料在配方中应占的比例，最后按原定的每种原料在本组中的比例，计算出饲料配方。如某养殖场应用鱼粉、豆饼、玉米、大麦、三等粉、矿物质及维生素添加剂为团头鲂成鱼设计配合饲料配方。其步骤如下：

（1）查鱼类营养指标表，确定团头鲂的配合饲料中粗蛋白含量为25％。再查饲料营养成分表（有条件可实测），各原料的粗蛋白含量为：鱼粉60％，豆饼40％，玉米9％，大麦10％，三等粉17％，添加剂不含蛋白质。

（2）根据粗蛋白含量的不同，将上述各原料划分为蛋白质饲料和能量饲料及添加剂三组，根据各原料的现有数量、理化特性及市场价格等确定其在同一组饲料中的百分比，并计算出各组饲料的粗蛋白含量（表5-2）。

表 5-2　各类饲料的蛋白质含量

蛋白质饲料	初拟蛋白质饲料中的蛋白含量（%）	合　计
鱼粉	30%×60%＝18%	
豆饼	70%×40%＝28%	46%
能量饲料	初拟能量饲料中的蛋白含量（%）	合　计
玉米	20%×9%＝1.8%	
大麦	50%×10%＝5.0%	
三等粉	30%×17%＝5.1%	11.9%
添加剂	初拟占配合饲料的百分比（%）	添加剂总量
矿物质混合盐	2%	
维生素添加剂	1%	3%

（3）把不含粗蛋白的添加剂从预计配制的配合饲料中除去，再核算余下的配合饲料中蛋白质的含量。即假定配制 100kg 配合饲料，添加剂占 3%，余下的为 97kg。97kg 饲料中实际粗蛋白含量应为：

$$25\% \div (100-3)\% = 25.77\%$$

（4）画方块图，将两组原料的粗蛋白含量分别写于方块的左上角和左下角，配合饲料要求的蛋白质含量写于方块中间，连接对角线，顺对角线方向大数减小数，将差数分别写在右上、下角，再计算求得两大类饲料应该占的百分含量。

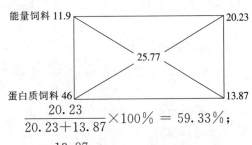

能量饲料：　$\dfrac{20.23}{20.23+13.87} \times 100\% = 59.33\%$；

蛋白质饲料：　$\dfrac{13.87}{20.23+13.87} \times 100\% = 40.67\%$

（5）分别计算出各饲料原料在配合饲料中的比例。

玉米	97%×59.33%×20%＝11.51%
大麦	97%×59.33%×50%＝28.78%
三等粉	97%×59.33%×30%＝17.27%
鱼粉	97%×40.64%×30%＝11.83%
豆饼	97%×40.64%×70%＝27.60%
矿物质添加剂	2.00%
维生素添加剂	1.00%
合计	100%

三、代　数　法

代数法又叫方程法或解方程法，是以原料营养成分为系数列出二元一次方程组，并求解得出原料在配合饲料中比例的方法。

例如用鱼粉、豆饼、菜籽饼、次粉、米糠、玉米、添加剂设计粗蛋白含量为 26％ 的配合饲料配方。

计算步骤：

（1）查饲料营养成分表或实测得上述原料的粗蛋白含量依次为 60％、40％、36％、14.2％、13.6％和9％。

（2）将 6 种基础饲料划分为两组，即蛋白质饲料和能量饲料，并根据其特性、来源及市场价格等确定每种原料在所在组中的比例，然后计算出每组饲料的粗蛋白含量：

原料		所占比例	蛋白质含量	
蛋白质饲料	鱼　粉	20％×60％＝12％		
	豆　饼	40％×40％＝16％	}	42.4％
	菜籽饼	40％×36％＝14.4％		
能量饲料	次　粉	30％×14.2％＝4.26％		
	米　糠	40％×13.6％＝5.44％	}	12.40％
	玉　米	30％×9％＝2.7％		

（3）确定添加剂占配合饲料的3％，扣除 3％不含粗蛋白的添加剂之后，基础配方中应含粗蛋白为：

$$26％÷（100％-3％）＝26.80％$$

（4）列方程：设蛋白饲料占基础饲料配方的 x％，能量饲料占基础饲料配方的 y％，则得方程：

$$\begin{cases} x％+y％＝100％ \\ 42.4％×x％+12.4％×y％＝26.80％ \end{cases}$$

（5）解方程得：

$$\begin{cases} x％＝48％ \\ y％＝52％ \end{cases}$$

即蛋白饲料和能量饲料分别占基础饲料配方的48％和52％。

（6）计算各基础饲料占配合饲料中的比例：

鱼　粉：20％×48％×97％＝9.31％；

菜籽饼：40％×48％×97％＝18.62％；

米　糠：40％×52％×97％＝20.18％；

豆　饼：40％×48％×97％＝18.63％；

次　粉：30％×52％×97％＝15.13％；

玉　米：30％×52％×97％＝15.13％。

四、计算器计算配方法

利用计算器进行饲料配方计算，可以大大提高计算速度。一般类型的电子计算器功能较少，只有正存储键 M＋，负存储键 M－，存储显示键 MR，存储清除键 MC，有的还有乘方或开方等。

利用这类计算器计算配方的方法是建立在增减法基础之上的，只是利用电子计算器计算，可以加快运算速度而已。现介绍如下：

例如用次粉、野干草粉、麦麸、蚕蛹、细米糠、血粉、菜籽饼，为 2 龄团头鲂设计饲料配方。其步骤如下：

1. 查鱼类营养标准表 得知 2 龄团头鲂对饲料营养成分需要量为：每千克饲料含粗蛋白质250g,粗脂肪45g,无氮浸出物380g,色氨酸2g,赖氨酸17.8g,蛋氨酸＋胱氨酸4.1g。

2. 查饲料营养成分表 得知各饲料营养成分含量如表 5-3 所示。

表 5-3　几种饲料的营养成分含量（g/kg）

饲　料	粗蛋白质	粗脂肪	无氮浸出物	赖氨酸	蛋氨酸＋胱氨酸	色氨酸
蚕　蛹	539	223		36.6	28.4	12.5
血　粉	847	4		77.9	27.7	14.3
菜籽饼	364	78	293	12.3	12.2	4.5
细米糠	121	155	433	5.6	4.5	1.6
麦　麸	154	20	580	5.4	5.8	2.7
次　粉	86	35	729	2.7	3.1	0.8
野干草粉	68	11	401	9.0	3.0	2.05

3. 计算方法

（1）根据经验初步确定饲料配方，拟用野干草 20％、次粉 25％、麦麸 15％、细米糠 10％、菜籽饼 15％、血粉 11％、蚕蛹 2％；留 2％的比例用于添加剂。

（2）计算：

①计算粗蛋白质

操作		显示
NO		0
0.20×68	M+	13.6M
0.25×86	M+	21.5M
0.15×154	M+	23.1M
0.10×121	M+	12.1M
0.15×364	M+	54.6M
0.11×847	M+	93.1M
0.02×539	M+	10.78M
	MR	228.85M

②计算粗脂肪

操作		显示
NO		0
0.20×11	M+	2.2M
0.25×35	M+	8.75M
0.15×20	M+	3.1M
0.10×155	M+	15.5M
0.15×78	M+	11.7M
0.11×4	M+	0.44M
0.02×223	M+	4.46M
	MR	46.05M

③计算无氮浸出物

操作		显示
NO		0
0.20×401	M+	80.2M
0.25×729	M+	182.25M
0.15×580	M+	87.0M
0.10×433	M+	43.3M
0.15×293	M+	43.95M
	MR	436.7M

至此对所计算结果与标准相比（表5-4），调整后再往下计算。

表5-4　计算结果与标准比较（g/kg）

项　目	粗蛋白质	粗脂肪	无氮浸出物
初配结果	228.85	46.05	436.7
标　准	250.0	45.0	380.0
相　差	−25.15	+0.95	+56.7

可见初配结果是粗蛋白质较标准少25.15g，无氮浸出物高56.7g，故应减少能量饲料用量，提高蛋白质饲料用量。拟用血粉替代次粉，其替代量为：

$$25.15÷（847−86）＝25.15÷761＝0.033$$

确定用3.3%血粉替换次粉，这样蛋白质已与标准平衡，而脂肪和无氮浸出物的升降情况应计算。

无氮浸出物下降量为：0.033×729＝24.1（g）

这样无氮浸出物仅比标准高32.6g（56.7−24.1＝32.6g），可不再调整。

粗脂肪下降量为：0.033×（35−4）＝1.023（g），这样粗脂肪仅比标准低0.073g，无必要再调整。

④计算赖氨酸、蛋氨酸＋胱氨酸及色氨酸，方法同粗蛋白质和粗脂肪。

⑤将全部计算结果列于表5-5。

表5-5　配方中营养成分计算结果与标准比较（g/kg）

项　目	粗蛋白质	粗脂肪	无氮浸出物	赖氨酸	蛋氨酸＋胱氨酸	色氨酸
配方中含量	250.0	45.0	412.6	15.0	8.3	3.7
标准	250.0	45.0	380.0	17.8	4.1	2.0
相差	0	0	+32.6	−2.8	+4.2	+1.7

仅赖氨酸低于标准2.8g，可用L-赖氨酸直接添加。

（3）列出饲料配方

原料（粗蛋白含量）	在配合饲料中的比例
野干草粉（6.8%）	20%
次　粉（8.6%）	25%−3.3%＝21.7%
麦　麸（15.4%）	15%
细米糠（12.1%）	10%

菜籽饼（36.4%）	15%
血　粉（84.7%）	11%＋3.3%＝14.3%
蚕　蛹（53.9%）	2%
L-赖氨酸	0.28%
矿物质添加剂	1%
维生素添加剂	0.72%
合　计	100%

五、线性规划及电子计算机设计法

为了设计出营养成分合理、价格低廉的配合饲料，最好采用线性规划法，用电子计算机设计配方。其原理是根据养殖对象对营养物质的最适需要量和饲料原料的营养成分及价格作为已知条件，把满足养殖对象营养需要量作为约束条件，再把饲料成本最低作为设计配方的目标，使用计算机进行运算。养殖对象的营养标准、饲料原料的各种营养成分，以及有关养殖对象的一般饲料配方都贮存于电脑软件中。目前，此类软件已上市，使用软件设计配方更为简便，易学易懂。使用计算机按线性规划法设计饲料配方，应把饲料的基础知识和实践经验结合起来，这是因为所显示的配方可满足对饲料最低成本的要求，但设计出来的配方并不一定是最优配方。是否最优，还要根据养殖实践来进行判断，并根据判断进行调整和计算，直至满意为止。现将线性规划法在饲料配方中的应用简述如下：

线性规划（linear programming，LP）是最简单、应用最广泛的一种数学规划方法，它是运筹学的一个重要分支，也是最早使用的一种最优化方法，随着计算机应用的普及，其应用范围也迅速扩大，目前，配合饲料的优化设计也采用了线性规划法。

配合饲料是由数种饲料原料按不同比例配合而成。配合饲料中营养物质的种类、数量及其比例应能满足养殖对象的营养需要。一个好的配合饲料配方设计，既要能够合理利用各种饲料原料，又要符合养殖对象的营养需要；既要能够充分发挥配方中营养物质的功用，又要使配方符合经济原则——成本（价格）最低。这样设计的饲料配方便是优化配方。然而，各种饲料原料中营养成分的种类、数量和品质各不相同，且价格各异，而各种饲料原料的价格又并非由它们所含营养素的多少和品质所决定。因此，要使配合饲料的成本（价格）最低而成为优化配方，实质上就是要解决一个最优化的问题，这便可以利用线性规划法来求得答案。

1. 用线性规划法设计优化饲料配方必须具备的条件

（1）掌握养殖对象的营养标准或饲料标准。

（2）掌握各种饲料原料的营养成分含量和价格。

（3）来自一种饲料原料的营养素的量与该原料的使用量成正比（原料使用量加倍，营养素的量也加倍）。

（4）两种或两种以上的饲料原料配合时，营养素的含量是各种饲料原料中的营养素的含量之和，即假设没有配合上的损失，也没有交叉作用的效果。

2. 用线性规划法设计优化饲料配方的步骤

（1）建立数学模式。建立数学模式就是把要解决的问题用数学语言来描述，写出数学表达式。在建立数学模式时，必须考虑如下基本因素和参数：

①掌握养殖对象的营养标准或饲养标准，或根据经验而推知的养殖对象的营养需要量。一般把对能量、粗蛋白、粗脂肪、糖、粗灰分、无机盐，甚至维生素、氨基酸等营养素的要求量作为饲料配方中的含量（或含量范围）的约束条件（营养约束）。

②掌握所需饲料原料的品质、价格和营养成分，通过查表（有条件时实测）获得各原料的营养成分含量。有选择地对一些原料的用量加以限制，如原料资源紧张的、加工工艺难度大的、价格昂贵的、含有毒素的等饲料原料，均应限量使用。将这些限量使用的原料用量（或用量范围）作为约束条件（重量约束）。

③确定目标函数。在满足养殖对象的营养需要的前提下，达到饲料成本（价格）最低的目标。

将以上考虑的因素、参数用数学语言来描述，即为：

假设：X_1，X_2，…，X_n 为各种饲料原料（添加剂也可视为一种饲料原料）在配合饲料中含量，其中 n 为饲料的个数。

a_{ij}（$i=1$，2，…，m　$j=1$，2，…，n）为各种原料相应的营养成分及其含量或对某种饲料含量范围的限制系数，其中 m 为约束方程的个数。

$b_1 b_2 \cdots b_m$；为配合饲料应满足的各项营养指标（或重量指标）的常数项值。

$c_1 c_2 \cdots c_n$；为每种饲料的价格系数，则，LP 数学模型的一般形式是求一组解 X_1，X_2，…，X_n，使它满足约束条件：

$$\begin{cases} a_{11}X_1 + a_{12}X_2 + \cdots + a_{1n}X_n \geqslant b_1 \ (\text{或} \leqslant b_1) \\ a_{21}X_1 + a_{22}X_2 + \cdots + a_{2n}X_n \geqslant b_2 \ (\text{或} \leqslant b_2) \\ \qquad\qquad \vdots \\ a_{m1}X_1 + a_{m2}X_2 + \cdots + a_{mn}X_n \geqslant b_m \ (\text{或} \leqslant b_m) \end{cases}$$
$$Xj \geqslant 0 \qquad (j=1,\ 2,\ \cdots,\ n)$$

并使目标函数 S（饲料成本）$= C_1X_1 + C_2X_2 + \cdots C_nX_n = \min$（最小）

（2）解数学公式，求出未知数。对数学模型求解是线性规划法的核心。一般的求解方法有图象法和代数法。前者比较简单，但只适用于两个变量的线性规划法问题的求解，显然很不实用；后者以单纯形法为代表，计算复杂，手工求解极为费时，且非常容易出错，必须借助电子计算机才能完成。一般的科技工作者都可使用高级语言编写程序计算。此外，兴旺发达的软件市场也给一般的技术人员提供了方便，特别是那些不太懂计算原理和编写程序的人，他们可通过购置专门的 LP 软件来设计饲料配方。

（3）研究求得的解，设计出具体的饲料配方。对计算结果进行检查，看是否达到了设计者的目的，有时结果并不如人意，例如可能会出现这样的情况：在模型中对某一廉价的饲料原料只给了一端约束（如只有下限，不低于多少）或没有约束，得出的配方该原料的配合比例特别高，而这样高的比例并不是设计者所希望的（因为该原料的适口性可能不好）；另一种相反的情况是某种饲料原料在配方中的比例可能是零，而设计者并不希望在配方中不含有这种原料。这种情况都是由于设计者在建立数学模型时考虑不周引起的，只要对模型进行简单的修改，采用两端约束（上、下限）即可避免。

有时计算机给出的结果是"无解"。这往往也是 LP 数学模型中存在的问题，如约束条件之间发生矛盾，各饲料原料的营养成分之和达不到营养指标的最低规定量等。此时应仔细检查数学模型，修改约束值，必要时更换饲料原料，再重新运算求解。

在得到满意的解以后，将电子计算机输出的变量名称换为相应的饲料原料名称（如 X_1 表示血粉，X_2 表示蚕蛹等），根据需要，可将所得各原料含量换算成每 100kg 或 1 000 kg 配合饲料的含量，即成为一个完整的饲料配方。有的 LP 程序里包含了上述处理，所得的结果即是一个实用的饲料配方单。

必须说明，由上述 LP 法所设计的优化饲料配方只是从价格因素方面实现最优化配方，但从营养学和其他效益方面综合起来看，它并未实现最优化。因为衡量一个配方的好坏最终是要以养殖试验结果来评价，而增产效果的高低、总效益的大小受多种因素的影响，如饲料的适口性、饲料原料之间和各种营养素之间的相互影响、各种原料在不同配合比例时的效果，这些因素是很难用简单的数学公式来表达的。所以用 LP 法设计出的最低成本（价格）配方并不一定就是最佳饲料配方，还要根据经验进行调整计算。

例如已知血粉、蚕蛹、菜籽饼、玉米、麦麸、米糠的营养成分与价格如表 5-6。要求配制鲤鱼成鱼饲料配方的营养指标为：能量为 2 700kJ/kg，粗蛋白质为 24%，蛋氨酸为 0.35%，赖氨酸为 1.10%，粗脂肪为 5%。问这样的条件下如何建立线性规划的数学模型？

表 5-6　饲料原料的营养成分与价格

饲料名称	能量（kJ/kg）	粗蛋白（%）	蛋氨酸（%）	赖氨酸（%）	粗脂肪（%）	价格（元/kg）
血　粉	2 370	80	0.84	6.25	0.14	
蚕　蛹	6 155	48	1.25	3.65	31.15	
菜籽饼	2 092	38	0.62	1.41	1.05	
玉　米	3 347	8	0.18	0.25	5.65	
麦　麸	2 251	14	0.19	0.32	4.02	
米　糠	2 854	13	0.25	0.63	17.5	

设配合饲料中各种饲料原料的百分含量为：血粉为 x_1　蚕蛹为 x_2　菜籽饼为 x_3　玉米为 x_4　麦麸为 x_5　米糠为 x_6。

又因要求设计的饲料配方营养指标为：

能量 $\geqslant$ 2 700kJ/kg，粗蛋白质 $\geqslant$ 24%，蛋氨酸 $\geqslant$ 0.35%，赖氨酸 $\geqslant$ 1.10%，粗脂肪为 35%。

同时考虑饲料配方对淀粉质饲料的要求和对含有害物质饲料的限制，即要求：玉米 $\geqslant$ 15%，菜籽饼 $\leqslant$ 30%。

再加上总量的约束（要求配合饲料总量为 100kg），于是可建立线性规划数学模型，即在以下的约束条件下：

$$2\ 370\ x_1+6\ 155\ x_2+2\ 092\ x_3+3\ 347\ x_4+2\ 251\ x_5+2\ 854\ x_6 \geqslant 2\ 700 \times 100$$

$$80\ x_1+48\ x_2+38\ x_3+8\ x_4+14\ x_5+13\ x_6 \geqslant 24 \times 100$$

$$0.84\ x_1+1.25\ x_2+0.62\ x_3+0.18\ x_4+0.19\ x_5+0.25\ x_6 \geqslant 0.35 \times 100$$

$$6.25\ x_1+3.65 x_2+1.41\ x_3+0.25\ x_4+0.32\ x_5+0.63\ x_6 \geqslant 1.10 \times 100$$

$$0\ x_1+0\ x_2+0\ x_3+x_4+0\ x_5+0 x_6 \geqslant 15$$

$$0\ x_1 + 0\ x_2 + x_3 + 0\ x_4 + 0\ x_5 + 0\ x_6 \leqslant 30$$
$$x_1 + x_2 + x_3 + x_4 + x_5 + x_6 = 100$$

求使目标函数 f：f（单位配合饲料价格）＝达到最小的一组解 $\{x_j\}$，$j=1$，2，3，…，6。

列计算初始表：根据上述线性规划数学模型，可列出计算初始表，如表 5-7 所示。然后输入电子计算机进行计算。

表 5-7　计算初始表

营养指标及原料限制	饲　料							
	血粉 x_1	蚕蛹 x_2	菜籽饼 x_3	玉米 x_4	麦麸 x_5	米糠 x_6	要　求	约束值（营养指标）
能　量	2 370	6 155	2 092	3 347	2 251	2 854	$\geqslant$	270 000
粗蛋白质	80	48	38	8	14	13	$\geqslant$	2 400
蛋氨酸	0.84	1.25	0.62	0.18	0.19	0.25	$\geqslant$	35
赖氨酸	6.25	3.65	1.41	0.25	0.32	0.63	$\geqslant$	110
粗脂肪	0.14	31.15	1.05	5.65	4.02	17.5	$\geqslant$	500
玉　米	0	0	0	1	0	0	$\geqslant$	15
菜籽饼	0	0	1	0	0	0	$\leqslant$	30
总　量	1	1	1	1	1	1	$=$	100
价　格								

六、计算机软件设计法

手工设计配方考虑的营养素较少，因子关系简单，计算较容易，但设计的配方粗糙，线性规划虽然涉及较多营养素，但可处理较多的因子关系，设计的配方也科学合理。可是，设计一个全价的饲料配方的计算量非常大，手工计算难以快速完成。

计算机软件的应用，解决了手工配方设计和线性规划设计的缺点。计算机软件设计法是：输入所要设计配方的营养、价格、原料要求等限制条件，利用计算机软件的饲料配方设计程序和饲料原料营养素数据库的数据，计算和设计出符合要求的饲料配方。计算机软件还能通过人工智能来优化配方。

计算机软件配方设计，可采取多种软件程序进行配方设计，如线性规划法、概率法等设计程序。软件内存有大量的原料数据和丰富的营养标准数据信息资源，可以快速计算出因原料营养变化而引起饲料配比改变的配方，根据营养指标的动态选择，同时产生多种配方产品。还可对饲料原料进行评价，并对饲料价格进行快速分析，避免了配方产品实施过程中的原材料浪费，提高了饲料配方设计的速度、饲料研究水平和企业经济效益，具有广阔的开发和应用前途。目前，开发应用的有："资源配方师 Refs2.0" 等软件。

第四节　预混合饲料和浓缩饲料的配方设计

一、预混合饲料的配方设计

预混合饲料（premix feed），简称预混料，是指一种饲料添加剂与载体或稀释剂按一定比例配制而成的均匀混合物。在全价配合饲料中往往需要添加几十种微量成分，其用量少，多以百万分之几（mg/kg或g/t）来计算。若将其直接加入配料，很难混合均匀，且配料麻烦，不易称量；某些微量成分的化学性质活泼，易与饲料中某些成分反应；加之混合不均匀，可能导致部分饲养对象中毒等事故。因此，需将添加剂制成不同浓度、不同要求的预混料，以有利于配合饲料生产中的配料速度与混合均匀度的提高；有利于配合饲料生产企业的标准化实施等。

目前，我国国内对添加剂的分类法很不一致，根据1989年我国制定的《饲料管理条例》中规定，饲料添加剂分为营养性添加剂、药物添加剂和改善饲料质量添加剂等三大类。许多人又习惯地根据添加剂的目的和机理，将饲料添加剂分为营养性添加剂和非营养性添加剂两大类。而国际饲料分类法（Harris）中的添加剂则是指非营养性添加剂部分。随着我国加入WTO，对添加剂的分类有待于进一步规范和完善。

载体是指用于承载微量添加剂活性组分，并改变其物理性状，保证添加剂能均匀分布到基础饲料中去的可饲物质。常用的原料有麸皮、脱脂米糠、玉米粉、小麦粉、大豆粉和稻壳粉等。要求其粒度为0.177～0.59mm，含水量一般应小于10%。

稀释剂是指掺入到添加剂中起着稀释作用的物质，它只起稀释活性组分浓度的作用，不起承载添加剂的作用。常用的原料有：脱胚玉米粉、石灰石粉、沸石粉、食盐、葡萄糖、磷酸二钙和贝壳粉等，其粒度要求在0.074～0.59mm。

（一）预混料配方设计的要求 预混料为半成品，不能直接饲喂动物。预混料的配方不同，它在全价配合饲料中所占的比例也不同，一般占0.5%～10%，目前生产中多集中在1%～5%范围内。从预混料的整体关系看，载体和稀释剂是条件，占预混料的70%以上；而添加剂是核心内容，具有使饲料的营养趋于平衡、刺激和促进水产动物的生长、改善饲料品质和养殖对象的产品品质等作用。因此，在设计和制作预混料时，需注意以下几个要点：

1. **预混料配方设计必须以饲养标准为依据** 设计时注意两点：一是饲养标准上的数据，不是添加量，它只表明配合饲料中应有的含量，在设计预混料配方时应考虑基础饲料中的含量，缺什么、添加什么；缺多少、添加多少；二是饲料成分表上的某种原料含营养物质的量是一平均值，实际使用的原料因其品质、产地、收获期和加工贮存条件等不同而有差异。有条件的可以进行抽样化验，其结果更为真实。

2. **需掌握添加剂的性质特点** 添加剂是预混料的核心，它的性质特点和配伍性对预混料的配制和使用效果有直接影响。如某些维生素会因贮存不当或时间过久而导致部分损失，配方中应以实际检测为准或适当提高其添加量；两种或两种以上的添加成分相混合时，其效果是增强还是减弱，或会产生有害、有毒物质等，均须了解清楚后再进行预混料配方设计。

3. **需注意添加剂的安全性问题** 这一问题在当今大力提倡健康养殖、生产绿色无公害水产品的时代，尤为重要。大体需要注意三方面的问题：第一，选择添加剂有种类上限制。明文规定已禁止使用的添加剂绝对不能使用；对其生理作用及动物体内转化过程不明了的添加剂不能使用；会在动物体内富集的添加剂应慎用等。第二，可以添加的添加剂的使用上限问题。添加剂的安全性是在一定使用量下才安全，若大剂量使用，对养殖对象和人均有不利之处。第三，添加剂的配伍禁忌问题。某些添加剂单独使用是安全的，当与其他某些添加物相混合时，则有害性加大，甚至达到不能使用的地步。

（二）微量元素预混料的配方设计　动物所需的微量元素众多，基础饲料中不可能均能满足其需要，有添加的必要性。微量元素配方设计的具体步骤如下：

（1）根据养殖对象的饲养标准，确定其对各种微量元素的需求量。

（2）查明或分析基础饲料配方中各种原料的微量元素含量，计算出基础饲料中各种微量元素的实际含量。

（3）计算应添加的微量元素的数量。与饲养标准的微量元素的需求量相比较，基础饲料中不足的部分，则需添加；若已足够了，则此种元素不需要添加。或将基础饲料用饲养实验的方法来确定何种微量元素需要添加，添加多少为最佳。

（4）选择适宜的微量元素添加原料，了解其规格，如分子式、纯度和杂质的种类等。

（5）将应添加的微量元素换算成纯原料量，再将原料量换算为商品的微量元素添加物的实际用量。

（6）计算载体用量，并确定预混料的配方。根据预先确定的预混料在配合饲料中所占的比例，计算载体（含稀释剂在内）的用量。最后列出预混料的配方，并且对加工方法与要求、使用方法与使用量等加以注明即可。

例如，为鲤鱼设计微量元素预混料配方。步骤如下：

第一步，查表 2-25 得出鲤鱼对锰、锌、铁、铜这几种主要微量元素的需要量分别占饲料干重的 0.013%，0.03%，0.015%，0.003%。

第二步，查饲料营养成分表，计算基础饲料中微量元素含量。已知基础饲料由鱼粉、豆饼、玉米、细米糠、麸皮组成，将查表所得这些原料的各种微量元素含量乘以各原料在基础饲料配方中所占的比例，得出上述五种原料在基础饲料配方中提供的微量元素的量，再将它们分别相加，得出基础饲料中各种微量元素的含量为锰 0.006%，锌 0.015%，铁 0.008%，铜 0.001%。

第三步，计算微量元素应添加的量。

$$锰\ 0.013\%-0.006\%=0.007\%\qquad 锌\ 0.03\%-0.015\%=0.015\%$$
$$铁\ 0.015\%-0.008\%=0.007\%\qquad 铜\ 0.003\%-0.001\%=0.002\%$$

第四步，选择微量元素原料，并将原料标签提供的原料分子式、纯度列表，根据分子式计算各纯原料的元素含量列入表 5-8 中。

表 5-8　微量元素原料的规格

品　名	分子式	元素符号	分子量	元素含量（%）	纯度（%）
硫酸锌	$ZnSO_4 \cdot 7H_2O$	Zn	287.45	22.74	99
硫酸亚铁	$FeSO_4 \cdot 7H_2O$	Fe	278.02	20.10	98.5
硫酸锰	$MnSO_4 \cdot H_2O$	Mn	169.05	32.90	98
硫酸铜	$CuSO_4 \cdot 5H_2O$	Cu	249.69	25.50	98.5

第五步，计算配方中各商品原料用量。根据化合物中元素含量，将应添加的锰、锌、铁、铜换算成硫酸锰、硫酸锌、硫酸亚铁、硫酸铜的量，再根据商品纯度换算成商品原料

用量。计算过程如表 5-9。

表 5-9　商品原料用量计算

项目＼元素	锰	锌	铁	铜	计　算　式
折合纯原料量	0.021%	0.066%	0.035%	0.008%	应添加量÷元素百分含量
折合商品原料量	0.022%	0.067	0.036%	0.008%	纯原料量÷纯度

第六步，根据微量元素预混料在配方中所占比例，计算载体用量并确定微量元素预混料配方。在此例中，微量元素预混料所占比例为 0.5%，则有

载体用量＝0.5%－（0.022%＋0.067%＋0.036%＋0.008%）＝0.367%

因此，添加剂配方为：

硫酸锰（$MnSO_4 \cdot H_2O$）	0.022%
硫酸锌（$ZnSO_4 \cdot 7H_2O$）	0.067%
硫酸亚铁（$FeSO_4 \cdot 7H_2O$）	0.036%
硫酸铜（$CuSO_4 \cdot 5H_2O$）	0.008%
载　体	0.367%
合　计	0.5%

由于矿物质饲料的来源及化学结构不同，导致其元素生物学效价不同，在配制微量元素预混料时，要考虑元素在体内的消化吸收和利用情况，设计好配方后，应在实践中进行饲养试验，以检验是否确实有较好的效果，否则不能推广应用。

另外，常量元素添加剂制备方法与此法相同，可参照进行计算。现将一些已证明有效的常量元素及微量元素预混料配方列于表 5-10 至表 5-15。

表 5-10　日本对虾精制饲料的矿物质预混剂配方（%）

组　分	配　比	组　分	配　比	组　分	配　比
$AlCl_3 \cdot 6H_2O$	0.024	$ZnSO_4 \cdot 7H_2O$	0.467	$Ca(HCO_3)_2 \cdot$	10.5
$MgSO_4 \cdot 7H_2O$	10.2	$FeC_6H_5O_7 \cdot 3H_2O$	1.2	$Ca_2H_2PO_4$	2.15
$Ca(H_2PO_4)_2 \cdot H_2O$	26.5	$Ca(C_3H_5O_3)_2 \cdot 5H_2O$	16.5	$CuCl_2$	0.015
$MnSO_4 \cdot 6H_2O$	0.107	$CaCl_2 \cdot 6H_2O$	0.140	KH_2PO_4	10.0
KCl	2.8	KI	0.023	纤维素粉	0.215

美国药典矿物质混合盐配方经不断改进，用于饲养鲑、鳟鱼和斑点叉尾鮰均能基本上满足需要。

表 5-11　美国药典Ⅺ·混合盐 NO.2 配方（占饲料的 5%～7%）

商品原料	用料（mg）	扩大后用量（mg）
氯化钠	1.73	43.5
硫酸镁	5.45	137.0
磷酸二氢钠	3.47	87.2
磷酸钾	9.54	239.8
磷酸二氢钙	5.40	135.8
柠檬酸铁	1.18	29.7

（续）

商品原料	用料（mg）	扩大后用量（mg）
乳酸钙	13.00	327.0
合　计		1 000.0

表 5-12　荻野珍吉无机盐配方

原料名称	分子式	含量（%）	微量元素混合物组成*		
			原料名称	分子式	含量（%）
氯化钠	NaCl	1.0	硫酸锌	$ZnSO_4 \cdot 7H_2O$	35.3
硫酸镁	$MgSO_4 \cdot 7H_2O$	15.0	硫酸锰	$MnSO_4 \cdot 4H_2O$	16.2
磷酸二氢钠	$NaH_2PO_4 \cdot 2H_2O$	25.0	硫酸铜	$CuSO_4 \cdot 5H_2O$	3.1
磷酸二氢钾	KH_2PO_4	32.0	氯化钴	$CoCl_2 \cdot 6H_2O$	0.1
过磷酸钙	$Ca(H_2PO_4)_2 \cdot H_2O$	20.0	碘酸钾	KIO_3	0.3
柠檬酸铁	$FeC_3H_5O_7 \cdot 10H_2O$	2.5	纤维素		45.0
乳酸钙	$C_6H_{10}O_6 \cdot 5H_2O$	3.5			
微量元素混合物*		1.0			
合计		100	合计		100.0

* 摘自庄健隆，《台湾水产饲料之研究与发展》（下册）。

表 5-13　荻野珍吉无机盐配方按 5% 添加时饲料中各元素含量

元素名称	饲料中含量（g/kg）	元素名称	饲料中含量（g/kg）
Na	2.0	Fe	200
K	4.6	Zn	40
Mg	0.73	Mn	20
P	8.5	Cu	4
Ca	2.0	Co	0.12
SO_4	2.9	I	0.8
Cl	0.3		

表 5-14　美国 NRC 的温水性鱼类矿物盐配方（g/kg 干饲料）

原料名称	分子式	含量	原料名称	分子式	含量
碳酸钙	$CaCO_3$	7.5	硫酸铜	$CuSO_4 \cdot 5H_2O$	0.06
磷酸氢钙	$CaHPO_4 \cdot 2H_2O$	20.0	硫酸铁	$FeSO_4 \cdot 7H_2O$	0.5
磷酸二氢钾	KH_2PO_4	10.0	碘酸钾	KIO_3	0.02
氯化钾	KCl	1.0	硫酸镁	$MgSO_4$	3.00
氯化钠	NaCl	7.5	氯化钴	$CoCl_2$	0.0017
硫酸锰	$MnSO_4 \cdot 4H_2O$	0.30	钼酸钠	$NaMoO_4$	0.0083
硫酸锌	$ZnSO_4 \cdot 7H_2O$	0.70	亚硒酸钠	$NaSeO_3$	0.0002

表 5-15　上海市水产研究所添加剂预混料配方（g/kg 干饲料）

原料名称	分子式	含　量
磷酸氢钙	$CaHPO_4 \cdot 2H_2O$	14.415
硫酸亚铁	$FeSO_4 \cdot 7H_2O$	0.25
硫酸锌	$ZnSO_4 \cdot 7H_2O$	0.22

（续）

原料名称	分子式	含　量
硫酸锰	$MnSO_4 \cdot 4H_2O$	0.092
硫酸铜	$CuSO_4 \cdot 5H_2O$	0.020
碘化钾	KI	0.0016
氯化钴	$CoCl_2 \cdot 2H_2O$	0.001
钼酸铵	$(NH_4)_6Mo7O_{24} \cdot 4H_2O$	0.0004
载体		35.000
合　计		50.000

注：该预混料用于青鱼，也可用于鲤鱼及罗非鱼，在饲料中用量为5%。

（三）维生素预混料配方设计　与其他营养素相比，维生素在加工和贮运中容易失效，投入水体后，水溶性维生素也容易溶解散失。因此，设计维生素预混料配方时，要尽量选用稳定性高的维生素产品；在加工和保存时，要尽量避免高温、高压、光照、潮湿和接触其他易引起化学反应的物质。目前生产中，因对基础物料的维生素含量检测费时，成本高，加之贮存、加工中维生素的损失量无法准确估计等原因，设计维生素预混料时将维生素的添加量一般等同于饲养标准（或暂定的营养标准）所规定值。基础物料中的维生素含量考虑为损失量，作为水生动物获得足够维生素的保险量。当然，也可以根据实际饲养试验的结果确定更为合理的添加量。维生素预混料配方的设计步骤，大体与微量元素预混料配方的设计相同，即确定维生素的添加量后，选择维生素原料，根据选用维生素产品的规格（纯度、有效当量等）将添加量换算成维生素商品的使用量，然后再计算载体用量，最后确定配方。这里不再举例说明其设计过程。一些维生素预混料配方见表2-27、表2-28、表2-29、表2-30和表2-31。

（四）综合添加剂预混料配方设计　通常所说的添加剂预混料，即指综合的添加剂预混料，它是由维生素、微量元素、氨基酸、非营养性添加剂等需要预混的有关成分与载体或稀释剂组成的均匀混合物。其配方设计步骤为：

1. 确定添加剂的种类和数量　根据动物的营养标准及基础饲料中营养物质含量，确定微量元素添加剂、维生素添加剂、氨基酸添加剂的种类和数量，再根据生产目的及饲料营养特点确定非营养性添加剂的种类（如抗氧化剂、防霉剂等）及数量。

2. 选择添加剂原料种类，确定配方　在这里有两种方式，其一是将所需要的各种添加剂的量折算成商品原料的量，再根据预混料在全价配合饲料中所占的比例确定载体用量，即可列出配方。另一方式是直接购入定制的或通用的单项预混料（如微量元素预混料、维生素预混料）和其他饲料添加剂，按需要量确定预混料配方。

二、浓缩料的配方设计

浓缩饲料（concentrated feed）又称平衡饲料，是由添加预混料和蛋白质饲料原料按一定比例加工而成的混合物。它是饲料厂生产的一类半成品，不能直接用于饲喂动物，必须与一定配比的能量饲料原料相混合后制成相应的配合饲料，才能进行投饲。浓缩饲料配方设计的步骤如下：

（1）根据养殖对象的饲料标准，科学地设计出全价配合饲料的配方。

（2）将全价配合饲料配方中的能量饲料原料除去，将余下原料的配比进行折算成

100%的总量，所得原料比即为浓缩饲料的配方。

（3）注明浓缩饲料配方的主要营养成分含量（或营养水平）及使用建议。浓缩饲料的产品标签上的营养水平保证值的表示方式通常为：

粗蛋白质：不少于××%；粗脂肪：不少于××%；粗纤维：不大于××%；粗灰分：不大于××%；钙：××%～××%；或者不大于××%，不小于××%；磷：××%～××%；或者不大于××%，不小于××%；食盐：××%～××%；或者不大于××%，不小于××%。

有的产品还列出淀粉和无氮浸出物的含量保证值。为了便于实验检测，一般不列出能量水平保证值，而是以粗纤维和粗灰分的含量来制约其水平的高低。使用建议中应重点说明配方适合的养殖对象，使用时可以搭配的能量饲料的种类、所占比例和搅拌均匀的方法等方面的内容。

例如，设计一罗非鱼成鱼使用的浓缩饲料配方。

（1）选用鱼粉、血粉、豆饼、玉米、麦麸、米糠、矿物质、维生素以及其他添加物预混料，设计罗非鱼饲料配方，根据罗非鱼的饲养标准，假设设计的全价饲料配方为鱼粉6.0%，血粉9.58%，豆饼14.38%，玉米26.82%，麦麸20.11%，米糠20.11%，矿物质、维生素以及其他添加物预混料占3%。此配方满足的主要营养指标为粗蛋白质25%，赖氨酸1.12%，蛋氨酸0.45%，钙1.2%，磷0.8%。

（2）折算成浓缩饲料配方。计算过程及其结果如表5-16所示：

表5-16 罗非鱼浓缩饲料配方折算（%）

饲料名称	玉米	麦麸	细米糠	鱼粉	血粉	豆饼	添加剂	能量饲料	浓缩饲料
占全价配合饲料	26.82	20.11	20.11	6.0	9.58	14.38	3.0	67.04	32.96
占浓缩饲料	0	0	0	18.2	29.1	43.6	9.1	0	100

（3）列出浓缩饲料配方并表明其主要营养物含量。罗非鱼浓缩饲料配方为：鱼粉的百分含量为 $6.0 \times 100 \div 32.96 = 18.2\%$，血粉的百分含量为 $9.58 \times 100 \div 32.96 = 29.1\%$，豆饼的百分含量为 $14.38 \times 100 \div 32.96 = 43.6\%$，添加剂预混料的百分含量为 $3.0 \times 100 \div 32.96 = 9.1\%$。其营养水平为：蛋白质 $25\% \div 32.96\% = 75.9\%$，赖氨酸 $1.12\% \div 32.96\% = 3.4\%$，蛋氨酸 $0.45\% \div 32.96\% = 1.4\%$，钙 $1.2\% \div 32.96\% = 3.6\%$，磷 $0.8\% \div 32.96\% = 2.4\%$。

此浓缩饲料使用时，需掺和67.04%的谷实类及其加工副产品即可配成蛋白质为25%的全价配合饲料。

第五节　水生动物的营养指标和饲料配方

一、主要养殖鱼类的营养需求和饲料配方

（一）主养鱼类的营养指标　目前，我国尚无统一的鱼类饲养标准（部分省、市对个别养殖对象制订了地方性的饲养标准）。因此，在设计鱼类饲料配方时，参考一些试验中所得出的养殖鱼类对营养物的最适需求量，就成为了配方设计的依据之一（表5-17、表5-18）。

表 5-17　主要养殖鱼类对蛋白质、脂肪、糖的最适需要量（%）

（引自李爱杰《水生动物营养与饲料学》）

鱼名	蛋白质			脂肪	糖	纤维素	能量（DE）(kJ/kg)	研究者
	幼鱼	鱼种	成鱼					
虹鳟	43	36~40	40	8.8		7.3~15.5	13 807~11 715	FAD，1983
	45	40~45	35~40				11 715	获野等，1980
			43	3 以上	20~30	3		薄井，1987
鲤鱼	43~47	37~42	28~32	4.6	38.5		12 749	杨国华，1983
	33			5				村井等，1985
	30			6.2	41.5	3.7	15 062~16 736	刘焕亮，1988
		35~40	28~34	4.6	35~40	<7.0	14 042~16 234	李爱杰等，1990
异育银鲫	40	30	28	5~8				廖朝兴等，1990
	39.3			5.1	36	12.19		贺锡勤等，1990
鲮鱼	48.5	4.5		5~8	24~26	17	12 577~12 657	毛永庆，1985
青鱼	33~41			4.6	25~38.5		13 117~12 862	杨国华，1981
		29.5~40.85		3~8	10.17~			王道尊等，1981
					36.8		13 326~15 230	戴祥庆等，1988
	35~40		35				14 895~16 364	王道尊等，1992
草鱼	22.77~27.66							李鼎等，1983
	25~30			4.2~4.8	336.5~42.5			杨国华，1983
							12 042~12 945	黄忠志等，1983
		28~32				12		廖朝兴等，1984
				5				雍文岳等，1985
团头鲂		25		4.5	25~28		12 238	杨国华，1985
		21.1~30.6						邹志清，1988
								石文雷等，1988
	25.6~41.4					36.5~42.5		黄忠志等，1983
罗非鱼	30~35					5	14 644~18 828	王基炜等，1985
	48.5			12~15	30~40			手岛，1986
						5~20		廖朝兴等，1985
鳗鱼	48.5			5~8	18.3			
		45		5~8	22.3			王道尊，1994[1]
			44	5~8	27.3			
斑点叉尾鮰	35~40	30~35	28~35	5~12	40			吴遵霖，1988[2]
黑鲷	40~45			10~14	15	6.25		徐学良，1990
鲽鱼	50		9~18					Cowey，1973
长吻	50~60	47~50	40	6~9	25	8		郑光明等编著[3] 2002.8
牙鲆		48~56		6~8				同上
河鲀		45~50		6~8				同上
中华鲟鱼		40~41		9.06	25.56	4.08		同上
石斑鱼		40~50		6~10				同上

注：①为王道尊依据生产实际整理而得；②见吴遵霖编《鱼类营养和饲料》，1988；③见郑光明、温州瑞编著《鱼类饲料配制》，2002。

表 5-18　我国主要养殖对象的营养指标（1kg 饲料中）

营养物质	青鱼			草鱼			2龄鲤鱼	2龄团头鲂
	1龄	2龄	3龄	1龄	2龄	3龄		
粗蛋白质（g）	410	330	280	300	250	200	280	250
精氨酸（g）	23.1	22.6	19.2	209	17.5	14.0	19.2	17.5
组氨酸（g）	9.2	7.4	6.3	6.4	5.8	4.2	6.3	5.3
亮氨酸（g）	30.2	24.3	20.6	25.5	21.3	17.0	20.6	21.3
异亮氨酸（g）	17.0	13.7	11.6	14.7	12.3	9.8	11.6	12.3
赖氨酸（g）	32.8	25.6	21.7	21.3	17.8	14.2	21.7	17.8
蛋氨酸＋胱氨酸（g）	6.3	5.8	4.9	4.9	4.1	3.3	4.9	4.1
苯丙氨酸（g）	15.0	12.7	10.8	11.7	19.3	7.5	10.8	9.3
苏氨酸（g）	19.8	15.9	13.5	12.7	10.6	8.4	13.5	10.6
色氨酸（g）	3.5	2.8	2.4	2.4	2.0	1.6	2.4	2.0
缬氨酸（g）	31.2	17.1	4.5	13.0	10.8	8.6	14.6	10.8
粗脂肪（g）	55	50	46	48	45	42	46	45
无氮浸出物（g）	250	340	385	365	380	425	385	380
能量（MJ）	13.12	13.10	12.86	12.94	12.24	12.03	12.86	12.24
矿物质混合剂（g）	10	10	15	15	15	15	15	15
硫胺素（mg）	5	5	5	20	20	20	5	20
核黄素（mg）	10	10	10	10	10	10	10	10
吡哆醇（mg）	20	20	20	20	20	20	20	10
烟酸（mg）	50	50	50	50	50	50	50	50
泛酸（mg）	20	20	20	20	20	20	20	20
叶酸（mg）	1	1	1	1	1	1	1	1
氯化胆碱（mg）	500	500	500	500	500	500	500	500
抗坏血酸（mg）	50	50	50	50	50	50	50	50
钴胺素（mg）	0.01	0.01	0.01	0.01	0.01	0.01	0.01	0.01
维生素 A（IU）	5 000	5 000	5 000	5 000	5 000	5 000	5 000	5 000
维生素 D_3（IU）	1 000	1 000	1 000	1 000	1 000	1 000	1 000	1 000
维生素 E（mg）	10	10	10	10	10	10	10	10
维生素 K（mg）	3	3	3	1	1	3	3	3

（二）鱼用配合饲料配方举例　下面介绍部分国内外主要养殖鱼类的部分配合饲料配方，供参考。

1. 青鱼配合饲料配方

（1）上海水产研究所配方（％）。鱼粉 35，豆饼 47.5，大麦 15，饲用酵母 1，矿物质 1.5，维生素预混料适量，饲料系数 2.26。

（2）上海水产大学配方（％）。复合氨基酸 5，豆饼 40，菜籽饼 30，麸皮 11，混合粉 10，食盐 2，矿物质 2，饲料系数 2.1。

2. 草鱼、团头鲂饲料配方

（1）上海水产大学等配方（％）。豆籽饼 30，菜籽饼 35，鱼粉 2，麸皮 15，混合粉 14，矿物质 2，食盐 2，饲料系数 1.8～2.1。另每生产 1kg 草鱼和团头鲂投喂 18kg 水草。

（2）湖北省水产研究所配方（％）。鱼粉 5，豆饼 33，麦麸 26，淀粉渣 1.2，松针粉 7，矿物质 2，油脚 1，饲料系数 2.1。

3. 虹鳟饲料配方　黑龙江水产研究所配方（％）：面粉 12，鱼粉 3，酵母粉 4，羽毛粉 2，虾壳粉 1，鳌虾 15，杂鱼 16，豆饼 35，糠麸 10，糖蜜 2。另每 100kg 饲料加鱼用多维 10g，生长素 100g，维生素 10g。粗蛋白质含量 48.6%，饲料系数 2.2。

4. 鳗鱼配合饲料配方 见表 5-19。

表 5-19 鳗鱼配合饲料系列配方（%）

（吴遵霖，1990）

原 料	幼鳗开口软饵			黑仔软饵		幼鳗软饵		成鳗软饵		成鳗颗饵
鱼 粉	72	71	70	70	66	70	65	69	65	63
酪朊粉	—	3	6	—	3					
脱脂乳粉	3	—	—							
活性小麦粉面筋粉	10	6	8	3.8	5	—	3	—	2	5
啤酒酵母	2	2	3		2.8	4.1	4.1	5.4	3	6
大豆油粕（CP40%）	—								4.4	
小麦粉	—									22.4
α-马铃薯淀粉	4.8	9.5	5.8	20	16	22	22	22	22	
多维添加剂	2	2	2	1.5	1.5	1.3	1.3	1	1	1
氯化胆碱（50%）	0.5	0.5	0.5	0.4	0.4	0.3	0.3	0.3	0.3	0.3
矿物质添加剂	2.3	2.3	2.3	2.3	2.3	2.3	2.3	2.3	2.3	2.3
聚丙烯酸钠	0.2	0.3	0.2		0.2					
藻酸钠	0.2	0.4	0.2		0.3					
瓜 胶	1	4	—		2					
鱼肝粉	2	2	2		2		2			

5. 真鲷配合饲料配方

（1）青岛海洋大学配方（%）。鱼粉 50，花生饼 25，小麦粉 12，麦麸 5，鱼油 5，维生素预混料 1，矿物质预混料 2。

（2）鱼粉 70%，小麦粉 20%，豆饼 5%，维生素 2%，矿物质 3%。与鲜鱼饵料并用。

6. 鰤鱼配合饲料配方 日本全国渔业协同组合联合会配方（%）：北冰洋鱼粉 49，沿岸鱼粉 39，淀粉 3.85，维生素预混料 3，微量元素预混料 1，抗氧化剂 0.05，山梨酸 0.1，黏合剂 3，被覆维生素 B_1 1，可达同生鲜饵料饲喂效果。

二、虾类的营养指标与饲料配方

（一）虾类的营养要求 虾的种类繁多，对营养物质的需求量也因种类、生长阶段等不同，对主要营养物质的需求量也不一样（表 5-20、表 5-21、表 5-22 和表 5-23）

表 5-20 中国对虾对营养成分的最适需求量（%）

（李爱杰等，1986、1991）

营养成分	虾苗（0.7～3.0cm）	育成前期（3.0～6.0cm）	育成后期（6.0cm 以上）
蛋白质	40	42	44
脂肪	4～6	4～6	4～6
糖	20～26	20～26	20～26
钙	1.0～1.5	1.0～1.5	1.0～1.5
磷	1.7～2.5	1.7～2.5	1.7～2.5
钙磷比	1∶1.7	1∶1.7	1∶1.7

表 5-21　斑节对虾、长毛对虾对饲料中的营养需求量（％）

（福建省地方标准，1990）

对虾名称	营养成分	虾苗（0.7～1.0cm）	虾苗（1.0～1.5cm）	虾苗（1.5～3.0cm）	小虾（3.0～6.0cm）	中成虾（6.0cm以上）	
						A	B
斑节对虾	粗蛋白	40.0	44.0	42.0	40.0	38.0	35.0
	粗脂肪	4.0	4.0	4.0	4.0	4.0	4.0
	粗纤维	3.0	4.0	4.0	5.0	5.0	5.0
	磷	3.5～4.5	3.5～4.5	3.5～4.5	3.5～4.5	3.5～4.5	2.5～3.0
	钙	3.5～4.5	3.5～4.5	3.5～4.5	3.5～4.5	3.5～4.5	2.5～4.5
长毛对虾	粗蛋白	42	45.0	43	41.0	40.0	35.0
	粗脂肪	5.5	5.5	5.5	5.5	5.5	5.5
	粗纤维	3.0	4.0	4.0	5.0	5.0	7.0
	磷	2.0	2.0	2.0	2.0	2.0	1.5
	钙	1.5	1.5	1.5	1.5	1.5	1.5

表 5-22　海虾商品饲料中营养成分推荐值（％）

（Akiyama 等，1989）

营养成分	虾　重（g）			
	0～0.5	0.5～3.0	3.0～15.0	15.0～40.0
蛋白质（最低量）	45	40	38	36
脂肪（最低量）	7.0	6.2	5.8	5.5
最高量	8.0	7.2	6.8	6.5
粗纤维（最高量）	3.0	3.0	4.0	4.0
灰分（最高量）	18.0	18.0	18.0	18.0
钙（最高量）	2.8	2.8	2.8	2.8
有效磷（最低量）	0.9	0.9	0.9	0.9

表 5-23　罗氏沼虾对饲料中营养成分的最适需求量（％）

（李爱杰等，1990）

营养成分	幼虾期（1～4cm）	育成前期（4～6cm）	育成后期（6cm以上）
粗蛋白	40～45	35～40	28～35
粗脂肪	7～9	5～7	4～5
糖	20～24	24～30	30～35
粗纤维	4	5	6
粗灰分	10～12	12～14	14～16
钙	0.9～1.1	1.8～2.2	1.8～2.2
磷	0.9～1.1	1.8～2.2	1.8～2.2

（二）虾饲料配方　介绍几种配方，供参考。

1. 中国对虾配合饲料配方（％）

（1）青岛海洋大学配方。花生及豆饼（粕）50，鱼粉25，麸皮10，肉骨粉3，酱油渣3，快育灵 100×10^{-6}，鲜杂鱼8（鲜品为干品重的4倍）。

（2）厦门大学配方。鱼粉42，豆粉40，甲壳质3，蔗糖1，α-淀粉8，维生素粉2，以及添加微量元素。

（3）黄海水产研究所配方。花生饼30，小杂鱼10，鱼粉25，生长素及贝壳粉15，海滩表泥10，甘薯面10。

（4）南海水产研究所配方。鱼粉35，花生饼30，生淀粉33.7，微量成分1.3。

2. 墨吉对虾配合饲料配方（％） 秘鲁鱼粉30，花生粕50，虾头粉10，面粉8.5，添加剂1.5（杨华泉等，1989）。

3. 罗氏沼虾配合饲料配方（％）

（1）常州饲料公司（饲养成虾）。大麦4，地脚粉10，豆饼37，菜籽饼20，米糠8.2，鱼粉16，骨粉4，微量元素0.5，食盐0.3。粗蛋白含量35.58。

（2）鱼粉8，酵母5，花生饼33，棉仁饼15，玉米粉6，虾糠8。麸皮10，大豆粉4，小麦粉5，矿物质5.6，多维0.4（李爱杰等，1990）。

三、甲鱼的营养指标与饲料配方

（一）甲鱼的营养需求 甲鱼对营养物质的需求量也因生长阶段等不同，对主要营养物质的需求量也不一样（表5-24）。

表5-24 甲鱼对营养成分的最适需求量（％）

蛋白质（％）		脂肪（％）	糖（％）	纤维素（％）	钙（％）	磷（％）	钙磷比	研究者
幼甲鱼	甲鱼							
47.43~49.16	45	6~7	2.73~2.27	10以下				林让二（1986）
	43.32~45.05							徐旭阳等（1991）
	47.5	8.05	18.24		2.54	1.69	1.51：1	王风雷等（1996）

（二）国内外甲鱼的饲料配方

1. 幼甲鱼饲料配方（％）

（1）鱼粉45，蛋黄粉5，蛤仔粉2，脱脂奶粉10，卵磷脂0.5，酵母粉3，小麦精粉22.5，玉米麸质粉5，乌贼肝油1，多维矿物质添加剂2，明酸等4。

（2）鱼粉64，α-淀粉22，啤酒酵母4，活性谷朊3，蛤子精液3，藻朊酸钠0.4，食盐0.8，多微素0.8，矿物质添加剂2，温水养殖饲料系数2左右。

（3）优质鱼粉20，血粉5，大豆饼25，玉米淀粉23，小麦粉25，生长素1，矿物质1。

2. 成甲鱼饲料配方（％）

（1）北冰洋鱼粉60，α-淀粉22，大豆蛋白6，豆饼4，啤酒酵母3，引诱剂3.1，维生素混合剂0.5，矿物质混合剂0.5，食盐0.9。

（2）进口鱼粉60~70，α-淀粉20~25，酵母粉、脱脂奶粉、脱脂豆饼、肝脏粉、血粉、矿物质、维生素等10~15。

（3）秘鲁鱼粉50，T_s酵母粉10，黄豆粉20，α-淀粉20，多维、骨粉、食盐少量。

（4）螺肉 48，豆饼 15，α-淀粉 25，黏合剂 4，其他 8。粗蛋白质含量 36.24%。

四、其他水产动物的饲料配方

1. 乌龟的饲料配方（%）

（1）稚龟配合饲料配方：鱼粉 77，啤酒酵母 2，α-淀粉 18，血粉 1，复合维生素 1，矿质合剂 1。

（2）成龟配合饲料配方：进口鱼粉 70，α-淀粉 22，啤酒酵母 3，复合维生素 1，磷酸二钙 3，矿质合剂 1。

2. 牛蛙的饲料配方（%）

（1）厦门饲料工业公司饲养幼蛙饲料配方：鱼粉 18，虾粉 6，肠衣粉 8，豆粕 10，面粉 40，菜籽粕 6，酵母 3，花生粕 8，添加剂 1。粗蛋白含量 34.6%。

（2）厦门饲料工业公司饲养成蛙饲料配方：鱼粉 14，虾粉 6，肠衣粉 10，豆粕 12，面粉 38，菜籽粕 5，酵母 4，花生粕 10，添加剂 1。粗蛋白含量 32.8%。

3. 河蟹的饲料配方（%）

（1）淡水渔业研究中心饲养幼蟹（10～20g）的饲料配方：动物性蛋白质饲料 38，饼类 41.5，糠麸粮食 11，复合添加剂等 9.5。粗蛋白含量 42.57%。

（2）中国科学院植物所饲养成蟹（20～100g）的饲料配方：动物性蛋白饲料 38，饼类 50，糠麸粮食 7，添加剂 5。粗蛋白含量 40.97%。

第六节　配合饲料的加工工艺与质量管理

由于水产动物和畜禽在生活环境、生活习性、消化生理、营养需求方面存在差异，使得二者在饲料加工工艺、原料选用等方面都存在不同。就加工工艺而言，存在以下几点区别：

1. 原料粉碎粒度方面　水产动物的消化器官简单且短，消化道长与体长之比要比畜禽小得多，而且水产动物的消化腺不发达，各种消化酶因体温低而不能充分发挥其最佳活性；肠道中起消化作用的细菌种类和数量都少；食物在水产动物消化道的停留时间明显短于畜禽。所以水产动物的消化能力不如畜禽，因此在饲料加工中，水产动物的饲料原料要求更细的粉碎粒度。通常畜禽饲料的原料细度要求全部通过孔径 2.26mm（8 目）筛，1.21mm（16 目）筛上物不大于 20%，而普通鱼用饲料原料要求全部通过孔径 0.44mm（40 目）筛，0.30mm（60 目）筛上物不得超过 20%，特种水产料如对虾、鳗鱼饲料原料要求全部通过孔径 0.30mm（60 目）筛，其幼体所需的原料粉碎粒度则更小，要求全部通过孔径 0.216mm（80 目）。较细的粉碎粒度有利于提高鱼虾对营养物质的消化吸收率，也有利于提高饲料的混合均匀性和颗粒成型率，并直接影响饲料颗粒在水中的稳定性。

2. 摄食方式与饲料形状及大小方面　畜禽的摄食方式为嚼食或啄食，对饲料形状无特殊要求，一般为粉状，也可制成颗粒状，但并非必需。而鱼类为吞食，虾蟹为抱食，因此必须制成颗粒形状。鳗鱼、甲鱼为撕食，其饲料形状较为特殊，一般为粉状，使用时再加水调和成面团状。颗粒饲料的粒径大小必须与鱼虾类的口径相适应，才能有利于摄食。

3. 摄食环境与饲料在水中稳定性方面　畜禽生活在陆地上，其配合饲料对水中稳定性无要求，而鱼虾生活在水中，配合饲料应维持在水中不溃散，且溶失率低，普通鱼饲料要求水中稳定时间在 0.5h 以上，而虾饲料则至少在 2h 以上。要达到适宜的水中稳定性，可考虑以下途径：添加 α-淀粉或增加含淀粉多的原料如次粉、小麦等用量；添加非营养性的专用黏合剂；采用合理的加工工艺。

4. 水生动物的营养需求方面　水生动物是变温动物，能耗较少，对蛋白质的需求量和对油脂的利用率相对其他动物要高，因此，水产饲料加工时必须考虑饲料成分特点。

一、配合饲料的加工工序及设备

（一）配合饲料加工的主要工序

1. 原料的接受　配合饲料生产的第一道工序，原料的接收任务是饲料厂将生产所需要的各种原料用一定的接收设备运送到饲料厂里，并根据需要对原料进行质量检验、称重计数、初清、入库存放或直接投入使用。

2. 原料的清理　清理工序的任务是清除饲料原料中的石块、泥沙、秸秆、麻袋片、绳头和铁屑等杂质。

3. 饲料粉碎　将块状或粒状的原料体积变小，成为粉末状。粉碎是饲料加工中很重要的一道工序，该工序要根据饲喂动物的种类、工艺要求和成本等因素来确定原料粉碎的程度。

4. 配料计量　配料计量工序是按照配方要求，对生产所需的各种原料进行准确称量的过程，是决定科学配方能否实现的关键性环节。

5. 饲料混合　将计量好的各种配料组分搅拌混合，使之互相掺合、均匀分布的过程，保证制出的每一小堆料或每一颗饲料的成分比例与配方一致。

6. 制粒　通过机械作用将混合后的饲料制成颗粒状，制成的颗粒可以是圆柱状或其他形状，颗粒的粗细要根据饲喂动物来调节。

7. 产品的包装与贮运　将生产线下来的成品进行质检与分级，按规格分别称量包装，贮存于仓库中或运送出厂。

（二）配合饲料加工的常用机械设备　配合饲料加工主要需要以下几类设备：①粉碎设备；②配料计量设备；③混合设备；④制粒设备等。上述设备在设计选用时，必须考虑功率及生产能力互相匹配，以组成合理的饲料加工成套设备。

二、配合饲料的加工工艺流程

各种配合饲料加工的工艺流程是不同的，但概括地讲，不外乎两种，即先粉碎后配合加工工艺和先配合后粉碎加工工艺。

1. 先粉碎后配合加工工艺　先将需要粉碎的原料，通过粉碎设备逐一粉碎至要求粒度的粉末后，分别进入各自的中间配料仓；按照饲料配方的配比，对这些粉状的能量饲料、蛋白饲料和添加剂饲料逐一计量后，进入混合设备进行充分混合，即成粉状配合饲料。如需压粒，就进入压粒系统加工成颗粒饲料（图5-2）。

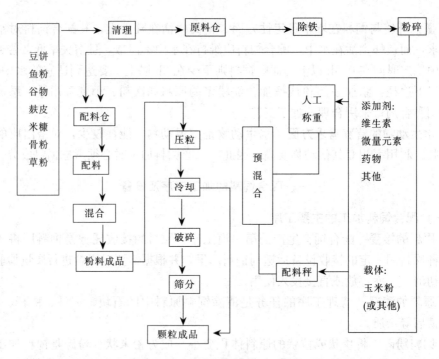

图 5-2　先粉碎后配合加工工艺

这种配合饲料加工工艺的优点是单一品种饲料进行粉碎时，可针对原料的不同物理特性及饲料配方中的粒度要求选择调整粉碎机，使粉状配合饲料的粒度质量达到最好，粉碎机的工作效率最高。缺点是生产工艺复杂，当需要粉碎的原料种类较多时，粉碎机的操作控制较难；所需料仓数量多，建设投资大。这种加工工艺适合生产规模较大、配比要求与混合均匀度高、原料品种多的大型饲料厂。

2. 先配合后粉碎加工工艺　先将各种原料（不包括维生素和微量元素）按照饲料配方的配比，采用计量的方法配合在一起，然后进行粉碎，粉碎后的粉料进入混合设备进行分批混合或连续混合。并在混合开始时将被稀释过的维生素、微量元素等添加剂加入。混合均匀后即为粉状配合饲料。如果需要将粉状配合饲料压制成颗粒饲料时，将粉状饲料经过蒸汽调和，加热使之软化后进入压粒机进行压粒，然后再经冷却即为颗粒饲料（图5-3）。

这种加工工艺的优点是工艺流程简单，结构紧凑，投资少，节省动力和料仓数量。缺点是所有基础原料同时进入粉碎机进行粉碎，使得部分粉状饲料经粉碎后粒度过细，一方面影响粉碎效率和产量，另一方面过度粉碎造成能耗浪费，成本高；粉碎作业处于配合和混合之间，一旦粉碎机运行发生故障，将会造成前后工段的停产；粒度、容重不同的物料易发生分级，配料误差大，产品质量不易保证。这种工艺多见于小型饲料加工厂。

3. 微粒饲料的加工工艺　微粒饲料是水产名特优养殖中，育苗场使用的优质配合饲料。目前，我国微粒饲料生产厂家比较少，主要是因为加工工艺复杂，加工设备和技术要求高。微粒饲料的加工过程是：先将原料进行超微粉碎，按饲料配方准确计量，充分混合均匀后加入黏合剂，搅拌均匀，经固化、干燥，再微粉化，即可过筛分级后包装贮运（图5-4）。

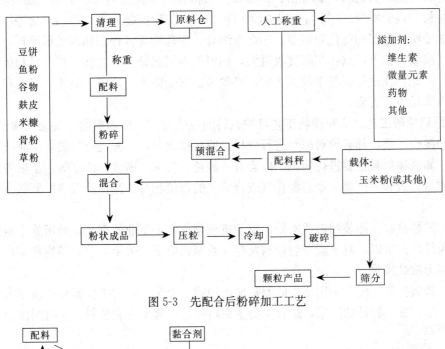

图 5-3　先配合后粉碎加工工艺

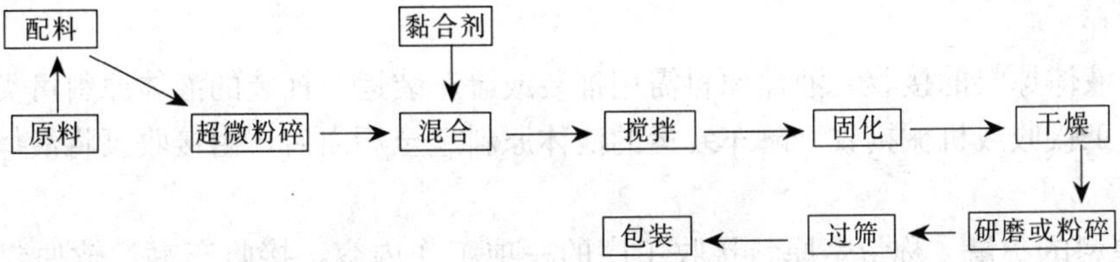

图 5-4　微粒饲料加工工艺

4. 预混合饲料的加工工艺　生产添加剂预混合饲料所用的原料，如各种维生素添加剂、微量矿物元素添加剂、其他非营养性添加剂等种类繁多，用量差异大；许多微量元素的化学性质不够稳定，因此，添加剂的生产工艺与配合饲料的生产工艺是有区别的。

在预混合饲料生产厂，添加剂一般不需要进行预处理而直接使用，但载体必须进行干燥，并粉碎至要求的粒度。各种原料分别计量配料，根据各种微量组分的配比量和理化性质进行混合，混合后的成品直接进入成品仓，计量打包（图5-5）。

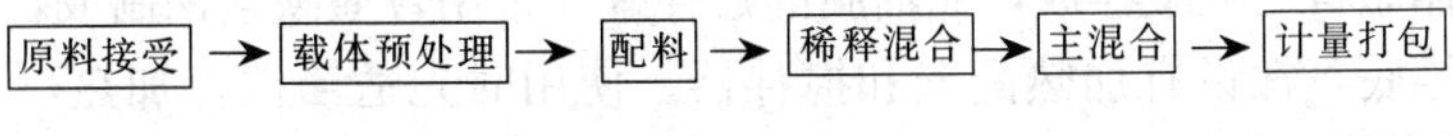

原料接受 → 载体预处理 → 配料 → 稀释混合 → 主混合 → 计量打包

图 5-5　预混合饲料的加工工艺

三、配合饲料的加工方法

配合饲料加工流程只是水产饲料厂基本的生产过程。实际上，水产饲料的加工不仅因饲料配方中原料组成成分、所用黏合剂而异，还会因机械设备及生产技术人员的操作不同，而使生产成本和产品质量产生差异。因此，加强饲料管理，完善生产各工序的加工工艺，对饲料加工过程进行质量控制十分重要。

（一）原料的接收与贮存　原料接收系统要处理的原料按加工特性可分为以下几类：①需进行粉碎的粒状物料，如谷物、饼粕等；②粉状的谷物及动物加工副产品，如麸皮、米糠、血粉和肉骨粉等；③容重较大的无机矿物料，如磷酸盐、沸石粉和食盐等；④液体物料，如油脂、糖蜜和氯化胆碱等；⑤微量组分，如药物等各种添加剂或预混料。

原料接收有如下特点：瞬间接收量大，饲料原料形态繁多，包装形式各异和运输方式多样化。因此，在设计原料接收工艺时，必须考虑接受能力、速度、能耗、成本和劳动强度等，以满足生产需要。

1. 原料接收工艺　原料接收工艺可按原料的包装方式，分为散装、袋装和罐装接收。无论何种接收工艺，都必须对原料进行质检。原料接收时，首先进行检测，检测项目依原料而异，如液体原料主要进行检测的内容有：颜色、气味、密度、浓度等，了解各种原料的规格质量是否和生产要求及来源标签或合同上的数值相符，经检验合格的原料方可卸下贮存。

（1）散装接收。散装物料成本低，便于机械化作业，工业效率高，使用除尘装置时工作卫生条件好。所以，对于能散装运输及存放的原料应尽量采用散装。谷物籽实及其加工副产品多为散装接收。

（2）袋装接收。配方中用量少的原料如矿物质、微量元素、维生素和药物等常用袋装或瓶装；生产能力较低的厂家，进谷实类主原料时，也常常进袋装料，这时则按原来的形式接收贮存。

（3）液体原料的接收。液体原料需用桶装或罐车装运。桶装的液体原料可类似袋装接收，用人工接收或机械接收。罐车装运的液体原料运至厂内后，由接收泵将液体原料泵入贮存罐。

2. 原料的称量　称量是原料接收工序的一项工作内容。接收车辆运输原料时，用地衡称量，每次称量承重为吨以上；接收袋装原料时，多用台秤进行称量；接收散装原料时，则采用自动秤或电子计量秤称量；液体物料使用流量计计量或根据液体物料的密度及体积获知物料的总重。

3. 原料的贮存　在饲料厂，原料的贮存直接影响原料的质量和生产的正常进行。原料贮存仓型有房式仓与立筒仓。散装原料贮存于钢筋混凝土立筒仓或钢板立筒仓中，优点是便于进仓机械化，操作管理方便，但施工技术要求高，造价高，适于存放谷实等粒状原料。袋装原料贮存于房式仓库中，房式仓库造价低，但装卸工作机械化程度也低，操作管理较困难。液体原料用贮罐存放，如油脂的贮存罐通常用普通碳素钢制成，壁厚约 3mm，罐底为斜底或锥底，常设有加热配置和搅拌器。使用时先适当搅拌加热，使其流动性增强，再用工作泵送到车间。原料在贮存时，还要注意根据各种原料的特点，调整贮存环境，如温度、湿度等以及存放时间，保证原料的质量安全。

（二）原料的清理　在配合饲料厂使用的各种原料中，动物性蛋白质原料（如鱼粉、肉骨粉等）、矿物质原料（如磷酸钙、贝壳粉、食盐等）及微量元素和药物等添加剂的清理及防疫问题已在原料加工厂做了处理，进入配合饲料厂后，可重复清理除去运输、贮藏过程中产生的杂质，也可不需要清理而直接进入下一生产工序。油脂等液体原料在卸料或加料的管路中，设置过滤器进行清理。原料中的谷物及加工副产品则含有石块、泥土、皮屑、绳头、麻袋片、铁钉、螺丝、垫圈、钢珠、铁块等杂质。为了保证饲料成品质量，减少机械设备的损耗，避免金属杂质混入加工设备后，相互摩擦可能产生火星而引起粉尘爆炸事故，必须采取适当的清理设备清除杂质。饲料厂采取的清理方法有筛选和磁选两种方法。

1. **筛选**　根据饲料原料中杂质的粒度大小不同而选择筛面进行筛理，用以筛除大于或小于饲料原料颗粒的杂质。网带式初清筛、冲孔筛、编织筛。冲孔筛又称板筛，是在薄钢板或镀锌铁板上用冲模冲出圆形、方形和长方形等形状的筛孔；编织筛面由金属丝、蚕丝或化学合成丝编织而成。

筛选的工作原理是，当物料与筛面接触时，由于与筛面有相对运动，部分物料穿过筛面的筛孔落下来，成为筛下物；其他则因颗粒较筛孔粗而不能穿过筛孔，留在筛面上成为筛上物。于是将原料与杂质分离开来。筛选设备的技术要求是，饲料除杂率大于95%。因此，筛面选择与工作性能是决定筛选效率的关键。

SCY 型冲孔圆筒初清筛，是国内贸易部标准设备，由冲孔圆形筛筒、清理刷、传动装置、机架和吸风部分组成。原料由进料口经进料管进入回转着的筛筒，料粒较快地过筛，谷物类料成为筛下物从净料口排除，大粒杂质留在筛筒内排向出杂口。清理刷及时清理筛面上的杂物，避免筛孔堵塞。该机工作效率高，清理效果好，更换筛面方便，造价低。

2. **磁选**　根据饲料原料与金属杂质磁化率不同的特性，利用磁铁或电磁铁设备清除磁性金属杂质。由于钢铁、铸铁、镍、钴及合金等金属具有易被磁化的性质，谷物等原料为非导磁体，在物料进入磁场时，磁性金属杂质磁化，被磁场的异性刺激吸引而与饲料分离。磁选设备的技术要求是，饲料中的磁性金属杂质的除杂率必须达到8%以上。

溜管磁选器、永磁滚筒磁选器、磁选箱、皮带磁选器等是常见的磁选设备。磁选设备的主要工作元件是磁体（磁铁），根据产生磁场方法的不同分为永久磁体和电磁体两类，安装在物料的过道上。电磁体是在铁芯外绕以线圈构成，线圈通电时，两端成为磁极而形成较强的磁场，除杂效率高，但结构复杂，工作时需消耗电能，费用较高。永久磁体工作时不需要消耗电力，结构简单，价格便宜。随着优质磁性材料研究的发展，新型材料制成的永久磁铁已能满足饲料厂除杂的要求，如锶钙铁氧体与旧材料镍钴磁钢相比，不仅磁力的持久性能好，而且价格便宜。

永磁滚筒磁选器由圆柱形的内筒和外筒组成，内筒内即为磁体；外筒包围内筒，并与内筒外表面保持一定距离。工作时，物料由顶部进料口落到内、外筒之间，呈薄层落下，穿过磁场区，磁性杂质即被磁体吸住，非磁性物料不受磁场影响而从底部出料口排出。为确保磁选效果又不影响产量，要根据生产需要选择适当的磁选器；工作时，要保证进料均匀，控制好料层厚度和料流速度，并及时清理磁极面吸着的杂质。为防止加工过程中有磁性杂质混入，饲料厂在配合饲料生产线上的许多后续工序前的物料过道，安装吸铁装置。

（三）**原料的粉碎**　饲料原料经过粉碎，可提高饲养动物对饲料的消化和吸收，改善和提高配料、混合、制粒等后续工序的质量和效率。但粉碎过细反而会引起动物消化系统障碍，加工时形成过多粉尘，粉碎效率降低，成本升高。通常粉碎机动力配备占饲料厂总配套功率的 1/3 或更多。因此，配合饲料组分的粒度及其均匀度是重要的加工与质量指标。较大的鱼类要求饲料原料颗粒有 95% 以上能通过孔径 850μm 筛，一般鱼饲料要求原料颗粒有 95% 以上能通过 267μm 筛，虾类饲料要求原料颗粒有 95% 以上能通过 177μm 以下筛，添加剂则要求通过 93μm 以下筛。均匀度以"筛上物不得多于"来表示。

粉碎是利用机械力克服固体物料内部凝聚力而将其分裂，将物料大块破碎成小块。破碎的方法有击碎、磨碎、压碎和锯切碎。不同的粉碎机粉碎的方法不相同，锤片粉碎机和微粉碎机是用击碎的方法工作；对辊粉碎机、碎粒机的粉碎方法是锯切碎。选择粉碎机时，要考虑原料的物理特性和不同的粉碎方法的性能特点。对于坚硬的物料，击碎和压碎方法很有效；对韧性物料用磨碎方法效果好；对脆性物料以锯切碎为宜。

锤片粉碎机由供料装置、机体、转子、齿板、筛片、锤片、排料装置及控制系统组成。锤片固定在转子的周围，转子安装在由进料口两侧的齿板和筛片构成的圆形粉碎室内。工作时，原料在粉碎室内受转子带动的高速回转锤片的撞击后，高速飞向齿板，受齿板的撞击、搓擦，同时受锤片端部与筛片的摩擦成为合格的粉状，通过筛片的筛孔排出。齿板、筛片及锤片是主要的工作元件，筛片的筛孔直径决定粉碎的粒度，锤片的厚度与数目，锤片顶端与筛片的间隙，筛片的开孔面积，通过粉碎室的空气量，是决定粉碎工作效率的关键因素。锤片粉碎机通用性好，粉碎效果符合要求，工作效率高，使用最为广泛。

粉碎工艺有先粉碎与后粉碎工艺，已如前所述；有一次粉碎与二次粉碎工艺。

1. 一次粉碎工艺 图 5-6 为一次粉碎工艺，原料先进入贮料仓，经过吸铁装置后进入粉碎机，粉碎产品直接送入配料仓。该工艺设备简单，投资小，但所用筛片的筛孔必须小到使粉碎物达到要求的成品粒度，物料在粉碎机内停留较长时间，造成重复粉碎，粉碎产品粒度均匀性差，电耗高，产量低。

$$\boxed{\text{贮料仓}} \longrightarrow \boxed{\text{粉碎机}} \longrightarrow \boxed{\text{成品}}$$

图 5-6 一次粉碎工艺

2. 二次粉碎工艺 弥补一次工艺的不足（图 5-7），仅在一次粉碎工艺的基础上，增加 1 台分级筛和一些溜管，粉碎机的筛孔可适当加大。第一次粉碎后，将物料筛分，已达粒度要求的产品直接送入粉料仓，未达粒度要求的粗粒再进行第二次粉碎。与一次粉碎工艺相比，该工艺减少了物料在粉碎机内的停留时间，避免了重复粉碎，粉碎产品粒度均匀性一致，电耗节省 30%～40%，产量提高 30%～60%，普遍为大型厂家所采用。组合式二次粉碎工艺与单一循环粉碎工艺的区别是前后两次粉碎采用不同的粉碎机。

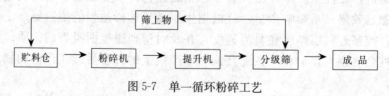

图 5-7 单一循环粉碎工艺

3. 微粒粉碎工艺　生产鱼虾开口饲料、微粒饲料、鳗鱼饲料等特种饲料及添加剂预混料时，要求对原料进行微粒粉碎或超微粉碎。其工艺为：物料由喂料器进入粉碎机，被粉碎后由吸风进入分级机，分出粗粒重回粉碎机，细粒被气流带入卸料器成为成品。微粉碎系统利用可控气流和离心力进行连续的粉碎、分级和输送，使物料达到所需粒度。

（四）配料计量　配料计量对配合饲料的营养成分能否达到配方的设计要求起着重要的保证作用。工序要求在配料周期规定的计量时间内，完成配料任务并保持要求的计量精度及计量稳定可靠。

配料装置按照工作原理可分为重量式和容量式；按工作过程可分为连续式和分批式。容量式配料装置是按照物料的容积比例大小进行配料，配料设备简单，造价低，易操作、维修，但计量时易受物料的容重、水分、流动性等特性及物料充满程度变化等因素的影响，配料精度不够稳定，误差大，也不便于调换配方。重量式配料装置是按照物料的重量来配料，又分为分批重量式计量方式和连续式重量计量方式。分批重量式计量虽然设备费用较大，维修要求较高，但计量精度高，稳定可靠，调换配方容易，自动化程度高。现在饲料厂多采用该种方式进行计量。

重量式计量装置主要由配料仓、给料装置、配料秤、输送机、控制系统等组成。需配制的各种原料分别存放在配料仓中，每一种组分分别通过给料装置按顺序称量，所有组分称完后才完成这一批料的计量操作，送入下一道工序。

重量式计量装置的核心是配料秤，其性能好坏直接影响配料质量的优劣。我国是国际法制计量组织（OIML）的成员国，必须遵守有关的计量规程及计量管理。饲料加工厂的出料秤、定量包装秤和入库秤，均属"受检的"衡器，饲料生产中使用的配料秤属非受检的衡器，但其配料准确度对饲料产品的营养成分分析含量有决定性影响，而后者为"受检的"项目，因此，配料秤的性能要求

（1）正确性：通常依据称量的误差（精度）大小来评定。

（2）灵活性：也叫灵敏性，其倒数称为感量。配料秤上能秤出的最小重量越小，则秤的灵敏度越高。

（3）稳定性：配料秤的示值部分变动后能否迅速恢复平衡的性能。稳定性越好的秤每次称量所需时间越少。

（4）不变性：称量时，随机误差越大，多次重复称量同一重物时所得的各次称量值也越分散，则不变性越差。在机械秤、字盘秤、电子秤中，后者以其配料速度和精度高，具有体积小、结构简单、显示及控制方便等优点而被广泛使用。通用的配料工艺如图5-8所示。

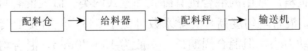

图 5-8　配料工艺

配料工艺设计不同，则所需设备、配料的精度及速度也会有差异。根据配料仓与秤的搭配不同，可分为以下几种：

1. 一仓一秤配料工艺　在每个配料仓的下面装置一台配料秤，由于各种物料的用量不相同，所选配的配料秤的形式及称量范围也不相同。称量时，每台秤每个生产周期只称

量一种组分，可同时完成各种原料的给料、称量和卸料等程序，每个称量周期仅需 1min 左右，从而缩短了配料周期，速度快，精度高。但配料装置多，投资费用高，不便于维修、调试、管理和实现自动化控制。

2. **多仓一秤配料工艺**　目前，中小型饲料厂应用最广的就是多仓一秤配料工艺。配料仓可根据需要设置 8～24 个，分别存放各种主、辅料；每个配料仓下的给料器大小与各物料配比率相适应，以便既能满足给料速度的要求，又能在给料达到要求而停止转动时，不会因使用过大的给料器而导致过多的偶然撒落物料量；所有物料称量共用一台秤。如果料仓的个数允许，配比率为 1%～3% 的小料既可作为单一组分参加配料，也可以制成预混料参与配料或人工加入混合机中。该配料工艺简单，计量设备少，设备的调节、维修、管理方便，易于实现自动化。但是配料周期较长，累计称量过程中，产生的误差不易控制，导致配料精度不稳定。

3. **多仓数秤配料工艺**　多仓数秤配料工艺是将配料仓分组，各组使用不同容量的称量设备，分别称取配比量相近的物料。如：①多仓两秤配料工艺，应用于大型配合饲料厂。各种组分根据配比率分成两组称量，配比率大于 10%（或 5%）的大料在主料秤中称量；配比率 1%～10%（或 5%）的小料由称量为大称 1/4～1/5 的小称称量；配比率小于 1% 的通过预混料加入或人工投入。②多仓三秤配料工艺，工艺流程中应用 3 台不同容量的称重设备，分别称取大料、小料及微量物料。适用于添加剂预混料厂和浓缩饲料厂。

（五）饲料的混合　鱼虾的食量很小，尤其是苗种阶段，这就要求配合饲料中的各种组分在整批饲料中均匀分布；混合不均匀，将会造成饲料产品颗粒中养分不均，影响动物生长速度，使所喂动物生长参差不齐；若某些成分混合不均匀，还可能产生毒性。因此，混合工序是确保饲料产品质量的重要环节之一。另外，混合工段是决定全车间产量的关键部位，其生产能力也就决定了饲料厂的生产规模。配合饲料生产工艺对混合工序的要求是混合周期短，混合质量高，出料快，混合机中的残留率低及密闭性好，无外溢粉尘。

1. **混合工艺及设备**　饲料的混合工艺有分批混合和连续混合两种，因此，混合机也分为分批（或批量）混合机和连续混合机。分批混合，就是将所有组分同一批放入混合机，混合完成后同时卸料，形成一个完整的混合周期，每一个周期生产出一批混合好的饲料。这种混合方式，改换配方比较方便，每批之间的相互混杂较少，是目前普遍使用的一种工艺，但操作比较频繁，最好能进行自动化程序控制。相对而言，连续混合工艺混合质量不高，较少见。饲料厂常用的混合机有卧式和立式两类。卧式混合机周期短，每批料混合时间为 2～6min，混合均匀度高，变异系数可低于 5%，但需要配套动力大。立式混合机则造价低，配套动力小，但混合周期长，一般为 15～20min，混合均匀度较差，变异系数达 10% 左右。

卧式螺带（环带）混合机是饲料厂最常用的分批混合机，主要由机体、转子、传动机构和控制部分组成。机体的容积决定每批混合的物料量，机体的顶部有 1～2 个进料口，底部是排料口，为使排料速度快，排料残留量少，多采用开设几个卸料口或底部大开口方式排料。转子位于机体内，由轴、支撑杆和螺带叶片组成，螺带固定于轴上，由传动机构带动转子旋转，当配合料进入机体内部后，受到旋带的机械力作用，各组分不断地翻动、对流、扩散或参插而达到分布均匀。混合好的物料卸入混合机下的缓冲斗中，完成混合工序。

为保证混合质量，应按工艺要求进行以下操作：

（1）混合机装料量适宜。不同的混合机工作性能不同，其工作状态良好时，机体内的物料装填程度也不相同，料位控制得好，则混合质量高。混合机内装入的物料容积与混合机容积的比值称装满系数，如卧式螺带（环带）混合机适宜的装满系数为 $30\%\sim50\%$，立式绞龙混合机装满系数为 $80\%\sim85\%$。

（2）混合时间恰当。混合时间不但影响混合质量，还会影响生产的产量和能耗。设计混合时间时，要考虑混合机的机型、需混合的物料的物理特性。如物料的流动性好，易于混合；流动性差，所需混合时间长，能耗大。

（3）混合机的进料顺序。微量添加剂要制成预混料后，才能和其他物料一起进入混合机；配比量大的物料先进入混合机，再加入配比量少的物料；还有，粒度大的物料先加入混合机，然后是粒度小的物料；密度小的物料先加入机内，后加入密度大的物料。

（4）减少各组分之间的离析。混合时的物料运动，一方面各组分互相掺合，另一方面，由于物料间存在密度、粒度等特性的差异而引起物料分级，破坏物料的均匀状态，这就是"离析"。为避免离析，应注意：①力求混合物各组分粒度相同，或添加液体物料；②勿混合过度；③混合后尽量少搬运，勿堆放过高，避免气力运输；④混合后立即制粒。

2. 液体原料的添加　在饲料中添加液体原料，可利于加工制粒，完善饲料的营养价值，改善颗粒饲料的物理性状，提高颗粒饲料的产量和质量。水产饲料中添加的液体原料主要是油脂、氯化胆碱等，油脂的添加要在干料混合完成后进行。添加方式有三种：在混合机中添加、在制粒前的调质器中添加、颗粒成型后喷涂于颗粒饲料表面。如果需要添加的油脂量为 $1\%\sim3\%$，可在颗粒饲料成型前添加；油脂添加量超过 3% 时，则在制粒后喷涂，否则饲料过于软化，甚至难以成型。

3. 微量成分的预混合　微量成分的预混合是将饲料配方所需要的各种微量成分如维生素、矿物微量元素、氨基酸及各种非营养性添加剂，与一定量的载体、稀释剂，采用一定的工艺混合成为预混料，作为配合饲料的一种组分添加到配合饲料中。由于预混料中原料种类多，各种组分理化性质差异大、用量悬殊，加工工艺要求更高。

微量成分的预混合要求尽量采用简短的工艺流程，要选用高效、低残留、混合均匀度高的混合机，并对原料的理化特性作必要的改良，使混合均匀度的变异系数不大于 10%。活性组分与载体混合时，混合的作用不仅是使活性组分分布均匀，还要使活性组分进入载体粒子表面的绒毛或晶穴孔道中，于是活性组分黏合在载体表面，载体的承载能力得到提高，在运输、流动或其他加工过程中，活性组分和载体的分离状况得到明显改善。

（六）制粒与碎粒　制粒工序将配方所设计的每一种原料及养分按比例固定在每一粒颗粒饲料产品中，便于饲料的贮运及管理，使饲料具有更好的商品价值；避免了饲料的离析和动物的偏食而导致吃食动物营养不良；制粒时的水热处理及挤压作用，改善了饲料的适口性及饲料转化率，使饲料在水中的稳定性增强。目前，水产养殖使用的配合饲料主要有软颗粒饲料、硬颗粒饲料和膨化颗粒饲料，前者由于含水量较高，不便于贮存，通常只在养殖场制作。饲料厂生产的商品颗粒饲料为硬颗粒饲料和膨化颗粒饲料，两者的加工要求不同，所用的设备也有区别。饲料成型设备种类很多，最常见的硬颗粒饲料机有环模制粒机和平模制粒机，膨化颗粒制粒机有单螺杆挤压膨化机和双螺杆挤压膨化机。成型设备的主要构成部件有：喂料器、调质器、制粒机构、稳定器（或熟化器）、冷却机（或干燥器）、碎粒机、颗粒分级筛和油脂喷涂器等。水产饲料制粒工序的工艺流程见图5-9。

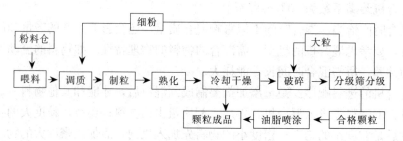

图5-9 水产饲料的制粒工艺

1. 硬颗粒饲料的制粒

（1）调制。经过配料混合后的粉状饲料，含水量为13％左右，由喂料器控制，以一定流量匀速进入调质器。调质器内由蒸汽供给系统输入蒸汽，并与粉状饲料搅拌混合，使水分含量达到20％～30％。在湿和热的作用下，饲料中的淀粉得到糊化，蛋白质变性，物料软化，黏性增加。改善了饲料的适口性及消化吸收率，杀灭有害病菌；利于制粒机提高制粒的质量和效率，减少制粒机主要工作部件压模与压辊的磨损。

（2）制粒。物料调制后直接送入制粒机的压力机构挤压成型。环模制粒机的压粒机构主要由压模、压辊、匀料板和切刀等构成。压模的模孔直径决定了制出颗粒的粒径大小；压模所包围的空隙称压制室，内有2～3个处于同一平面的圆形压辊和长的匀料板；压模与压辊的间隙影响制粒的产量和质量，通常模辊间隙以0.1～0.3mm为宜。工作时，传动机构带动压模转动，进入压制室的物料，经匀料板推移沿压模与压辊间分布，并被压模与压辊连续挤压，不断地从环行压模的圆形模孔成型挤出，被安装在压模外围的切刀切成长度适宜的圆柱体。

（3）成型后处理。颗粒稳定器也叫后熟化器。为使颗粒饲料中的淀粉得到进一步糊化，提高颗粒在水中的稳定性，将刚成型的温度为70～90℃、水分含量为14％～17％的湿热颗粒置于稳定器内闷一段时间。然后送入颗粒冷却器进行干燥冷却，以降低颗粒的温度和湿度。如按国家标准，硬颗粒饲料的水分含量不大于12.5％；颗粒密度为1.2～1.3g/cm³，体积质量为600～750kg/m³，颗粒硬度为每一颗料能承受90～2 000kPa的压强。

制造小粒径的颗粒饲料时，如果对产品的粒度形状要求不高，可先制成大颗粒，经过破碎机破碎后，用分级筛筛选出粒径符合规格要求的饲料成品。这样，既能提高产量，又能降低电耗。实验表明，压制大颗粒（直径4.5～6.0mm）再破碎成小颗粒（直径2.0～2.5mm）饲料比直接用压粒机压制小颗粒，可提高产量，减少电耗5％～10％。

干燥冷却后的颗粒饲料，或破碎后筛选合格的碎粒料，送入成品仓，完成制粒工序。或根据需要送至喷涂机进行油脂、维生素、香味剂等喷涂。经过喷涂，补充了必要的饲料成分，颗粒表面质量和颗粒在水中的稳定性也有明显提高。

2. 膨化颗粒饲料的制粒 膨化颗粒饲料的制粒与环模制粒机所不同的主要是膨化机构（压粒机构）为圆筒形，调质后的物料在圆筒内的挤压螺杆作用下，约 10～30s 后，由压力为 3～10MPa、温度为 120～200℃的圆筒内，从模头孔挤出，压力和温度骤降，使颗粒体积迅速膨胀，水分快速蒸发，即成膨化饲料。膨化饲料不仅具有颗粒饲料的特点，在便于觅食、保持养殖水体的水质和提高消化率上更胜一筹，尤其在观赏鱼类及中上层鱼类养殖上应用更广泛。缺点是耗电量大，设备和生产成本高。

根据饲料膨化程度的高低，水产饲料可分为：①慢沉性饲料，体积质量是散粒体自然堆积时，单位体积的质量。慢沉性饲料的体积质量为 390～410kg/m³，用于网箱养殖时，在颗粒到达箱底之前，鱼类能有较充足的吃食时间。②浮性饲料，加工时模头处压力为 3.4～3.7MPa，温度 125℃，饲料成品水分含量 8%～10%，体积质量为 320～400kg/m³。③沉性饲料，模头处压力通常为 2.6～3.0 MPa，温度为 125℃，饲料成品水分含量 10%～12%，体积质量为 450～550 kg/m³。一般要求沉性饲料入水后 30min 内不溃散失形，膨化颗粒 2h 内不溃散。

（七）成品的包装贮运 饲料的包装贮运是饲料生产工艺流程的最后一道工序，它的任务是对生产线上下来的合格产品进行称量打包，每一袋饲料都要附上合格的标签，并送入成品仓堆码存放或应客户需要发送出厂。该工序包括称重、装袋、封袋口、贴标签、编码、码垛、贮存和运送等操作。

1. 称量包装 中小型饲料厂的称量包装作业采用自动化或人工操作，机械或人工计量，人工缝口，机械或人工搬运，劳动强度大，工作效率低。大型饲料厂采用自动称量包装装置，工艺如图 5-10 所示。

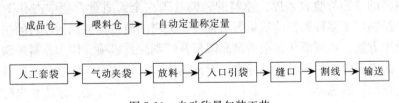

图 5-10 自动称量包装工艺

自动称量包装设备的主要工作构件有：喂料器、自动定量秤、夹袋机构、缝口机和输送机等。自动定量秤是该系统的关键部件，有机械式和电子式两种，相对而言，由于电子自动包装秤具有以下优点而应用越来越广泛：

（1）计量精度高。静态精度 FS≤0.1%，动态精度 FS≤0.2%，即达到 OIML 国际建议的中标准度等级Ⅲ级秤（商业衡器）要求。

（2）包装速度快。每小时可称量包装 240～410 袋。

（3）称重范围广。称重量在 10～100kg 之间。

（4）智能化显示器。能显示饲料的重量、批次和产量，并能对这些数据实现停电保护。

（5）自动控制系统。具有仪表自我诊断及对外部电器检测功能；对缺料、秤门未到位、定量超偏差、夹袋未到位等提示报警。

2. 贮存 贮存中影响配合饲料产品质量的主要因素有：①饲料本身的变化，如发热、脂肪氧化和维生素效价降低等；②环境因素，如温度、湿度和光照等；③生物因素，如霉变、虫害和鼠害。成品仓应能防热、防潮、防晒和防渗漏，既通风良好，必要时又可以密闭。袋装饲料在仓库中要按产品规格及生产日期整齐码放，袋口朝里，离墙码垛，地面要作好防潮铺垫。日常管理要作好卫生及通风干燥散热工作，并做好产品的出入仓库登记工作。

3. 发送 饲料发送时，由于散装运输机械化自动化程度高，免除了工人装卸料袋的繁重体力劳动，直接将饲料从饲料厂成品仓运送到养殖场，卸入投喂料塔，工序比袋装运输简化了 3/4 以上，并可节省大量装袋材料和库房，使运输成本相对袋装降低 60％以上，工作效率大为提高。美国饲料散装运输车保有量很大，日本饲料总量的 65％用散装运输车运输。我国饲料运输主要采用袋装运输。

配合饲料产品的运输可视为一种"动态贮存"，除了要注意仓贮中的事项外，特别要注意防止化学物质及微生物等有害成分的污染和夹杂，以免降低配合饲料质量，或引起特种反应并产生毒性。

四、配合饲料的质量管理

配合饲料的质量关系到养殖者的利益，因而决定饲料企业的信誉与兴衰，是饲料生产企业的生命，质量管理应贯彻原料进厂至产品销售的整个过程。

1. 原料质量控制 饲料原料质量的好坏是决定饲料产品质量的基础，饲料企业所反映的产品质量或配方使用效果问题，往往仅是由饲料或添加剂的原料引起，生产统计分析表明，饲料产品营养成分及质量的差异，40％～70％来源于原料质量的差异。

（1）原料的选购与验收入库。原料的采购管理在全面质量管理中占有举足轻重的地位。我国已经制定了多种饲料的质量等级标准，原料的质量标准包括原料的主要营养成分最低值、加工方法、物理形状、杂质最高限量及特别注意事项。作为原料采购人员，需注意：①应掌握本厂规定的原料质量标准，对欲购原料，要核对其标签和生产日期，进行取样分析，检查原料的色泽、气味、新鲜度、密度、掺杂物、霉变、结块和虫蛀等，测定原料的水分、粗蛋白质和尿素酶等理化指标，选择质量等级标准符合配方设计要求的原料，尤其是添加剂等副料，还要看其是否具有省级以上部门颁发的生产许可证。②要了解本厂生产情况，原料的库存、仓容及用量，进料量适当，避免原料积压或停产待料，出现产供销脱节的局面。③要与原料供应商订立明确的质量指标和赔偿责任合同，合同用语要准确无误，认真对待易混淆的名词，如豆饼与豆粕、棉仁饼与棉籽饼、细糠与统糠、脱脂骨粉与蒸煮骨粉等。

（2）原料贮存。原料存放要保证整齐有序，堆放高度及宽度适当。仓贮设备、管理、仓贮期都影响贮存期间的饲料品质的变化。当温度高于 15.5℃时，会引起害虫的生长繁殖，温度湿度提高；饲料水分含量高和空气相对湿度大，易引起霉菌等微生物的繁殖；光照和氧气会引起脂肪氧化，破坏维生素，蛋白质的生物价值也会发生变化。因此，要注意对仓库的环境条件进行监控，尤其注意监控温度、湿度、光线、氧气的变化及虫害、微生物的繁殖；建立安全保护措施，防止老鼠、昆虫的啮咬。定期盘店，检查原料，对有异状者及时做出处理。

2. 加工工艺质量控制　饲料生产过程中质量控制要坚持以防为主，防、检结合。生产操作人员应具有一定的文化程度和良好的专业技能。应全面了解生产工艺的组织情况、工作程序；操作设备的结构形式、工艺性能；生产产品的营养特性、加工特性。要定期检查设备，根据各设备的特点进行必要的维护、保养和维修，保证设备的正常运转和良好的生产性能。要严格按规定上料、查仓、配料和投料等，进行标准化作业，加强规范化管理。

（1）清理。主原料进行清杂除铁，清理标准必须达到生产配合饲料的工艺要求，如有机物杂质不得超过 0.2g/kg，直径不大于 10mm；磁性杂质不得超过 50mg/kg，直径不大于 2mm。

（2）粉碎。粉碎工序主要控制粉碎粒度及均匀度。粉碎程度也必须达到产品设计的要求，添加剂、鱼虾开口饲料要求超微粉碎，对虾和鳗鱼饲料要求粉碎粒度要比鱼苗、鱼种和成鱼饲料的粒度要细。鱼类养成期用配合饲料的粉状料必须全部通过孔径 0.44mm（40目）分析筛，在 0.30mm（60 目）分析筛上的筛上物不得超过 30%。粉碎的颗粒越细，生产的成本越高。

（3）配料。配料工序的质量控制目标是配料的准确性。一般要求配合饲料在静态计量时的配料精度要达到 1/500～3/1 000。预混饲料中的微量成分在静态计量时的配料精度要达到 1/1 000～3/10 000。

（4）混合。为保证饲料混合的均匀度，应严格按照产品设计所规定的混合时间、投料次序进行生产。混合均匀度的变异系数粉料不大于 10%，预混料不大于 5%。混合周期过长或过短都会影响物料混合的均匀度；加工投料程序由大宗原料投起，而后按配比用量由大到小进行添加，最小量物料添加量应不小于 1%，否则需预混到 1%后才能加入。混合成品输送，距离尽量缩短，避免用风力输送。

（5）制粒。按不同饲料原料的成型性能和配合饲料的产品质量要求进行调质与制粒，控制好蒸汽流量、压力、温度、水分和冷却时间等，以保证颗粒成型率和颗粒产品的品质、外观、颗粒、气味、硬度等达到设计的质量要求。

3. 产品质量控制　配合饲料产品质量检测是饲料企业质量管理的重要环节之一，常规检测主要着重于部分物理性状和化学成分的检测，包括粒度、混合均匀度、水分、粗蛋白、粗脂肪、粗纤维、粗灰分、钙、磷和食盐等含量的检测。产品从生产线上下来，进行称重打包后存入成品仓。经检验合格的产品，应及时填写合格证并附产品标签，注明产品名称、商标名称、饲料主要成分保证值、净重、生产日期、产品有效期、使用说明、生产厂家和地址等。成品仓要保持通风干燥，防止发生霉变和虫、鼠害。饲料产品出厂实行"先进先出、推陈贮新"的原则，控制饲料成品在仓库的贮存期限。

我国鳗鱼和对虾的饲料标准为：

（1）鳗鱼配合饲料（中华人民共和国水产行业标准，SC1004-92）。

①感官指标。见表 5-25。

表 5-25　鳗鱼配合饲料感官指标

饲料品种	白仔饲料	黑仔饲料	幼鳗饲料	成鳗饲料
气味 外观	具有鳗鱼饲料固有的气味，无霉变、酸败等异味 色泽均匀一致，无发霉、变质、结块现象，不得有寄生虫			
粘弹性	搅拌后具有良好伸展性		搅拌后具有良好伸展性和粘弹性	

②理化指标。见表 5-26。

表 5-26　鳗鱼配合饲料理化指标

饲料品种	白仔饲料	黑仔饲料	幼鳗饲料	成鳗饲料
粉碎粒度	200 号标准筛	200 号标准筛	250 号标准筛	250 号标准筛
（筛上物）≤	4.0	6.0	3.0	5.0
混合均匀				
变异系数≤	5.0	8.0	10.0	10.0
散失率≤	4.0	4.0	4.0	4.0
粗蛋白≥	52.0	47.0	46.0	46.0
粗脂肪≥	3.0	3.0	3.0	3.0
粗纤维≤	0.8	0.8	1.0	1.0
水分≤	10.0	10.0	10.0	10.0
粗灰分≤	18.0	18.0	18.0	18.0
钙≤	4.6	4.6	4.6	4.6
磷≥	1.5	1.5	1.5	1.5
砂分、盐酸				
不溶物≤	2.0	2.0	2.0	2.0

（2）中国对虾配合饲料（中华人民共和国行业标准，SC2002－94）。

①感官性状。色泽一致，表面光滑，大小均匀，无霉变、结块和异味。

②理化指标。见表 5-27。

表 5-27　中国对虾配合饲料理化指标（%）

项　目		指标	项　目	指标
原料粒度（筛上物）≤	孔径 0.425mm 试验筛	3	酸碱度（pH）	5.0～8.5
	孔径 0.250mm 试验筛	20	粗蛋白≥	38
混合均匀度（变异系数）≤		10	粗脂肪≥	3～8
水中稳定性（散失率）≤		12	粗纤维≤	5
水分≤		11	粗灰分≤	16

③卫生指标。见表 5-28 和表 5-29。

表 5-28　中国对虾配合饲料卫生指标

项　目	允许量	项　目	允许量
砷（mg/kg，以 As 计）	≤2	镉（mg/kg，以 Cd 计）	≤0.75
铅（mg/kg，以 Pb 计）	≤5	黄曲霉素（BL）（mg/kg）	≤0.01
汞（mg/kg，以 Hg 计）	≤0.1	霉菌数（1 000 个/g）	≤40

注：霉菌总数限用范围为 40～100；禁用范围为大于 100。

表5-29　虾配合饲料加工质量指标

项 目	指　标	
	微　饵	成　饵
粒径	1号　30～90μm 2号　70～250μm 3号　250～450μm	1号 1.0～1.5mm　长度 1.5～2.0mm 2号 1.5～2.5mm　长度 3.0～5.0mm 3号 2.5～3.5mm　长度 5.0～6.0mm
原料颗粒	<5μm	1号　100%通过直径 0.8mm 筛孔 2、3号 100%通过直径 0.8mm 筛孔
均匀度	变异系数≤10%	
稳定性 粗蛋白溶失率 密度（g/cm³） 成型率	海水中浸泡 2h 后，粗蛋白溶失率<1.5% 1.025～1.035	海水中浸泡 2h 后，粉化率<10% 海水中浸泡 2h 后，粗蛋白溶失率<2.0% 1.050～1.200 呈圆柱形 >96%

4. 售后服务　产品质量的好坏主要是来自用户的评价，全面质量管理必须从生产过程延伸到使用过程。需要向客户认真介绍产品的性能，热情周到，做好咨询工作。产品运输要及时准确、安全经济。技术人员要做好服务工作，深入到养殖场和养殖专业户中具体指导，或者把用户请来进行技术培训，帮助他们掌握正确的饲养方法和用量，使配合饲料达到最高的使用效率。建立定期访问用户、站柜台和召开用户座谈会等制度，收集、分析、处理产品使用阶段的各种质量信息，与国内外同类产品比较，了解本厂产品的缺陷和问题，及时反馈到设计、生产的各个环节，不断改善产品的质量。对因用户使用不当或其他原因造成的损失，技术人员要做好解释指导工作；对因产品质量而给用户造成损失的，应根据具体情况，及时进行经济赔偿处理，确保企业信誉不受损害。

复 习 思 考 题

1. 名词解释：配合饲料；饲料配方；预混饲料；载体；浓缩饲料。

2. 配合饲料的优点有哪些？

3. 饲料配方的设计流程有哪些？

4. 简述配合饲料的基本生产工艺流程。

5. 用玉米、大麦、三等粉、鱼粉、豆饼和添加剂设计罗非鱼鱼种的配合饲料配方。

6. 已知鱼粉含粗蛋白55%，豆饼、菜籽饼、大麦、麸皮、脱脂米糠，含粗蛋白分别为45%、38%、10%、15%、18%。饲料中需要含4%的矿物质混合剂和3%的菜油磷脂。此外，为了饲料有适当的黏结性能，需要有16%的大麦。后面3种成分为固定成分。设计一个含28%粗蛋白的饲料配方。

7. 饲料原料的除杂有哪些方法？

8. 水产饲料加工对粉碎有何要求？

9. 配料工序的任务是什么？饲料厂怎样进行配料？

10. 保证混合质量的措施有哪些？

11. 在制粒工序中怎样进行质量控制？

12. 水产配合饲料产品的质量指标包括哪些内容？

13. 配合饲料原料与产品的贮存管理工作的任务是什么？

实 验 实 训

一、饲料配方设计

（1）实习的目的是让学员掌握饲料配方设计的方法与步骤。

（2）实习步骤各校可根据具体的配方设计要求或设计软件自行拟订。

（3）实习内容以基础饲料配方设计为主，兼进行预混料配方设计。

二、参观配合饲料厂

（一）目的与要求

（1）了解配合饲料厂的管理、技术和销售人员配备情况。

（2）熟悉配合饲料加工工序及质量管理措施。

（3）了解饲料厂的经营策略。

（二）参观内容

（1）请管理人员介绍饲料厂的基本人员构成及各自的工作职责范围；参观厂区，了解饲料厂的各项设施及其布局形式。

（2）参观原料仓库，熟悉各种原料的形态及堆放的原则与要求。

（3）参观生产车间，请技术人员介绍生产各工序的设备、操作要求及质量控制措施。

（4）参观成品仓库，了解产品堆放及进出管理办法。

（5）请销售人员介绍产品销售及售后服务的策略和工作方法。

（三）作业

写出带有真实数据的参观考察报告，并在报告中提出个人对饲料厂生产经营方式的看法。

三、颗粒饲料成品质量检验

（一）颗粒饲料含水率的检测

1. 仪器：分析天平；铝盒（3个）；电热干燥箱；冷却器。

2. 测定步骤：取样品约 20g，分成 3 份，分别放入已烘干至恒重的 3 个铝盒内，立即称样重（W_s）。将 3 个铝盒放入电热干燥箱烘干至质量不变为止。取出放入冷却器冷却后，再次称重（W_g）。

3. 计算结果：相对含水率的计算公式为：

$$H_j = (W_s - W_g) \div W_s \times 100\%$$

将 3 个样本得到的数据分别用来计算相对含水率（H_j），再求平均值。

4. 作业：测定颗粒饲料的含水率并写出实验报告。

（二）颗粒饲料密度测定

1. 仪器：分析天平；游标卡尺。

2. 测定步骤：取 10 粒颗粒饲料的样品，将颗粒两端磨平，称重（M）；用卡尺分别测量样品的直径（D）和长度（H）。

项目 \ 样品	1	2	3	4	5	6	7	8	9	10	平均
直径（cm）											
长度（cm）											

3. 计算：求出饲料颗粒的平均粒重（m）：

$$m = 0.1M$$

用下列公式计算颗粒饲料的密度：

$$\rho = 4m \div (\pi D^2 \cdot H)$$

（三）颗粒饲料的水中稳定性测定

1. 仪器：烧杯（500ml×3）；金属丝编织的方孔筛网（3 片，网孔大小为 2.5mm×2.5mm）；计时器。

2. 测定步骤：将金属筛网片置于烧杯中部，烧杯盛满水，取 3 粒饲料样本分别投入烧杯内的筛网上。记录饲料颗粒投入水中至开始溃散时间。

3. 将 3 粒饲料溃散时间平均即可。

4. 作业：测定颗粒饲料在水中的稳定性，并写出实验报告。

第 *6* 章 投饲技术

水产养殖的三个基本要素为水、种、饵，但在养殖成本中，饲料所占的比例最大，占养殖成本的 60%～70%。养殖产量的高低和养殖经济效益的好坏，除了取决于饲料的营养价值以外，很大程度上取决于饲养期间的管理水平，而投饲技术是饲养管理中的重要方面之一。水生动物生活于水中，投饲不当，饲料不易被吞食，就会溶散水中，造成饲料浪费，动物生长不良，水中耗氧量上升，还污染了水质。因此，对水产养殖来说，投饲技术尤其显得重要。前面几章，我们已经讨论了水生动物的营养需求、饲料的营养特点及根据水生动物的营养需要配制饲料的方法。本章讨论的主要内容为采取合理的投饲技术，最大限度地满足水生动物的生长需要，以最低的饲料投入获取最大的产出。

第一节　影响鱼类饲料系数的因素

一、鱼种质量及健康状况

建立规范的苗种繁殖基地。首先保证亲本的纯度和质量，其次利用个体和种类的差异，挑选和培育生长快、抗病力强、肉质鲜美、营养丰富、对环境适应能力强的养殖品种。个体及群体的健康状况，不但影响摄食量，而且影响饲料的消化吸收和利用。

二、饲料质量

衡量饲料优劣有营养性和水中稳定性两个方面，因此，提高饲料质量包括饲料的营养成分和饲料的加工工艺两大部分。

1. **饲料配方**　鱼类饲料必须全价。饲料配方要根据鱼类营养需要进行全面均衡调配，若饲料中缺乏足够的营养而未能为鱼类消化利用,不仅影响鱼类的生长,还因饲料未被鱼类摄食,沉积池底导致水质恶化。

2. **饲料的加工工艺** 饲料的加工工艺也是提高饲料质量的关键一环。目前,由于国内饲料加工工艺的非标准化,即使同一配方,各生产厂家所生产饲料的物理性状和营养成分也各不相同。因此,要想得到优质饲料,不仅要有科学合理的饲料配方,同时需要配置精良高效的饲料加工工艺。饲料的加工质量包括其物理性质如粒度、形状、长短、匀度、硬度、密度等;同时还包括其物化和生化性质,如饲料在粉碎、混合、挤轧、升温、升压等加工过程中,还伴随着淀粉的糊化,大分子营养物质的改性,有害酶类的失活,各营养物质间的互补等。良好的加工工艺可大幅度提高饲料的质量,增强保形性和稳定性,既可减少营养成分在水中的损失,又使蛋白质、糖类等营养物更容易被鱼类消化利用,增强其适口性和消化性,因此,提高了饲料的利用效率,降低饲料系数和成本。

三、水 质

养殖用水要满足鱼类多方面的需要,应具备相应的水质条件,其中最重要的是:含适量的溶解盐类;溶氧丰富,几乎达到饱和;含适量有机物质;不含毒物;pH 在 7 附近,呈中性或弱碱性。为此,还应根据环境保护、水产资源保护的需要,进一步规定有关项目的具体指标,作为"渔业水质标准",并以法令的形式颁布执行。

四、投饲技术

控制投饲鱼种、饲料和水质解决之后,投饲技术是降低饲料系数的关键。首先,必须了解鱼类的水生生活与低等变温动物的特点,它在营养上有别于陆生高等恒温动物畜禽类的特点。80%～100%的鱼类饱食量为适宜投饲量,通常 90%的饱食量为最适投饲量,这样既不造成饲料浪费,又能保证鱼类快速生长。

综上所述,处理和协调好以上几个方面的问题,才能降低饲料系数,以最低的投入获取最高利润。

第二节 投 饲 量

投饲技术的核心内容是投饲量的确定和投饲方法。由于各种水生动物的生活方式、食性及消化生理存在差异,投饲就要有所变化,有所依据。投饲要讲究原则,从选择饲料来讲,不同食性的动物要选择不同的饲料。如草食性鱼类用植物性饲料投喂,肉食性鱼类用动物性饲料投喂。随着水产养殖技术和饲料工业的进步,各种不同食性的鱼类和其他水生生物的全价配合饲料已研制开发出来,并广泛应用于集约化的养殖方式。投饲与养殖周期、养殖成本及产量更加紧密相关了。

水生动物的投饲量是否适宜,直接关系到能否提高饲料效率,降低成本。投喂量不足,一方面,使养殖动物摄入的营养仅能满足维持机体基础代谢和基本生命活动的需要,常处于半饥饿状态而不增重;或者连维持营养需要都不能满足时,养殖的水生动物甚至还会减轻体重。这样,不仅得不到养殖产量,还会造成饲料的浪费而增加成本。另一方面,投饲过少会引起抢食激烈，强壮的个体抢到食物而弱小个体依然饥饿，从而导致养殖个体大小差异愈来愈大，降低了养殖产品的质量等级和养殖效益。投饲过量，养殖动物长期处于胃肠饱满状态，对饲料的利用率降低，饲料的使用量增加，导致养殖成本上升。水中的残饵若不能及时捞出，易造成水中耗氧量上升，水质败坏而引起疾病发生。对于名特优水产养殖品种，长期投饲配合饲料过量，还会使体脂含量偏高，体色和肉味与天然生长的品种差距拉大，降低食用品质及市场价格。

一、影响日投饲量（率）的因素

水生动物的生长增重与日投饲量（率）之间有着密切的联系，然而这种联系又受到诸多方面因素的影响。

1. 养殖动物本身

（1）水生动物的种类。水产养殖的品种繁多，有鱼类、虾蟹贝类、爬行类、两栖类等，它们的生活习性、生长速度、食性不同，对养分的需要量及对摄入饲料的利用能力也不一样。就鱼类而言，草食性鱼类的胃肠道较长，容量大，摄食量明显高于杂食性鱼类和肉食性鱼类，所以，草食性鱼类的日投饲量最高，其次是杂食性鱼类，肉食性鱼类的日投饲量最低。不同种类间，如虾蟹贝类和鳖类的食量变化幅度也很明显。

（2）水生动物的规格。同一种动物在不同的生长阶段，对养分的需求量是不一样的。在幼年快速生长发育阶段，新陈代谢旺盛，需要较多营养，摄食量大；随着动物个体的长大，生长速度逐渐降低，所需营养随之减少。试验表明，养殖动物的体重与饲料消耗为负相关，鱼的规格或体重越小，则单位体重的日投饲量越高。如用配合饲料投饲，中国对虾体长 $1\sim2cm$ 时，投饲量应为体重的 $40\%\sim100\%$；体长 3cm 时，投饲量应为体重的 25%；体长 4cm 为 15%；体长 5cm 为 12%；体长 6cm 为 10%；体长 7cm 为 7%；体长 8cm 为 6%；体长 9cm 为 5.5%；体长 10cm 为 4.5%；体长 11cm 为 4%；体长 12cm 为 3.5%；体长 13cm 为 3.2%。

（3）水生动物的生理。动物在不同的生理时期摄食量也会有差别，在快速生长期、繁殖期、疾病感染期，投饲量都应有所变化。如虾蟹类在快速生长时摄食量大，胃常处于饱满或半饱满状态；蜕皮前后 2d 内停止摄食；交尾季节，雄性个体摄食量明显下降，空胃、残胃者达 60% 以上，交尾结束后强烈摄食；在越冬场及洄游途中摄食下降，到达产卵场时摄食量明显增高，表现出对觅饵育肥、产卵繁殖的适应。人工养殖条件下，投饲量必须随着动物的生理特点而变化。

2. 养殖动物的生活环境

（1）水温。鱼类、虾蟹贝类和鳖类等都是生活在水中的变温动物，水温对它们的生理代谢活动影响极大。在适温范围内，水温升高对水生动物的生理代谢活动起促进作用，动物的摄食强度随水温升高而增加，日投饲量相应增加，就可顺应动物的生长规律而促使其快速生长。冬季水温低时，水生动物的代谢水平随之降低，导致食欲减退，生长受阻，此时的投饲量须相应减少。春季水温上升期，日投饲量要逐渐增加；秋季水温开始下降，日投饲量要递减。我国北方中国对虾的整个养殖周期所用饲料量的月分配比数是：5～6 月为 6%，7 月为 16%，8 月 26%，9 月 36%，10 月 16%。

（2）溶氧。水中的溶氧是水生动物生长及活动的重要影响因素之一。水中溶氧量高，水生动物活动旺盛，食欲增强，饲料利用率高。水中溶氧量低，水生动物处于生理上的不适应状态，食欲差，对饲料的消化吸收率降低，生长速度减慢。长期处于低氧状态下，会造成水生动物厌食、拒食，生长停止，体重下降。据喻清明试验测定，草鱼在水中溶氧量为 $2.5\sim3.4mg/L$ 与 $5\sim7mg/L$ 时相比，饲料系数增加 1.34 倍，鱼摄食量下降 35.9%，饲料消化率下降 61.2%，生长率下降 64.4%。在适宜的溶氧范围内，水生动物的日投饲量应随水中溶氧量的上升而增加（表 6-1）。

表 6-1　水中溶氧与鲤鱼饲料消耗的关系

（关受江，1992）

溶氧（mg/L）	1	2	3	4	5	6	7	8
摄食量（%）	0	3.0	4.5	5.4	6.1	6.5	6.8	7.0

（3）其他水质因子。养殖水体中的盐度、pH、NH_4-N 等理化因子的数值变动偏离养殖动物的适应范围，以及水中悬浮颗粒过多引起水质不清新时，就会使动物处于不良生活环境下，从而影响它们的正常摄食与生长。养殖水体较肥，饵料生物量高，也会降低养殖动物对人工投饵的兴趣，此时，日投饲量要适当降低，甚至为零。

3. 投饲用的饲料　为养殖动物确定投饲量，要考虑投饲量中包含的两个因素：一是要满足动物生长对营养的需要量；二是要满足动物胃肠的饱食量。如果使用各种有效养分含量都很高且营养均衡的饲料来投喂，当投饲量满足动物的生长营养需要时，动物摄食后的饱腹感得不到满足，就会仍感到饥饿而不停地觅食；或按饱食量投喂而使动物摄入的养分过量，都会影响动物生长，降低饲料转化率。如果仅考虑满足养殖动物的饱食感，投喂了体积大但有效成分含量低的饲料，易导致养殖动物营养缺乏而生长不良。

在一定程度上满足养殖动物胃肠饱食量的基础上，从满足动物的营养需求出发，饲料的营养价值越高，日投饲量就越低。

商品配合饲料被水生动物摄食后，在胃肠中消化成糊状时，会有一定程度的吸水膨胀，而使动物有一定的饱胀感，这是不能忽略的。与天然饵料相比，配合饲料的日投饲量低。如中国对虾养成时，使用小杂鱼作饵料，则日投饲量为配合饲料的 2.5 倍；用鲜卤虫投喂，投饲量为配合饲料的 3 倍；蓝蛤为 6 倍；杂色蛤为 8 倍。

表 6-2　鲤鱼饲料蛋白质含量与投饲率的关系

（关受江，1992）

饲料蛋白质含量（%）	60~65	48~52	40~43	34~37	30~32
投饲率（%）	2.0	2.5	3.0	3.5	4.0

4. 养殖及管理方式　一般来说，高密度集约化养殖方式下，管理程度越高，换水量越大，养殖动物对人工投饵的依赖性越强，则日投饲量越高；相反，粗放式养殖放养密度低，换水量小，水中生物饵料量高，则日投饲量低，甚至间断投饲。此外，网箱养殖投饲量高，池塘养殖投饲量低；流水养殖投饲量高，静水养殖投饲量低；瘦水养殖投饲量高，肥水养殖投饲量低。

表 6-3 尼罗罗非鱼鱼种在池塘和网箱中养殖的投饲率

(廖朝兴等, 1998)

鱼种规格 (g)	日投喂次数		投饲率 (%)	
	池塘养殖	网箱养殖	池塘养殖	网箱养殖
0~5	6	—	15~7	—
5~10	5	4	6.6	12
10~15	4	4	5.3	10
15~20	3	4	5.3	8
20~30	2	4	4.6	6

二、常见水产养殖动物的投饲率

投饲率是指投饲量与摄食动物体重的百分比。在养殖动物体重相同的情况下,投饲率越高,则日投饲量越大。鱼苗与成鱼相比,一尾鱼苗的摄食量小于一尾成鱼,但单位体重的摄食量却比成鱼要高得多,因此,鱼的体重越小投饲率越高。从分析水生动物投饲量的影响因素可推知,某一投饲量的确定都是针对特定动物在特定环境下推测而得,投饲率也是如此,各个投饲率都有其使用的具体条件,不可盲目类比借用。以下是常见水产养殖动物在特定条件下的投饲率,前面所述投饲量的影响因素都是投饲率的变化参数。

1. 鱼类的投饲率 虹鳟投饲率的研究开展最早,虹鳟为冷水性鱼,其摄食的温度范围为 2~20℃。

表 6-4 虹鳟的投饲率 (%)

(荻野珍吉, 1980)

体重 (g)	0.18 以下	0.18 ~1.5	1.5~ 5.1	5.1~ 12	12~ 23	23~ 39	39~ 62	62~ 92	92~ 130	130~ 180	180 以上
全长 (cm) 水温 (℃)	- 2.5	2.5~ 5.0	5.0~ 7.5	7.5~ 10	10~ 12.5	12.5~ 15.0	15.0~ 17.5	17.5~ 20.0	20.0~ 22.5	22.5~ 25.0	25.0 —
2	2.1	1.8	1.4	1.0	1.0	0.8	0.7	0.6	0.5	0.5	0.4
3	2.2	1.8	1.4	1.1	1.1	0.9	0.7	0.6	0.6	0.5	0.4
4	2.5	2.0	1.6	1.3	1.2	1.0	0.8	0.7	0.6	0.6	0.5
5	2.6	2.2	1.8	1.4	1.3	1.1	0.9	0.8	0.7	0.6	0.5
6	2.9	2.4	1.9	1.5	1.5	1.2	1.0	0.8	0.8	0.7	0.6
7	3.1	2.6	2.1	1.6	1.6	1.3	1.1	0.9	0.8	0.8	0.7
8	3.4	2.8	2.2	1.8	1.7	1.4	1.2	1.0	0.9	0.8	0.7
9	3.6	3.0	2.5	1.9	1.8	1.5	1.3	1.1	1.0	0.9	0.8
10	3.9	3.4	2.6	2.1	2.0	1.6	1.4	1.2	1.1	1.0	0.8
11	4.2	3.6	2.9	2.2	2.1	1.7	1.5	1.3	1.1	1.0	0.9
12	4.6	3.8	3.1	2.4	2.3	1.8	1.6	1.4	1.2	1.1	1.0
13	5.0	4.2	3.4	2.6	2.4	2.0	1.7	1.4	1.3	1.1	1.1
14	5.4	4.5	3.6	2.8	2.6	2.1	1.8	1.5	1.4	1.2	1.2
15	5.8	4.8	3.9	3.0	2.8	2.3	1.9	1.7	1.5	1.3	1.3
16	6.2	5.1	4.2	3.3	3.1	2.5	2.0	1.8	1.6	1.4	1.3
17	6.6	5.4	4.5	3.5	3.3	2.7	2.1	1.9	1.7	1.5	1.4
18	7.0	5.8	4.8	3.8	3.5	2.8	2.2	2.0	1.8	1.6	1.5
19	7.4	6.3	5.1	4.1	3.8	3.0	2.3	2.1	1.9	1.7	1.6
20	7.9	6.6	5.5	4.4	4.0	3.2	2.5	2.2	2.0	1.8	1.7

日本田崎制作的鲤鱼鱼种投饲率如表6-5：

表6-5　鲤鱼鱼种投饲率（％）

（关受江，1992）

鱼体重（g） 水温（℃）	2.0～5.0	5.0～10.0	10.0～20.0	20.0～30.0	30.0～40.0	40.0～50.0
15	4.9	4.1	3.3	3.1	2.7	2.2
16	5.2	4.4	3.5	3.3	2.9	2.3
17	5.5	4.7	3.7	3.6	3.1	2.5
18	5.8	5.0	4.0	3.9	3.4	2.7
19	6.3	5.4	4.4	4.2	3.7	2.9
20	6.9	5.9	4.9	4.6	4.0	3.2
21	7.5	6.4	5.2	4.9	4.3	3.4
22	8.1	6.9	5.6	5.3	4.5	3.6
23	8.7	7.4	6.0	5.6	4.9	3.9
24	9.2	7.9	6.4	6.0	5.1	4.1
25	9.8	8.2	6.7	6.2	5.4	4.4
26	10.4	8.8	7.0	6.6	5.8	4.6
27	11.0	9.4	7.5	7.2	6.2	5.0
28	11.6	10.0	8.1	7.8	6.8	5.4
29	12.6	10.8	8.9	8.4	7.4	5.8
30	13.6	11.8	9.8	9.2	8.0	6.4

表6-6　循环水养殖系统欧洲鳗鲡放养密度和投饲率

（谢忠明，1999）

规　格 （g/尾）	初始密度 （kg/m³）	饲料颗粒直径 （mm）	投饲率（％）	养　殖　池		
				分类	水体积（m³）	水深（m）
1～4	25～30	1.0	3～2.5	鳗苗池	2～3	0.6～0.7
5～10	40～50	1.3	2.5～2.0	鳗种池	20～30	0.7～0.8
11～70	60～80	1.5～2.0	2.0～1.2	商品鳗池	40	0.8～1.0
＞70	100～120	3.0	1.2～0.8	商品鳗池	40	0.8～1.0

欧洲鳗鲡的养成从水温12℃开始投喂，水温高于32℃或出现33℃时，停止投饲。

表6-7　不同水温欧洲鳗鲡（幼、成鳗）日投饲率

（谢忠明，1999）

水温（℃）	12～18	18～21	21～24	24～26	26～28	＞28
日投饲率（％）	0.5～1.0	1.0～1.5	1.5～2.0	2.0～2.5	2.5～2.0	1.8～0.5

表6-8　不同规格欧洲鳗鲡日投饲率

（谢忠明，1999）

鱼体重（g/尾）	5～10	11～20	20～40	40～80	＞80
日投饲率（％）	3.5～2.0	2.0～1.5	1.5～1.2	1.2～0.8	0.8～0.5

注：水温22～28℃，溶解氧量高于5mg/L。

表 6-9　牙鲆投喂生鲜饵料的投饵率

(谢忠明，1999)

鱼全长（cm）	投饵率（%）	日投喂次数（次）	鱼全长（cm）	投饵率（%）	日投喂次数（次）
4	9～10	6～4	15～20	4～3	3
5	9～8	6～4	20～25	3.5～3	2
6	8～7	6～4	25～30	3	1
7	7～5	6～4	30～35	3～2.5	1
10～15	5～4	4～3			

表 6-10　牙鲆投喂软（湿型）颗粒饲料的投饵率

(谢忠明，1999)

体重（g/尾）	投饵率（%）	日投喂次数（次）	体重（g/尾）	投饵率（%）	日投喂次数（次）
苗种期	15～10	4	300	5～4	2
100	10～7	3	500	3～2	1

表 6-11　牙鲆投喂固体饲料的投饵率（%）

(谢忠明，1999)

鱼体重（g/尾）／水温（℃）	3	10	20	50	100	200	300	400	500	600	700	800	1000
15	4.0	2.5	2.0	1.5	0.8	0.7	0.6	0.5	0.4	0.4	0.4	0.4	0.4
16	5.0	3.0	2.3	1.7	1.2	0.8	0.7	0.6	0.5	0.4	0.4	0.4	0.4
17	6.0	3.0	2.5	1.8	1.2	1.0	0.8	0.7	0.5	0.4	0.4	0.4	0.4
18	7.0	4.0	3.0	2.0	1.3	1.0	0.9	0.8	0.6	0.5	0.4	0.4	0.4
19	7.0	4.0	3.0	2.0	1.5	1.1	1.0	0.8	0.6	0.5	0.4	0.4	0.4
20	8.0	5.0	3.5	2.3	1.6	1.2	1.0	0.8	0.6	0.5	0.5	0.4	0.4
21	8.0	6.0	4.0	2.5	1.7	1.2	1.1	0.9	0.7	0.6	0.5	0.5	0.4
22		7.0	4.5	2.8	1.8	1.3	1.2	0.9	0.7	0.6	0.6	0.6	0.5
23		8.0	5.0	3.0	1.8	1.3	1.2	1.0	0.9	0.7	0.6	0.5	0.5
24			5.0	3.0	1.8	1.4	1.3	1.0	0.9	0.7	0.6	0.5	0.5
25			4.0	2.5	1.7	1.3	1.2	1.0	0.9	0.7	0.5	0.4	
26				2.0	1.5	1.2	1.1	0.9	0.8	0.6	0.5		
27				2.0	1.4	1.1	1.0	0.8	0.7	0.5			
28					1.2	1.0	0.9	0.7	0.7				
29						0.9	0.8	0.6					
饲料（号）	1	2	3、4	4、5	6	7	8	8	8	9	9	9	9

表 6-12　真鲷的投饵率

(苏锦祥，1999)

平均体重（g）	水温（℃）	投饵率（%）	平均体重（g）	水温（℃）	投饵率（%）
30	22～27（7～8月）	12	170～600	17～27（5～11月）	4～7
30～90	27～22（9～10月）	12～7	600～730	17～13（12～4月）	5～3
90～110	22～13（11月）	7～4	730～1 000	17～27（5～10月）	5～8
110～170	13～17（12～4月）	4～2			

黄鳝为肉食性鱼类，用鲜活饵料投饲时，养殖前期的日投饲率为3%～4%，中期为5%～7%，后期又降为3%～4%；淡水白鲳鱼种期日投饲率为10%～12%，养

成期为 6%～9%；加洲鲈鱼日投饲率为 3%～10%；革胡子鲶的日投饲率，在池塘养殖鱼种期为 10%～15%，在网箱养成使用含蛋白质 30% 以上的配合饲料时为 3%～8%，在小水体养殖时为 5%～10%；大口鲶的日投饲率类似革胡子鲶；斑点叉尾鮰为 3%～5%。

2. **虾蟹类的日投饲率** 罗氏沼虾在体长 2～4cm 时日投饲率为 10%～20%，4～8cm 时为 6%～8%，体长大于 8cm 时为 4%～5%；青虾第一个月的日投饲率为 20%，第二个月 15%，第三、四个月为 10%，第五个月为 8%，稻田养虾的日投饲率为 3%～5%；其他对虾类日投饲率见表 6-13、表 6-14。

表 6-13 中国对虾用配合饲料日投饲量

（引自《中国对虾养殖技术规范》）

对虾体长（cm）	日投饲量（kg/万尾）	对虾体长（cm）	日投饲量（kg/万尾）	对虾体长（cm）	日投饲量（kg/万尾）	对虾体长（cm）	日投饲量（kg/万尾）
1.0	0.13	5.0	2.23	9.0	6.30	13.0	12.07
1.5	0.27	5.5	2.63	9.5	6.93	13.5	12.85
2.0	0.44	6.0	3.07	10.0	7.59	14.0	13.76
2.5	0.66	6.5	3.54	10.5	8.27	14.5	14.63
3.0	0.90	7.0	4.03	11.0	8.99	15.0	15.54
3.5	1.19	7.5	4.56	11.5	10.00		
4.0	1.53	8.0	5.12	12.0	10.47		
4.5	1.85	8.5	5.68	12.5	11.26		

表 6-14 斑节对虾用配合饲料投饲率

（引自刘鸿仪）

平均体重（g/尾）	投饲率（%）	平均体重（g/尾）	投饲率（%）	平均体重（g/尾）	投饲率（%）
0.2～1.0	20～16	3.0～5.0	12～10	15.0～20.0	6～5
1.0～2.0	16～14	5.0～8.0	10～8	20.0～30.0	5～4
2.0～3.0	14～12	8.0～15.0	8～6	＞30.0	4～2

3. **其他水产养殖动物的日投饲率** 鳖用软湿性配合饲料投喂时，日投饲率为 5%～10%，水温较高时鳖的摄食量可高达 20%；完成变态后的美蛙日投饲率为 5%～10%。

三、投饲量的计算

投饲量的计算有其规律性，生产上常用的计算方法有：

1. **饲料全年分配法** 生产单位在制订养殖计划时，综合考虑计划的养殖方式、养殖对象、所用饲料的营养价值，及以往养殖生产的实践经验，预计出全年饲料用量后，再根据当地水温变化情况和养殖对象的生长特点，将饲料分配到每月、每旬甚至每天，以确定日投饲量。

例：苏州市申庄养殖场用面积为 1 700m² 的池塘主养青鱼，预计净产 1 875kg，使用饲料系数为 2 的饲料从 3 月份到 11 月份进行投喂。据此计算出该养殖周期内饲料用量为：

$$1\ 875kg×2＝3\ 750kg$$

3 750kg 饲料的分配日投饲量如表 6-15。

表 6-15 苏州市申庄养殖场以青鱼为主的试验塘全年饲料分配

月份	3	4	5	6	7	8	9	10	11
月投饲量占全年的百分比(%)	2	3	8	13	18	20	21	12	3
月投饲量(kg)	75	112.5	300	487.5	675	750	787.5	450	112.5

旬	3	4上	4中	4下	5上	5中	5下	6上	6中	6下	7上	7中	7下	8上	8中	8下	9上	9中	9下	10上	10中	10下	11
旬投饲量占月的百分比(%)		30	30	40	28	33	39	28	33	39	30	35	35	32	34	34	32	34	35	38	35	27	
旬投饲量(kg)		33	34.5	45	84	99	117	136.5	160	191	202	237	236	240	255	255	252	260.5	275	171	158	121	
日投饲量(kg)		3.3	3.45	4.5	8.4	9.9	11.7	13.65	16	19.5	20.5	23.7	23.6	24	25.5	25.5	25.2	26.05	27.5	17.1	15.7	12.15	
日投饲次数	2	2	2	2	2	2	2	2	4	4	4	4	4	4	4	4	4	4	4	3	3	3	2

2. 投饲率表法 投饲率计算法是根据各种水生动物的投饲率表和养殖动物体重计算日投饲量的方法。如在某真鲷养殖网箱中有规格为 50g/尾的鱼 500 尾,当时的水温为 25℃。查真鲷的投饲率表,此水温及规格下,投饲率为 10%,则该网箱当日的日投饲量为

$$50\text{g/尾} \times 500 \text{ 尾} \times 10\% = 2.5\text{kg}$$

这是一种较粗略的计算方法,因为投饲率是按当时的养殖条件测定的,使用的饲料营养价值与后来计算投饲量时使用的饲料是不相同的,投饲率也应有所变化。

3. 日投饲率计算法 将饲料的营养价值作为投饲量变化的一个参数时,可按某水温下,动物的每日营养需求量及饲料中主要养分——蛋白质的营养价值来推算日投饲率。

$$日投饲率 = \frac{动物对蛋白质的需要量(g/d \cdot kg\ 动物)}{1\,000(g) \times 饲料中粗蛋白质含量(\%) \times 粗蛋白质的消化率(\%)} \times 100\%$$

这样按照动物对蛋白质的需要量和饲料提供的可消化蛋白质的量计算投饲率时,营养价值不同的饲料的日投饲率就会不同。它反映了饲料蛋白质营养价值高,所需饲料量少;饲料蛋白质营养价值低,所需饲料量多的合理性与真实性。

4. 投饲公式 投饲率表主要用于单养。当采用不同食性多品种鱼混养时,则不能完全适用。根据这一特点,以饲料蛋白质转换率为基础,以饲料和鱼体蛋白质含量为参数,结合预期产量(参考过去产量),经试验和应用,得出计算投饲量的经验公式,现介绍于下:

$$FF = \frac{(FV - PV) \cdot CP}{FPE \cdot FPC}$$

$$I = (FV/PV1/N - 1) \times 100$$

式中：FF 为预期投饲量；

FV 为预期毛产量；

PV 为目前吃食性鱼类存塘量；

PC 为鱼体蛋白质含量（15%）；

FPE 为配合饲料蛋白质转换率（40%）；

FPC 为饲料蛋白质含量；

I 为鱼体日增重率；

N 为天数。

四、实际日投饲量的确定

生产上每日的投饲量是以计算或计划的数据作为一个基本参考量，再考虑水色、天气和水生生物的吃食情况适当增减。肥水可以正常投饲，水色淡适量增加投饲量，水色过浓适量减少投饲量，水质严重恶化时不投饲；风和日暖多投饲，阴雨天少投饲，闷热无风或阵雨前停止投饲，暴雨时暂停投饲，雾天、气压低时要待雾散后再投饲。水生动物活动活跃，食欲旺，抢食凶，短时吃光，应增加投饲量；投饲时，水面争食不明显或食台中有残饵时，要减少投饲量；出现疾病需要下药时，少投饲或不投饲。

为提高饲料的利用率，保持鱼类旺盛的食欲，还可以按计算投饲量的"八成"来投喂，即所谓的"八成饱"原则。"八成饱"有两个含义，一是指投饲量只能满足八成鱼类吃饱；二是指投饲量仅能满足所有鱼类吃八成饱。

虾蟹类的实际日投饲量要考虑生长脱壳的影响。虾蟹类蜕壳前后 2d，摄食量明显减少，在养殖水温比较高时 5～10d 蜕皮一次，就群体来说，实际日投饲量为最大摄食的70% 即已足够。

第三节　投饲技术

水产养殖技术的不断进步，新的养殖品种、养殖方式不断涌现，投饲技术也在不断发展与完善。投饲技术是现代养殖生产不可忽视的一项技术，是制约饲料转化率的因素，决定了养殖周期、产量和经济效益。"四看"、"五定"原则对投饲技术作了高度的概括。下面介绍不同摄食方式下水产动物的投饲技术。

一、鱼类养殖投饲技术

（一）**日投饲次数与时间**　将日投饲量分成几次进行投饲，关系到饲料是否被有效地消化吸收及养殖鱼类生长速度的快慢。日投饲次数主要取决于鱼类摄食的节律性，即其摄食、消化的特点。此外，还取决动物的年龄、水温、养殖方式、饲料特性和水的理化因子等。

鱼类在饱食之后，其摄食就会有一个间歇期。鲤鱼等鲤科无胃鱼类，食物从食道进入肠道，即开始被消化吸收；由于没有胃囊来容纳食物，每次进食量不大，很快就又感到饥饿。而有胃鱼的胃肠容量较大，一次性摄入食物量大，食物在胃肠中消化吸收所需要的时间长，即胃肠排空时间比较长。所以，无胃鱼两次投饲间隔时间要短于有胃鱼，即日投喂次数多于有胃鱼。在无胃鱼之间，鲤鱼对食物较贪婪且不挑剔；而鲂、草鱼的抢食能力远不如鲤鱼，因此，鲤鱼的日投饲次数较鲂、草鱼要多。

日投饲次数与鱼的年龄呈负相关。鱼类在幼苗阶段，代谢旺盛，生长速度快，对养分的需要量高，摄食量大，但其胃肠容量比较小，每次摄入食物量少，为满足其生长营养需要，不造成生长停滞，必须经常供给饲料，所以，日投饲次数也要增多，随着鱼个体长大，日投饲次数可逐渐减少。

在一定范围内，养殖水温与投饲次数呈正相关。在鱼类的生活适温范围内，水温越高，鱼活动就越活跃，代谢速度越快，对投饲的消化速度也越快，此时日投饲次数过少，鱼类对养分的需求得不到及时满足，就会造成鱼类生长慢，影响养殖产量。相反，水温降低，鱼的生理处于缓慢代谢状态，日投饲次数可以减少。如夏天日投 3 次，冬天可日投 1 次，或隔日投一次。

对于无胃的鱼，如鲤鱼是连续性摄食的鱼类，在鱼苗培育期，日投饲 8～10 次，鱼种期日投饲 4～8 次，而养成期只需要日投饲 2～4 次。当水温低于 14℃时，可日投 1 次或隔日投饲。池塘养殖情况下，斑点叉尾鮰鱼苗、鱼种、成鱼在不同水温下的日投饲次数见表 6-16。其他温水性有胃的鱼类，亦可参照使用。

表 6-16　斑点叉尾鮰鱼苗或鱼种和食用鱼在不同的水温
情况下建议最大投饲率和投喂次数

（廖朝兴等，1998）

水温（℃）	鱼苗或鱼种		食用鱼	
	日投喂次数	日投饲率（%）	日投喂次数	日投饲率（%）
≥31	2	2	1	1
26～30	4	6	2	3
20～25	2	3	1	2
14～19	1	3	1	2
10～13	隔天投饲	2	隔天投饲	1
≤9	3～4d 投饲一次	1	3～4d 投饲一次	0.5

流水及淡水网箱养殖鱼类，以日投饲 2～4 次为宜；海水网箱养鱼日投饲 1～2 次，石斑鱼贪食，食量大，食物进入消化道后经 36h 排空，故有的单位 2d 投喂一次，也能取得较好的生长速度。

具体投饲时间的确定取决于日投饲次数。日投一次时，选择在中午 11 时投喂。日投两次时，选择上午 9 时和下午 16：30 左右投喂，盛夏季节可将上午投饲时间提前，下午投饲时间适当推迟；北方地区可将上午投饲时间提前，南方地区可将下午投饲时间推迟。日投饲 3 次时，在中午 12：00 前增加一次投饲；以此类推。特别要注意的是，早上第一次投饲时间不宜太早，应等光照渐强、水中光合作用近 2h、溶氧量上升时进行；最晚的一次投饲不宜太晚，在天黑前尚能看见水中饲料沉落时进行；南方夏季要避开光照最强的炎热中午投饲。

海水网箱养殖鱼类，最好能在平潮时投饲，否则在停潮时或潮流上方投饲，以免饲料被潮水冲走，造成浪费。

颗粒饲料每次投饲时间应持续 20～30mim；湿性团块状饲料放足即可。

除因水质或天气不好暂停投喂外，投饲不能中断，忌喂喂停停，避免鱼类因饥饿而消瘦，重新投喂时须用一段时间恢复体质，然后才开始增长。即浪费饲料又耽误鱼类生长。

（二）投饲场所 鱼类的摄食活动可通过训练形成条件反射，设置固定投饲场所进行投饲是可以实现的，并且显示出了良好的效果。

池塘养鱼，选择池塘光照较好的池边或近池边浅水处设置食场。食场面积不宜过大，以鱼吃食时不过于拥挤为度。食场可设置于池底或水中层。设于池底的食场，底质应较硬，无过多淤泥。设于水中层的饲料台用网状材料制作，固定在池中，台面没入水中 $0.5 \sim 1.0 m$，水温适宜则浅，水温偏高或偏低则深；池塘面积大，可多设几个饲料台，以 $200 \sim 300$ 尾鱼共用 $1 \sim 2 m^2$ 饲料台面积为宜。当进行混养、池中鱼规格大小不一时，为避免大鱼霸食，可设置两种饲料台，分别满足大小不一的鱼类需要，即用竹箔或苇箔编成的栅栏将小鱼饲料台的四周围起，只有小鱼能进去吃食，大鱼则钻不进去而不能抢食小鱼饲料。池底食场与水中饲料台应经常清理和消毒，还可在饲料台边挂药袋，以防治鱼病。

除了沉下着底式网箱外，养鱼网箱均可在箱底铺一层细网眼的网片，既防止投入的饲料穿过箱底沉入水中，又便于拆洗更换，维持箱体清洁，保证箱内外的水流通畅。大型网箱，还可以在箱内中层固定小面积网片制作的饲料台投饲，同样达到上述效果。

（三）投饲方法 对大多数鱼而言，养殖投饲存在"驯饲"的问题。驯饲就是训练鱼的吃食习惯，包括对人工配合饲料的适应及定点定时投喂。方法是，鱼入池放养后，根据水质肥瘦几天内先不投饲，让鱼饥饿，然后在饲料台及附近投放少量鱼类喜食的天然饲料，引诱它们食欲，次日再集中在饲料台投饲，待鱼习惯于在食台觅食后，逐渐减少天然饲料的量，增投人工配合饲料，或将天然饲料与人工饲料混合在一起投喂，逐渐增加人工配合饲料的比例，直到鱼类完全适应在食台摄食配合饲料。对于较容易驯食成功的鱼类，饥饿 $2 \sim 3d$ 以后，直接投饲少量配合饲料，见鱼吃食后，再增加投饲量至完全适应配合饲料。此外，鲤科、鲷科等许多鱼类对音响较敏感，经数天训练易形成条件反射。初投饲时，采用声音与投饲相结合的方法，即先有声音再投饲，多次反复训练以后，只要听到相同声音，鱼就会集中到饲料台等待投饲。这样，鱼类集中抢食，可以缩短投饲时间，提高投饲效率。

网箱养殖的鱼类，在正常投饲前要给鱼有适应环境的时间。一般在鱼类入箱 $1 \sim 2d$ 后，可以开始投饲。

水产养殖投饲方法主要有人工和机械投饲两种：

1. 人工投饲 人工投饲即是用人工将饲料投入水中。投饲面团状饲料时，用铲或其他工具将饲料投入水中的饲料台或食场。投放颗粒饲料时，用人工均匀地撒入水中的饲料台（场），手撒投饲注意掌握"慢、快、慢"的原则，尤其是网箱养殖投饲时。即先少投慢投，引诱鱼来吃食；当大部分鱼都集中争食时，就快投多投；当大部分鱼基本吃饱，争食明显减少时就慢投，以照顾弱小者或晚来者。

人工投饲简便灵活，饲料摄入量高，可以清楚地观察到鱼的摄食情况，并可据此调整投饲，使投饲量更准确适当，使饲料更易被鱼类吞食，提高饲料的使用效率，做到精心投喂；而且无论天然饲料还是配合饲料都适用。但是费时费工，劳动效率低。养殖各种名特优水产品时，提倡使用人工投饲法。

2. 机械投饲 机械投饲是投饲颗粒饲料时使用的一类方式。主要有自动投饲、鱼动投饲和机械定时投饲三种。

鱼动投饲是利用鱼类游动时,触碰鱼动式投饲机的水下装置,而引起一定量饲料的抖落。

机械定时投饲采用电子钟控制,定时定量地向固定位置撒出饲料;或人工启动电动机,向水中投撒饲料。这种方法不便于调节投饲速度,投饲效果不够理想。

自动投饲方式的控制机构是岸上的工作电脑。水下养殖鱼类的摄食状况,通过水下摄像机反馈到电脑控制中心,水下的温度、深度等有关数据,由探测装置收集后也反馈到电脑控制中心。电脑进行数据分析,确定出投饲量,并将饲料自动投入水中。如俄罗斯Sadco公司研制的深海网箱养殖自动投饲系统和美国的规范化池塘自动投饲系统,都是目前领先的可灵活有效确定投饲量的自动投饲系统。

二、名特优水产养殖投饲技术

虾蟹类、鳖类的摄食习性与鱼类有较大的差别,掌握各养殖对象的摄食特点,针对性地进行投饲,可以提高饲料的利用率,减少水质污染,加快养殖动物的生长速度。

1. **虾类的投饲技术** 虾类的肠道直且短,容易消化吸收及排泄,饱食后 4～5h 便处于空胃状态,且摄食无节律性,故投喂应少量多次。虾苗刚入池时,池中饵料生物多,水温高,日投饲次数要有所增加,以日投 4～6 次为宜。考虑到生产的实际情况,多数养殖单位采取日投饲 2 次的方法也能取得较好的效果。

虾类昼伏夜出,白天潜于水底,夜间活跃,光线弱时摄食量大。白天投饲量应占全天的 20%～40%,夜间投饲量占全天的 60%～80%。上午 10:00 到下午 16:00 少投,光照太强的正午忌投饲。

虾类的神经系统结构简单,不能像鱼类那样形成条件反射,喜在底层活动,常于池边底层巡游觅食。投喂时,饲料应均匀地撒在池边浅水硬质底处,避开池中央淤泥厚的区域。若虾池建有进、排水闸,则进水闸附近应设为无饵区,作为虾类栖息和缺氧时的避难场所。为方便观察虾的摄食情况,及时调整投饲量,可以在投饲区域内放置几个投饲盘,每次投饲后 1～2h 即检查盘中是否有残饵,以此推算虾类对饲料的嗜好性和投饲是否不足或过量。

2. **蟹类的摄食习性与虾类似** 可参照投饲。

3. **鳖类养殖的投饲技术** 鳖的行动不如鱼类敏捷,觅食时主要靠敏感的嗅觉器官,食量大,耐饥能力也很强。水温高时日投饲 2 次,水温低时日投 1 次。

养鳖池的食台设在池子安静的一边或近池埂不远处。食台多为长条形,宽约 40cm,用木板或水泥预制板等硬质材料制成,食台两侧边缘斜坡形,与水面相接,中间台面上有多个钉子用来挂住面团状饲料,或台面中间有槽用来铺放干性饲料,避免饲料被鳖拖入水中浪费掉。

池塘进行混养,或者同一养殖水体需要投饲多种饲料时,采取"先粗后精,先干后鲜"的原则。先粗后精,就是选择制作粗或质量比较差的配合饲料,如先投喂花生块,几小时后再投喂质量比较好的配合饲料;先干后鲜,就是先投配合饲料,几个小时后再投新鲜的小杂鱼等肉类饲料,以保证弱小的鱼虾有机会摄食到优质饲料,减少个体大小差异。

复习思考题

1. 为何强调水产养殖的投饲技术？

2. 水产养殖投饲要遵循哪些原则？

3. 试分析影响日投饲量的因素。

4. 什么是投饲率？如何根据鱼虾类对蛋白质的需要量来计算日投饲率？

5. 怎样确定日投饲量？

6. 如何设置食场，并对鱼类进行驯饲？

7. 简述养鱼投饲技术要点。

8. 简述养虾投饲技术要点。

实验实训　养殖场现场投饲量的确定及投饲

一、目的与要求

熟练计算日投饲量，并根据当时养殖状况确定实际日投饲量；掌握池塘（网箱）养鱼的投饲技术。

二、方法与内容

1. 计算日投饲量：从池塘或网箱中捕出部分鱼，称重（W），计数所称鱼的总尾数（N），放回，计算出平均每尾鱼的体重。测水温，查投饲率。将放养鱼尾数减去养殖过程中死亡鱼的尾数，得出存塘（箱）鱼尾数。

日投饲量＝投饲率×池（箱）中鱼的尾数×平均每尾鱼的体重

2. 确定实际投饲量：观察天气、水色、鱼的活动，确定计算得出的日投饲量应该怎样增减，确定日投饲次数和每次投饲量。

3. 投饲：手撒投饲，观察鱼的吃食情况，并在投饲 0.5～1h 后检查食台。判断鱼的吃食是否正常，投饲量是否恰当。

三、作　业

确定实际日投饲量，并进行投饲。写出实训报告。

第7章 饲料质量标准及营养价值评价

第一节 饲料基础原料质量标准

水生动物配合饲料是根据水生动物对各种营养素的需求，结合所用饲料原料所含的营养成分及其消化利用情况，调配出的满足其营养需要的饲料。不同种类的饲料原料有不同的特点，即使是同种饲料原料，其特点也不完全相同。饲料原料特点不仅指化学组成，而且还包括色泽、形态、气味、霉变、虫蛀等物理方面的特点。为保证配合饲料质量，在设计配合饲料、原料时，必须对这些特点有所了解。因此，了解饲料原料的营养价值及质量标准是配制配合饲料的重要环节之一。

一、饲料基础原料质量指标及分级标准

（一）骨粉及肉骨粉

1. **骨粉** 骨粉是指用动物杂骨经脱脂、脱胶、干燥和粉碎加工后的粉状物。骨粉分级的感官指标及理化指标分别见表 7-1 和表 7-2。

表 7-1　骨粉分级的感官指标

等级 质量指标	一级	二级	三级
色泽	浅灰白色	灰白色	
状态	粉状或颗粒状		
气味	具固有气味，无不良气味	具固有气味，无腐败气味	

表 7-2　骨粉分级的理化指标（％）

等级 质量指标	一　级	二　级	三　级
水分≤	8	9	10
钙　≥	25	22	20
磷　≥	13	11	10

2. **肉骨粉**　是指用动物杂骨、下脚料、废弃物经高温处理、干燥和粉碎加工后的粉状物。

肉骨粉分级的感官指标及理化指标分别见表 7-3 和表 7-4。

表 7-3　肉骨粉分级的感官指标

等级 质量指标	一　级	二　级	三　级
色　泽	褐色或灰褐色	灰褐色或浅棕色	灰色或浅棕色
状　态	粉　状	粉　状	粉　状
气　味	具固有气味	无异味	无异味

表 7-4　肉骨粉分级的理化指标（％）

等级 质量指标	一　级	二　级	三　级
粗蛋白≥	26	23	20
水　分≤	9	10	12
粗脂肪≤	8	10	12
钙　　≥	14	12	10
磷　　≥	8	5	3

（二）饲料用玉米

1. **感官性状**　籽粒整齐、均匀，色泽黄色或白色，无发酵、霉变、结块及异味异嗅。

2. **水分**　一般地区不得超过 14.0％，东北、内蒙古、新疆地区不得超过 18.0％。

3. **质量指标及分级标准**　见表 7-5。

表 7-5　饲料用玉米的质量指标及分级标准（％）

等级 质量指标	一　级	二　级	三　级
粗蛋白	≥9.0	≥8.0	≥7.0
粗纤维	<1.5	<2.0	<2.5
粗灰分	<2.3	<2.6	<2.3

各项质量指标含量均以 86％干物质为基础计算。

二级饲料用玉米为中等质量标准，低于三级者为等外品。

（三）饲料用高粱

1. **感官性状**　籽粒整齐，色泽新鲜一致，无发酵、霉变、结块及异味异嗅。

291

2. **水分** 水分含量不得超过 14.0%。

3. **质量指标及分级标准** 见表 7-6。

表 7-6 饲料用高粱的质量指标及分级标准（%）

质量指标 \ 等级	一 级	二 级	三 级
粗蛋白	≥9.0	≥7.0	≥6.0
粗纤维	<2.0	<2.0	<3.0
粗灰分	<2.0	<2.0	<3.0

各项质量指标含量均以 86% 干物质为基础计算。

二级饲料用高粱为中等质量标准，低于三级者为等外品。

（四）饲料用稻谷

1. **感官性状** 籽粒整齐，色泽新鲜一致，无发酵、霉变、结块及异味异嗅。

2. **水分** 水分含量不得超过 14.0%。

3. **质量指标及分级标准** 见表 7-7。

表 7-7 饲料用稻谷的质量指标及分级标准（%）

质量指标 \ 等级	一 级	二 级	三 级
粗蛋白	≥8.0	≥6.0	≥5.0
粗纤维	<9.0	<10.0	<12.0
粗灰分	<5.0	<6.0	<8.0

各项质量指标含量均以 87% 干物质为基础计算。

二级饲料用稻谷为中等质量标准，低于三级者为等外品。

（五）饲料用小麦

1. **感官性状** 细碎屑状，色泽新鲜一致，无发酵、霉变、结块及异味异嗅。

2. **水分** 冬小麦水分不得超过 12.5%；春小麦水分不得超过 13.5%。

3. **质量指标及分级标准** 见表 7-8。

表 7-8 饲料用小麦的质量指标及分级标准（%）

质量指标 \ 等级	一 级	二 级	三 级
粗蛋白	≥14.0	≥12.0	≥10.0
粗纤维	<2.0	<3.0	<3.5
粗灰分	<2.0	<2.0	<3.0

各项质量指标含量均以 86% 干物质为基础计算。

二级饲料用小麦为中等质量标准，低于三级者为等外品。

（六）饲料用小麦麸

1. **感官性状** 籽粒整齐，色泽新鲜一致，无酸败、霉变、结块及异味异嗅。

2. **水分** 水分含量不得超过 13.0%。

3. 质量指标及分级标准　见表 7-9。

表 7-9　饲料用小麦麸的质量指标及分级标准（%）

质量指标 \ 等级	一级	二级	三级
粗蛋白	≥15.0	≥13.0	≥11.0
粗纤维	<9.0	<10.0	<11.0
粗灰分	<6.0	<6.0	<6.0

各项质量指标含量均以 87% 干物质为基础计算。

二级饲料用小麦为中等质量标准，低于三级者为等外品。

（七）饲料用米糠

1. 感官性状　本品呈淡黄灰色的粉状，色泽新鲜一致，无酸败、霉变、结块、虫蛀及异味异嗅。

2. 水分　水分含量不得超过 13.0%。

3. 质量指标及分级标准　见表 7-10。

表 7-10　饲料用米糠的质量指标及分级标准（%）

质量指标 \ 等级	一级	二级	三级
粗蛋白	≥13.0	≥12.0	≥11.0
粗纤维	<6.0	<7.0	<8.0
粗灰分	<8.0	<9.0	<10.0

各项质量指标含量均以 87% 干物质为基础计算。

二级饲料用米糠为中等质量标准，低于三级者为等外品。

本标准适用于以糙米为原料、精制大米后的副产品——饲料用米糠。

（八）饲料用米糠饼、米糠粕

1. 米糠饼　以米糠为原料、以压榨法取油后的产品。

（1）感官性状。本品呈淡黄褐色的片状或圆饼状，色泽新鲜一致，无发酵、霉变、结块及异味异嗅。

（2）水分。水分含量不得超过 12.0%。

（3）质量指标及分级标准。见表 7-11。

表 7-11　饲料用米糠饼的质量指标及分级标准（%）

质量指标 \ 等级	一级	二级	三级
粗蛋白	≥14.0	≥13.0	≥12.0
粗纤维	<8.0	<10.0	<12.0
粗灰分	<9.0	<10.0	<12.0

各项质量指标含量均以 88% 干物质为基础计算。

二级饲料用米糠饼为中等质量标准，低于三级者为等外品。

2. 米糠粕　以米糠为原料，以浸取法或预压浸取法取油后的产品。

（1）感官性状。本品呈淡灰黄色粉状，色泽新鲜一致，无发酵、霉变、虫蛀、结块及异味异嗅。

（2）水分。水分含量不得超过 13.0％。

（3）质量指标及分级标准。见表 7-12。

表 7-12　饲料用米糠粕的质量指标及分级标准（％）

质量指标 \ 等级	一　级	二　级	三　级
粗蛋白	≥15.0	≥14.0	≥13.0
粗纤维	<8.0	<10.0	<12.0
粗灰分	<9.0	<10.0	<12.0

各项质量指标含量均以 87％干物质为基础计算。

二级饲料用米糠粕为中等质量标准，低于三级者为等外品。

（九）饲料用菜籽饼、菜籽粕

1. 菜籽饼　油菜籽经压榨取油后的产品。

（1）感官性状。褐色，小瓦片状、片状或饼状，具有菜籽饼油香味，无发酵、霉变及异味异嗅。

（2）水分。水分含量不得超过 12.0％。

（3）质量指标及分级标准。见表 7-13。

表 7-13　饲料用菜籽饼的质量指标及分级标准（％）

质量指标 \ 等级	一　级	二　级	三　级
粗蛋白	≥37.0	≥34.0	≥30.0
粗纤维	<14.0	<14.0	<14.0
粗灰分	<12.0	<12.0	<12.0
粗脂肪	<10.0	<10.0	<10.0

各项质量指标含量均以 88％干物质为基础计算。

二级饲料用菜籽饼为中等质量标准，低于三级者为等外品。

2. 菜籽粕　油菜籽经预压－浸提或压榨法取油后的产品。

（1）感官性状。黄色或浅褐色，碎片或粗粉状，具有菜籽粕油香味，无发酵、霉变、结块及异味异嗅。

（2）水分。水分含量不得超过 12.0％。

（3）质量指标及分级标准。见表 7-14。

表 7-14　饲料用菜籽粕的质量指标及分级标准（％）

质量指标 \ 等级	一　级	二　级	三　级
粗蛋白	≥40.0	≥37.0	≥33.0

（续）

等级 质量指标	一级	二级	三级
粗纤维	<14.0	<14.0	<14.0
粗灰分	<8.0	<8.0	<8.0

各项质量指标含量均以88%干物质为基础计算。

二级饲料用菜籽粕为中等质量标准，低于三级者为等外品。

（十）饲料用棉籽饼 以棉籽为原料，经脱壳或部分脱壳后再以压榨法取油后的产品。

1. **感官性状** 小瓦片状或饼状，色泽呈新鲜一致的黄褐色；无发酵、霉变、虫蛀及异味异嗅。

2. **水分** 水分含量不得超过12.0%。

3. **质量指标及分级标准** 见表7-15。

表7-15 饲料用棉籽饼的质量指标及分级标准（%）

等级 质量指标	一级	二级	三级
粗蛋白	≥40	≥36	≥32
粗纤维	<10	<12	<14
粗灰分	<6	<7	<8

各项质量指标含量约以88%干物质为基础计算。

二级饲料用棉籽饼为中等质量标准，低于三级者为等外品。

（十一）饲料用大豆饼、大豆粕

1. **大豆饼** 以大豆为原料，以压榨法取油后的产品。

（1）感官性状。本品呈黄褐色饼状或小片状，色泽新鲜一致，无发酵、霉变、虫蛀及异味异嗅。

（2）水分。水分含量不得超过13.0%。

（3）质量指标及分级标准。见表7-16。

表7-16 饲料用大豆饼的质量指标及分级标准（%）

等级 质量指标	一级	二级	三级
粗蛋白质	≥41.0	≥39.0	≥37.0
粗脂肪	<8.0	<8.0	<8.0
粗纤维	<5.0	<6.0	<7.0
粗灰分	<6.0	<7.0	<8.0

各项质量指标含量均以87%干物质为基础计算。

二级饲料用大豆饼为中等质量标准，低于三级者为等外品。

（4）脲酶活性允许指标。脲酶活性定义：在30±5℃和pH 7的条件下，每分钟大豆饼分解尿素所释放的氨态氮的毫克数。

饲料大豆饼的脲酶活性不得超过 0.4。

2. 大豆粕 以大豆为原料，以预压－浸提法取油后所得的产品。

（1）感官性状。浅黄褐色或淡黄色不规则的碎片状，色泽一致，无发酵、霉变、结块、虫蛀及异味异嗅。

（2）水分。水分含量不得超过 13.0%。

（3）质量指标及分级标准。见表 7-17。

表 7-17　饲料用大豆粕的质量指标及分类标准（%）

等级 质量指标	一级	二级	三级
粗蛋白质	≥44.0	≥42.0	≥40.0
粗纤维	<5.0	<6.0	<7.0
粗灰分	<6.0	<7.0	<8.0

各项质量指标含量均以 87% 干物质为基础计算。

二级饲料用大豆粕为中等质量标准，低于三级者为等外品。

（4）脲酶活性允许指标。饲料用大豆粕的脲酶活性不得超过 4.0。

脲酶活性定义与上述一致。

（十二）饲料用花生饼、花生粕

1. 花生饼 以脱壳花生果为原料，经压榨法取油后所得产品。

（1）感官性状。小瓦片状或圆扁块状，色泽新鲜一致的黄褐色，无发酵、霉变、结块、虫蛀及异味异嗅。

（2）水分。水分含量不得超过 12.0%。

（3）质量指标及分级标准。见表 7-18。

表 7-18　饲料用花生饼的质量指标及分级标准（%）

等级 质量指标	一级	二级	三级
粗蛋白质	≥48.0	≥40.0	≥36.0
粗纤维	<7.0	<9.0	<11.0
粗灰分	<6.0	<7.0	<8.0

各项质量指标含量均以 88% 干物质为基础计算。

二级饲料用花生饼为中等质量标准，低于三级者为等外品。

2. 花生粕 以脱壳花生果为原料经有机溶剂浸提取油或预压－浸提取油后的产品。

（1）感官性状。碎屑状，色泽呈新鲜一致的黄褐色或浅褐色，无发酵、霉变、结块、虫蛀及异味异嗅。

（2）水分。水分含量不得超过 12.0%。

（3）质量指标及分级标准。见表 7-19。

表 7-19　饲料用花生粕的质量指标及分级标准（%）

等级 质量指标	一　级	二　级	三　级
粗蛋白质	≥51.0	≥42.0	≥37.0
粗纤维	<7.0	<9.0	<11.0
粗灰分	<6.0	<7.0	<8.0

各项质量指标含量均以 88% 干物质为基础计算。

二级饲料用花生粕为中等质量标准，低于三级者为等外品。

（十三）饲料用大豆

1. **感官性状**　为黄色大豆籽实。大豆的种皮呈黄色，粒为圆形、椭圆形，表面光滑有光泽，脐为黄色、深褐色或黑色。不包括青大豆、黑色大豆、褐色大豆等。无发酵、霉变、结块及异味异嗅。

2. **异色粒及饲料豆（秣食豆）限度**　异色粒限度为 5.0%。饲料豆（秣食豆）限度为 1.0%。

3. **水分**　水分含量不得超过 13.0%。

4. **质量指标及分级标准**　见表 7-20。

表 7-20　饲料用大豆的质量指标及分级标准（%）

等级 质量指标	一　级	二　级	三　级
粗蛋白质	≥36.0	≥35.0	≥34.0
粗纤维	<5.0	<5.5	<6.5
粗灰分	<5.0	<5.0	<5.0

各项质量指标含量均以 87% 干物质为基础计算。

二级饲料用大豆为中等质量标准，低于三级者为等外品。

5. **脲酶活性允许指标**　饲料用大豆需加热后使用，脲酶活性不得超过 4.0。

（十四）饲料用豌豆

1. **感官性状**　色泽新鲜一致，无发酵、霉变、结块及异味异嗅。

2. **水分**　水分含量不得超过 13.5%。

3. **质量指标及分级标准**　见表 7-21。

表 7-21　饲料用豌豆的质量指标及分级标准（%）

等级 质量指标	一　级	二　级	三　级
粗蛋白质	≥24.0	≥22.0	≥20.0
粗纤维	<7.0	<7.5	<8.0
粗灰分	<3.5	<3.5	<4.0

各项质量指标含量均以 86.5% 干物质为基础计算。

二级饲料用豌豆为中等质量标准，低于三级者为等外品。

（十五）饲料用蚕豆

1. 感官性状 色泽一致，淡褐色到褐色或淡绿色到绿色，无发酵、霉变及异味异嗅。

2. 水分 水分含量不得超过 13.5％。

3. 质量指标及分级标准 见表 7-22。

表 7-22 饲料用蚕豆的质量指标及分级标准（％）

质量指标 等级	一 级	二 级	三 级
粗蛋白质	≥25.0	≥23.0	≥21.0
粗纤维	＜9.0	＜10.0	＜11.0
粗灰分	＜3.5	＜3.5	＜4.5

各项质量指标含量均以 86.5％干物质为基础计算。

二级饲料用蚕豆质量为中等质量标准，低于三级者为等外品。

（十六）饲料用木薯叶粉 以新鲜木薯叶（含部分叶柄）为原料，经干燥加工成的产品。

1. 感官性状 为粉状或颗粒状，色泽呈深绿色或带黄绿色，无发酵、霉变、结块及异味异嗅。

2. 水分 水分含量不得超过 13.0％。

3. 质量指标及分级标准 见表 7-23。

表 7-23 饲料用木薯叶粉的质量指标及分级标准（％）

质量指标 等级	一 级	二 级	三 级
粗蛋白质	≥17.0	≥14.0	≥11.0
粗纤维	＜17.0	＜20.0	＜23.0
粗灰分	＜9.0	＜9.0	＜9.0

各项质量指标含量均以 87％干物质为基础计算。

二级饲料用木薯叶粉为中等质量标准，低于三级者为等外品。

（十七）饲料用桑蚕蛹 桑蚕茧经缫丝后所得的产品。

1. 感官性状 褐色蛹粒状及少量碎片，色泽新鲜一致，无发酵霉变、结块及异味异嗅。

2. 水分 水分含量不得超过 12.0％。

3. 质量指标及分级标准 见表 7-24。

表 7-24 饲料用桑蚕蛹的质量指标及分级标准（％）

质量指标 等级	一 级	二 级	三 级
粗蛋白质	≥50.0	≥45.0	≥40.0
粗纤维	＜4.0	＜5.0	＜6.0
粗灰分	＜4.0	＜5.0	＜6.0

各项质量指标含量均以 88% 干物质为基础计算。

二级饲料用桑蚕蛹为中等质量标准，低于三级者为等外品。

（十八）饲料用鱼粉

表 7-25　鱼粉质量指标及分级标准（%）

指标项目	一　级	二　级	三　级
颜色	黄棕色	黄褐色	黄褐色
气味	具有鱼粉正常气味，无异臭及焦灼味		
颗粒细度	至少 98% 能通过筛孔直径 2.8mm 的标准筛		
蛋白质不低于	55	50	45
脂肪不超过	10	12	14
水分不超过	12	12	12
盐分不超过	4	5	5
砂分不超过	4	5	5

注：蛋白质系粗蛋白，鱼粉中不允许添加非鱼粉原料的含氮物质；脂肪指粗脂肪；盐分系指氯化钠为代表的氯化物；砂分系酸不溶性灼烧残渣。

（十九）饲料酵母

1. 术语

（1）饲料酵母。指以碳水化合物（淀粉、糖蜜以及味精、造纸、酒精等高浓度有机废液）为主要原料，以液态通风培养菌，并从其发酵醪中分离酵母菌体（不添加其他物质），酵母菌体经干燥后制得的产品。

（2）酵母菌。主要指产朊假丝酵母菌（*Candida utilis*），热带假丝酵母菌（*Candida tropicalis*），园拟酵母菌（*Torula utilis*），球拟酵母菌（*Torulopsis utilis*）和酿酒酵母（*Saccharomyces cerevisiae*）等。

（3）细胞数。指样品加水稀释后，在显微镜下能看见的酵母细胞数量。

（4）粗纤维。指样品经稀酸、稀碱处理，脱脂去灰后的有机物（纤维素及少量半纤维素、木质素）的总称。

（5）粗蛋白质。指样品经水洗除去无机氮化合物后，用凯氏定氮法测得的蛋白质含量。

2. 饲料酵母质量标准及分级标准　见表 7-26。

表 7-26　饲料酵母质量标准及分级标准

项　目	级　别 优等品	一等品	合格品
色泽	淡黄色	淡　黄　至　褐　色	
气味	只有酵母的特殊气味，无异臭味		
粒度	应通过 SSW 0.400/0.250mm 的试验筛		
杂质	无异物		
水分（%）≤	8.0	9.0	

（续）

级 别 项 目	优等品	一等品	合格品
灰分（%）≤	8.0	9.0	10.0
碘反应（以碘液检查）	不得呈蓝色		
细胞数（亿个/克）≥	270	180	150
粗蛋白质（%）≥	45	40	
粗纤维（%）≤	1.0		1.5
砷（以 As 计，mg/kg）≤	10		
重金属（以 Pb 计，mg/kg）≤	10		
沙门氏菌	不得检出		

（二十）饲料用螺旋藻粉

1. **范围**　本标准适用于大规模人工培养的纯顶螺旋藻（*Spirulina platensis*）或极大螺旋藻（*Spirulina macima*）经瞬时高温喷雾干燥制成的螺旋藻粉。

2. **要求**　螺旋藻细胞不少于 80%，不得检出有毒藻类（微囊藻）。

3. **饲料用螺旋藻粉的质量标准**　见表 7-27。

表 7-27　螺旋藻粉的质量标准

指 标 要 求		质 量 标 准
感官要求	色泽	蓝绿色或深蓝色
	气味	略带海藻鲜味，无异味
	外观	均匀粉末
	粒度（mm）	0.25
理化指标	水分	≤7%
	粗蛋白质	≥50%
	粗灰分	≤10%
每千克产品重金属限量	铅	≤6.0mg
	砷	≤1.0mg
	镉	≤0.5mg
	汞	≤0.1mg
微生物学指标	菌落总数（个/g）	≤5×10^4
	大肠菌群（个/100g）	≤90
	霉菌（个/g）	≤40
	致病菌（沙门氏菌）	不得检出

二、饲料（原料）中掺杂物的鉴别方法

1. **花生粕与花生皮粉**　取试样约 1g 放入 500ml 三角烧瓶中，加入 100ml 5% 氢氧化钠溶液，煮沸 30min，加水到 500ml 后静置，吸去上清液。再加入水 200ml，煮沸

30min，将残渣放在50～100倍显微镜下观察，如有花生皮粉，则可看到不定形的黄褐色乃至暗褐色破片，在外表上斜交叉有细纤维。

2. 鱼粉中羽毛粉的鉴定 分别称取试样约1g于2个500ml三角烧瓶中，其中一个加入1.25％硫酸溶液100ml，另一个加入5％氢氧化钠溶液100ml，煮沸30min后静置，弃去上清液，置残渣于50～100倍显微镜下观察。若试样有羽毛粉，用酸处理后的残渣在显微镜下会呈现一种特殊形状，而用碱处理后的残渣则没有这种特殊形状。

3. 鱼粉中骨粉的鉴定 将试样用筛子筛选后，在解剖显微镜下对照标准样品观察骨粉的形状和光泽等。蒸制的骨粉几乎没有气味且近于白色。

4. 鱼粉中淀粉的鉴定 取试样1～2g于小烧杯中，加入4～5倍水，加热2～5min浸取淀粉，冷却后滴入1～2滴碘-碘化钾溶液。若试样含有淀粉质，溶液呈蓝色或紫色。

5. 饲料中木质素的鉴定 取少量试样用间苯三酚溶液（结晶间苯三酚2g溶于100ml 90％乙醇中）浸湿，放置约5min后滴加浓盐酸1～2滴，若试样中含木质素则呈深红色。

6. 饲料中鞣革粉的鉴定 取1～2g经粉碎的试样于瓷坩埚中灰化，冷后用水润湿，加入10ml 2mol/L硫酸溶液，滴加数滴均二苯胺基脲溶液（取0.2g均二苯胺基脲，溶于100ml 90％乙醇中），若溶液呈现紫红色，则试样含铬（鞣革粉）。

7. 饲料中食盐的鉴定 试样中加入5～6倍的水，用力振荡摇匀，过滤后，向滤液中加入稀硝酸及硝酸银溶液各1～2滴，如有食盐，则产生白色沉淀。

8. 饲料中尿素的鉴定 取约1g试样，加约20ml蒸馏水，摇匀，静置。取数滴上清液于蒸发皿中，加数滴稀酸，于水浴锅上蒸干后，加入数滴水，再加入极微量的尿素酶静置2～3min后，滴加1滴奈斯勒试剂，若有黄色或黄褐色沉淀生成，则说明含有尿素。

9. 饲料中植物种子的鉴定 用肉眼或放大镜判断。

第二节 饲料营养价值的评价

评价饲料配方优劣，或评价饲料营养价值高低，可以采用化学、生理学以及生物学等方法。可以采用单一方法评价，也可采用综合方法来评价，目前一般趋向于综合的评价。

一、化学评价法

化学评价，一般用于饲料营养成分的分析，这是最基础的评价。分析的项目包括：水分、粗蛋白、粗脂肪、粗纤维、灰分、无氮浸出物，这是常规的饲料营养成分分析，其分析值应被修正到总数为100％。如有可能，应深入分析，包括各无机元素或重点分析钙和磷的含量，以及蛋白质氨基酸组成等。化学评价法还常用下列几个指标：

（一）能量蛋白质比（colorie protein ratio，CPR）

$$CPR=\frac{每千克饲料总能量（kcal）}{每千克饲料蛋白质含量（g）}$$

此处饲料总能量可以用热量计实测得燃烧值，或以饲料中蛋白质、脂肪、糖等能量物质燃烧热4、9、4（kcal/g）换算的总值。蛋白质含量可以用凯氏定氮（N）法，测出的氮乘以6.25换算为粗蛋白质的含量。

（二）蛋白价（protein score，PS）

$$PS=\frac{\text{试验蛋白质中第一限制必需氨基酸量}}{\text{参考蛋白质中相应氨基酸量}}\times100\%$$

参考蛋白质氨基酸过去多以全卵蛋白质氨基酸为标准。但是在鱼类，可以采用对象鱼必需氨基酸营养指标为标准，如果营养指标尚未肯定，可以用对象鱼体肌肉或卵中蛋白质必需氨基酸含量为标准。

（三）必需氨基酸指数　必需氨基酸指数（EAAI）的含义是试验蛋白质中各个必需氨基酸量与参考蛋白质中相应的各种氨基酸含量之比的几何平均值。

$$EAAI=\sqrt[n]{\frac{100a}{A}\times\frac{100b}{B}\times\cdots\times\frac{100j}{J}}$$

式中：n 代表氨基酸数目；

a，b，$\cdots$，j 代表试验蛋白质中各个必需氨基酸量；

A，B，$\cdots$，J 代表参考蛋白质必需氨基酸量。参考蛋白质可用全卵蛋白，也可用试验对象鱼必需氨基酸需要量模式，或对象鱼体蛋白质必需氨基酸组成量为标准。

EAAI 可以写成对数式，以方便计算。

$$\lg EAAI=\frac{1}{n}\left(\lg\frac{100a}{A}+\lg\frac{100b}{B}+\cdots+\lg\frac{100j}{J}\right)$$

现举一例作为示范（表 7-28）。

表 7-28　必需氨基酸指数计算

氨 基 酸 （％）	试验蛋白质 （豆饼） A	参考蛋白质 （全卵蛋白） B	$\dfrac{A}{B}\times100$ C	$\lg C$
赖氨酸	2.32	6.40	36.2	1.558 7
色氨酸	0.37	1.65	22.0	1.342 3
亮氨酸	3.30	8.80	37.5	1.574 0
异亮氨酸	1.83	6.60	27.7	1.442 4
缬氨酸	1.88	7.42	25.3	1.403 1
精氨酸	3.14	6.56	47.9	1.680 3
组氨酸	1.07	2.40	44.6	1.649 3
苏氨酸	1.93	4.98	38.8	1.588 8
蛋氨酸 胱氨酸	0.38 ⎱ 0.82 0.44 ⎰	3.14 ⎱ 5.48 2.34 ⎰	14.9	1.173 2
苯丙氨酸 酪氨酸	2.19 ⎱ 3.69 1.50 ⎰	5.78 ⎱ 10.80 4.30 ⎰	36.9	1.563 5
$\dfrac{\Sigma\lg C}{10}$				1.497 6
EAAI				31.45

注：$\dfrac{A}{B}\times100$ 的值如大于 100，按 100 计。

以上化学评价是最基础的评价，一般来说，如果饲料蛋白质含量、能量值、蛋白质—能量比、钙、磷、蛋白价（PS）、EAAI 等指标能符合鱼类营养要求或鱼类养殖营养标准，表观上应该确认是好饲料。但是严格来说，化学评价还是比较表面的，因为它并没有考虑鱼类对饲料消化吸收这些生理因素，所以如有可能，还应进一步从消化生理角度来评价。

二、生理—生化评价法

(一) 消化生理评价　饲料种类不同，营养素组成不同，被鱼体消化吸收的程度也不同。因此，对饲料营养价值的评价除上述化学评价外，还要从饲料营养成分可消化程度方面进行评价。

$$消化率（AD）=\frac{I-F}{I}\times100\%$$

$$=\frac{摄入的饲料成分-排出粪的成分}{摄入的饲料成分}\times100\%$$

或：

$$AD=\left[I-\frac{饲料中指标物（\%）}{粪中指标物（\%）}\times\frac{粪中营养成分（\%）}{饲料中营养成分（\%）}\right]\times100\%$$

(二) 蛋白质营养价值的评价　蛋白质是饲料中最为重要的营养成分，它被鱼体利用程度可以作为饲料营养价值评定的重要指标，常用的指标如下：

1. 蛋白质效率（PER）　以试验蛋白质饲养鱼类，在饲养期中体重增加量与蛋白质摄取量之比。

$$PER=\frac{体重净增加量（g）}{蛋白质摄取量（g）}\times100\%$$

这里要注意，饲料投喂量和摄食量是两个不同概念，但试验中，日投饲率如果控制在最大摄食量之内，又假定试验饲料在水中溶散度趋于零，即投下的饲料基本上都被鱼摄食，此时，投喂量即等于摄食量；否则不等，故计算时应严加注意。如计算结果 PER 值大，说明该饲料的营养价值好。但是要注意饲料蛋白质含量高低对 PER 的影响，一般来说，饲料蛋白质含量高，PER 则低；蛋白质含量低，PER 则较高。这个评价方法比较简单，所以具有较好的实用性。蛋白质摄取量，以饲养期中投饲料总量乘以饲料蛋白质含量（%）而求得。另外，PER 的倒数，即表示每生产单位体重试验鱼要消耗的饲料蛋白质量，常表达为生产 1kg 鱼消耗饲料蛋白质量。

2. 净蛋白质效率（NPR）　与 PER 不同之处，净蛋白质效率（NPR）在考虑体重增加的同时，必须考虑体重的维持部分，即得：

$$NPR=\frac{蛋白质饲料组的体重增加量+无蛋白质饲料组的体重减少量}{蛋白质摄取量}\times100\%$$

在试验时，增加无蛋白质饲料组，把无蛋白饲料组的体重减少的量即看作为维持量。

3. 净蛋白质利用率（NPU）　NPU 是表示鱼体摄入氮量的存留部分的百分比。NPU 的测定是用含有蛋白质饲料和不含蛋白质饲料进行一定时间饲养试验，然后取样分析鱼体氮增加量与饲养期间氮的摄取量之比，即得：

$$NPU=\frac{体保留氮量}{摄入氮量}\times100\%$$

$$=\frac{试验组鱼体氮增加量+无蛋白饲料组鱼体氮减少量}{试验组摄取氮量}\times100\%$$

NHP 值是试验组的鱼体氮增加量和无蛋白饲料组鱼体氮减少量同时测定，即等于测定了试验期间体氮增加量（生长量）和体氮的维持量（相当于内源性氮的排泄量）。另外，由于 NPU 值是随饲料的蛋白质含量（鱼体摄取氮量）而有不同，所以，比较评价饲料蛋白质营养时，饲料蛋白质含量必须相同。

4. **蛋白质生物价**（BV）　BV 是表示从消化管吸收氮在鱼体保留部分的百分比，与 NPU 同属于氮平衡试验，NPU 是表示摄入氮保留部分，BV 是表示吸收氮保留部分，故 BV 也称为蛋白质生理价值。

$$BV = \frac{鱼体保留的氮量}{从消化管吸收的氮量} \times 100\%$$

$$= \frac{[I-(F-F_m)]-(U-U_m)}{I-(F-F_m)} \times 100\%$$

式中：I：摄取蛋白饲料氮量；
F：摄取蛋白饲料后排泄粪氮量；
F_m：摄取无蛋白饲料后排泄粪氮量；
U：摄取蛋白饲料后尿氮量；
U_m：摄取无蛋白饲料后尿氮量。

由此可见，NPU＝BV×蛋白质的消化率，由于不同蛋白质饲料氨基酸组成的差异，测出的 BV 值不同。如饲料中蛋白质的氨基酸组成较完全，其生物价值越高；反之则低。因此，可把生物价不同的蛋白质适当配合起来，就能提高生物价。这就是所谓蛋白质氨基酸的互补作用。配合饲料设计时，应充分注意这一理论依据。

应用上述 PER、NPR、NPU 及 BV 等指标评价饲料蛋白质营养价值时，一般以测得的值高者为好。但这里要注意 PER、NPR、NPU 及 BV 与饲料蛋白质含量的关系，无论应用哪个指标，在低蛋白饲料时，显示出较高值；随饲料蛋白质含量增加，指标值有降低趋势。也就是说，当蛋白质摄取量少的时候，在生长中蛋白质利用率高；反之，摄取量多时，利用率低。因此，利用这些指标评价时，应考虑这些因素的影响。最好在同一生态条件和同一饲料蛋白质水平下进行比较。

表 7-29　非鲫各种饲料蛋白质的营养评价（%）

试验饲料	脱脂胚芽				脱脂大豆				螺旋藻				白鱼粉			
饲料蛋白质	10	20	30	40	10	20	30	40	10	20	30	40	10	20	30	40
消化率	90.3	92.6	94.9	95.8	86.7	88.1	91.8	93.6	75.0	76.8	79.8	83.3	89.3	91.1	92.5	93.1
NPR	3.15	3.45	3.08	2.62	1.86	2.24	1.14	1.34	1.60	1.91	1.72	1.81	2.71	3.87	3.28	3.70
NPU	63.8	63.8	55.8	48.9	34.5	40.4	26.8	25.4	28.4	36.8	33.1	34.7	52.8	70.1	58.9	50.1
BV	70.7	67.3	58.8	51.5	39.8	44.0	29.2	27.7	51.2	47.9	42.0	43.6	59.1	75.8	63.7	54.4

以上测定结果表明，动物性饲料营养价值比植物性高，但是，总的来看，除胚芽外，非鲫对其他植物蛋白利用率均较低。

三、生物学评价法

饲料营养价值经过化学分析，生理生化指标测定，如认为是营养价值高的饲料，那么一般来说，用这种饲料养鱼，鱼的生长增重快，饲料消耗低。因此，为进一步评定饲料质量，还应采用鱼的生长率、饲料转换率等，作为生物学评价指标进行评价。但是，因为鱼类是冷血水生动物，所以必须控制水温、溶氧、pH 等稳定的生态条件，把鱼饲养在水族箱或流水池中，为避免天然饵料生物的干扰，应用滤过的水。另外，为了评价实用饲料（生产性的饲料）的效果，使其结果接近实际生产情况，试验可以选择在池塘中进行，但必须设计对照塘，尽可能使试验塘与对照塘条件基本一致，放养鱼数量、规格以及饲养管理水平也应该一样，最好是单养试验鱼或适当搭配少量滤食性鱼类，以改善水质。如果要采用中国传统混养形式，一定要突出试验对象鱼为主体。

（1）相对生长率。

$$GR = \frac{W_t - W_0}{W_0} \times 100\%$$

式中：W_t 为起捕时的体重；

W_0 为放养时的体重，即在 t 时间内以生长增重百分比来衡量饲料质量。

（2）饲料系数。

$$饲料系数 = \frac{总投饲料量}{总增重量} = \frac{总投饲料量}{收获总体重 - 放养总体重}$$

因为我国淡水池塘传统养殖方式是混养，现在改变以吃食性鱼类为主体的多品种混养，故把饲料系数区别为"总产系数"和"吃食性鱼饲料系数"。

总产系数，指池塘中养殖鱼类总净增重量与饲养期投饲量之比。

吃食性鱼饲料系数，指除去滤食性鱼类外，池塘中养殖的全部吃食性鱼类的总净增重与饲养期总投饲量之比。

在我国池塘养殖条件下，采用总产系数或吃食性鱼饲料系数来评价饲料的使用效率具有一定意义。作为反映养鱼综合技术水平高低倒是比较简易的指标。但是，如果仅仅采用饲料系数一个指标来评价饲料营养价值或饲养效果，则是一个比较粗的指标。因为饲料系数受养鱼综合技术措施影响比较大。根据目前全国情况，我国池塘养鱼使用配合饲料，以吃食性鱼类计饲料系数约在 2～3 左右，好的可达 1.5～2。

（3）饲料效率。饲料系数的倒数乘 100 即为饲料效率，也称饲料转换率。饲料转换率，一般表示每千克饲料增长的体重量（kg）。

$$饲料转换率 = \frac{总增重量（kg）}{总投饲料量（kg）} \times 100\%$$

四、测定指标的评价与选择

关于评定鱼类饲料营养价值的指标及其测定方法，上述从化学分析法、生理生化测定法与生物测定法等三个方面作了介绍，评定指标共计约有 20 多个，在实际工作中应有所选择。目前，评定指标选择的发展趋势是从单一指标到综合指标，从简单测定到复杂测试到简单测定。上述测定指标各有利弊，对评定指标的选择应从研究目的或应用目的加以考虑，以最经济的条件（经费与时间）能作出最科学的评价为准。

从一般的饲料研究和应用来说，在考虑饲料营养价值评定时，无论什么情况，首先应该进行饲料营养成分的分析（包括常规指标），其中最为重要的应是测定蛋白质含量和氨基酸组成。如果条件限制，也可以只测其中几种必需氨基酸，如蛋氨酸、赖氨酸、色氨酸。如果这些指标符合要求，结果令人满意，随后即可进行生物学测定，根据两方面结果可作出评定。

如果一种饲料的营养成分组成是令人满意的，而在正常生态环境下的健康鱼的生长试验不理想，此时就必须进行消化率、消化能、NPU、BV 等的测定。

对初步定型或定型的配合饲料进行产品质量的评定时，只要根据已确定的配合饲料营养标准进行检测就可以了。

当然，基于各种研究目的不同，可分别选择最为必要的评定指标。例如，开发一种新饲料蛋白源时，首先测定蛋白质含量和其氨基酸组成模式，然后进行消化率测定，如果测定结果表明此蛋白源可能是有利用价值的，则应进一步测定其氨基酸利用率，并进行蛋白质质量的评定，测定 PER、NPU、BV 等指标。如果氨基酸测定结果表明对鱼类存在着某种限制氨基酸，则应在饲料中添加氨基酸后再进行生物学评定，以肯定氨基酸平衡的效果；或进行这种受试蛋白源和其他蛋白源的互补作用的实验，观察受试蛋白质的互补能力。总之，按不同要求选择足以阐明研究目的的相应评定指标。

最后强调一点，实验和测定方法应尽可能标准化，以便有更大的可比性，使获得的资料有更大的利用和参考价值。

第8章 无公害饲料与绿色饲料

中国已经加入 WTO，我国的肉、蛋、奶产品在国际市场上虽有较大的价格优势，但由于药物残留以及生物安全问题，市场前景并不乐观。所以 21 世纪我国水产业迫切需要解决的问题之一是如何提高商品质量以及保障产品的生物安全，减少药物残留，禁止抗生素等药物作为饲料添加剂使用。

第一节 概 述

一、绿色产品的发展概况及相关术语

（一）**绿色产品的发展概况** "绿色"的概念首先来源于食品，是指在特定的技术标准下生长、生产加工出来的产品，其标准涵盖了产地环境质量标准、生产过程标准、产品标准、包装标准及其他相关标准，是一个"从土壤到餐桌"严格的全程质量控制标准体系。由绿色食品的概念衍生出"绿色农业"、"绿色蔬菜"、"绿色水果"、"绿色养殖"、"绿色饲料"及"绿色饲料添加剂"等。生产绿色水产品，已成为时代的潮流。

现代工农业的发展，在给人们带来进步的同时，也增添了忧患。农药化学品、抗生素药品、有害微生物等在食物中出现的机会增加了很多。2002 年底中国国家质量监督检验检疫局已批准发布了 8 项无公害农产品国家标准，出台了 49 项绿色食品标准，73 项无公害食品行业标准等。其中包括生产绿色食品的兽药、饲料添加剂和饲料的标准，说明生产无公害饲料、绿色饲料已提到了议事日程。

第二次世界大战以后，欧、美、日、澳等发达国家先后实现了

大规模的农业机械化，在农业生产中大量使用化学肥料、农药、除草剂等，实现了粮食的丰产，农用化学物质通过在土壤和水体中的残留，造成有毒物质积累，并通过物质循环进入农作物和畜体内，最终损害人体的健康。

在环境严重污染的事实面前，1972 年，在瑞典首都斯德哥尔摩联合国"人类与环境"会议上，首次提出"生态农业"的发展战略，同时并成立了"有机农业运动国际联盟（IFOAM）"。由此，在全球引起了一场新的农业革命。许多发达国家相继生产开发生态食品或有机食品。

实施可持续发展战略，已成为世界各国经济、社会协调发展的共识。1991 年联合国粮农组织在荷兰召开的持续农业和农村发展会议上提出了持续农业的概念，意指管理保护自然资源基础，并调整技术和机构改革方向，以便确保获得和持续满足目前几代人和今后世世代代人的需求，农业、林业和渔业部门的持续发展，能保护土地、水资源、植物和动物遗传资源，而且不会造成环境退化，同时技术上适当，经济上可行，能够被社会接受。其目的是使经济发展同人口增长、资源利用和环境保护相适应，实现资源、环境、经济、社会的承载能力与经济社会发展相协调，从人口、资源、环境、经济、社会相互协调中推动经济发展，并在发展进程中带动人口、资源、环境问题的解决，是把经济社会发展与人口、资源环境结合起来，统筹安排，协调发展。

饲料工业是农业的重要组成部分，可持续发展饲料工业，就是从特定的自然条件出发，依靠科技，正确处理好资源与环境、利用与保护、当前与长远、生存与发展的关系，走出一条合理配置与利用资源，提高资源利用率，实现资源持续利用，生产持续发展的高产、优质、低耗、高效发展之路。

FAO/WHO 等国际组织多次讨论食品安全问题，特别对动物性食品的源头——饲料、饲料添加剂、兽药和兽医防疫更为关注。20 世纪 60 年代——农药残留；80 年代——兽药残留；1997 年——长期使用抗生素特别是作为饲料添加剂，导致细菌耐药性增强的问题；2000 年建议对转基因食品进行安全评价并开展评价方法研究。美、英、日和欧盟等对兽药和饲料管理法规新改进主要体现为：全面评价饲料添加剂和首要安全性及增加环境毒性（进入环境的途径，存在状态，在土壤和水中的环境浓度预计值，对水生生物、陆生生物和污水微生物的毒性，对农作物的影响），残留毒理学，免疫毒理学，对人类肠道菌群及食品微生物作用的考察和细菌耐药性的研究试验；转基因食品安全性评价登记和标签标注；开发更有效安全新药并淘汰不安全兽药（呋喃唑酮等）；制定动物性食品中兽药最高残留限量；将饲养的动物分成生产食品的动物和非生产食品的动物，并限制前者使用兽药的品种，如取消氯霉素；欧盟 1998 年底禁用喹乙醇（日本也已禁止使用）和卡巴氧，不准杆菌肽锌、泰勒菌素、维及尼霉素和螺旋霉素等药物作饲料添加剂；规定兽药的停药期（休药期）；在饲料、饲料添加剂和兽药生产厂及养殖场推广良好的生产规则等。这些都是从源头上保证动物性食品安全性的有力措施。

各国提出动物性食品安全性的时间早晚不一。例如，美国于 1954 年 FDA 提出食品中农药残留限量修正案；1962 年开始审查新兽药残留消除规律；1970 年开展全国动物性食品中兽药残留检查，指出残留超限原因：76％不遵守停药期规定，12％饲料加工或运输错误，6％贮存不当，6％正确使用药物；美国农业部 1982 年开展"避免残留程序——Residue Avoidance Program（RAP）"的普及。而当时我国养殖业几乎不用药，没有专门兽药厂。1978年我国农业部畜牧局才设立兽医药政处。当年我国兽药和饲料添加剂的销售额仅2亿元，1988年达到20亿元，1997年的产值超过150亿元。因此，出现兽药残留问题可能比美国晚。1985年左右，欧洲就有农民进行"三无"（不用农药、化肥和兽药）奶牛的生产；并随即开展"有机农业"；最近荷兰、瑞士等国规定在饲料中不添加任何药物，以减少食品中兽药残留和细菌耐药性。但经济发达国家农民占总人口的5%以下，因此，养殖规模大且饲养密度高。上述尝试使动物发病率增加，因生产成本上升，进展缓慢。

各国人口自然资源、生产水平、食品结构都不同，因此，对食品安全性的认识和有关的关键控制点也就不同。经济发达国家兽药残留检测只是辅助手段，以加强首要管理和提高养殖人员水平为主。而我国的养殖规模小且分散，饲养管理水平差异大，兽药残留检测费用超过动物产品本身价值。仅靠质量检测，在我国更不能确保食品安全性。应提高管理和生产水平，特别是人员素质，以提高我们的整体水平。

我国于1980年根据《兽药管理暂行条例》，对兽药厂登记、新品种审批、制定兽药标准并组建各级兽药检查所（站）。1985年对进口兽药注册登记。1987年国务院发布《兽药管理条例》，农业部制定《兽药管理实施细则》和10项配套的管理办法，以兽药典、兽药规范、兽药质量标准、进口兽药质量标准和兽药地方标准分级确定的兽药品种规格约2 000种，包括抗生素、化学合成药物、中草药、疫苗和诊断液等。1999年国务院发布《饲料和饲料添加剂管理条例》，配套的管理办法正相继制订。1999年7月公布了173种（类）允许使用的饲料添加剂品种。1989年1月公布的饲料添加剂使用规定中就确定了停药期；1994年公布兽药在动物性食品中最高残留限量。20多年中我们的管理工作由无到基本配套进步很快，但还存在许多问题，例如，违法使用β-兴奋剂、安眠镇静剂或激素等违禁药物；高铜制剂污染环境等。

（二）相关术语

1. **一般饲料**　一般饲料是指为了符合市场准入制、满足养殖安全卫生需要、必须符合最基本的质量要求的饲料。

2. **无公害饲料**　使用无公害原料、生产过程和产品质量均符合国家有关标准和规范的要求，经认证合格获得认证证书并允许使用无公害饲料标志的饲料。无公害饲料是对饲料的基本要求，严格地说，饲料产品都应达到这一要求。

对无公害饲料的生产有下述基本要求：无农药残留；无有机或无机化学毒害品；无抗生素残留；无致病微生物；霉菌毒素不超过标准。因此，无公害饲料从原料选购、配方设计、加工饲喂等环节进行严格的质量控制，并实施动物营养系统调控，以改变、控制可能发生的养殖产品公害和环境污染，生产低成本、低污染、高效益的饲料产品。

3. **绿色饲料（食品）**　遵循可持续发展原则、按照特定生产方式生产、经专门机构认定、许可使用绿色饲料（食品）标志的无污染的饲料（食品）。

可持续发展原则的要求是，生产的投入量和产出量保持平衡，即要满足当代人的需要，又要满足后代人同等发展的需要。

我国的绿色食品分为A级和AA级两种。其中A级绿色食品生产中允许限量使用化学合成生产资料，AA级绿色食品则较为严格地要求在生产过程中不使用化学合成的肥料、农药、兽药、饲料添加剂、食品添加剂和其他有害于环境和健康的物质。按照农业部发布的行业标准，AA级绿色食品等同于有机食品。

绿色农产品与一般农产品相比有以下显著特点：利用生态学的原理，强调产品出自良好的生态环境；对产品实行"从土地到餐桌"全程质量控制。

4. 有机农产品　根据有机农业原则和有机农产品生产方式及标准生产、加工出来的，并通过有机食品认证机构认证的农产品。

有机农业的原则是，在农业能量的封闭循环状态下生产，全部过程都利用农业资源，而不是利用农业以外的能源（化肥、农药、生产调节剂和添加剂等）影响和改变农业的能量循环。

有机农业生产方式是利用动物、植物、微生物和土壤4种生产因素的有效循环，不打破生物循环链的生产方式。

有机农产品是纯天然、无污染、安全营养的食品，也可称为"生态食品"。

有机农产品与其他农产品的区别主要有以下3个方面：

（1）有机农产品在生产加工过程中禁止使用农药、化肥、激素等人工合成物质，并且不允许使用基因工程技术；其他农产品则允许有限使用这些物质，并且不禁止使用基因工程技术。

（2）有机农产品在土地生产转型方面有严格规定。考虑到某些物质在环境中会残留相当一段时间，土地从生产其他农产品到生产有机农产品需要2～3年的转换期，而生产绿色农产品和无公害农产品则没有土地转换期的要求。

（3）有机农产品在数量上须进行严格控制，要求定地块、定产量，其他农产品没有如此严格的要求。

二、影响饲料安全的因素

（一）饲料添加剂的滥用　饲料中应用药物添加剂的主要目的在于防病、促生长和改善饲料利用率，但是如果滥用，就会导致动物性食品中药物残留超标。遵照饲料用药规范，合理用药，是控制饲料及畜产品中药物残留的重要保证。当前，不少饲料厂和畜禽养殖场（户）在饲料添加药物方面存在问题，主要表现为：超量添加情况较为普遍；不遵守停药期和某些药物在某一生理阶段禁用的规定；不遵守关于某些药物对使用畜禽的年龄限制与动物种类限制的有关规定，随意扩大药物适用范围；不注意有关配伍禁忌的规定等。其中，滥用有机砷制剂；添加高铜、高锌；增大抗生素用量、延长用药时间较为普遍。

（二）饲料重金属超标　饲料重金属元素通常是指铅、砷、镉、汞、硒、铂、铬等多种生物毒性严重的元素。这些重金属元素在常量甚至微量的接触条件下，即可对动物产生明显的毒害作用，故常被称为有毒金属元素。它们随污染物进入环境与饲料后，不易分解，而是长期残留，当其随饲料进入动物机体后，也仍然蓄积在某些器官，不会在体内分解，这就引起动物急性或慢性中毒，有的还具有致癌、致突变和致畸作用。这些元素易于在畜产品中残留或通过食物链而危害人体健康。

饲料中重金属元素的污染来源有以下几方面：环境中的过高含量、工业三废的排放、农业生产活动造成的污染、饲料加工所造成的污染等。

（三）饲料和食品的化学性污染　1999 年，比利时、荷兰、法国、德国相继发生饲料被二　英（dioxin）污染，导致畜禽产品及乳制品含高浓度二　英的食品污染事件，这是继"疯牛病"事件之后，又一次全球性的食品安全危害事件。此外，西班牙曾发生了因食入含盐酸克伦特罗的饲养动物肝脏引起的 43 个家庭集体中毒事件。香港居民因食用猪内脏，造成 17 人中毒。2000 年又发生了"李氏杆菌污染猪肉"事件等。因此，可以这样认为，饲料和食品的化学性污染是饲料安全的一大隐患。

（四）饲料的霉变　饲料原料含水量高、饲料加工过程中管理不当、饲料贮存与运输不当，以及潮湿的气候是霉菌滋生的重要原因。饲料霉变易引起饲料营养价值下降，动物霉菌毒素中毒，并进而引发霉菌病，霉菌毒素在畜产品中残留可影响人类食品卫生。

（五）饲料的细菌和病毒性污染　细菌和病毒污染饲料并随后污染畜禽产品，再通过食物链引发人类患病，这种事例已屡见不鲜。近年欧洲暴发的震惊世界的疯牛病事件就是明显的例证。疯牛病的主要传播途径是饲喂带有疯牛病病原的肉骨粉等动物性蛋白质饲料。细菌是引起畜禽细菌性饲料中毒的主要原因。常见的有沙门氏菌、志贺氏菌、致病性大肠杆菌、肉毒梭菌、变形杆菌、葡萄球菌、副溶血性孤菌、韦氏梭菌（产气荚膜杆菌）、耶尔森氏菌等。此外，口蹄疫病毒、禽流感病毒也长期困扰动物和人类的健康。

（六）转基因饲料的安全性问题　转基因饲料或食物的风险，主要包括对人和动物健康的风险（如毒性、过敏性和病原体药物抗性），以及对生态环境的影响（如生物多样性下降、基因漂移、除草剂抗性等）。转基因食品（饲料）应用于生产和消费的时间尚短，食品的安全性和可靠性都有待进一步研究和证明，转基因食品（饲料）可能会导致一些遗传学或营养成分的非预期改变，从而对人类健康产生危害。

第二节　无公害渔用配合饲料与绿色饲料的生产

中国加入 WTO 后，食品生产面临着全球性的绿色壁垒等技术挑战。为此，我国推出了"无公害食品行动计划"，从生产和市场准入等环节入手，通过完善保障体系，实现对食品质量全程监管。在生产管理方面要强化生产基地建设，净化产地环境，严格投入品管理，推行标准化生产和提高生产经营组织化程度。在市场准入方面，要建立监测制度、推广速测技术、创建专销网点、实施标志管理和推行追溯与承诺制度。在保障体系方面，要加强法制建设，健全标准体系，完善检测检验体系，加快认证体系建设，加大执法监督，建立信息服务网络，强化技术研究与推广等。

目前，人们对水产品安全已引起一定重视和关注，但对饲料安全却认识不足。无公害渔用饲料，是指根据可持续发展原则，严格执行无公害饲料使用准则和生产操作规程，按规定限量使用限定的化学合成生产资料，所产水产品质量符合无公害水产品标准，经专门机构认定，许可使用无公害食品生产资料标志的，无污染的，安全、优质、营养、高效的渔用饲料。无公害渔用饲料生产，必须强调最佳的饲料利用率，减少排泄污染；强调饲料和水产品的安全性，不使用抗生素和其他化学合成药物添加剂，决不使用激素等国家违禁物品，尽量用中草药等无公害促生长剂和防病抗病药物取代有害化学物质，确保饲料和水产品安全与卫生。

一、建立和实施科学的管理体系和执行 ISO 质量标准

（一）建立和实施全面质量管理体系　全面质量管理（total quality control）又称 TQC 管理，是对产品质量实行"全过程，全人员，全环节，全指标"总体的综合管理，从产品的市场调查、计划制定、产品设计、原料进厂、加工生产、产品包装、运输、销售到售后服务一系列过程进行的质量管理活动。因此，全面质量管理不仅是对生产产品的全过程进行管理，而且是对全体人员的管理和由全体人员参加的质量管理活动。全面质量管理将全部过程中可能造成废次品的因素统统控制起来，不断提高各部门的工作质量，预防产品质量缺陷和次品的产生。全面质量管理的基本工作方式有：PDCA 循环、标准化、质量管理教育和质量管理小组（QC 小组）。

配合饲料的全面质量管理体系是对影响饲料产品质量的所有因素、全部过程、一切条件和全体人员实行全方位的控制与管理的系列措施。如：控制饲料原料的质量，搞好饲料配方的优化；控制加工工艺质量；控制产品质量；制定完善的岗位责任制，创造良好的生产环境；完善售后服务；进行饲料成本管理等。

（二）建立和实施 HACCP 管理体系　在饲料工业推广和应用 HACCP 的基本原理包括，对饲料加工的每一步骤进行危害因素分析，确定关键控制点，控制可能出现的危害，确立符合每个关键控制点的临界限，与关键控制点的所有关键组分都是饲料安全的关键因素。同时，建立临界限的检测程序、纠正方案、有效档案记录保存体系、校验体系，以确保产品安全。HACCP（hazard analysis and critical control point）即"危害分析和关键控制点"，是指对饲料安全危害予以识别、评估和控制的系统化方法。关键控制点（critical control point，简称 CCP），是指可将某一项饲料安全危害防止、消除或降低至可接受水平的控制点。HACCP 管理体系，是指企业经过危害分析找出关键控制点，制定科学合理的 HACCP 计划在饲料生产过程中有效地运行并能保证达到预期的目的，保证饲料安全的体系。

（1）企业应当在符合国家有关饲料安全卫生要求的基础上，建立 HACCP 管理体系。

企业必须建立和实施卫生标准操作程序，达到以下卫生要求：接触饲料（包括原料、半成品、成品）或与饲料有接触的物品应当符合安全、卫生要求；接触饲料的器具、手套和内外包装材料等必须清洁、卫生和安全；确保饲料免受交叉污染；保证操作人员手的清洗消毒，保持洗手间设施的清洁；防止润滑剂、燃料、清洗消毒用品、冷凝水及其他化学、物理和生物等污染物对饲料造成安全危害；正确标注、存放和使用各类有毒化学物质；保证与饲料接触的员工的身体健康和卫生；清除和预防鼠害、虫害等。

（2）建立 HACCP 管理体系应当符合 HACCP 原理的基本要求。按 HACCP 原理的基本要求，对饲料原料购买、运输、贮存、配方、加工设备与工艺、包装、销售等过程以及人员，进行危害分析，提出预防措施，确定关键控制点（CCPs），确定关键限值，建立监控程序，建立纠偏行动计划，建立记录保持程序，建立验证程序。

（3）实施 HACCP 管理体系时，必须由本企业接受过 HACCP 培训或者其工作能力等效于经过 HACCP 培训的人员承担相应工作。

（4）企业负有执行职责的最高管理者负责批准 HACCP 计划。HACCP 管理体系的运行，必须有效保证食品符合安全卫生要求。企业在执行中应当定期或者根据需要及时对 HACCP 计划进行内部审核和调整。

（5）企业建立和实施的 HACCP 管理体系可申请 HACCP 认证。

（三）执行 ISO 质量标准　　ISO 是国际标准化组织（international standard organization）的简称，是一个国际标准协调性的组织。该组织创建于 1947 年，总部设在瑞士日内瓦。由 100 多个国家的 2 700 余个不同级别的技术委员会、技术分工和小组构成。宗旨是为确保管理方法、加工制造、工艺流程和产品质量管理标准的一致性和可比性提供系统的标准及方法。大部分产品的 ISO 质量标准的执行是自愿的，本身无法律约束力，但是在国际贸易中许多产品由于未进行 ISO 标准认定而处于不利地位。

二、无公害饲料的质量要求

（一）检验规则

1. 组批　　以生产企业中每天（班）生产的成品为一检验批，按批号抽样。在销售者或用户处按产品出厂包装的标示批号抽样。

2. 抽样　　渔用配合饲料产品的抽样按 GB/T 14699.1-1993 规定执行。批量在 1 t 以下时，按其袋数的 1/4 抽取。批量在 1 t 以上时，抽样袋数不少于 10 袋。沿堆积立面以"×"形或"W"型对各袋抽取。产品未堆垛时应在各部位随机抽取，样品抽取时一般应用钢管或铜制管制成的槽形取样器。由各袋取出的样品应充分混匀后按四分法分别留样。每批饲料的检验用样品不少于 500 g。另有同样数量的样品作留样备查。作为抽样应有记录，内容包括：样品名称、型号、抽样时间、地点、产品批号、抽样数量、抽样人签字等。

3. 判定　　渔用配合饲料中所检的各项安全指标均应符合标准要求。所检安全指标中有一项不符合标准规定时，允许加倍抽样将此项指标复验一次，按复验结果判定本批产品是否合格。经复检后所检指标仍不合格的产品，则判为不合格品。

（二）原料质量要求

（1）加工渔用饲料所用原料应符合各类原料标准的规定，不得使用受潮、发霉、生虫、腐败变质及受到石油、农药、有害金属等污染的原料。

（2）皮革粉应经过脱铬、脱毒处理。

（3）大豆原料应经过破坏蛋白酶抑制因子的处理。

（4）鱼粉的质量应符合 SC 3501 的规定。

（5）鱼油的质量应符合 SC/T 3502 中二级精制鱼油的要求。

（6）使用的药物添加剂种类及用量应符合 NY 5071、《饲料药物添加剂使用规范》、《禁止在饲料和动物饮用水中使用的药物品种目录》、《食品动物禁用的兽药及其他化合物清单》的规定（若有新的公告发布，按新规定执行）。

（三）无公害渔用配合饲料安全限量　　饲料产品在出厂前不但需对其卫生指标、营养指标、感官指标和理化指标进行检验，而且需对产品的安全指标进行检验，若不合格，则不许出厂。水产饲料中药物的添加应符合 NY 5072 要求，不得选用国家规定禁止使用的药物或添加剂，也不得在饲料中长期添加抗菌药物。渔用配合饲料的安全指标限量应符合表 8-1 规定。

同时，饲料产品质量是影响养殖水产品质量的重要因素之一，无公害水产品中渔药残留限量要求（表 8-2），也是加工生产无公害饲料时需注意的事项。

严禁使用高毒、高残留或具有三致毒性（致癌、致畸、致突变）的渔药。严禁使用对水域环境有严重破坏而又难以恢复的渔药，严禁直接向养殖水域泼洒抗生素，严禁将新近开发的人用新药作为渔药的主要或次要成分。禁用渔药见表 8-3。

表 8-1　渔用配合饲料的安全指标限量（NY 5072）

项　目	限　量	适用范围
铅（以 Pb 计，mg/kg）	≤5.0	各类渔用配合饲料
汞（以 Hg 计，mg/kg）	≤0.5	各类渔用配合饲料
无机砷（以 As 计，mg/kg）	≤3	各类渔用配合饲料
镉（以 Cd 计，mg/kg）	≤3	海水鱼类、虾类配合饲料
	≤0.5	其他渔用配合饲料
铬（以 Cr 计，mg/kg）	≤10	各类渔用配合饲料
氟（以 F 计，mg/kg）	≤350	各类渔用配合饲料
游离棉酚（mg/kg）	≤300	温水杂食性鱼类、虾类配合饲料
	≤150	冷水性鱼类、海水鱼类配合饲料
氰化物（mg/kg）	≤50	各类渔用配合饲料
多氯联苯（mg/kg）	≤0.3	各类渔用配合饲料
异硫氰酸酯（mg/kg）	≤500	各类渔用配合饲料
唑烷硫酮（mg/kg）	≤500	各类渔用配合饲料
油脂酸价（KOH，mg/g）	≤2	渔用育苗配合饲料
	≤6	渔用育成配合饲料
	≤3	鳗鲡育成配合饲料
黄曲霉毒素 B_1（mg/kg）	≤0.01	各类渔用配合饲料
六六六（mg/kg）	≤0.3	各类渔用配合饲料
滴滴涕（mg/kg）	≤0.2	各类渔用配合饲料
沙门氏菌（cfu/25 g）	不得检出	各类渔用配合饲料
霉菌（cfu/g）	≤3×10⁴	各类渔用配合饲料

表 8-2　水产品中渔药残留限量（NY 5070）

药物类别		药物名称		指标	方法检出限度
		中　文	英　文	(MRL, μg/kg)	(μg/kg)
抗生素类	氨基糖苷类	链霉素	Streptomycin	500	100
	四环素类	金霉素	Chlortracycline	100	50
		土霉素	Oxytetracyline	100	50
		四环素	Tetracycline	100	50
	氯霉素类	氯霉素	Chloramphenicol	不得检出	10
		甲砜霉素	Thiamphenicol	不得检出	500
	大环内脂类	红霉素	Erythromycin	100	50

（续）

药物类别	药物名称		指　标	方法检出限度
	中　文	英　文	（MRL，$\mu g/kg$）	（$\mu g/kg$）
磺胺类及增效剂	磺胺嘧啶	Sulfadiazine	100	5
	磺胺甲基嘧啶	Sulfamerazine	100	10
	磺胺二甲基嘧啶	Sulfamethazine	100	10
	磺胺二甲氧嘧啶	Sulfadimethxoine	100	5
	磺胺异　唑	Sulfisoxazole	100	5
	甲氧苄氨嘧啶	Trimethoprim	50	20
喹诺酮类	环丙沙星	Ciproflxacin	50	10
	恩诺沙星	Enrofloxacin	50	10
	诺氟沙星	Oxilinic acid	50	10
	喹酸	Furazliodone	不得检出	40
硝基呋喃类	呋喃唑酮	Dimetronidazole	不得检出	10
硝基咪唑类	二甲硝咪唑	Diethvlstibestrol	不得检出	5
	甲硝咪唑	Metronidzole	不得检出	5
生长调节剂及激素	己烯雌酚	Diethylstilbestrol	不得检出	1
	喹乙醇	Olaquindox	不得检出	50
	甲基睾丸酮	Methltestostone	不得检出	
抗氧化剂	乙氧喹	Ethoxyquin	500	50
其他药物	敌百虫	Trichlorfon	100	30
	孔雀石绿	Malachite grennn	不得检出	
	溴氰菊酯	Deletamezhrin	100	20

表8-3　禁用渔药（NY 5070）

药物名称	化学名称（组成）	别　名
地虫硫酸 fonofos	O-2基-S苯基二硫代磷酸乙酯	大风雷
六六六 （HCH）benzem，bexachloridge	1，2，3，4，5，6-六氯环己烷	
林丹 lindane，gammaxare， gamma-BHC gamma-HCH	γ-1，2，3，4，5，6-六 氯环己烷	丙体六六六
毒杀芬 camphechlor（ISO）	八氯茨稀	氯化茨烯
滴滴滴 DDT	2，2双（双氯苯基）- 1，1，1-三氯乙烷	
甘汞 calomel	二氯化汞	
硫酸汞亚 mercurous nitrate	硝酸亚汞	

（续）

药物名称	化学名称（组成）	别名
醋酸汞 mercuric acetate	醋酸汞	
呋喃丹 carbofuran	2，3-二氢-2，2-二甲基-7-苯并呋喃基-甲基氯基甲酸脂	克百威、大扶农
杀虫脒 chlordimeform	N-（2-甲基-4 氯苯基）N′，N′-二甲基甲脒盐酸盐	克死螨
双甲脒	1，5-双-（2，4-二甲基苯基）-3-甲基-1，3，5-三氮戊二烯-1，4	二甲苯胺脒
氟氯氰菊脂 cyfluthrin	α-氰基-3-苯氧基-4-氟苄基（1R，3R）-3-（2，2-二氯乙烯基）-2，2 甲基环丙烷羧酸酯	百树菊酯、百树得
氟氯戊菊脂 flucythrinate	R，S）-α）氰基-3-苯氧苄基	保好江鸟氟氰菊脂
五氯酚钠 PCP-Na	五氯酚钠	
孔雀绿石 malachite green	$C_{22}H_{25}ClN_2$	碱性绿、盐基块绿、孔雀绿
锥虫胂胺 tryparsamide		
酒石酸锑钾 antimonyl potassium tartrate	酒石酸锑钾	
磺胺噻唑 sulfatniazolum ST，norsultazo	2-对氨基苯磺酰胺-噻唑	消治龙
磺胺脒 sulfaguanidine	N_1-脒基磺胺	磺胺胍
呋喃西林 furacillinum，nitrofurazone	5-硝基呋喃醛缩氨基脲	呋喃新
呋喃唑酮 furazolidonum，nifulidone	3-（5-硝基糠叉胺基）-2-鲄唑烷酮	痢特灵
呋喃那斯 furanace，nifurpirinol	6-羟甲基-21-（5-硝基-2-呋喃基乙烯基）吡啶	P-7138（实验名）
氯霉素（包括基盐，脂及制剂） chloramphennicol	由委内瑞拉链霉素产生或合成法制成	
红霉素 erythromycin	属微生物合成，是 Streptomyces eyythreus 产生的抗生素	
杆菌肽锌 zine bacitracin premin	由枯草杆菌 Bacillus subtilis 或 B. leicheniformis 所产生的抗生素，为一含有噻唑环的多肽化合物	枯草菌肽
太乐菌素 tylosin	S. fradiae 所产生的抗生素	
环丙沙星 ciprofloxacin（CIPRO）	为合成的第三代喹诺酮类抗菌药，常用盐酸盐水合物	环丙氟哌酸
阿伏帕兴星 avoparcin		阿伏霉素
喹乙醇 olaquindox	喹乙醇	喹酰胺醇羟乙喹氧
速达肥 fenbendazole	5-苯硫基-2-苯并咪唑	苯硫哒唑氨甲基甲酯

（续）

药物名称	化学名称（组成）	别　名
己稀雌酚（包括丙二醇等其他类似合成等雌性激素） dicthylstilbestrol，stilbestrol	人工合成的非甾体雌激素	人造求偶素
甲基睾丸酮（包括丙酸睾丸素，支氢甲睾酮以及同化物等雄性激素） methyltestosterone，metandren	睾丸素 C_{17} 的甲基衍生物	甲睾酮，甲基睾酮

三、绿色饲料生产标准

　　饲料的安全、优质和无污染是生产绿色食品的根本保障，绿色饲料生产过程控制是绿色饲料质量控制的关键环节，绿色饲料生产过程标准是无公害饲料标准体系的核心。绿色饲料生产过程标准包括两部分：饲料及饲料添加剂使用标准和生产操作规程。

　　1. 绿色饲料使用准则

　　（1）优先使用绿色食品生产资料的饲料类产品。

　　（2）至少 90％的饲料来源于已认定的绿色食品产品及其副产品，其他饲料原料可以是达到绿色饲料标准的产品。

　　（3）禁止使用转基因方法生产的饲料原料。

　　（4）禁止使用工业合成的油脂。

　　（5）禁止使用畜禽粪便。

　　2. 绿色饲料添加剂使用准则

　　（1）优先使用符合绿色食品生产资料的饲料添加剂类产品。

　　（2）所选饲料添加剂必须是表 8-4 中所列的饲料添加剂和允许进口的饲料添加剂品种，但表 8-5 中所列的饲料添加剂除外。

　　（3）禁止使用任何药物性饲料添加剂。

　　（4）禁止使用激素类、安眠镇静类药品。

　　（5）营养性饲料添加剂的使用量应符合 NY/T 14、NY/T 33、NY/T 34、NY/T 65 中所规定的营养需要量及营养安全幅度。

表 8-4　允许使用的饲料添加剂品种目录

类　　别	饲料添加剂名称
饲料级氨基酸	L-赖氨酸（盐酸型）、DL-蛋氨酸、DL-羟基蛋氨酸、DL-羟基蛋氨酸钙、N-羟甲基蛋氨酸、L-色氨酸、L-苏氨酸
饲料级维生素	β-胡萝卜素、维生素 A、维生素 A 乙酸酯、维生素 A 棕榈酸酯、维生素 D_3、维生素 E、维生素 E 乙酸酯、维生素 K_3（亚硫酸氢钠甲萘醌）、二甲基嘧啶醇亚硫酸钾萘醌、维生素 B_1（盐酸硫胺）、维生素 B_1（硝酸硫胺）、维生素 B_2（核黄素）、维生素 B_6、烟酸、烟酸胺、D-泛酸钙、叶酸、维生素 B_{12}（氰钴胺）、维生素 C（L-抗坏血酸）、L-抗坏血酸钙、L-抗坏血酸-2-磷酸酯、D-生物素、氯化胆碱盐酸盐、肌醇

（续）

类　别	饲料添加剂名称
饲料级矿物质、微量元素	硫酸钠、氯化钠、磷酸二氢钠、磷酸氢二钠、磷酸二氢钾、磷酸氢二钾、碳酸钙、氯化钙、磷酸氢钙、磷酸二氢钙、磷酸三钙、乳酸钙、七水硫酸镁、一水硫酸镁、氧化镁、氯化镁、七水硫酸亚铁、一水硫酸亚铁、三水乳酸亚铁、六水柠檬酸亚铁、富马酸亚铁、甘氨酸铁、蛋氨酸铁、五水硫酸铜、一水硫酸铜、蛋氨酸铜、七水硫酸锌、一水硫酸锌、无水硫酸锌、氧化锌、蛋氨酸锌、一水硫酸锰、氯化锰、碘化钾、碘酸钾、碘酸钙、六水氯化钴、一水氯化钴、亚硒酸钠、酵母铜、酵母锰、酵母硒
饲料级酶制剂	蛋白酶（黑曲霉、枯草芽孢杆菌）、淀粉酶（地衣芽孢杆菌、黑曲霉）、支链淀粉酶（嗜酸乳杆菌）、果胶酶（黑曲霉）、脂肪酶、纤维素酶（reesei 木霉）、麦芽糖酶（枯草芽孢杆菌）、木聚糖酶（insolens 腐质酶）、β-聚葡糖酶（枯草芽孢、黑曲霉）、甘露聚糖酶（缓慢芽孢杆菌）、植酸酶（黑曲霉、米曲霉）、葡萄糖氧化酶（青霉）
饲料级微生物添加剂	干酪乳杆菌、植物乳杆菌、粪链球菌、尿链球菌、乳酸片球菌、枯草芽孢杆菌、纳豆芽孢杆菌、嗜酸乳杆菌、乳链球菌、啤酒酵母菌、产朊假丝酵母、沼泽红假单胞菌
抗氧化剂	乙氧基喹啉、二丁基羟基甲苯（BHT）、丁基羟基茴香醚（BHA）、没食子酸丙酯
防腐剂、电解质平衡剂	甲酸、甲酸钙、甲酸铵、乙酸、双乙酸钠、丙酸、丙酸钠、丙酸钙、丙酸铵、丁酸、乳酸、苯甲酸、苯甲酸钠、山梨酸、山梨酸钠、山梨酸钾、富马酸、柠檬酸、酒石酸、苹果酸、磷酸、氢氧化钠、碳酸氢钠、氯化钾、氢氧化铵
着色剂	β-阿朴-8′-胡萝卜素醛、辣椒红、β-阿朴-8′-胡萝卜素酸乙酯、虾青素、β, β-胡萝卜素-4, 4-二酮、叶黄素（万寿菊花提取物）
调味剂、香料	糖精钠、谷氨酸钠、5′-肌苷酸二钠、5′-鸟苷酸二钠、血根碱、食品用香料
黏结剂、抗结块剂和稳定剂	α-淀粉、海藻酸钠、羧甲基纤维素钠、丙二醇、二氧化硅、硅酸钙、三氧化二铝、蔗糖脂肪酸酯、山梨醇酐脂肪酸酯、甘油脂肪酸酯、硬脂酸钙、聚氧乙稀20山梨醇酐单油酸酯、聚丙烯酸树脂Ⅱ
其他	糖萜素、甘露低聚糖、肠膜蛋白素、果寡糖、乙酰氧肟酸、天然类固醇萨洒角苷（YUC-CA）、大蒜素、甜菜碱、葡萄糖山梨醇
饲料级非蛋白氮	尿素、硫酸铵、液氮、磷酸氢二铵、磷酸二氢铵、缩二脲、异丁叉二脲、磷酸脲、羟甲基脲

表 8-5　生产 A 级绿色食品禁止使用的饲料添加剂

种　类	品　种	注
调味剂、香料	各种人工合成的调味剂和香料	
着色剂	各种人工合成的着色剂	
抗氧化剂	乙氧基喹啉、二丁基羟基甲苯（BHT）、丁基羟基茴香醚（BHA）	
黏结剂、抗结块剂和稳定剂	羟甲基纤维素钠、聚氧乙稀20山梨醇酐单油酸酯、聚丙烯烯酸树脂Ⅱ	
防腐剂	苯甲酸、苯甲酸钠	
非蛋白氮类	尿素、硫酸铵、液氮、磷酸氢二胺、磷酸二氢铵、缩二脲、异丁叉二脲、磷酸脲、羟甲基脲	反刍动物除外

3. 绿色饲料生产操作规程　绿色饲料生产操作规程，其主要内容应有：

（1）加工用水必须达到绿色食品要求的水质标准（表 8-6）；

（2）鲜活饵料和人工配合饲料的原料应来源于无公害生产区域；

（3）人工配合饲料的添加剂使用必须符合《生产绿色食品的饲料添加剂使用准则》；

（4）生产厂区大气质量达标（表 8-7）；

（5）采用生态方法处理"三废"及其他无公害技术。

表 8-6　加工用水质量标准

项　目	标　准（mg/L）
汞	≤0.001
镉	≤0.01
铅	≤0.05
砷	≤0.01
六价铬	≤0.05
氰化物	≤0.05
氟化物	≤1.0
氯化物	≤250
总大肠杆菌数	≤3 个/L
细菌总数	≤100 个/mL
pH	6.5～8.5

表 8-7　绿色食品生产基地的大气环境质量标准

项　目	标　准		单　位
	日平均	任何一次	
二氧化硫	0.05	0.15	mg/m³
氮氧化物	0.05	0.10	
总悬浮微粒	0.15	0.30	
氟化物	7		mg/dm² · d

注：（1）日平均—为任何一日的平均浓度不许超过的限值；

（2）任何一次—为任何一次采样测定不许超过的浓度限值。

第三节　提高饲料安全性的途径

一、加强有效监督管理和监控、检测体系的建设

《饲料和饲料添加剂管理条例》为饲料和饲料添加剂的安全问题管理提供了法律依据，但却缺少相应的实施细则等配套法规，因此，必须加快修订饲料和动物产品的安全卫生标准，对于新饲料添加剂应有严格的安全评审规定，应该旗帜鲜明地每年定期公布鼓励应用的新添加剂产品和即将淘汰或禁止使用的添加剂产品，加速新产品的推广应用，加大饲料工业标准化和检测方法研究的力度。通过对动物产品、饲料和食品生产严格的监督管理和严格的执法来确保饲料和畜产品的安全卫生，加快实施以监控、监测体系建设为主体的饲料安全工程。推行 HACCP 管理，实施饲料配置过程安全控制，确保饲料安全。

二、严禁使用、严厉查处违禁药物作为饲料添加剂

（1）首先应明确禁止用作添加剂的药物名单：如激素、镇静剂等；

（2）对禁用药物产品的源头即生产厂家进行有效的监管；

（3）对有关此类产品的广告、价格信息、市场信息和应用研究报告等应严禁刊载于媒体；

（4）把住第一道关，对养殖场、饲料厂、添加剂厂进行培训、宣传、教育；

（5）严厉查处在饲料和饲料添加剂产品中或者养殖过程中应用违禁药物的情况；

（6）按《条例》追究违法人员的刑事责任。

三、饲料生产过程中的药物添加剂污染控制

1. 药物添加剂剂型选择　微粒状药物添加剂与粉状药物添加剂相比，前者具有有效成分分布均匀、静电低、流动性好、颗粒整齐、粉尘少等优点，可以降低加工时对饲料的交叉污染，减少药物残留。

2. 药物添加的管理　专人负责添加，完整详细的书面记录，高浓度药物添加剂要稀释预混，经常校正计量设备，称量准确。

3. 加工排序，冲洗和设备清理　加工饲料的生产按同种药物含量由多到少排序加工，然后，用粉碎好的谷物原料冲洗一遍，再加工停药期的饲料，并定期清理粉碎、混合、输送、贮藏设备和系统。

四、严格控制有毒物质的流入，把好饲料原料的质量关

采取必要的去毒措施，有效地进行有毒原料的脱毒处理，如黄曲霉毒素污染的花生饼、玉米等饲料原料，可采用剔除霉粒曲霉、氧化剂去毒和紫外线照射方法去毒；又如棉籽饼，可采用硫酸亚铁脱毒和煮沸法脱毒；蓖麻粕可采用膨化脱毒。

五、发展饲料工业，提高饲料产品质量

安全的食品来自安全的饲料。传统饲料工业必须不断发展高新技术，树立"饲料卫生安全性的好坏直接关系到人体健康状况"的观念，以迎接由于药物残留而带来的挑战。并且，提高饲料企业对药物残留的认识。首先，要学法、用法、守法，按照法律和标准规定生产合法产品，杜绝违法行为；第二，要重视产品质量，饲料生产企业应具有良好的原料与成品贮存设施和饲料加工设备；第三，要推行新技术，如为了避免饲料加工中的交叉污染，一些有远见的饲料加工设备制造者已经推出类似"避免残留"或"零残留"的技术，在预混料和浓缩料产品生产出来后再添加药物和抗生素的 ALL（as late as possible）技术；第四，要认识到饲料企业在畜牧水产业发展进程中所处的重要地位，如果饲料产品优良，就能加速畜牧水产业的发展，反之就会妨碍其发展。

六、加强检验检疫工作

建立有效的检验检疫制度，实施药物残留监控计划，从而，要求饲料生产企业应具备饲料卫生指标的检测设施和检测队伍以及健全的检测制度，加强对饲料原料和饲料成品的日常卫生检测工作。卫生指标不合格的原料应拒用，卫生指标不合格的饲料成品应拒绝入市。

七、减少药物残留，加速推广应用新型绿色安全的饲料添加剂

合理使用允许使用的药物，减少药物残留，实施"健康养殖工程"。培育健壮种质资源，改良品种；研制开发最优的饲料配方；投放营养配比合理的饲料；减少动物的发病机会，提高其抗病免疫力和生长率。

研制推广使用天然药物和制剂，减少抗生素和合成药的使用。近年来，天然物质饲料添加剂相继出现，如生态制剂等。它们能够在数量或种类上补充肠道内减少或缺乏的正常微生物，调整或维持肠道内微生态平衡，增强机体的免疫机能和抗应激能力，提高生产性能和经济效益，但却不造成药物残留和抗药性等问题，是一种很有前途的添加剂。

八、加快绿色水产饲料添加剂的开发

添加剂是配合饲料的关键部分，使用添加剂可提高饲料转化率，促进动物的生长发育，提高产量，改善水产品质量。但有些添加剂的使用对人和动物的安全、生态环境带来不良影响，因此，开发绿色饲料应重视应用基因工程、发酵工程、酶工程、精细化工等技术，重点研制对动物和人类安全、无三废、无污染、无残留的营养型、非营养型、环保型高效添加剂新品种，提高绿色饲料工业的科技含量。

1. 活菌制剂　活菌制剂是动物有益菌经工业化厌氧发酵生产出的菌剂，活菌制剂对水产动物的作用机理可简单概括如下：活菌制剂中有益微生物进入水产动物机体后，形成优势菌群，与有害菌争夺氧、附着位点和营养素，竞争性地抑制有害菌的生长，从而调节肠道内菌群趋于正常化；微生物代谢产生有机酸，降低肠道内 pH，杀灭耐酸的有害菌；产生溶菌酶、过氧化氢等物质，可杀灭潜在的病原菌；产生各种消化酶，有利于养分分解；合成 B 族维生素、氨基酸、未知促生长因子等营养物质；直接刺激肠道免疫细胞而增加局部免疫抗体，增强机体抗病力；产品无抗药性和药物残留。活菌制剂在水产养殖上使用，表现为以下三方面的特点：第一是功能的多样性，它具有促生长作用，提高鱼、虾、蟹等水产品的产量。据报道，能提高产量10%～30%；改善水产品质量；具有防病抗病等多种功能。并能提高鱼种成活率5%～20%。第二是广泛的适应性，已有的水产用活菌制剂在四川、辽宁、广东等地试验示范，均表现出明显效果，其主要原因在于它主要受水生生物个体内部活菌环境的影响，外部环境对其影响作用相对较小。目前，国内外关于虾类、鱼类专用的活菌制剂仅有少量的报道。第三是高度的安全性，水产活菌制剂大部分是由健康水产动物体内的微生物系统中分离、提纯出来的，然后再作用于水产动物，不会对水产动物产生任何危害，也不会在水中和动物机体内有不良的残留，其作用仅在局部地区一定时间内起到积极作用，过后，水产动物又恢复到使用活菌制剂前相对稳定的微生物系统状态。

2. 糖萜素　糖萜素是由糖类（≥30%）、配糖体（≥30%）和有机酸组成的天然生物活性物质，是一种棕黄色、微细状结晶。不溶于乙醚、氯仿、丙酮、苯、石油醚等溶剂，可溶于温水、二硫化碳、醋酸乙酯，易溶于含水甲醇、含水乙醇、正丁醇以及冰醋酸。糖萜素可分别于醋酸酐、钼酸铵、三氯化铁、香荚兰素起化学呈色反应。糖萜素的有效成分性能稳定，使用安全，与其他饲料添加剂均无配合禁忌。糖萜素在饲料中的添加量为200～500g/t，它完全可以替代抗生素药物，且无残留，不污染环境，饲用后，可显著增

强水产动物机体的免疫力和抗病力，促进生长，提高日增重和饲料转化率，提高水产动物的成活率，并有抗应激、抗氧化效果；同时对肠道细菌性疾病有较强的预防作用。据试验，饲用糖萜素饲料添加剂的水产品，品质得到改善，符合动物性食品的绿色化生产要求，社会效益和经济效益十分显著。

3. 低聚糖 低聚糖，又称寡糖，是由 2～10 个单糖经脱水缩合通过糖苷键连接而成的具有直链或支链的小聚合体，是一种介于单体单糖与高度聚合体多糖之间，并且具有类似于益生素作用的物质，具有低热、稳定、安全无毒、无残留等良好的理化特性，以及调整肠道菌群平衡和提高免疫力等保健功能和促进生长作用。寡糖种类很多，但目前用作饲料添加剂的主要包括：异麦芽糖、异麦芽三糖、异麦芽四糖、果寡三糖、果寡四糖、果寡五糖、半乳寡糖、甘露寡糖、大豆寡糖、龙胆寡糖、木糖寡糖等。寡糖可以选择性地促进水产动物肠道中有益菌群的增殖，这些有益菌利用寡糖发酵产生短链脂肪酸，降低肠道 pH，抑制病原菌在体内消耗养分，减少有毒和致病的代谢物产生，从而维护、增进水产动物健康。某些寡糖可以提高机体对药物和抗原的免疫应答能力，增进水产动物的免疫能力。与活菌制剂相比，寡糖更稳定，对制粒、膨化、氧化和贮运等恶劣环境条件都具有很高的耐受性，能抵抗胃酸的灭活作用，克服了活菌制剂在肠道定植难的缺陷。加上其无毒、无副作用，虽然目前年产效率低，生产难度大，其在水产饲料中的发展应用前景仍十分广阔。

4. 饲用酶制剂 饲用酶制剂是通过特定生产工艺加工而成的包含单一酶或混合酶的工业产品。目前，除植酸酶有单一产品外，其余饲用酶制剂大多是包含多种酶的复合制剂。应用较多的有纤维素酶、β-葡聚糖酶、木聚糖酶、淀粉酶、蛋白酶、果胶酶、植酸酶等，这些酶中一部分水产动物可以自身分泌，如淀粉酶和某些蛋白酶；而另一部分水产动物本身不能分泌，如纤维素酶、β-葡聚糖酶和木聚糖酶不能分泌，酶制剂可以破坏植物细胞壁，通过分解纤维素、半纤维素和果胶等由非淀粉多糖（NSP）构成的物质，既可把这些不可利用的多糖分解成可被消化吸收的小分子糖类，又可以暴露细胞壁保护的淀粉、蛋白等养分，使其养分更充分。酶制剂还可以降低因可用 NSP 造成的黏稠食糜的黏着，也能破坏稳定的植酸磷结构，提高饲料中磷和其他养分的利用率。饲用酶制剂应用于水产养殖主要有四个方面的功能：促进水产动物摄食和生长；具有改善消化系统功能和一定的消炎作用；防止和减缓水产动物的应激反应；提高饲料效果，减少排泄物中营养物质的含量，并减轻环境污染。

5. 酵母细胞壁 酵母细胞壁是一种全新天然绿色添加剂，其产品为淡黄色粉末状，是生产啤酒酵母过程中由可溶物质中提取的一种特殊副产品，主要有 β-葡聚糖、甘露寡糖、糖蛋白和几丁质组成，占细胞壁干重的85％左右。研究表明，酵母细胞壁具有激发、增强免疫功能，维护活菌平衡、控制疾病等生理功能。水产动物不仅要对水环境的变化产生应激，还受多种常见疾病的困扰，常规的疾病防治措施有限，而以低剂量酵母细胞壁添加于水产饲料中，既可增强鱼、虾、鳖、蟹等对各种主要疾病和环境变化的抵抗力，又提高存活率。健康鱼、虾饲喂酵母细胞壁可提高幼苗存活率20％～40％，提高生长期存活率10％～20％。因此，使用酵母细胞壁特制饲料，被认为是加强水产动物抵抗疾病、促进生长的有效手段。

6. 中草药饲料添加剂 近年来，中草药由于无抗药性和无药物残留、副作用小、效果显著、资源丰富等优点受到人们的广泛关注。中草药含有蛋白质、氨基酸、维生素、油脂、树脂、糖类、植物色素、常量元素和多种微量元素等营养物质，还含有大量的有机酸、生物碱、多糖、挥发油、蜡、鞣质及一些未知的促生长活性物质。另据研究，中草药含有多种免疫活性物质，中草药添加剂在水产养殖中的作用主要表现在以下四个方面：促进水产动物采食（诱食作用），增加采食量；降低饵料系数，提高增重率；防治鱼病发生，提高成活率；替代部分矿物盐添加剂和维生素添加剂。

7. 大蒜素 具有诱食、杀菌、促生长、提高饲料利用率、防霉、提高水产品品质作用。

8. 生物活性肽 生物活性肽指的是一类分子量小于 6 000，具有多种生物学功能的多肽，分子结构复杂程度不一，可从简单的二肽到环型大分子多肽。近年来的研究发现，这些肽类对动物的消化、吸收、矿物质代谢、抗癌、促生长、刺激产乳和免疫功能、调节神经、防止疾病等方面有重要作用。

9. 金属微量元素氨基酸络合物 微量元素饲料添加剂的化学结构和营养功能已经历了三个发展阶段。第一代为无机矿物盐，第二代为简单有机酸盐，第三代为金属微量元素氨基酸络合物。金属微量元素氨基酸络合物是指氨基酸与可溶性的金属元素离子按一定摩尔比合成的配位体共价化合物。微量元素形成不溶性物质，形成络合物后，在金属离子外面形成"有机外壳"，使离子更易通过细胞膜而被吸收，从而大大提高了微量元素的生物利用率，减少饲料中微量元素添加量及动物粪便中微量元素排泄量，起到环保的作用。更为突出的是，微量元素氨基酸络合物在结构上与动物体内的酶的形态有些类似，有利于提高动物免疫力，增强抗病力和抗应激能力，促进动物健康。

21 世纪是生命科学的世纪，也将是绿色技术、绿色饲料的辉煌时代。近年来，回归自然、崇尚绿色已成为人们的生活消费潮流。就水产品而言，数量已不再是人们生活需求的首要问题，而产品优劣成了人们选择水产品的关键。1995 年 5 月 29 日，国务院颁布了《饲料和饲料添加剂管理条例》，使我国饲料安全管理工作步入了依法管理的轨道，农业部结合管理条例的贯彻施行，加大了对饲料和饲料添加剂中违禁药品的查处力度，同时，鼓励、创制绿色饲料添加剂产品，用以替代抗生素等有害饲料添加剂。这对解决药物残留，保护环境和人民生命财产的安全，加速水产品的出口创汇，具有重要意义。相信随着水产养殖业和饲料工业的稳步发展，水生动物营养学理论的不断拓新，人民生活水平的普遍提高，安全意识的不断增强，将会有更多满足生产生活需要的绿色水产饲料添加剂问世。

复 习 思 考 题

1. 术语：无公害饲料；绿色饲料；HACCP 管理体系。
2. 开发绿色饲料的意义有哪些？
3. 无公害饲料的生产要求是什么？
4. 提高饲料安全性的途径有哪些？
5. 开发绿色饲料添加剂有哪些途径？

附　录

附录1　中华人民共和国饲料和饲料添加剂管理条例

(1999年5月29日国务院发布施行)

第一章　总　　则

第一条　为了加强对饲料、饲料添加剂的管理，提高饲料、饲料添加剂的质量，促进饲料工业和养殖业的发展，维护人民身体健康，制定本条例。

第二条　本条例所称饲料，是指经工业化加工、制作的供动物使用的饲料，包括单一饲料、添加剂预混合饲料、浓缩饲料、配合饲料和精料补充料。

本条例所称饲料添加剂，是指在饲料加工、制作、使用过程中添加的少量或者微量物质，包括营养性饲料添加剂和一般饲料添加剂。饲料添加剂的品种目录由国务院农业行政主管部门制定并公布。

第三条　国务院农业行政主管部门负责全国饲料、饲料添加剂的管理工作。

县级以上地方人民政府负责饲料、饲料添加剂管理的部门（以下简称饲料管理部门），负责本行政区域内的饲料、饲料添加剂的管理工作。

第二章　审定与进口管理

第四条　国家鼓励研究、创制新饲料、新饲料添加剂。

新研制的饲料、饲料添加剂，再投入生产前，研制者、生产者（以下简称申请人）必须向国务院农业行政主管部门提出新产品审定申请，经国务院农业行政主管部门制定的机构监测和饲喂试验后，由全国饲料评审委员会根据监测和饲喂试验结果，对该新产品的安全性、有效性及其对环境的影响进行评审；评审合格的，由国务院农业行政主管部门发给新饲料、新饲料添加剂证书，并予以公布。

全国饲料评审委员会由养殖、饲料加工、动物营养、毒理、药理、代谢、卫生、化工合成、生物技术、质量标准和环境保护等方面的专家组成。

第五条 申请人提出饲料、饲料添加剂新产品审定申请时，除应当提供新产品的样品外，还应当提供下列资料：

（一）该新产品的名称、主要成分和理化性质；

（二）该新产品的研制方法、生产工艺、质量标准和检测方法；

（三）该新产品的饲喂效果、残留消解动态和毒理；

（四）环境影响报告和污染防治措施。

第六条 国务院农业行政主管部门公布的新饲料、新饲料添加剂的产品质量标准，为行业标准；需要制定国家标准的，依照标准化法的有关规定办理。

第七条 首次进口饲料、饲料添加剂的，应当向国务院农业行政主管部门申请登记，并提供该饲料、饲料添加剂的样品和下列资料：

（一）商标、标签和推广应用情况；

（二）生产国批准生产、销售的证明和生产国以外的其他国家的登记资料；

（三）本条例第五条规定的资料。

前款饲料、饲料添加剂经审查确认安全、有效、不污染环境的，由国务院农业行政主管部门颁发产品登记证。

第三章　生产、经营管理

第八条 设立饲料、饲料添加剂生产企业，除应当符合有关法律、行政法律规定的企业设立条件外，还应当具备下列条件：

（一）有与生产饲料、饲料添加剂相适应的厂房、设备、工艺及仓贮设施；

（二）有与生产饲料、饲料添加剂相适应的专职技术人员；

（三）有必要的产品质量检验机构、检验人员和检验设施；

（四）生产环境符合国家规定的安全、卫生要求；

（五）污染防治措施符合国家环境保护要求。

经国务院农业行政主管部门或者省、自治区、直辖市人民政府饲料管理部门按照权限审查，符合前款规定条件的，方可办理企业登记手续。

第九条 生产饲料添加剂、添加剂预混合饲料的企业，经省、自治区、直辖市人民政府饲料管理部门审核后，由国务院农业行政主管部门颁发生产许可证。

前款企业取得生产许可证后，由省、自治区、直辖市人民政府饲料管理部门颁发饲料添加剂、添加剂预混合饲料产品批准文号。

第十条 生产饲料、饲料添加剂的企业，应当按照产品质量标准组织生产，并实行生产记录和产品留样观察制度。

第十一条 企业生产饲料、饲料添加剂，不得直接添加兽药和其他禁用药品；允许添加的兽药，必须制成药物饲料添加剂后，方可添加；生产药物饲料添加剂，不得添加激素类药品。

第十二条 企业生产饲料、饲料添加剂，应当进行产品质量检验。检验合格的，应当附具产品质量检验合格证；无产品质量合格证的，不得销售。

第十三条 饲料、饲料添加剂的包装，应当符合国家有关安全、卫生的规定。

易燃或者其他有特殊要求的饲料、饲料添加剂的包装应当有警示标志或者说明，并注明贮运注意事项。

饲料、饲料添加剂的包装物不得重复使用；但是，生产方和使用方另有约定的除外。

第十四条 饲料、饲料添加剂的包装物上应当附具标签。标签应当以中文或者适用符号表明产品名称、原料组成、产品成分分析保证值、净重、生产日期、保质期、厂名、厂址和产品标准代号。

饲料添加剂的标签，还应当标明使用方法和注意事项。

加入药物饲料添加剂的饲料标签，还应当标明"加入药物饲料添加剂"字样，并标明其化学名称、含量、使用方法及注意事项。

饲料添加剂、添加剂预混合饲料的标签，还应当注明产品批准文号和生产许可证号。

第十五条 经营饲料、饲料添加剂的企业，应当具备下列条件：

（一）有与经营饲料、饲料添加剂相适应的仓贮设施；

（二）有具备饲料、饲料添加剂使用、贮存、分装等知识的技术人员；

（三）有必要的产品质量管理制度。

第十六条 经营饲料、饲料添加剂的企业，进货时必须核对产品标签、产品质量合格证。

禁止经营无产品质量标准、无产品质量合格证、无生产许可证和产品批准文号的饲料、饲料添加剂。

第十七条 禁止生产、经营停用、禁用或者淘汰的饲料、饲料添加剂以及未经审定公布的饲料、饲料添加剂。

禁止经营未经国务院农业行政主管部门登记的进口饲料、进口饲料添加剂。

第十八条 饲料、饲料添加剂在使用过程中，证实对饲养动物、人体健康和环境有害的，由国务院农业行政主管部门决定限用、停用或者禁用，并予以公布。

第十九条 禁止对饲料、饲料添加剂作预防或者治疗动物疾病的说明或者宣传；但是，饲料中加入药物饲料添加剂的，可以对所加入的药物饲料添加剂的作用加以说明。

第二十条 从事饲料、饲料添加剂质量检验的机构，经国务院产品质量监督管理部门或者农业行政主管部门考核合格，或者经省、自治区、直辖市人民政府产品质量监督管理部门或者饲料管理部门考核合格，方可承担饲料、饲料添加剂的产品质量检验工作。

第二十一条 国务院农业行政主管部门根据国务院产品质量监督管理部门制定的全国产品质量监督抽查工作规划，可以进行饲料、饲料添加剂质量监督抽查；但是，不得重复抽查。

县级以上地方人民政府饲料管理部门根据饲料、饲料添加剂质量监督抽查工作规划，可以组织对饲料、饲料添加剂进行监督抽查，并会同同级产品质量监督管理部门公布抽查结果。

第四章　罚　　则

第二十二条　违反本条例规定，未取得生产许可证，生产饲料添加剂、添加剂预混合饲料的，由县级以上地方人民政府饲料管理部门责令停止生产，没收违法生产的产品和违法所得，并处违法所得 1 倍以上 5 倍以下的罚款；对以取得生产许可证，但未取得产品批准文号的，责令停止生产，并限期补办产品批准文号。

第二十三条　违反本条例规定，经营未附具产品质量检验合格证和产品标签的饲料、饲料添加剂的，由县级以上地方人民政府饲料管理部门责令停止经营，没收违法经营的产品和违法所得，并处以违法所得 1 倍以下的罚款。

第二十四条　饲料、饲料添加剂的包装不符合本条例第十三条的规定，或者附具的标签不符合本条例第十四条的规定的，由县级以上地方人民政府饲料管理部门责令限期改正；逾期不改正，责令停止销售，可以处违法所得 1 倍以下的罚款。

第二十五条　不具备本条例第十五条规定的条件，经营饲料、饲料添加剂的，由县级以上地方人民政府饲料管理部门责令限期改正；逾期不改正的，责令停止经营，没收违法所得，可以并处违法所得 1 倍以上 3 倍以下的罚款。

第二十六条　违反本条例规定，生产、经营已经停用、禁用或者淘汰以及未经审定公布的饲料、饲料添加剂的，由县级以上地方人民政府饲料管理部门责令停止生产、经营，没收违法生产、经营的产品和违法所得，并处违法所得 1 倍以上 5 倍以下的罚款。

第二十七条　违反本条例规定，有下列行为之一的，由县级以上地方人民政府饲料管理部门责令停止生产、经营，没收违法生产、经营的产品和违法所得，并处违法所得 1 倍以上 5 倍以下的罚款；情节严重的，并由国务院农业行政主管部门吊销生产许可证；构成犯罪的，依法追究刑事责任。

（一）在生产、经营过程中，以非饲料、非饲料添加剂冒充饲料、饲料添加剂，或者以此种饲料、饲料添加剂冒充他种饲料、饲料添加剂的；

（二）生产、经营的饲料、饲料添加剂所含成分的种类、名称与产品标签上注明的成分的种类、名称不符的；

（三）生产、经营的饲料、饲料添加剂不符合饲料、饲料添加剂产品质量标准的；

（四）经营的饲料、饲料添加剂失效、霉变或者超过保质期的。

第二十八条　经营未经国务院农业行政主管部门登记的进口饲料、进口饲料添加剂的，由县级以上地方人民政府饲料管理部门责令立即停止经营，没收未售出的产品和违法所得，并处违法所得 1 倍以上 5 倍以下的罚款。

第二十九条　假冒、伪造或者买卖饲料添加剂、添加剂预混合饲料生产许可证、产品批准文号或者产品登记证的，由国务院农业行政主管部门或者省、自治区、直辖市人民政府饲料管理部门按照职责权限收缴或者吊销生产许可证、产品批准文号或者产品登记证，没收违法所得，并处违法所得1倍以上5倍以下的罚款；构成犯罪的，依法追究刑事责任。

第五章　附　则

第三十条　本条例下列用语的含义：

（一）营养性饲料添加剂，是指用于补充饲料营养成分的少量或者微量物质，包括饲料级氨基酸、维生素、矿物质微量元素、酶制剂、非蛋白氮等。

（二）一般饲料添加剂，是指为保证或者改善饲料品质、提高饲料利用率而掺入饲料中的少量或者微量物质。

（三）药物饲料添加剂，是指为预防、治疗动物疾病而掺入载体或者稀释剂的兽药预混物，包括抗球虫药类、驱虫剂类、抑菌促生长类等。

第三十一条　药物饲料添加剂的管理，依照《兽药管理条例》的规定执行。

第三十二条　本条例自发布之日起施行。

附录 2　中华人民共和国兽药管理条例

（1987 年 5 月 21 日国务院发布，1988 年 1 月 1 日试行）

第一章　总　　则

第一条　为加强兽药的监督管理，保证兽药质量，有效防止畜禽等动物疾病，促进畜牧业的发展和维护人体健康，特制定本条例。

第二条　兽药的生产、经营和使用，必须保证质量，确保安全有效。

第三条　国务院农牧行政管理机关主管全国的兽药管理工作，县以上农牧行政管理机关主管所辖地区的兽药管理工作。

第四条　凡从事兽药生产、经营和使用者，应当遵守本条例的规定。

第二章　兽药生产企业的管理

第五条　兽药生产企业必须具备以下条件：

（一）具有与所生产的兽药相适应的助理工程师、助理兽医师以上技术职务的技术人员及技术工人；

（二）具有与所生产的兽药相适应的厂房、设施和卫生环境；

（三）具有符合国家劳动安全、卫生标准的设施及条件；

（四）具有质量检验机构和专职检验人员及必要的仪器设备；

（五）非专门生产兽药的企业兼产兽药者，必须有单独的兽药生产区。

第六条　开办兽药生产企业，必须由企业所在地县以上农牧行政管理机关审核同意，经省、自治区、直辖市农牧行政管理机关审核批准，发给《兽药生产许可证》。兽药生产企业持《兽药生产许可证》向当地工商行政管理机关申请登记，经批准后领取《营业执照》。

《兽药生产许可证》应当规定有效期，期满经重新审查合格后发证。

第七条　兽药生产企业必须按照技术规程进行生产，生产记录必须完整、准确，所需的原料、敷料及直接接触兽药的容器和包装材料，必须符合药用要求。

第八条　兽药包装必须贴有标签，注明"兽用"字样，并附有说明书。标签或者说明书上必须注明商标、兽药名称、规格、企业名称、产品批号和批准文号，写明兽药的主要成分、含量、作用、用途、用法、用量、有效期和注意事项等。

第九条　兽药分装必须有完整、准确的分装记录，在包装上注明兽药名称、规格、企业名称、产品批号、批准文号、分装单位和分装批号，并附有说明书。规定有效期的兽药，分装后必须注明有效期。

第十条　兽药出场前必须经过质量检验，不符合质量标准的不得出厂。

兽药出厂时必须附有产品质量检验合格证，无合格证的，兽药经营企业不得收购，需用者不得购买。

第三章　兽药经营企业的管理

第十一条　兽药经营企业必须具备以下条件：

（一）具有与所经营者的兽药相适应的兽药技术人员；

（二）具有与所经营的兽药相适应的营业场所、设备、仓库设施。

第十二条　开办兽药经营企业，必须由企业的上级主管部门审查同意，经县以上农牧行政管理机关批准后，发给《兽药经营许可证》。兽药经营企业持《兽药经营许可证》向当地工商行政管理机关申请登记，经批准后领取《营业执照》。

《兽药经营许可证》应当规定有效期。期满经重新审查合格后发证。

第十三条　收购兽药必须进行质量验收。质量不合格的，不得收购。

第十四条　贮存兽药必须建立和执行仓贮保管制度，确保兽药的质量和安全。

第十五条　销售兽药必须保证质量，核对无误，并能正确说明兽药的作用、用途、用法、用量和注意事项。

第十六条　在城乡集市贸易市场经营兽药的，必须持有《兽药经营许可证》和《营业执照》。

第四章　兽医医疗单位的药剂管理

第十七条　兽医医疗单位必须配备与其医疗任务相适应的兽药、兽医技术人员，建立健全兽药管理制度，加强药剂管理。

第十八条　兽医医疗单位配制兽药制剂，必须具有保证制剂质量的设施、检验仪器，并经所在省、自治区、直辖市农牧行政管理机关审查批准，发给《兽药制剂许可证》。

《兽药制剂许可证》应当规定有效期，期满经重新审查合格后发证。

第十九条　兽医医疗单位配制的兽药制剂，必须达到合格标准，方可供本单位临床及其所负责的医疗区域使用，但不得在市场销售。

第二十条　兽医医疗单位购进的兽药，必须执行质量验收制度，不合格的不得使用。

为方便农牧民购买兽药，兽医医疗单位可以经营兽药零售业务。

第五章　新兽药审批和进出口兽药管理

第二十一条　兽药的标准分国家标准、专业标准和地方标准。

生产已有国家标准、专业标准或者地方标准的兽药，必须经省、自治区、直辖市农牧行政管理机关审核批准，并发给批准文号。

第二十二条　国家鼓励研究、创制新兽药。

研制新兽药，必须向国务院农牧行政管理机关报送研制方法、生产工艺、质量标准、药理、毒理、临床试验报告、对环境影响的报告书及污染防治措施等有关资料和新兽药样品。新兽药经中国兽药监察所进行复核、鉴定，证明安全有效，由国务院农牧行政管理机关审核批准，列为国家标准或者专业标准，发给《新兽药证书》，无《新兽药证书》的，不得列为正式科研成果或者进行技术转让。

第二十三条　研制兽药新制剂，必须向所在省、自治区、直辖市农牧行政机关报送新制剂的配方及配制工艺、质量标准、临床试验报告等资料，经省、自治区、直辖市兽药监察所复核、鉴定，证明安全有效，由省、自治区、直辖市农牧行政管理机关审核批准，列为地方标准。

第二十四条　生产新兽药和兽药新制剂，必须经省、自治区、直辖市兽药监察所检验合理，由省、自治区、直辖市农牧行政管理机关批准，发给批准文号。

第二十五条　进口兽药，必须经国务院或省、自治区、直辖市农牧行政管理机关审查批准，发给《进口兽药许可证》，并经省、自治区、直辖市或者国务院农牧行政管理机关指定的兽药监察所检验合格后，方可进口。

第二十六条　我国首次进口外国企业生产、经营的某种兽药时，出售兽药的外国企业还必须向国务院农牧行政管理机关申请检验、登记，并提供该兽药的质量标准、检验方法、药理和毒理试验结果、临床试验报告、使用说明书等资料和出口国（地区）批准生产或者销售的证明文件，经检验、审查，证明安全有效，发给《进口准许证》、《出口准许证》。

第二十七条　国家对依法获得批准或者登记的、含有新化合物的兽药的申请人提交的其自己所取得且未披露的试验数据和其他数据实施保护。

自批准或者登记之日起 6 年内，对其他申请人未经已获得批准或者登记的申请人同意，使用前款数据申请兽药审批或者登记的，审批或者登记机关不予审批或者登记；但是，其他申请人提交其自己所取得的数据的除外。

除下列情况外，审批或者登记机关不得披露第一款规定的数据：

（一）公共利益需要；

（二）已采取措施确保该类信息不会被不正当地进行商业使用。

第六章　兽药监督

第二十八条　禁止生产、经营假兽药。有下列情形之一的为假兽药：

（一）以非兽药冒充兽药的；

（二）兽药所含成分的种类、名称与国家标准、专业标准或者地方标准不符合的。

禁止生产、经营有下列情形之一的兽药：

（一）未取得批准文号的；

（二）国务院农牧行政管理机关明文规定禁止使用的。

第二十九条　禁止生产、经营劣兽药。有下列情形之一的兽药为劣兽药：

（一）兽药成分含量与国家标准、专业标准或者地方标准规定不符合的；

（二）超过有效期的；

（三）因变质不能药用的；

（四）因被污染不能药用的；

（五）其他与兽药标准规定不符合，但不属于假兽药的。

第三十条 县以上农牧行政管理机关行使兽药监督管理权。

国家和省、自治区、直辖市的兽药监察机构，以及经省、自治区、直辖市人民政府批准设立的城市兽药监督机构，协助农牧行政管理机关，分别负责全国和本辖区的兽药质量监督、检验工作。

第三十一条 各级农牧行政管理机关对已经批准生产的兽药，应当经常组织调查、验证、评审，对疗效不确、不能保证用药安全的，应当撤销其批准文号。被撤销批准文号的兽药，不得继续生产或者经营。

第三十二条 县以上农牧行政管理机关选任兽药监督员。兽药监督员必须由兽药、兽医技术人员担任，凭所在人民政府发给的《兽药监督员证》开展工作。

兽药监督员有权按照本条例规定，对辖区内的兽药生产、经营和使用单位的兽药质量进行监督、检查，必要时可以按照规定抽取样品和索取必需的资料，有关单位不得拒绝和隐瞒。兽药监督对兽药生产和科研单位提供的技术资料，负有保密义务。

第三十三条 兽药生产企业、经营企业和兽医医疗单位，应当经常检查本单位所生产、经营和使用的兽药质量、疗效和安全性。

兽药使用单位发现兽药中毒事故，必须及时向当地农牧行政管理机关报告。

第三十四条 兽药生产企业和兽药经营企业的兽药检验机构或者人员，受当地兽药监察所的业务指导。

第三十五条 兽用麻醉药品、精神药品、毒性药品和放射性药品等特殊药品，按照国家有关规定进行管理。

第七章 兽药的商标和广告管理

第三十六条 兽药商标应当按照国家商标法规的规定，进行登记注册。

注册商标必须在兽药的包装、标签、说明书上表明，并标明"注册商标"字样或者注册标记。

第三十七条 兽药广告必须经省、自治区、直辖市农牧行政管理机关审查标准。未经批准的，不得刊登、设计、印刷、播放、散发和张贴。

第三十八条 兽药广告的内容必须以国务院农牧行政管理机关或者省、自治区、直辖市农牧行政管理机关批准的说明书为准。

兽用麻醉药品和精神药品，不得进行广告宣传。

第三十九条 外国企业在我国申请办理兽药广告，必须持有国务院农牧行政管理机关核发的《进口兽药登记许可证》，并提供兽药说明书。

第八章 罚 则

第四十条 对生产、经营假兽药或者违反本条例第二十八条第二款规定的，令其停止生产、经营该兽药，没收其药物和非法收入，处以罚款；并可以责令该企业停产、停业整顿或者吊销《兽药生产许可证》、《兽药经营许可证》、《兽药制剂许可证》。

第四十一条 未取得《兽药生产许可证》、《兽药经营许可证》、《兽药制剂许可证》，擅自生产、经营兽药或者配制兽药制剂的，责令其停产、停业或者停止配制兽药制剂，没收全部兽药和非法收入，可以并处罚款。

第四十二条 违反本条例关于兽药进口有关规定的，根据情节轻重，予以警告或者没收该兽药；擅自销售的，没收非法收入，处以罚款。

第四十三条 对生产、经营假、劣兽药或者违反本条例第二十八条第二款规定负有责任的人员，由其所在单位或者上级主管机关予以行政处分；情节和后果严重，依照《中华人民共和国刑法》规定构成犯罪的，由司法机关依法追究刑事责任。

第四十四条 本条例规定的行政处罚，由县以上农牧行政管理机关决定。但是，违反本条例第十六条和第七章规定应当予以行政处罚的；根据本条例第四十三条的规定应当没收非法收入和处以罚款的；在兽药的生产或者经营中违反《工业产品质量责任条例》有关规定，应当没收非法收入和处以罚款的，由工商行政管理机关决定，农牧行政管理机关协助查处。

罚款和没收的非法收入一律上缴国库，没收的假、劣药物以及国家规定禁止使用的其他药物，由农牧行政管理机关负责销毁。

第四十五条 当事人不服行政处罚决定的，可以在接到处罚决定通知之日起十五天内向人民法院起诉。但是，对农牧行政管理机关做出的兽药控制的决定，当事人必须执行。对处罚决定不履行，期满又不起诉的，由做出行政处罚决定的机关申请人民法院强制执行。

第四十六条 违反本条例规定，造成中毒事故或者对畜禽等动物造成其他危害后果的，致害单位或者个人应负赔偿责任。受害的一方可以请求县以上农牧行政管理机关处理。当事人对处理决定不服的，可以在接到通知之日起十五天内向人民法院起诉。

受害的一方也可以直接向人民法院起诉。

赔偿的请求，应当从受害一方知道或者应当知道其权力被侵害之日起一年内提出；超过期限的，不予受理。

第九章 附 则

第四十七条 本条例下列用语的含义是：

（一）畜禽等动物：指家畜、家禽、鱼类、蜜蜂、蚕及其他人工饲养的动物。

（二）兽药：指用于预防、治疗、诊断畜禽等动物疾病，有目的地调节其生理机能并规定作用、用途、用法、用量的物质（含饲料药物添加剂）。包括：

1. 血清、菌（疫）苗、诊断液等生物制品；

2. 兽用的中药材、中成药、化学原料及其制剂；

3. 抗生素、生化药品、放射性药品。

（三）新兽药：指我国新研制出的兽药原料药品。

（四）兽医新制剂：指由兽药原料药品新研制、加工出的兽药制剂。

第四十八条 本条例的实施细则，由国务院农牧行政管理机关会同国家工商行政管理机关制定。

第四十九条 本条例由国务院农牧行政管理机关负责解释。

第五十条 本条例自一九八八年一月一日起施行，国务院一九八零年八月二十六日批转的《兽药管理暂行条例》同时废止。

主要参考文献

ZHUYAOCANKAOWENXIAN

[1] 李爱杰主编．水产动物营养与饲料学．北京：中国农业出版社，1996

[2] 轩子群．淡水主要经济动物饲料加工配制新技术．济南：山东科学技术出版社，1998

[3] 王纪亭等．鱼的营养与饲料配制技术．北京：中国农业出版社，1999

[4] 林海．鱼虾饲料手册．北京：中国农业出版社，1999

[5] 唐绍孟等编著．鱼饲料配制和使用技术．北京：中国农业出版社，2003

[6] 郑光明　温周瑞编著．鱼类饲料配制．广州：广东科技出版社，2002.8

[7] 魏清和主编．水生动物营养与饲料．北京：中国农业出版社，2002

[8] 麦康森等．我国水产动物营养研究与渔用饲料的发展战略研究．浙江海洋学院学报．2001. S1 期

[9] 冷向军等．鱼用饲料与畜禽饲料在加工工艺、原料选用方面的比较．中国饲料．2002 年第 14 期

[10] 张乔等.饲料添加剂大全.北京:北京工业大学出版社,1994

[11] 王道尊．鱼用配合饲料．北京：中国农业出版社，1995

[12] 曾虹等译.鱼类营养需要.北京:中国农业科技出版社,1995

[13] 石文雷等．鱼虾蟹高效益饲料配方．北京：中国农业出版社，1998

[14] 曾虹等．鱼虾饲料配方技术问答．北京：中国农业科技出版社，2000

[15] 唐胜球等.水产饲料中的植物源抗营养素(上、下).科学养鱼.2002(11)(12)

[16] 王进波等．饲料抗营养因子研究进展．饲料博览．2002（2）

[17] 赵玉蓉等．微量元素氨基酸螯合物在水产养殖中的应用．内陆水产．2003（1）

[18] 赵红霞．磷脂在水产动物养殖中的应用．科学养鱼．2003（1）

[19] 赵炳存等．大蒜素——新型饲料添加剂．饲料工业．1999（8）

[20] 赵春光．大蒜在龟鳖疾病防治中的科学应用．科学养鱼．2003（1）

[21] 王金龙．天然矿物质添加剂．科学养鱼．2002（9）

[22] 周开锋．L—肉碱的研究概况．饲料工业．1999（8）

[23] 石军等．L—肉碱的生物学功能及其在鱼类营养代谢中的作用．水利渔业．2002（5）

[24] 林勇等．一种新型饲料添加剂——寡聚糖．饲料工业．1999（12）

[25] 梁萌青等．影响对虾生长的抗营养研究．饲料工业．1999（12）

[26] 丁磊等．镉对鲫血红蛋白的影响．水利渔业．2002（3）

[27] 石锐等．微量元素氨基酸螯合物的研究及应用．饲料博览．2000（6）

[28] 丁磊等．镉对鲫脏器系数的影响．水利渔业．2002（4）

[29] 富惠光等．棉酚对尼罗罗非鱼生殖机能影响的研究．中国水产科学．1995（3）

[30] 朱伯清等．添加稀土元素的配合饲料对中国对虾生长效果的研究．中国水产科学．1995（2）

[31] 富惠光等．棉酚对金鱼生殖机能影响的研究．水生生物学报．1996（1）

[32] 耿毅等．喹乙醇在水产养殖上应慎用．水利渔业．1999（6）

[33] 沈维华等．游离氨基酸在鱼饲料中的应用效果．水产养殖．1989（5）

[34] 杨玲等．水产动物诱食剂的研究与应用．水产科技．2003（1）

[35] 张满隆等．益生素及其在鱼类养殖中的应用．河北渔业．2003（2）

[36] 李江．中草药添加剂及其在水产养殖业中的应用．科学养鱼．2002（9）

[37] 湛江水产专科学校．海洋饵料生物培养．北京：农业出版社，1980

[38] 陈贞奋．牟勒氏角毛藻的培养．海洋学报．1982.4（5）

[39] 徐秉权等．角毛藻的大量培养，海水养殖．1982（1）

[40] 曾昭琪．藻类植物的培养及其利用．南京：江苏人民出版社，1962

[41] 袁国英．低盐度海水培养角毛藻试验．水产科技情报．1988（1）

[42] 缪国荣等．单细胞薄膜袋封闭式培养技术的研究．青岛海洋大学学报．1989.19（3）

[43] 王土育等．褶皱臂尾轮虫繁殖和培养的研究．海洋水产研究．1980（1）

[44] 陈世杰等．四种单胞藻培养轮虫的繁殖效果．福建水产．1984（4）

[45] 陈清潮等．卤虫卵的资源及提高孵化率的方法．动物学杂志．1975（3）

[46] 徐利生等．卤虫卵孵化条件——网箱孵化和幼体收集时机的研究．海洋科学．1991（1）

[47] 蒋德春．盐度对卤虫休眠卵孵化影响的研究．水产科技情报．1987（2）

[48] 纪成林等．去壳卤虫卵的孵化率及其饲育对虾幼体的试验．海洋科学．1987（6）

[49] 宋大祥．大型溞的初步培养研究．动物学报．1962.14（1）

[50] 谢大敬等．两种水蚯蚓的生物学观察及其人工培养的初步研究．淡水渔业．1981（3）

图书在版编目（CIP）数据

水生动物营养与饲料学/ 魏清和主编. —北京：中国农
业出版社，2004.7（2023.7重印）
21世纪农业部高职高专规划教材
ISBN 978-7-109-09016-3

Ⅰ. 水… Ⅱ. 魏… Ⅲ. 水生动物－饲料－高等学校：技
术学校－教材 Ⅳ. S963

中国版本图书馆 CIP 数据核字（2004）第 062670 号

中国农业出版社出版
（北京市朝阳区农展馆北路 2 号）
（邮政编码 100125）
责任编辑 王宏宇

中农印务有限公司印刷 新华书店北京发行所发行
2004 年 7 月第 1 版 2023 年 7 月北京第 9 次印刷

开本：787mm×1092mm 1/16 印张：22
字数：498 千字
定价：45.00 元
（凡本版图书出现印刷、装订错误，请向出版社发行部调换）